W0292017

E-Book inside.

Mit folgendem persönlichen Code
können Sie die E-Book-Ausgabe
dieses Buches downloaden.

80183-o3x6p-
56r14-1056m

Registrieren Sie sich unter
www.hanser-fachbuch.de/ebookinside
und nutzen Sie das E-Book
auf Ihrem Rechner*, Tablet-PC
und E-Book-Reader.

Der Download dieses Buches als E-Book unterliegt gesetzlichen Bestimmungen bzw. steuerrechtlichen Regelungen, die Sie unter www.hanser-fachbuch.de/ebookinside nachlesen können.

* Systemvoraussetzungen: Internet-Verbindung und Adobe® Reader®

Hofbauer/Kauer

Einstieg in die Führungsrolle

Helmut Hofbauer/Alois Kauer

EINSTIEG IN DIE FÜHRUNGSROLLE

Praxisbuch für die ersten 100 Tage

Mit Interviews aus der Praxis

5., erweiterte Auflage

HANSER

MIX
Papier aus verantwortungsvollen Quellen
FSC® C014889

Bibliografische Information der Deutschen Nationalbibliothek
Die Deutsche Nationalbibliothek verzeichnet diese Publikation in der
Deutschen Nationalbibliografie; detaillierte bibliografische Daten
sind im Internet über http://dnb.d-nb.de abrufbar.

http://www.hanser-fachbuch.de

Lektorat: Lisa Hoffmann-Bäuml
Redaktion: Dr. Barbara Bichler, Germering
Herstellung und Satz: Thomas Gerhardy
Umschlaggestaltung: Stephan Rönigk
Grafiken: © Fa-Ro Marketing GmbH, München, www.fa-ro.de
Personenillustrationen: © Lies Friedrich 2007, www.liesfriedrich.de
Druck & Bindung: Friedrich Pustet, Regensburg
Printed in Germany

ISBN 978-3-446-44040-1
E-Book-ISBN 978-3-446–44116-3

Vorwort zur fünften Auflage

Dieses Buch erscheint nun nach sechs Jahren bereits in der fünften Auflage: Dies zeigt, dass die Autoren damit die Bedürfnisse der Leser voll und ganz getroffen haben und es mittlerweile – nach meiner Meinung zu Recht – zu den Standardwerken der Führungsliteratur zählt. In vielen Unternehmen und Konzernen wird das Buch neuen Führungskräften beim Start empfohlen oder sogar überreicht. Mit der kontinuierlichen Weiterentwicklung der Inhalte, diesmal mit dem Kapitel „Führen im Generationenkontext" oder auch bei der vierten Auflage mit dem Thema „Laterales Führen", stellen sich die Autoren auch den aktuellen Entwicklungen.

Führen muss man wollen, und Führen kann man lernen. Davon handelt dieses Buch. In sympathisch praktischer Weise hilft es durch die ersten 100 Tage, mit Reflexionen über die Situation und mit konkreten Handlungsanleitungen. Es begleitet den Leser vom Fachmann zur Führungskraft und veranschaulicht die sozialen Aspekte, die es dabei zu beachten gilt. Und es vermittelt eben nicht das Bild der allwissenden Führungskraft, sondern ermuntert dazu, die neue Aufgabe vom ersten Tag an teamorientiert anzugehen. Dabei unterstellen die Autoren Fachkompetenz als Grundlage von Führungskompetenz, was bedeutet, dass Führung keine Profession an sich ist, dass man nur führen kann, was man selbst fachlich beherrscht.

Der erste Anspruch an Führung scheint es zu sein, Orientierung zu bekommen, Hilfe beim Zurechtfinden in schwierigen Situationen, richtunggebende Impulse auf unsicherem Terrain. Niemand vertraut sich einem Bergführer an, der den Weg nicht kennt, und niemand folgt einem Anführer, der nicht weiß, wohin er will.

Und damit wäre schon das vermeintlich naheliegendste Problem der ersten 100 Tage in der Führungsrolle beschrieben. Die richtigen Weichen schon in den ersten Monaten zu stellen, ist eine Voraussetzung für die vielen Tage danach. Sie sind der erste Knopf im Knopfloch, der sitzen sollte. Aber wie soll man seinen Mitarbeitern sagen, wo es langgeht, wenn man selber noch lernen muss, sich in der neuen Verantwortung zurechtzufinden?

Die ebenso naheliegende Antwort ist einfach: Gar nicht. Und das gilt für die ersten 100 Tage ebenso wie für die nächsten 1 000. Weil es ein verbreiteter Irrtum ist, dass eine Führungskraft immer weiß, wo es langgeht. Ein Irrtum, der es vielen Führungskräften nicht erlaubt, sich einer gemeinsamen Wegbestimmung mit ihren Mitarbeitern zu öffnen, ein Irrtum, der zuweilen auch von den eigenen Mitarbeitern als Anspruch formuliert wird und der sehr verführerisch ist. Eine Verführung, die einem gerade in den ersten 100 Tagen schwer zu schaffen machen kann, weil man sich und den anderen beweisen will, dass man die richtige Wahl für den Posten war.

Eine Führungsaufgabe im Unternehmen ist komplexer, als nur den einen richtigen Weg zu kennen. Sie ist auf das richtige Einschätzen und Einsetzen der Fähigkeiten und Potenziale von Menschen ausgerichtet. Die Aufgabe von Führung ist nicht, alles besser zu wissen, die Aufgabe ist vielmehr, ein Team in die Lage zu versetzen, erstklassige Leistungen zu erbringen, die Stärken der einzelnen Menschen zu erkennen und zu fördern, gemeinsame Lösungen hervorzubringen, effektive Arbeitsprozesse untereinander zu schaffen und das als Gemeinschaftsaufgabe und nicht durch die Erleuchtung eines Einzelnen. Führung ist eine soziale Aufgabe, in der es vor allem darauf ankommt, authentisch zu sein und behutsam mit der anvertrauten Macht umzugehen. Weil man manchmal eben doch wissen muss, wohin es geht und auf welchem Weg, und dies ist eine fachliche Frage. Mit wem es geht und wie dabei die Aufgaben verteilt sind, ist die soziale Frage. Beide muss man beantworten, und in beidem wird man nur durch Erfahrung besser. Und durch Lesen dieses Buches. Es hilft, den Grundstein für den Führungserfolg zu legen.

Ralph Linde im Frühjahr 2014

Leiter Personalentwicklung Volkswagen Konzern

Zum Geleit

Jeder Neubeginn ist eine Krisensituation; d. h., er ist gleichermaßen durch Chancen und Risiken gekennzeichnet. Dies gilt für den Einstieg ins Leben, für die Eheschließung, aber auch für berufliche Entscheidungen und hier insbesondere für die Übernahme einer Führungsposition.

Man weiß aus der Gruppenpsychologie, dass Menschen, die gemeinsam arbeiten sollen („Performing"), zunächst die Phasen des „Forming", „Storming" und „Norming" durchlaufen müssen. Wer dies nicht bewusst tut, gerät leicht in die Situation desjenigen, der zu spät zu einer Party kommt und dort auf bereits angeheiterte Menschen in einem lebhaften Gespräch trifft. Und wenn der „Neue" eine Führungsposition übernimmt – und darum geht es in diesem Buch –, dann hat er das „Ansehen", d. h., alle Blicke sind erwartungsvoll, neugierig, skeptisch oder auch ängstlich auf ihn gerichtet. Hier kann der allererste Eindruck Weichen stellen und wesentlich zum Erfolg oder zum Scheitern der künftigen Arbeit beitragen.

Dies gilt sogar dann, wenn man schon lange dem Team angehört, aber nun hervorgehoben und in eine Führungsrolle gehoben wird. Ganz plötzlich ist man nicht mehr Kollege oder Freund, sondern Vorgesetzter, möglicherweise Respektsperson oder gar Gegenstand ängstlicher Erwartungen. Wie soll man mit diesem Rollenwechsel umgehen? Wie die nun ganz anders gewordenen sozialen Beziehungen strukturieren? Wie sollte man nun die Gespräche, die Verhaltensweisen, das alltägliche Zusammensein gestalten? Wer Anregungen, konkrete Hinweise, anschauliche Beispiele auf diesen Feldern sucht, wird in diesem Buch fündig werden.

In einer anderen Weise schwierig ist die Situation für denjenigen, der von außen kommt, um eine Führungsposition zu übernehmen. Sicherlich, manches ist für ihn einfacher, er muss Bestehendes nicht neu definieren, muss sich nicht – was fraglos mit Irritation verbunden ist – in eine neue Rolle begeben. Aber er ist der Fremde, der zunächst einmal zumindest abwartende Zurückhaltung auslöst und allzu leicht Gegenstand hoffnungsvoller oder ängstlicher Projektionen werden kann. Er muss sich positionieren, muss seine Rolle so gestalten, dass sie den eigenen Zielvorstellungen entspricht und trotzdem so weit als möglich den Erwartungen der künftigen Mitarbeiter entgegenkommt. Und auch hier entscheidet sich viel in den ersten Stunden, Tagen und Wochen. Was also tun? Wie sollte man sich im Team vorstellen? Welche Worte mit den künftigen Mitarbeitern wechseln? Sollte man eine Antrittsrede halten und falls ja, wie und wo? Ist es angemessen, einen Einstand zu feiern? Inwieweit sollte man dabei die geschriebenen und ungeschriebenen Regeln der Organisation, ihre Kultur, berücksichtigen und inwieweit sich querlegen, um die eigene Persönlichkeit nicht zu verbiegen? Das und vieles andere mehr sollte man planen, ohne seine Spontaneität einzubüßen, Nebenwirkungen des eigenen Handelns bedenken und in Gedanken durchspielen, was man ganz konkret sagen und tun sollte und was besser nicht.

Dabei ist Hilfe höchst willkommen. Das hier vorliegende Buch von Alois Kauer und Helmut Hofbauer bietet diese Hilfe, es bleibt nicht im Allgemeinen und Grundsätzlichen, sondern macht konkrete Formulierungs- und Handlungsvorschläge, bringt Beispiele und nimmt den Ratsuchenden bei der Hand, ohne ihn zu gängeln. Ich kann daher dieses Werk jedem empfehlen, der längerfristig seine Karriere plant oder aktuell vor der Übernahme einer (neuen) Führungsposition steht.

Lutz von Rosenstiel
* 1938, † 2013; war
Professor für Organisations- und Wirtschaftspsychologie
an der Ludwig-Maximilians-Universität München

Inhalt

An wen wendet sich dieses Buch?

Als Trainer und Berater haben wir zahlreiche Führungskräfte in der Vorbereitung und beim Führungsstart begleitet. Bücher zu dieser Anfangszeit als Führungskraft gibt es einige, aber viele Führungskräfte haben uns zurückgemeldet, dass wenige dieser Bücher für die Praxis geschrieben sind. In Wahrheit wenden sie sich oft an das Personalmanagement und Trainer bzw. Berater.

Dies hat uns dazu angeregt, dieses Praxisbuch für Führungskräfte zu schreiben. Wir wenden uns mit diesem Buch an alle Führungskräfte, die unvorbereitet neu in diese Rolle kommen und praktische Hilfestellung für diese herausfordernde Startsituation suchen. Dieses Buch bietet Modelle, Empfehlungen und Hinweise sowie Tools und Checklisten. Damit können Sie Ihre Entscheidungsgrundlagen analysieren. Die Schlussfolgerungen für Ihre Handlungen und Entscheidungen müssen Sie am Ende für sich treffen. Bereiten Sie sich entsprechend vor. Nutzen Sie die Checklisten und Fragestellungen zur Analyse. Passen Sie die Tipps Ihrer Situation an.

Zum Download

Um Ihnen die Umsetzung zu erleichtern, finden Sie weitere Interviews aus der Praxis, Checklisten, Übungen und Tabellen auch zum Download unter www.hofbauerundpartner.de

Wie wichtig Hilfestellungen für Nachwuchsführungskräfte aus Unternehmens- und wissenschaftlicher Sicht sind, stellen im Vorwort der Leiter der Personalentwicklung des Volkswagen Konzerns, Ralph Linde, und im Geleitwort Prof. Lutz von Rosenstiel eindrücklich dar.

Ohne die Unterstützung von unseren Ehefrauen wäre dieses Buch nicht möglich geworden, die mit Nachsicht und Geduld uns den Rücken frei gehalten haben. Besonderen Dank auch an Dr. Barbara Bichler, die mit ihrer professionellen journalistischen Unterstützung zur Qualität dieses Buches beigetragen hat.

Helmut Hofbauer Alois Kauer

1 Sie gehen in Führung

„Erfolg besteht darin,
dass man genau die Fähigkeiten hat,
die im Moment gefragt sind."
Henry Ford, amerikanischer Industrieller

Worum es geht ...

Sie haben erfahren, dass Sie für eine Führungsposition vorgesehen sind, oder ein entsprechendes Angebot vorliegen. Im ersten Moment reagiert man mit Stolz, weil einem so eine verantwortungsvolle Aufgabe zugetraut wird. Dazu mischt sich innere Befriedigung. Das Engagement, das Sie in der Vergangenheit gezeigt haben, hat sich gelohnt. Bald aber folgt die Ernüchterung und damit die ersten Zweifel: Besitzen Sie wirklich die Voraussetzungen, die Herausforderung zu meistern? Was heißt Führung eigentlich genau? Je präziser Sie sich jetzt klarmachen, wie Führung funktioniert und welche Möglichkeiten Sie haben, sie umzusetzen, desto leichter wird es Ihnen fallen, Ihren eigenen Führungsstil zu entwickeln.

Dieses Kapitel beschreibt theoretische Grundlagen und wichtige Modelle, die zeigen, was Führung erfolgreich macht. Es behandelt folgende Themen:

- was Führung bedeutet und beeinflusst,
- was gute Führung kennzeichnet,
- welche persönlichen Anforderungen Führung an Sie stellt,
- welche Vor- und Nachteile die grundlegenden Führungsstile haben,
- mit welchen Erwartungen Sie zu rechnen haben,
- wie Sie mit widersprüchlichen Erwartungen und Zielen umgehen können.

Die Erfahrungen als Coach, Berater und Trainer von Führungskräften haben uns gezeigt, dass diese Fragen schlagartig Bedeutung erlangen, sobald ein Mitarbeiter weiß, dass er in eine Führungstätigkeit wechseln wird. Bisher kennt er Führung aus der Perspektive des Mitarbeiters. Unter der Aufgabe, selbst zu führen, kann er sich nur wenig vorstellen.

Angehende Führungskräfte suchen nach Orientierung und einer Richtschnur, an die sie sich halten können. Leider gibt es diesen allgemeingültigen Leitfaden nicht, aber sicherlich genügend Anhaltspunkte aus der Theorie und Praxis, sich seine Grundsätze und sinnvolle Vorgehensweisen selbst zu erarbeiten.

Ein Mitarbeiter, der zum Chef wird, sollte die wichtigsten Führungsstile und -modelle kennen, um sein Handeln und seine Entwicklung als Führungskraft daran zu reflektieren. Dies unterstützt ihn, ein Rollenbewusstsein zu entwickeln und sein Verhalten der neuen Position anzupassen. Das setzt aber eine intensive Auseinandersetzung mit dem Thema Führung voraus, oft auch ein Umdenken.

1.1 Grundlagen guter Führung

Das Thema Führung ist umfassend und komplex. Theorien und Modelle helfen, wichtige Faktoren und Mechanismen zu beschreiben. Sie können aber nicht alle Aspekte von Führung erfassen und erklären, sondern immer nur Schwerpunkte setzen. Die Wirklichkeit Ihrer Führungssituation ist vielschichtiger und umfassender als jede Theorie.

Deshalb geht es hier nicht darum, einen bestimmten Weg zu favorisieren. Vielmehr sollten Sie die für Ihren Führungsstart relevantesten Erklärungsmuster für Führung kennen, um daraus Ihre eigenen Schlüsse zu ziehen. So können sich Ihnen neue Perspektiven eröffnen und Sie lernen Lösungsmöglichkeiten für typische Probleme kennen, von denen Sie vielleicht zuvor nicht einmal etwas geahnt haben.

Die Theorie kann Ihnen kein fertiges Konzept für gute Führung liefern. Aber sie hilft, sich über die Faktoren, die über Erfolg und Misserfolg entscheiden, klar zu werden, Grundlagen zu klären und Ihre aktuelle Situation möglichst umfassend zu analysieren. Sie dürfen aber nicht der Versuchung erliegen, auf fertige Rezepte zu vertrauen. Sie sollten vielmehr abwägen, möglichst viele Blickwinkel in Ihre Entscheidungen mit einbeziehen und so den für Sie passenden Weg finden.

TIPP: Klären Sie Ihr Führungsverständnis

Entwerfen Sie sich eine Landkarte, die Ihnen hilft, Ihr Verständnis von Führung zu formulieren. Stellen Sie sich dafür folgende Fragen:

- Wo habe ich noch grundlegenden Informationsbedarf?
- Welche Aspekte von Führung sind mir besonders wichtig?
- Was brauche ich, um ein eigenes Verständnis zum Thema Führung zu entwickeln?

1.1.1 Definition

Definitionen von Führung gibt es zuhauf. Sie zeigen unterschiedliche Zugänge zum Thema und setzen dementsprechend andere Schwerpunkte. Hierfür zwei Beispiele:

- Führung bedeutet, einen Mitarbeiter bzw. eine Gruppe unter Berücksichtigung der jeweiligen Situation auf gemeinsame Werte und Ziele der Organisation hin zu beeinflussen.
- Führung heißt, Unternehmensziele festzulegen und Entscheidungen über die Kombination der betrieblichen Produktionsfaktoren (Arbeitskraft/Betriebsmittel/Werkstoffe) zu treffen.

Andere Erklärungen haben ein spezielles Menschenbild, einzelne Führungstheorien, den jeweiligen Zeitgeist oder unterschiedliche Annahmen, was den Erfolg von Führung ausmacht, als Grundlage. Hinter diesen spezifischen Definitionen steht immer ein bestimmtes Verständnis von Führung:

- Führung ist zielbezogene Einflussnahme (Rosenstiel).
- Führung – das Richtige zu tun (Schwab).
- Führung bedeutet, andere Menschen zielgerichtet zu bewegen (Neuberger).
- Führung bedeutet, eine Umgebung zu schaffen, in der Menschen das, was sie tun, von Herzen tun (Jobs).
- Führung ist die natürliche, ungezwungene Fähigkeit, Menschen zu inspirieren (Drucker).
- Führen ist die beabsichtigte und zielorientierte Beeinflussung des Verhaltens von Mitarbeitern zur Erreichung der Ziele eines Unternehmens [Net-Lexikon].

Trotz ihrer Unterschiedlichkeit weisen diese Definition zwei gemeinsame Elemente auf:

- den Menschen, d. h. den Mitarbeiter (einzeln und in der Gruppe), auf den Einfluss genommen wird, und
- die Ergebnisse bzw. Ziele, die durch diese Beeinflussung von den Mitarbeitern erreicht werden sollen.

Damit sind sich die meisten Autoren einig, dass Führung ein richtungweisendes und steuerndes Beeinflussen des Verhaltens und der Einstellungen der Mitarbeiter ist mit dem Ziel, bestimmte Ergebnisse zu erreichen. Implizit setzen diese Aussagen zudem die Anwesenheit einer weiteren Person voraus: der Führungskraft. Ihre Aufgabe ist es, die Ziele den Mitarbeitern zu vermitteln und sie dazu zu bringen, diese auch zu erreichen. Dazu gehören insbesondere das Schaffen der notwendigen Kontakte und der Aufbau von sinnvollen Kommunikationsstrukturen und -prozessen. Peter Drucker beschreibt näher, was diese Kommunikation leisten muss:

Da die Ergebnisse und Leistungen von Menschen erbracht werden, steht der Mensch im Mittelpunkt. Führen bedeutet damit, den Mitarbeitern den Sinn ihrer Aufgaben aufzuzeigen (Menschen brauchen Sinn), über Ziele die Richtung aufzuzeigen und die Menschen entsprechend ihren Voraussetzungen und der Aufgabe zu entwickeln und zu fördern, Stärken zu nutzen und den „Schwächen" ihre Bedeutung zu nehmen [Drucker 2005, S. 27].

Für eine Führungskraft bedeutet das: Um ihrer Aufgabe gerecht zu werden, muss sie Verantwortung übernehmen – für das Erreichen von Unternehmenszielen und die Mitarbeiter. Sie führt also mithilfe des direkten Kontakts zu den Mitarbeitern sowie über Strukturen und Prozesse (vgl. Bild 1.1).

1.1.2 Führung heute

Wer in der Leistungsgesellschaft des 21. Jahrhunderts erfolgreich sein will, muss erkennen, dass sich viele Anforderungen im Gegensatz zu früher verändert haben. Folgende fünf Thesen fassen zusammen, welche neuen Anforderungen Führungskräfte bewältigen müssen.

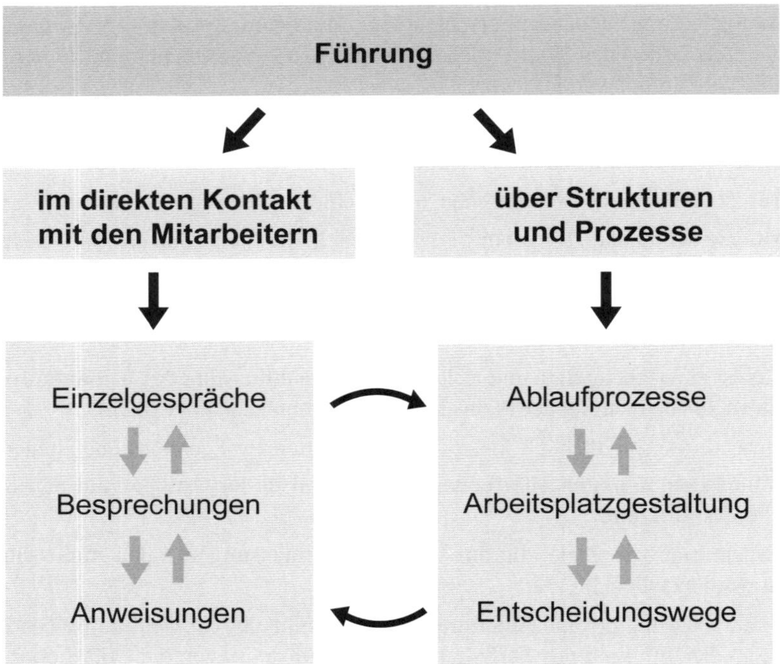

BILD 1.1 Ansatzpunkte für Führung

- **These 1:** Die Entwicklung als Führungskraft ist nicht mehr linear, sondern vielfältig.

  Führungskraft zu werden ist nicht mehr eine Frage des Alters oder der Erfahrung. In fast jedem Alter der Erwerbstätigkeit bekommen und übernehmen Mitarbeiter Führungsverantwortung. In jungen Start-up-Unternehmen sind Führungskräfte nicht selten um die 20 Jahre, wenn sie sich trauen, ein eigenes Unternehmen aufzubauen und Mitarbeiter zu führen. Aber auch eine Altersbegrenzung existiert nicht und auch im späten Erwerbsalter wird der Schritt vom Mitarbeiter zur Führungskraft angegangen und erfolgreich umgesetzt. Die Entwicklung als Führungskraft ist vielfältig und nimmt Bezug auf die verschiedenen Führungssituationen. So führen häufig junge Führungskräfte ältere Mitarbeiter und ältere Führungskräfte junge Teams.

- **These 2:** Mitarbeiter müssen mitunternehmerisch handeln und wie Mitunternehmer geführt werden.

  Führungskräfte brauchen Mitarbeiter, die sich mit dem Unternehmen identifizieren und hinter dessen Zielen und Werten stehen. Das ist auch eine Voraussetzung für selbständiges Handeln und Leistungsbereitschaft. Nur so sehen sich die Mitarbeiter der Organisation und den Aufgaben verpflichtet und es wird für jeden einzelnen erstrebenswert, die Unternehmensziele zu erreichen. Die Mitarbeiter setzen sich ein. Wer von den Mitarbeitern allerdings erwartet, dass sie sich engagieren und sich mit dem Unternehmen identifizieren, muss sie auch in organisatorische Entscheidungen mit einbeziehen und in die Mitverantwortung nehmen. Aus diesem Grund spielt heute die Partizipation der Beschäftigten eine immer größere Rolle. Die möglichen Formen der Mitwirkung reichen von der Anhörung über Mitsprache oder eingeschränkte Delegation bis hin zur vollen Delegation einzelner Aufgaben. Die Verantwortung wird dementsprechend zunehmend dorthin verlagert, wo die konkrete Arbeit stattfindet.
- **These 3:** Komplexität wird zum Führungsalltag, Veränderung zu Normalität.

  Führungskräfte müssen mit komplexen Situationen zurechtkommen und die schnell aufeinanderfolgenden Veränderungen für den Erfolg nutzen können. Ein modernes Unternehmen braucht deshalb Mitarbeiter, die sich engagieren und eigene Ideen einbringen, sowie Strukturen, die es flexibel auf neue Herausforderungen reagieren lassen, und Mitarbeiter, die ihr Potenzial einbringen. Ein Führungskonzept, das nur auf Anordnungen und Anweisungen basiert, wäre nicht mehr zielführend und konkurrenzfähig. Dieses Mitdenken ist umso wichtiger, je komplexer die Anforderungen sind. Besonders augenfällig wird das in Bereichen wie Entwicklung, Marketing oder Vertrieb. Hier müssen die Beschäftigten in hohem Maße eigene Ideen einbringen und Kreativität zeigen. Führungsarbeit bedeutet folglich einerseits klare Ziele zu definieren, damit die Mitarbeiter wissen, wohin der Weg geht, und andererseits Voraussetzungen zu schaffen, damit die Mitarbeiter ihr Leistungsvermögen auch zeigen können. Entwicklungen wie die Globalisierung, die Einführung neuer Technologien sowie der hohe Wettbewerbs- und Innovationsdruck machen häufig Veränderungen in der Struktur des Unternehmens oder dessen Arbeitsweise notwendig. Um diese Neuerungen umsetzen zu können, müssen Führende flexibel handeln und mit vorübergehenden Unsicherheiten oder Widerständen der Mitarbeiter konstruktiv umgehen können. Ein sicheres Umgehen mit der Unsicherheit ist gefordert. Mit der zunehmenden Komplexität und dem hohen Anforderungsdruck der Arbeitswelt kann der Führende in vielen Bereichen die Aufgabenbearbeitung immer weniger fachlich und zeitlich begleiten. Deshalb benötigt der Mitarbeiter klar definierte Ziele und der Führende überprüfbare Ergebnisse, um den Beitrag des Mitarbeiters einschätzen zu können.
- **These 4:** Soziale Kompetenz und vernetztes Denken werden für Führungskräfte überlebenswichtig.

  Dieses veränderte Führungskonzept hat Konsequenzen für die Anforderungen an die Führungskraft. Je mehr der Führende die Mitarbeiter, d. h. die Menschen, mit einbezieht, desto wichtiger werden soziale Kompetenzen. Traditionell forderte man von einem Chef, dass er Mitarbeiter und Umfeld effizient informiert, Zuständigkeiten eindeutig definiert, Aufgaben koordiniert und Konflikte klärt. Heutige Führungskräfte sollen zudem von den Mitarbeitern akzeptiert werden, für deren Identifikation mit dem Unternehmen sorgen, Interessengegensätze überbrücken und Bedingungen schaffen, die die Leistungsbereitschaft und Motivation der Beschäftigten fördern.

Je wichtiger für das Unternehmen die Arbeitsleistung des einzelnen Mitarbeiters ist, desto stärker muss es individuelle Bedürfnisse und Fähigkeiten berücksichtigen. Das erfordert ein flexibles Führen, in dessen Mittelpunkt der Mensch steht.

Eine weitere neue Anforderung ist die Fähigkeit zu komplexem Denken. Wer in einer weitgehend vernetzten Welt, in der einzelne Entscheidung vielfache Wechselwirkungen auf Prozesse und Menschen auslösen können, die Folgen von Entscheidungen und Veränderungen abschätzen will, muss in Zusammenhängen, Strukturen und Mustern denken können. Es gilt, ein „Gespür“ für Entwicklungen im Unternehmen und den menschlichen Anliegen der Mitarbeiter zu entwickeln. Um mit Veränderungen konstruktiv zu verfahren, benötigt der Führende eine positive innere Bereitschaft für Veränderungen.

- **These 5:** Mit Teamkultur eine hohe Leistungsbereitschaft erreichen.

  Durch die Globalisierung und neue Technologien haben sich fast alle Branchen grundlegend gewandelt. Die Geschwindigkeit hat zugenommen, die qualitativen und quantitativen Anforderungen sind gestiegen und der Wettbewerbsdruck hat sich erhöht. Der Wind weht mittlerweile rauer. Dies zwingt die Führung oft dazu, die Schlagzahl zu erhöhen, die Anforderungen zu steigern, mehr Leistung einzufordern. Hier besteht die Herausforderung für Führende darin, eine (Team-)Kultur aufzubauen, die eine hohe Leistungsbereitschaft erzeugt, in der sich die Mitarbeiter mit den Zielen des Unternehmens und der Organisation stark identifizieren und effektiv auf die anspruchsvollen Ziele hinarbeiten. Gleichzeitig soll der Mitarbeiter aber seine körperlichen und psychischen Grenzen nicht überschreiten oder die Arbeit als dauerhafte Überbelastung erleben. Der Einzelne darf nicht ausschließlich in seiner Bedeutung für die Wertschöpfung betrachtet werden. Das ist ein anspruchsvoller Spagat, den es zu meistern gilt.

1.1.3 Aufgaben der Führungskraft

Formal gesehen ist eine Führungskraft eine Person, die eine leitende Stelle in einem Unternehmen oder in einer Organisation innehat. Sie soll mit dem Team bzw. den Mitarbeitern bestimmte Ziele und Ergebnisse erzielen oder eine bestimmte Dienstleistung in einer spezifischen Qualität erbringen.

Welche konkreten Aufgaben diese grundsätzliche Zielsetzung nach sich zieht, lässt sich aus dem Managementkreis (vgl. Bild 1.2) ableiten. Dieser stellt den Managementprozess als Kreis dar. Der äußere Ring beschreibt, welche Schritte nacheinander notwendig sind, um eine Aufgabe zu bearbeiten: Ziele setzen, Planung, Entscheidung, Realisierung, Kontrolle. Aspekte des Führungshandelns wie Kommunikation, Information, Koordination stehen im Zentrum. Sie braucht eine Führungskraft, um jeden Schritt der Aufgabe umzusetzen. Je nach Phase, in der sich das Projekt befindet, wird sie sie aber anders und in unterschiedlicher Intensität anwenden.

Dieser Regelkreis wird damit von

- strukturellen und organisatorischen sowie
- von psychologischen und zwischenmenschlichen

Faktoren beeinflusst.

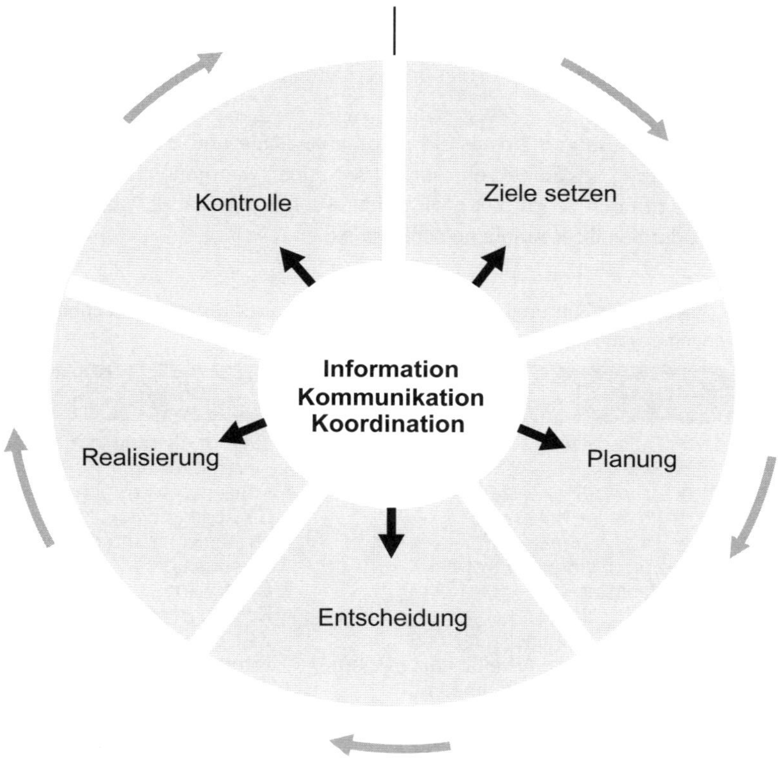

BILD 1.2 Managementkreis

Führungsaufgaben finden somit auf zwei Ebenen statt. Die psychologischen Faktoren kann man zusätzlich differenzieren: in Aspekte, die die Mitarbeiter betreffen, das Team als Ganzes und die Führungskraft.

Tabelle 1.1 listet Beispiele für Aufgaben auf den verschiedenen Ebenen auf. Die Wahrnehmung der Aufgaben findet u. a. durch Tools und Instrumente statt.

TIPP: Betrachten Sie auch Kontakt- und Imagepflege als Führungsaufgaben

Darüber hinaus gibt es Aufgaben, die weder Vorgesetzte noch Stellen- oder Aufgabenbeschreibungen erwähnen, aber trotzdem im Alltag extrem wichtig sind:

- Netzwerkbildung. Knüpfen Sie Kontakte zu Personen in Schlüsselpositionen und guten Informanten. Vieles erreichen Sie leichter, wenn Sie die entsprechenden Personen kennen und Verbündete haben. Auch viele wichtige oder interne Informationen erhalten Sie eher über informelle Kanäle.
- Imagebildung. Sorgen Sie für ein gutes Image. Sie und die Abteilung oder das Team, das Sie führen, werden von außen wahrgenommen. Ihre Arbeit kann noch so gut sein, wird aber weniger anerkannt, wenn Ihr Image oder das Ihrer Abteilung schlecht ist.

TABELLE 1.1 Beispiele für Führungsaufgaben auf der strukturell-organisatorischen und zwischenmenschlich-psychologischen Ebene

Ebene	Beispiele für Aufgaben	Beispiele für Führungsinstrumente
Struktur, Organisation (sachliche Prozesse planen und organisieren)	▪ Ziele setzen ▪ Planung ▪ Arbeitseinsatz steuern ▪ Prozesse definieren ▪ Finanzen managen ▪ Entscheidungen treffen ▪ Realisieren ▪ Kontrollieren ▪ Festlegung und/oder Schaffung notwendiger Arbeitsbedingungen ▪ Handlungsspielräume und Kompetenzen gestalten ▪ Mitarbeiter einstellen, Dienstverträge erstellen ▪ Genehmigungen erteilen ▪ Vertragswesen	▪ Zielformulierung und -vereinbarung ▪ Konzeptentwicklung ▪ Strategieentwicklung ▪ strategische und operative Planungstools ▪ Controlling ▪ Ressourcenplanung (Budget, Zeit, Personal) ▪ Erfolgskontrollsysteme ▪ Anreizsysteme ▪ Aufgaben- und Stellenbeschreibungen
zwischenmenschliche bzw. psychologische Ebene des Teams bzw. der Gruppe	▪ Steuern von Gruppenprozessen ▪ Gruppenzusammenhalt fördern ▪ Informationen geben und weiterleiten ▪ Kommunikation mit den Beteiligten ▪ Konflikte managen ▪ für Zusammenhalt in der Gruppe sorgen ▪ Entscheidungsprozesse definieren ▪ Synergien herstellen	▪ Besprechungen durchführen ▪ Diagnose des Teams ▪ „Social Events“ ▪ Anreizsysteme ▪ Teamentwicklung ▪ Feedback und Anerkennung

Ebene	Beispiele für Aufgaben	Beispiele für Führungsinstrumente
zwischenmenschliche bzw. psychologische Ebene der einzelnen Mitarbeiter	■ Voraussetzungen für Motivation schaffen ■ Informationen geben und weiterleiten ■ Kommunikation mit den Beteiligten ■ Mitarbeiter auswählen ■ Mitarbeiter beurteilen ■ Mitarbeiter entwickeln ■ Fürsorge wahrnehmen ■ Personalpflege (Geburtstage, Jubiläen etc.) ■ Krisenintervention	■ Mitarbeitergespräche ■ Kompetenz- und Fähigkeitenanalyse ■ Feedback und Anerkennung ■ Fortbildungs- und Karriereplanung ■ Anreizsysteme
psychologische Ebene bei der Führungskraft	■ eigene Bedürfnisse/Ziele berücksichtigen ■ gesundheitliche Vorsorge, ausgeglichene Ernährung ■ Balance zwischen Berufs- und Privatleben herstellen ■ eigenen Kompetenzbereich ausschöpfen ■ sich selbst entwickeln ■ eigene Erfolge darstellen ■ sich selbst motivieren	■ Rollenklärung ■ Fort- und Weiterbildung ■ Coaching, Beratung, Supervision ■ Abgrenzung ■ Zeit- und Selbstmanagement ■ Verhandlungen führen ■ Stellen- und Aufgabenbeschreibung

Wie aus den aufgelisteten Aufgaben zu ersehen ist, setzt sich die Führungstätigkeit aus vielen Aktivitäten zusammen. Sie müssen damit rechnen, dass Sie währenddessen immer wieder unterbrochen werden. Manchmal ist es ein Mitarbeiter, der Sie um eine dringende Entscheidung bittet, ein anderes Mal möchte ein Schnittstellenpartner die Zusammenarbeit der nächsten Woche vorplanen oder ein Kunde hat einen diffizilen Auftrag, den er mit dem Chef persönlich besprechen will. Diese Ereignisse sind weder vermeidbar, noch kann man sie einplanen. Sie gehören zu Ihrem Job und Sie müssen lernen, sich darauf einzustellen.

TIPP: Gehen Sie souverän mit Unterbrechungen um

- Betrachten Sie die Unterbrechungen nicht als Störung Ihrer Führungstätigkeit. Sie sind vielmehr ein wichtiger Bestandteil davon. Dafür gibt es vor allem zwei Gründe:
  - Der überwiegende Teil der Führungsarbeit besteht aus Kommunikation. Dies bedeutet: Gespräche führen, diskutieren, verhandeln, überzeugen, um die Aufgaben zu koordinieren und zu bewältigen.
  - Führung findet dort statt, wo Ihr Handeln erforderlich ist.
- Teilen Sie sich jede Aufgabe in mehrere Schritte auf, die Sie dann nacheinander abarbeiten. Mit diesem Vorgehen vermeiden Sie, durch die unvorhergesehenen Ereignisse bei Ihrer Büroarbeit aus dem Konzept zu kommen. ■

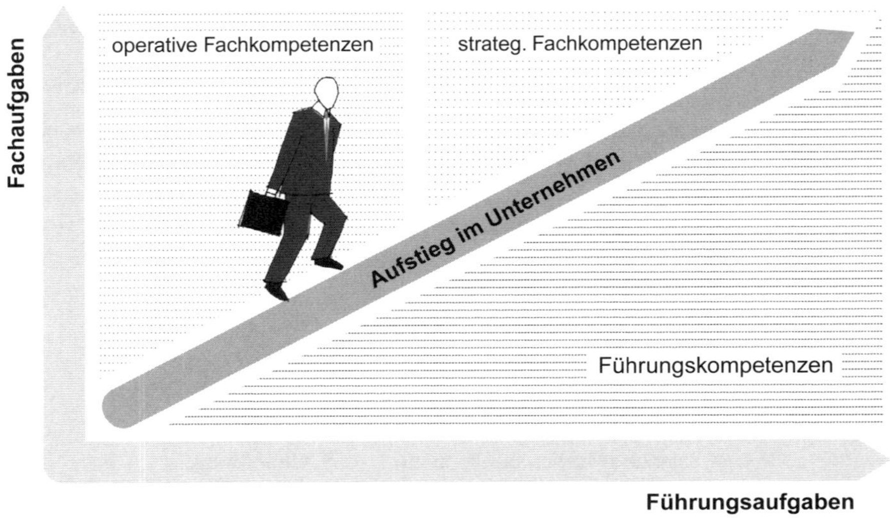

BILD 1.3 Fach- und Führungsaufgaben beim Aufstieg im Unternehmen

1.1.4 Von der Fach- zur Führungstätigkeit

Beim Wechsel von der Fachkraft zur Führungskraft werden neue Fähigkeiten, nämlich die Führungskompetenzen, gefordert. Da Sie in der Regel aufgestiegen sind, weil Sie Fachkompetenz gezeigt haben, gilt es nun, von Fachaufgaben loszulassen und sich gegenüber den Führungsaufgaben zu öffnen.

Je weiter Sie aufsteigen, desto mehr nehmen die Führungsaufgaben zu. Die operativen Fachaufgaben werden weniger und die verbleibenden Fachaufgaben haben eher strategischen Charakter (vgl. Bild 1.3). Sie sind nicht mehr nur für die Fachaufgabe einer Stelle verantwortlich, sondern für die einer ganzen Abteilung. Deshalb werden Sie sich von der rein operativen Bearbeitung verabschieden müssen und eher übergeordnetes Fachwissen brauchen. Sie müssen die Rahmenbedingungen setzen, damit Ihre Mitarbeiter sich daran in der operativen Ausführung orientieren können. Nach außen hin vertreten Sie fachlich Ihren Bereich und somit wird es wichtig, zu den fachlichen Schlüsselfragen auch klare Aussagen treffen zu können. Welches konkrete Fachwissen Sie dafür erwerben müssen, hängt von der konkreten Definition Ihrer Funktion ab. Inwieweit Sie noch operative Fachaufgaben wahrnehmen müssen und welche, sollten Sie möglichst frühzeitig mit Ihrem Vorgesetzten klären.

Sie waren als Mitarbeiter erfolgreich. Sonst wären Sie nicht zur Führungskraft befördert worden. In dieser Rolle waren Sie akzeptiert und anerkannt. Aufgrund dieser positiven Erfahrung gibt Ihnen die Wahrnehmung fachlicher Tätigkeiten Sicherheit und Selbstbewusstsein. Sie sehen bei der Erledigung von Fachaufgaben direkt den Erfolg und können das befriedigende Gefühl, eine Aufgabe gut erfüllt zu haben, unmittelbar erfahren, da Sie diese Arbeit selbst erledigen. Deshalb fällt es vielen Führungskräften schwer, in der Startphase loszulassen. Das liegt auch daran, dass die Ergebnisse des Führens meist nur mittelbar, über den Mitarbeiter, sichtbar werden. Hinzu kommt noch, dass die Mitarbeiter meistens anders vorgehen als Sie selbst. Um sich darüber klar zu werden, wie sich Ihre fachlichen Aufgaben durch den Wechsel in die Führungsrolle verändern, sollten Sie sich folgende Fragen stellen:

- Welche Fachaufgaben muss ich bzw. sollte ich übernehmen?
- Welche fachlichen Kompetenzen benötige ich dafür?
- In welchen Aspekten muss ich fachlich kompetenter sein als meine Mitarbeiter, da diese meine fachlichen Entscheidungen oder meinen fachlichen Rat benötigen?
- Für welche Aspekte benötige ich spezielles Wissen und für welche reichen Grundlagenkenntnisse aus, um den Einsatz der Mitarbeiter zu steuern, Ergebnisse zu bewerten und Leistung zu beurteilen?

Tabelle 1.2 hilft Ihnen, die Antworten zu strukturieren und ein Fazit zu ziehen.

TABELLE 1.2 Fachaufgaben und dafür nötige Kompetenzen

Fachaufgaben	Welche Fachkompetenzen sind gefragt?	Unbedingt notwendig	Hilfreich	Wäre gut, aber nicht zwingend notwendig

Fachautorität und Fachkompetenzen benötigen Sie immer dann, wenn Sie Ihre Mitarbeiter und Ihr Umfeld mit Sachkunde überzeugen oder beraten sollen und wenn Sie fachliche Entscheidungen treffen und spezifische Rahmenbedingungen festlegen müssen.

Beim ersten Führungsjob besteht die Gefahr, den Fachaufgaben zu große Bedeutung beizumessen. Man glaubt, kompetenter sein zu müssen wie die Mitarbeiter. Die Zeit für klassische Führungsaufgaben kommt deshalb zu kurz. Je länger Führung wahrgenommen wird, desto höher bewertet man Führungsaufgaben. Man weiß dann, wie wichtig deren Bedeutung und Wirkung für die Mitarbeiter und das Ergebnis sind.

1.1.5 Einflussfaktoren auf die Führungssituation

Jede Führungssituation ist einmalig. Sie ist bestimmt durch zahlreiche Einflussfaktoren. Aktuelle Anforderungen, das Umfeld und die Strukturen, in denen Sie sich bewegen, schaffen sehr individuelle Rahmenbedingungen für Ihre Tätigkeit. Hinzu kommt: Auch Ihre Mitarbeiter haben Stärken und Schwächen, auf die Sie reagieren müssen. Und nicht zuletzt bestimmen Sie und Ihr Verständnis von Führung, wie Sie Ihre Aufgabe erfüllen. Deshalb können nur Sie wissen, was Ihre Führungssituation im Detail bestimmt. Übernehmen Sie daher nicht ungeprüft Rezepte von anderen.

Aus diesem Grund müssen Sie die Besonderheiten und die spezifischen Anforderungen Ihrer Führungssituation erkennen und verstehen. Auf Basis dieser Analyse können Sie dann für Ihr Führungshandeln Schlussfolgerungen ziehen. Bild 1.4 stellt dar, wie viele unterschiedliche Faktoren eine Führungssituation kennzeichnen.

Führungskraft

Jeder Mensch – und damit auch eine Führungskraft – ist ein Individuum mit einer eigenen Geschichte. Sein Elternhaus, das Milieu und die Kultur, in denen er aufwuchs, prägen seine Grundüberzeugungen und seine Erfahrungen. Jeder Mensch besitzt einen einmaligen Charakter und eine individuelle Persönlichkeitsstruktur. Dementsprechend hat er Wünsche, Sehnsüchte und Bedürfnisse, die einmalig sind.

Das wirkt sich auch auf seine Rolle als Führungskraft aus: Werte und was man unter Erfolg, Karriere, Sicherheit oder Wertschätzung versteht, steuern das Verhalten. Erfahrungen mit Führung, Leiten und der Übernahme von Verantwortung spielen ebenfalls eine Rolle. Vorbilder prägen, ob positiv oder negativ. Darüber hinaus beeinflussen Fähigkeiten im Bereich der sozialen Kompetenz und im Bereich der Selbstführung das eigene Handeln. Dies bedeutet: Jede Führungskraft wird ihre Aufgabe individuell interpretieren und im Verhalten andere Schwerpunkte setzen. Also prägen Sie und Ihre Persönlichkeit die Führungssituation.

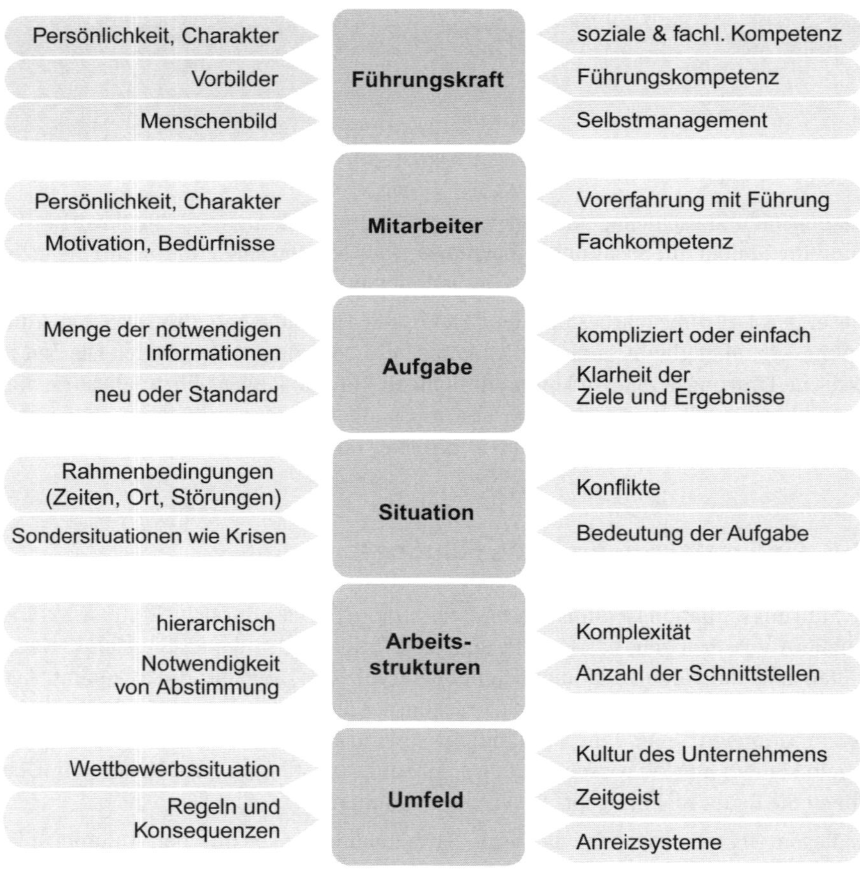

BILD 1.4 Einflussfaktoren auf die Führungssituation

Mitarbeiter

Jeder Mitarbeiter ist genauso einmalig wie die Führungskraft. Auch er besitzt eine unverwechselbare Persönlichkeit, hat seine eigene Geschichte, individuelle Charakterstrukturen und besondere Vorerfahrungen mit Führen und Leiten. Damit unterscheidet sich jeder Mitarbeiter von den anderen durch besondere fachliche Kompetenzen sowie individuelle Qualitäten und Ressourcen. Dies bedeutet: Die Führungskraft sollte auf jeden Mitarbeiter individuell eingehen und eine für diesen adäquate Form des Führens wählen. Es gibt Menschen, die viel Wert auf Sicherheit, Klarheit und Orientierung legen, andere wiederum brauchen, um motiviert zu arbeiten, Freiräume und Mitsprache bei den Zielen. Führung heißt somit, auf jeden Mitarbeiter individuell einzugehen.

Aufgabe

Einfache Aufgaben benötigen eine andere Art des Führens als komplexe Aufgaben. Letztere zeichnen sich durch einen hohen Abstimmungsbedarf aus. Aufgaben, bei denen Identifikation und Engagement eine Voraussetzung sind, müssen anders kommuniziert und diskutiert werden als Aufgaben, bei denen es um die Einhaltung der Zeit und der festgelegten Arbeitsschritte geht. Ist eine Aufgabe neu, gehen Sie anders an sie heran, als wenn Sie eine Standardaufgabe lösen. Das bedeutet: Der Charakter der Aufgabe beeinflusst die Art und Weise des Führens.

Situation

Welches Führungshandeln sinnvoll ist, hängt auch von der jeweiligen Situation ab. Ein Chef im Einzelhandel wird z. B. in der Vorweihnachtszeit deutlich höhere Arbeitsanforderungen an seine Mitarbeiter stellen als im Sommerloch. In einer finanziellen Krisensituation wird der Einsatz von Ressourcen genauer betrachtet als in Boomzeiten. In manchen Krisensituationen können Sie nicht diskutieren, welche Reaktion sinnvoll ist, sondern müssen unverzüglich handeln. Die Mitarbeiter müssen dann auch sofort Ihre Anordnungen befolgen. Jeder muss wissen, was er zu tun hat. Geht es dagegen um ein Problem, das das gesamte Team betrifft, ist es sinnvoll, gemeinsam und gleichberechtigt mit allen Beteiligten nach Lösungen zu suchen. Das bedeutet: In Sondersituationen wie Krisen und Konflikten wirken Chefs auf den Mitarbeiter und die Aufgabe anders ein als in der Alltagssituation. Auch wenn die Geschäftsführung einer Aufgabe besonderen Wert beimisst, wird das Ihr Führungshandeln beeinflussen. Die Situation bestimmt folglich, wie eine Aufgabe bearbeitet wird, und damit Ihr Führungshandeln.

Arbeitsstrukturen

Anforderungen an das Führungsverhalten ändern sich mit den Strukturen, innerhalb derer Sie arbeiten. Sie sind u. a. abhängig von der Anzahl der Schnittstellen zu anderen Bereichen bzw. Abteilungen oder dem Aufbau des Unternehmens. In einer Entwicklungsabteilung sind Sie beispielsweise besonders auf die Kreativität, Kompetenz und Motivation angewiesen. Um gute Ergebnisse zu erzielen, werden Sie folglich den Mitarbeitern großen Freiraum einräumen. Sie werden also auf jeden einzelnen Mitarbeiter eingehen, sich mit ihm austauschen und Ergebnisse oder Schwierigkeiten diskutieren.

In der Produktion steht meist fest, was und wie gearbeitet wird. Wichtig für den Erfolg ist vor allem das Einhalten der festgelegten Vorgaben und Standards. Hier besitzen Anordnung und Kontrolle einen hohen Stellenwert.

Auch der Aufbau und die Prozesse des Unternehmens beeinflussen die Arbeitsweise und damit das Führungsverhalten. Eine hierarchisch aufgebaute große Organisation wie etwa eine Behörde erfordert, dass Sie Dienstwege und Vorgaben einhalten. Arbeiten Sie dagegen in einer Matrix-Struktur mit vielen Schnittstellen, müssen Sie sich vielfach mit Ihrem Umfeld abstimmen. Die Prozesse sind komplex. Details müssen deshalb immer wieder neu verhandelt werden. Hier sind im besonderen Maße Überzeugungskraft und Verhandlungsstärke gefragt. Arbeitsstrukturen und der Aufbau der Organisation bestimmen somit das Führungshandeln.

Umfeld

Die Menschen, Aufgaben und Prozesse sind auch abhängig von der Kultur des Unternehmens. Die Herausforderungen können ähnlich sein, die Reaktion und die Antworten hängen von den Dos and Don'ts der Organisation ab. Geltende Regeln, ob offiziell oder informell, steuern und lenken Verhalten. Damit werden bestimmte Verhaltensweisen anerkannt, eventuell auch mit Leistungsanreizen gefördert. Das, was belohnt wird, wird gestärkt. Deshalb ist es für eine Führungskraft wichtig, die Unternehmenskultur zu verstehen. Je besser man die Wechselwirkungen zwischen Mensch und Organisation durchschaut, desto gezielter kann man auf sie einwirken, um die Realisierung eigener Ziele zu stärken. Auch die Gesamtsituation des Unternehmens prägt die Menschen. Steht das Unternehmen unter großem Konkurrenzdruck, wird das Umgehen mit Ressourcen anders betrachtet, als wenn die Dienstleistung oder das Produkt eine unangefochtene Stellung am Markt hat.

Das gesamtgesellschaftliche Umfeld besitzt ebenso einen großen Einfluss. Die internationale Konjunkturlage oder neue rechtliche Vorgaben wirken auf Unternehmen ein. Aktuelle gesellschaftliche Themen, beispielsweise Klimawandel und Nachhaltigkeit, verändern die Sichtweisen der Kunden und damit auch interne Prioritäten und Entwicklungen. Führungshandeln steht folglich in Wechselwirkung mit der Unternehmenskultur und der Gesellschaft.

1.1.6 Erfolgskriterien

Ihr eigener Führungserfolg lässt sich vom Unternehmenserfolg ableiten. Ein Unternehmen will überleben. Im Wirtschaftsbereich bedeutet dies: wettbewerbsfähig sein und Gewinn erzielen. (Non-Profit-Organisationen streben Ziele und Dienstleistungen in einer Qualität an, die für Zuschussgeber finanzierbar und unterstützenswert sind und den Ansprüchen der Klienten/Kunden genügt.)

Um Gewinn zu erzielen, muss die Organisation sowohl effizient gesteuert und gelenkt werden als auch mit den Produkten und Dienstleistungen am Markt bestehen. Jedes Unternehmen bestimmt dazu spezifische Ziele, die auf die jeweiligen Ebenen heruntergebrochen und miteinander verwoben werden. Welcher Art die Ziele und angestrebten

Ergebnisse sind, hängt vom Unternehmen ab. Für die klassische Frage, woran der Erfolg Ihres eigenen Führens festgestellt werden kann, gibt es damit eine einfache Antwort: Die Qualität Ihrer Ergebnisse macht den Führungserfolg aus. Dies bedeutet: Erfolg ist davon abhängig, wie man Ihre Tätigkeit bewertet. Er lässt sich nach unterschiedlichen Kriterien messen. Tabelle 1.3 bietet eine Aufstellung möglicher Kriterien und zeigt anhand von Beispielen, was sie jeweils bedeuten:

TABELLE 1.3 Kriterien für die Definition des Erfolgs

Kriterium	Beispiele
Ergebnisbezogenheit	▪ Quantität oder Qualität der Leistung, feststellbar an ZDFs (Zahlen, Daten, Fakten) z. B. Absatzzahlen, Produktionsergebnis, Produktivität ▪ Marktanteil ▪ Verhältnis Aufwand/Nutzen ▪ Innovationsrate ▪ Kundenzufriedenheit ▪ Reklamationen ▪ Anzahl neuer Entwicklungen
Mitarbeiterbezogenheit	▪ Arbeitsatmosphäre ▪ Arbeitszufriedenheit ▪ Anzahl der Konflikte ▪ Fluktuation der Mitarbeiter ▪ Gesundheitsstand ▪ Identifikation mit den Zielen und den Ergebnissen ▪ erreichtes Kompetenzniveau der Mitarbeiter ▪ Anzahl der Verbesserungsvorschläge ▪ Umsetzung von Veränderungen

Nach welchen Kriterien der Erfolg bewertet wird, hängt vom Unternehmen ab. Zählen nur die Kennzahlen oder werden auch mitarbeiterbezogene Kriterien mit herangezogen? Neben offiziell benannten Kriterien wie dem Erreichen bestimmter Kennzahlen oder gute Ergebnisse in Befragungen von Kunden oder Mitarbeitern sind auch inoffizielle wirksam, beispielsweise die Anzahl von Beschwerden über die Führung oder das Image des Teams. Es gibt oft mehrere Kriterien, die bewertet werden. Diese können auch in Konkurrenz zueinander stehen und sich im Verlauf ändern.

Welche Aspekte in Ihrem Unternehmen zählen, sollten Sie zügig herausfiltern. Nur so können Sie eine Leitlinie für Ihren Erfolg finden. Stellen Sie sich deshalb folgende Fragen:

- Welche Standards, welche Kennzahlen werden bei mir für eine Bewertung herangezogen?
- Wie stehen diese in Verhältnis zueinander?
- Wer legt diese Kriterien fest?
- Wie genau müssen diese eingehalten werden?
- Wer bewertet den Erfolg?

TIPP: Berücksichtigen Sie Einflüsse auf den Erfolg

- Versuchen Sie nicht, alleine erfolgreich zu sein, sondern mit und durch Ihre Mitarbeiter! Erfolg wird nicht von Ihnen alleine erbracht, sondern auch von Ihren Mitarbeitern.
- Lernen Sie auch die Ziele Ihres Vorgesetzten kennen und helfen Sie mit, dass er diese erreichen kann. Erfolg hängt auch von demjenigen ab, der Sie beurteilt.
- Verabschieden Sie sich von dem Glauben, Sie hätten alles in der Hand. Sie können zwar viel zu Ihrem Erfolg beitragen, brauchen aber letztendlich auch das berühmte „Quäntchen Glück" dafür. Externe Einflüsse, die nicht oder nur gering steuerbar und kontrollierbar sind, können Ihre an sich positive Bilanz konterkarieren (z. B. die gesamtwirtschaftliche Entwicklung, eine Grippewelle, die Kündigung von wichtigen Mitarbeitern).
- Erfolg ist das Resultat eines komplexen Prozesses, der von vielen Variablen, z. B. den Kunden, der Kooperation in den Schnittstellenbereichen, der Geschäftsführung, dem Team, bestimmt wird. Lernen Sie die Stellschrauben, die Sie in diesem komplexen Prozess beeinflussen können, kennen und beobachten Sie, welche Wechselwirkungen sich einstellen, wenn Sie bestimmte Veränderungen vornehmen.
- Sorgen Sie dafür, dass die Leistung und Ergebnisse in einem günstigen Licht gesehen werden. Klappern gehört zum Geschäft. Sonst merkt niemand, dass Sie Erfolg haben.
- Denken Sie daran, ein Netzwerk aufzubauen, das Sie trägt. Erfolg lässt sich leichter in einem wohlwollenden Umfeld (Führungskollegen, Schlüsselpersonen) erreichen.

1.1.7 Voraussetzungen für Erfolg

Erfolg hängt davon ab, nach welchen Kriterien man diesen beurteilt. Die gängigen drei Modelle, die der Frage nach den Grundlagen von Führungserfolg nachgehen, tun das jeweils aus einer anderen Perspektive. Sie reduzieren damit die tatsächliche Komplexität der Führungssituation, bieten aber gerade dadurch Orientierung. Nutzen Sie diese Erklärungsansätze, um Ihre eigenen Führungsmuster besser zu verstehen, als Landkarten, die Sie im Alltag leiten können. Sie helfen, Ihre Erfahrungen zum Thema Führen zu reflektieren, zu differenzieren und zu strukturieren. Bedenken Sie aber auch: Führungstheorien sind zeitgebunden und abhängig von der jeweils gängigen Managementlehre. Manche dieser Modelle sind nicht mehr „State of the Art". Man sollte sie aber verstehen, weil andere Theorien auf ihnen aufbauen oder sich auf sie beziehen.

Im Mittelpunkt der theoretischen Modelle über Führung steht die Frage nach dem – an ökonomischen und sozialen Kriterien bemessenen – Führungserfolg. Sie arbeiten aus unterschiedlichen Blickwinkeln Bedingungen heraus, die zentrale Strukturen und

Prozesse für Erfolg bestimmen, und leiten daraus ab, was die Voraussetzungen für Erfolg sind. Bild 1.5 zeigt die drei grundlegenden Ansatzpunkte für die Modelle:

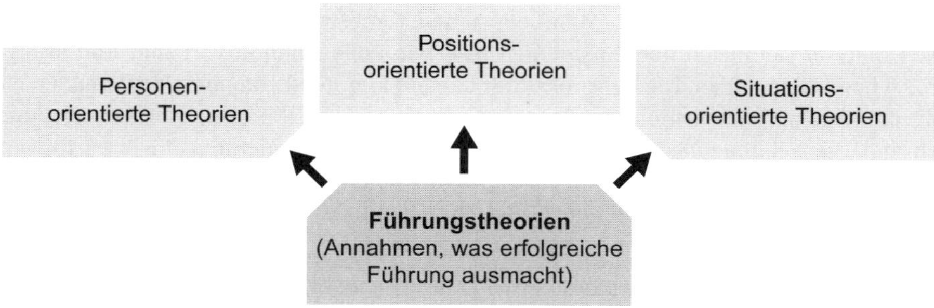

BILD 1.5 Grundlegende Ansätze für Führungstheorien

Personenorientierte Führungstheorien

Diese Theorien stellen die Führungskraft und die Mitarbeiter in den Mittelpunkt. Persönliche Eigenschaften sind hier die entscheidende Einflussgröße für die Wirksamkeit von Führung. Andere Bedingungen, wie Aufgabe, Rolle, Kultur oder Organisation, treten demgegenüber in den Hintergrund.

Ziel dieses Ansatzes ist, Eigenschaften zu definieren, die eine Person unabhängig von der jeweiligen Situation zur erfolgreichen Führungskraft machen. Ein Beispiel dafür ist die Aufstellung von Peterson und Bownas [1982]:

- Antrieb
- Ehrlichkeit und Integrität
- Führungsmotivation
- Selbstvertrauen
- kognitive Fähigkeiten
- Fachkenntnisse
- Kreativität
- Flexibilität

Die Globe-Studie in den 90er-Jahren kam dagegen zu folgendem Ergebnis. Für sie wurden über 15 000 mittlere Führungskräfte aus dem deutschsprachigen und internationalen Raum gefragt, welche Führungseigenschaften ausschlaggebend für Erfolg seien. Sie nannten am häufigsten: Integrität, Fähigkeit zu inspirieren, Fähigkeit zu visionären Ideen, Team- und Leistungsorientierung und Entscheidungsfähigkeit [Wunderer 2011, S. 276]. Auch die Eigenschaften, die der Mitarbeiter mitbringt, hängen mit dem Führungserfolg zusammen.

Die Annahme der personenorientierten Führungstheorien ist: Die besonderen Eigenschaften der Führungskraft bringen den Erfolg.

Positionsorientierte Führungstheorien (Rollentheorien)

Bei diesem Ansatz stehen die institutionellen Rahmenbedingungen im Fokus. Bei der Rollentheorie [Katz, Kahn 1978] ist Führungserfolg davon abhängig, inwieweit die Erwartungen von Führungskraft, Mitarbeitern und Vorgesetztem an die Rolle des Führenden und der Geführten übereinstimmen bzw. wie Rollenkonflikte erkannt und erfolgreich bewältigt werden. Die Führungskraft handelt hier nicht autonom. Ihr Verhalten ist durch Regeln, Vorschriften, Forderungen, Stellenbeschreibungen, Normen etc. bestimmt. Diese Rahmenbedingungen engen ihren Handlungsspielraum ein. Erwartungen und Normen widersprechen sich zum Teil und können in der Folge zu Konflikten führen: Führen bekommt damit einen politischen Aspekt. Die Führungskraft muss verhandeln, Interessen mit einbeziehen und Kompromisse entwickeln.

Die Rollentheorie sensibilisiert für die Widersprüche und Konflikte im System der Organisation und verdeutlicht die Bedeutung von klar definierten Rollen und Funktionen.

Die Annahme der positionsorientierten Führungstheorien ist: Das Bearbeiten und Abklären der unterschiedlichen Erwartungen, Normen, Regeln etc., die auf Führung wirken, schafft den Erfolg.

Situationsorientierte Führungstheorien

Dieses Modell stellt die Wechselwirkungen zwischen dem Verhalten der Führungskraft und der Führungssituation in den Mittelpunkt des Interesses. Führung ist somit abhängig von den direkt beteiligten Personen (Vorgesetzten und Mitarbeitern), der zu bewältigenden Aufgabe und der Umwelt, beispielsweise den Arbeitsbedingungen, der Wettbewerbssituation oder dem Verhalten und den Wünschen der Kunden. Dementsprechend gibt es hier keinen „optimalen“ Führungsstil, sondern Führung muss an die Situation angepasst werden.

Der Vorteil dieses Ansatzes ist, dass er Führen im Kontext mit verschiedenen Einflussgrößen sieht. Der Anteil der Führungskraft am Erfolg wird durch die Mitberücksichtigung der Rahmenbedingungen relativiert.

Die Annahme der situationsorientierten Führungstheorien ist: Der Führungsstil, der der Situation am angemessensten ist, ist der erfolgreichste.

1.2 Führungsstile

Der Führungsstil ist ein „typisches Muster“ Ihres Führungsverhaltens. Er beschreibt die charakteristische Art und Weise, wie Sie Aufgaben bewältigen und Funktionen ausfüllen. Ein Führungsstil ist damit eine Grundhaltung oder eine Einstellung, die sich in der Verhaltensweise des Führenden widerspiegelt und sich gegenüber den Geführten zeigt.

Dieser Stil ist abhängig von:

- dem persönlichen Charakter,
- den Grundeinstellungen, den Überzeugungen und Werten,
- dem Menschenbild.

Wenn man davon ausgeht, dass Führung von der Situation, den besonderen Qualitäten der Führungsperson und der Mitarbeiter sowie den Besonderheiten der jeweiligen Führungsrolle geprägt ist, hat jeder Führungsstil seine Berechtigung. Jede Führungsperson sollte je nach Situation zwischen verschiedenen Führungsstilen variieren können, sofern diese in Übereinstimmung mit der eigenen Person stehen. Die Stile schließen sich somit nicht aus, sondern ergänzen sich. Die Kenntnis der Typologie hilft:

- Ihr Führungsverhalten besser zu verstehen,
- die Reaktionen der Mitarbeiter auf einen Stil abzuschätzen,
- den für eine Situation adäquaten Führungsstil zu erkennen.

Die Ansätze zur Unterscheidung von Führungsstilen sind vielfältig.

1.2.1 Traditionelle Führungsstiltypologie

Die traditionellen Führungsstile gehen auf Erkenntnisse aus den 30er-Jahren des 20. Jahrhunderts zurück. Die wichtigsten unter ihnen sind der „autoritäre", „demokratische" und „Laissez-faire"-Führungsstil. Diese Einteilung stammt von Kurt Lewin, dem Begründer der modernen Sozialpsychologie. Er untersuchte in den Ohio-Studien die Wirkung unterschiedlichen Führungsverhaltens auf die Gruppenatmosphäre, Produktivität, Zufriedenheit, Gruppenzusammenhalt und Effizienz [Lewin 1939]. Ihm ging es dabei um folgende Fragen: Was macht die Führungskraft? Wie handelt sie? Wie steht ihr Verhalten zur Zufriedenheit und Leistung der Geführten? Auf dieser Grundlage konnte er allgemeine Verhaltensmuster bzw. Führungsstile identifizieren.

Autoritärer Führungsstil

Beim autoritären Führungsstil trifft der Führende die Entscheidungen alleine und gibt auch die Ziele vor. Er geht davon aus, dass er die beste Lösung kennt.

Der Chef bestimmt damit die Abläufe und Prozesse in seinem Bereich. Die Mitarbeiter bezieht er nicht oder kaum mit ein. Er versucht dann aber, diese von seinen Entscheidungen zu überzeugen. Autoritäre Vorgesetzte sind tendenziell klar und eindeutig in ihren Aussagen und Instruktionen. Diese erklären und begründen sie ausführlich.

Ihre Anordnungen basieren oft auf einer Einbahnkommunikation, die Rückmeldungen der Mitarbeiter werden nicht oder kaum berücksichtigt. Maßstäbe im Umgang mit den Mitarbeitern sind allein der Erfolg und das Ergebnis. Der Informationsaustausch erfolgt damit meist von oben nach unten, auf formellen Wegen, oft auch in Schriftform. Sein Hauptinhalt sind die von oben vorgegebenen Vorgaben und Vorschriften, an die sich Mitarbeiter halten müssen. Diese sind somit ausführende „Organe" und haben vor allem ihre Aufgabe zu erfüllen. Der autoritäre Chef erwartet, dass die Beschäftigten seine Vorgaben und Anweisungen korrekt ausführen, und lässt das überprüfen. Nach diesem Kriterium beurteilt er auch die Leistung der Mitarbeiter. Er legt Wert auf Distanz, damit der „notwendige Respekt" gewahrt bleibt.

Dieser Stil ist geprägt durch eine große Machtfülle des Vorgesetzten. Er setzt umfassende Fachkenntnis der Führungskraft voraus. Erfolg und Misserfolg der Abteilung hängen sehr stark von der Person des Vorgesetzten ab. Individuelle Bedürfnisse, Erwartungen und Probleme der Mitarbeiter spielen kaum eine Rolle. Verwandt mit diesem Stil ist die patriarchalische Führung.

Auswirkungen

Mit diesem Stil lassen sich kurzfristig Erfolge erzielen, längerfristig wird dieser Führungsstil zu Problemen führen. Mitarbeiter verhalten sich hier eher passiv, angepasst und denken nicht selbständig. Je mehr die Menschen Wert auf Eigenverantwortung und Mitentscheidung legen und ihre Kompetenz einbringen wollen, desto weniger sind sie bereit, sich so führen zu lassen. Außerdem verlangen die immer komplexer und anspruchsvoller werdenden Aufgaben einen mitdenkenden Beschäftigten.

Unter dieser Führung entsteht oft ein Klima der Anspannung. Die Solidarität der Beschäftigten untereinander und gegenüber der Leitung kann in Ablehnung des Vorgesetzten umschlagen. Die Mitarbeiter entwickeln kaum Bereitschaft, über Schwierigkeiten und Konflikte zu sprechen. Vorteile dieses Stils sind die eindeutigen Zielvorgaben, Anweisungen und Strukturen.

Der autoritäre Führungsstil wird im Alltag angewendet, wenn z. B. das Kompetenzgefälle zwischen Führungskraft und den Geführten sehr hoch ist und die Tätigkeit aus Routineaufgaben besteht oder unter großem Zeitdruck gearbeitet wird. Gute Ergebnisse können erreicht werden. Die Leistung lässt in der Regel nach, wenn die Anwesenheit und Kontrolle durch die Führungskraft fehlt. In Krisensituationen, beispielsweise während einer Umstrukturierung, kann dieser Stil vorübergehend notwendig sein, wenn die Anforderungen an den Bereich sofortiges Handeln erfordern und die Zeit fehlt, Akzeptanz aufzubauen und die Mitarbeiter zu überzeugen.

Kooperativer Führungsstil

Kooperative Führungsstile prägt die aktive Beteiligung der Mitarbeiter am Entscheidungsprozess. Das Spektrum reicht vom Entwickeln von Vorschlägen für die Führungskraft bis hin zu hoher Mitbeteiligung an Entscheidungen. Ziele werden in großem Umfang gemeinsam erarbeitet. Die Führungskraft legt Wert darauf, die Mitarbeiter zu überzeugen.

Entscheidungsbefugnisse werden so in unterschiedlichem Ausmaß delegiert. Die Führungskraft fordert von den Mitarbeitern Selbständigkeit und Eigenverantwortung. Dadurch braucht diese Art der Führung auch eine (teilweise) Selbstkontrolle der Aufgabenerfüllung der Mitarbeiter. Anliegen dieses Stils ist, bei höchstmöglicher Zufriedenheit der Mitarbeiter bestmögliche Ergebnisse zu erzielen.

Durch die Bereitschaft des Chefs, die Mitarbeiter mit einzubeziehen, entsteht mehr Kommunikation und Kontakt mit dem Führenden wie beim autoritären Führungsstil und damit mehr Nähe. Die Kommunikation ist offen, d. h. unter anderem, dass es Gremien wie etwa das Meeting gibt, in denen bestimmte Themen und Schwierigkeiten gemeinsam diskutiert werden.

Kooperativ zu führen ist kein führungstaktisches Kalkül, sondern eine Einstellung. Dieser Führungsstil basiert auf einem Menschenbild, das den Mitarbeiter als einen selbständigen, motivierten und interessierten Menschen respektiert. Damit kommt er dem menschlichen Grundbedürfnis nach Autonomie entgegen. Menschen wollen ihr Umfeld selbst mitgestalten und partizipieren. Demokratischer und partizipativer Stil basieren auf ähnlichen Grundsätzen wie der kooperative.

Auswirkungen

Vorteile dieses Führungsstils sind, dass er die Kompetenzen und die Potenziale der Mitarbeiter mehr nutzt als der autoritäre Führungsstil. Die größere Mitverantwortung und Selbständigkeit der Beschäftigten fördert deren Identifikation mit der Aufgabe, die Motivation und damit auch die Leistungsbereitschaft. Da die Mitarbeiter bei diesem Führungsstil eigene Ideen einbringen, ist kreatives Arbeiten möglich – eine Voraussetzung für Innovation. Das wirkt sich insbesondere positiv bei komplexeren Abläufen und Aufgaben aus. Dieser Stil bewirkt hier bessere Arbeitsergebnisse als eine autoritäre Führung.

Durch die höhere Eigenverantwortung der Mitarbeiter kann der Führende anspruchsvollere Aufgaben delegieren. Damit kann sich die Führungskraft auch leichter selbst entlasten.

Aufgrund der größeren Nähe zu den Mitarbeitern kennt der Führende Vorzüge und Qualitäten jedes einzelnen. Damit kann er das Team bzw. die Gruppe so steuern, dass der einzelne Mitarbeiter Aufgaben erhält, die er besonders gut und effizient erledigt. Das steigert die Effektivität der Gruppe.

Ein Nachteil kann die Entscheidungsgeschwindigkeit sein. Diese kann durch längere Diskussionen abnehmen. Bei Entscheidungen, die negative Auswirkungen auf das Team haben, ist mit Enttäuschung und höheren Widerständen zu rechnen, insbesondere wenn die Nachteile durch Überzeugungsarbeit nicht ausgeräumt werden können.

Diese Art des Führens entspricht dem gesellschaftlichen Wertewandel. Gerade gut ausgebildete Mitarbeiter erwarten, in Entscheidungen mit einbezogen zu werden und selbständig arbeiten zu können. Kooperative Führung ist somit eine Voraussetzung, um qualifizierte Beschäftigte dauerhaft an das Unternehmen zu binden.

Laissez-faire-Führungsstil

Bei diesem Führungsstil ist eine passive Grundhaltung des Führenden charakteristisch. Es handelt sich im Grunde um eine „Nicht-Führung“. Die Mitarbeiter erleben sehr viel Freiraum. Ziele werden nur grob vorgegeben. Kriterien für den Erfolg bestehen nicht oder nur vage. Führen, um ein gemeinsames Ergebnis bzw. Ziel zu erreichen, findet somit kaum statt. Der Mitarbeiter bestimmt seine Arbeit und die Aufgaben selbst, der Vorgesetzte greift nur geringfügig ein. Die Führungskraft zeigt deshalb auch wenig Interesse und Anteilnahme an den Mitarbeitern und deren Erwartungen, Bedürfnissen und Problemen. Sie bezieht zudem kaum Position und Stellung. Es findet hier keine ziel- und aufgabenbezogene Kommunikation statt. Der Kontakt zwischen dem

Führenden und den Mitarbeitern ist eher gering und abhängig von der Sympathie, aber nicht von der Anforderung geprägt.

Auswirkungen

Vorteile liegen in der selbständigen Arbeitsweise der Mitarbeiter, die sich so individuell entfalten können. Der hohe Grad an Selbständigkeit ist für manche die Hauptmotivation für Engagement. Nur bei Mitarbeitern mit einer hohen Selbstmotivation und eigener Zielorientierung funktioniert dieser Stil. Sie erfahren aber nur wenig Feedback und geringes Interesse an ihrer Person. Das kann schnell dazu führen, dass ihre Motivation und ihr Interesse an der Aufgabe nachlassen. Die Eigeninitiative sinkt und Unzufriedenheit entsteht.

Die geringe Steuerung und Lenkung kann im Team zu Desorganisation, mangelnder Disziplin und Kompetenzstreitigkeiten führen. Die Gruppe läuft Gefahr, aufgrund von Rivalitäten, Streitereien und Gruppenbildungen zu zerfallen. Effektives Arbeiten ist dann nicht mehr möglich.

1.2.2 Kontinuumansatz von Tannenbaum und Schmidt

Wie sich die traditionellen Führungsstile auf Entscheidungen auswirken, zeigt der Kontinuumansatz von Tannenbaum und Schmidt [Tannenbaum, Schmidt 1973]. Er ist ein Modell, das die Entscheidungsspielräume zwischen Führungskraft und Mitarbeiter abstuft (vgl. Tabelle 1.4) und damit zu deren Differenzierung beiträgt.

TABELLE 1.4 Kontinuumansatz von Tannenbaum und Schmidt

Entscheidungsspielraum der Führungskraft					**Entscheidungsspielraum der Mitarbeiter**
Der Vorgesetzte entscheidet und ordnet an.	Der Vorgesetzte entscheidet. Vor der Anordnung versucht er, die Mitarbeiter von seinen Entscheidungen zu überzeugen.	Der Vorgesetzte informiert die Mitarbeiter über die beabsichtigten Entscheidungen. Die Mitarbeiter haben die Möglichkeit, im Vorfeld der Entscheidung ihre Meinung zu äußern.	Die Gruppe entwickelt Lösungsvorschläge. Der Vorgesetzte entscheidet sich für die von ihm favorisierte Lösung.	Die Gruppe entscheidet nachdem der Vorgesetzte das Problem aufgezeigt und den Entscheidungsspielraum festgelegt hat.	Die Gruppe entscheidet. Der Vorgesetzte koordiniert

1.2.3 Weiterführende Führungsstilmodelle

Weiterführende Modelle gehen davon aus, dass eine Führungskraft ihren Führungsstil der jeweiligen Situation anpassen und entsprechend verändern sollte. Sie gehen von einem zweidimensionalen Ansatz aus. Dieser stellt Mitarbeiterorientierung und Aufgabenorientierung gegenüber und implementiert dadurch zwei Dimensionen. Die Ohio-State-Studien der 50-er Jahre [Fleishmann 1973] zeigen auf, dass erfolgreiche Führung über eine Ausprägung der beiden Orientierungen stattfindet (vgl. Tabelle 1.5). Diese stehen zueinander in Beziehung. Erfolgreiche Führung findet somit unter Berücksichtigung der beiden Dimensionen statt. Laut den Ohio-Studien weist eine erfolgreiche Führungskraft eine hohe Ausprägung in beiden Dimensionen auf.

TABELLE 1.5 Dimensionen weiterführender Modelle und deren Ausprägungen

Dimension	Ausprägungen
Mitarbeiterorientierung	▪ Betonung zwischenmenschlicher Beziehungen ▪ persönliches Interesse an den Mitarbeitern ▪ Akzeptanz der Individualität der Mitarbeiter ▪ Berücksichtigen von Bedürfnissen des Einzelnen ▪ Vertrauensverhältnis zwischen Mitarbeitern und Vorgesetztem ▪ Partizipation ▪ ...
Aufgabenorientierung	▪ Definieren von Arbeitszielen und Ergebnissen ▪ exakt definierte Aufgaben und Rollen ▪ Anordnen, Aufgaben verteilen ▪ Entscheidungen selbst fällen ▪ Drängen auf Leistung ▪ ...

Auf der Basis dieser Ohio-State-Studien haben Robert Blake und Jane Mouton [1993] in den 60-er Jahren ein zweidimensionales Verfahren zur Beschreibung von Führungsstilen entwickelt. Es differenziert auf einer zweidimensionalen Matrix den Grad der Mitarbeiter- und den der Aufgabenorientierung mithilfe einer Zahlenskala. Die Werte 1 bis 9 geben an, wie stark ausgeprägt die Aufgabenorientierung und gleichzeitig die Mitarbeiterorientierung sind. Wie Bild 1.6 zeigt, ergeben sich so Zahlenpaare, mit deren Hilfe man die Charakteristika unterschiedlicher Führungsstile herausarbeiten kann.

Situativer Führungsansatz nach Hersey und Blanchard

Eine Weiterentwicklung des situativen Ansatzes ist der situative Reifegradansatz [Hersey, Blanchard, Johnson 2005] aus den 80-er Jahren. Auch dieses Modell orientiert sich an der zweidimensionalen Auffassung. Die zentralen Situationsmerkmale bestehen aus der

- jeweiligen Aufgabe und
- dem Reifegrad des Mitarbeiters.

Dieses Modell geht davon aus, dass der richtige Führungsstil vom „Reifegrad“, d. h. dem Entwicklungsstand der Mitarbeiter abhängig ist. Er berücksichtigt Fachkompetenz und -wissen, Fähigkeiten und Fertigkeiten, die Erfahrung sowie die Bereitschaft bzw.

Motivation zur Ergebniserzielung. Je höher diese Kriterien ausgebaut sind, desto effizienter wirkt ein delegierender Führungsstil.

Im Unterschied zum Grid-Gitter geht dieses Modell davon aus, dass jeder Führungsstil wirksam sein kann, solange er den Reifegrad der Mitarbeiter berücksichtigt. Je geringer deren Fähigkeiten und Motivation sind, desto direktiver fällt die Art und Weise des Führens aus. Mit steigender Reife des Mitarbeiters muss sich der Führungsstil verändern. Das betrifft folgende Bereiche:

- Aufgabenbezogenes Verhalten: Es bezeichnet das Ausmaß, mit dem die Führungskraft bestimmt, wer was wann und wo zu tun hat.

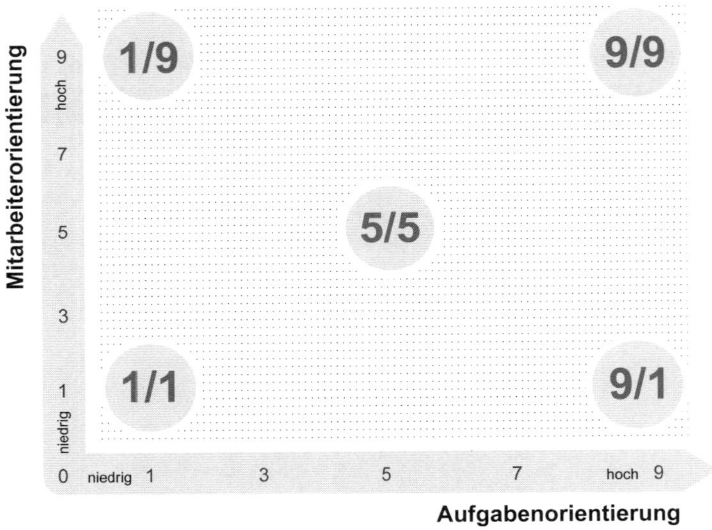

Führungsstil 1/1: Minimaler Führungsaufwand. Weder Mitarbeiter noch die Sache ist im Fokus.

Führungsstil 1/9: Rücksichtsvolle Aufmerksamkeit gegenüber den Bedürfnissen der Mitarbeiter führt zu angenehmer Arbeitsatmosphäre. Leistungsziele werden vernachlässigt.

Führungsstil 5/5: Ein Ausbalancieren bzw. ein Kompromiss zwischen den Erfordernissen der Arbeit und einer Aufrechterhaltung der Arbeitszufriedenheit unter den Mitarbeitern.

Führungsstil 9/1: Die Arbeitsbedingungen werden so gestaltet, dass Effizienz in Handlungen und Prozessen im Vordergrund steht. Arbeitsbedingungen werden so gestaltet, dass die persönlichen Faktoren sie nur minimal beeinträchtigen dürfen.

Führungsstil 9/9: Hohe Arbeitsleistung aufgrund abgewogener Abstimmung zwischen Mitarbeiter und Aufgaben. Die gegenseitige Abhängigkeit führt zu einer vertrauensvollen Beziehung der Beteiligten.

BILD 1.6 Grid-Verhaltensgitter nach Blake und Mouton

- Mitarbeiterbezogenes Verhalten: Es gibt die Intensität wieder, mit der die Führungskraft auf die Mitarbeiter eingeht, sie fördert und ihre sozialen und emotionalen Bedürfnisse mit einbezieht.

Dieser Ansatz fordert von der Führungskraft, den Führungsstil fortlaufend an den Reifegrad der Mitarbeiter anzupassen. Werden Mitarbeiter nicht gemäß ihrer „Reife" geführt, kann sie das überfordern, weil sie zu früh selbständig arbeiten sollen, oder unzufrieden machen und demotivieren, weil sie bereits eigenständig sind, aber nicht selbständig arbeiten dürfen.

In diesem Ansatz werden, wie Bild 1.7 zeigt, vier Führungsstile definiert, die Bezug auf die Leistungsbereitschaft des Mitarbeiters nehmen.

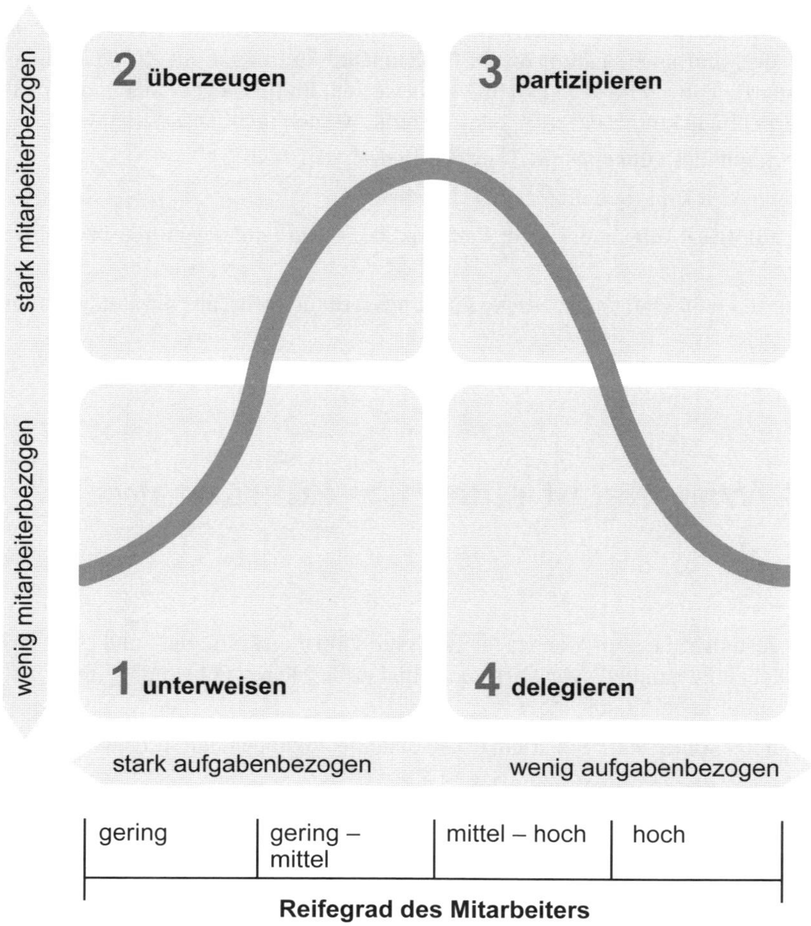

BILD 1.7 Situative Führung nach Hersey und Blanchard

- Unterweisen: Die Führungskraft gibt präzise Anweisungen und kontrolliert die Umsetzung.
- Überzeugen: Die Führungskraft begründet die Entscheidung, gibt fachliche Erklärung und bietet Unterstützung an.
- Partizipieren: Die Führungskraft fragt die Meinung und Ideen der Mitarbeiter ab, überträgt ihnen Verantwortung und holt von ihnen Vorschläge ein.
- Delegieren: Die Führungskraft überträgt Kompetenzen und Verantwortung an die Mitarbeiter und beschränkt sich auf die Erfolgskontrolle.

Dieses Modell besitzt hohe Akzeptanz, da es verschiedene Führungstheorien aufgreift und integriert. Es hilft, den situativen Ansatz zu differenzieren, und ermuntert die Führungskräfte, die „Reife" der Mitarbeiter zu fördern und zu entwickeln. Die Einschätzung der „Reife" des Mitarbeiters hängt von der Fähigkeit der Führungskraft ab, die Fähigkeiten und Potenziale der Mitarbeiter richtig zu bewerten. Einflüsse von außen, beispielsweise Unternehmenskultur, Prozesse oder Technik, werden nicht berücksichtigt.

Die Umsetzung in der Führungspraxis erfolgt in drei Schritten:

- Die Aufgabe wird konkret definiert bzw. beschrieben.
- In Bezug auf diese Aufgabe wird der Reifegrad des Mitarbeiters ermittelt bzw. eingeschätzt.
- Das für diesen Reifegrad angemessene Führungsverhalten wird ausgewählt und angewendet.

1.3 Was macht eine gute Führungskraft aus?

Auf die oft gestellten Fragen „Was macht eine gute Führungskraft aus?" und „Was sind die wesentlichen Bestandteile von wirksamer und erfolgreicher Führung?" gibt es viele Antworten, unter anderem folgende:

- die notwendige Analyse der Situation, der Rahmenbedingungen und Aufgabenstellung,
- das Setzen von klaren und akzeptierten Zielen,
- das Festlegen von Prioritäten und das Treffen von Entscheidungen,
- das Zusammenbringen der persönlichen Ziele der Mitarbeiter mit den Zielen des Unternehmens und der Organisation,
- das Schaffen einer kooperativen, positiven Arbeitsatmosphäre als Rahmen für ein Klima der Leistungsbereitschaft.

Um diese Anforderungen zu erfüllen, benötigt eine Führungskraft nicht nur bestimmte Kompetenzen, sondern auch spezielle persönliche Eigenschaften, die ihr helfen, auf Menschen zuzugehen und zielstrebig auf Ergebnisse hinzuarbeiten.

1.3.1 Kompetenzen

Die Fähigkeiten und Fertigkeiten, über die eine Führungskraft verfügen sollte, lassen sich differenzieren in:

- Fachkompetenz
  beschreibt die Fähigkeit, den fachlichen Anforderungen einer Funktion, besonders deren Hauptaufgabe, heute und in Zukunft gerecht zu werden.
- Soziale Kompetenz
  beschreibt die Fähigkeit, die kommunikativen und kooperativen Aspekte in der Gestaltung der eigenen Arbeit und der Zusammenarbeit (intern und extern) souverän zu handhaben.
- Methodenkompetenz
  beschreibt die Fähigkeit, mit Arbeitsanforderungen, die systematische Vorgehensweisen und Standards beinhalten, umgehen zu können.
- Persönlichkeitskompetenz
  beschreibt die Fähigkeit zur Selbst- und Arbeitsorganisation, zur Stressbewältigung und zur eigenen Wertebildung.

Wie das Kompetenzprofil im Einzelnen aussieht, hängt von der Position ab, die Sie einnehmen. Die detaillierten Informationen sollten Sie von Ihrem Vorgesetzten oder aus Ihrer Aufgaben- und Stellenbeschreibung erfahren. Obwohl es bei der sozialen und der Persönlichkeitskompetenz allgemeingültige Anforderungen wie Kommunikationsfähigkeit oder Verhandlungsstärke gibt, erfordert jede Stelle spezifische Ausprägungen der für sie notwendigen Fähigkeiten. Das Gleiche gilt auch bei der Fach- und Methodenkompetenz.

1.3.2 Persönliche Eigenschaften und Fähigkeiten

Führungskräfte haben bei ihrer Tätigkeit viel mit Menschen zu tun. Sie sollen Mitarbeiter lenken, mit Kollegen kooperieren oder mit Kunden verhandeln. In diesen Fällen ist auch ihre Person gefragt - und damit besondere persönliche Merkmale.

TIPP: Leiten Sie von den Anforderungen an Ihre Persönlichkeit realistische Entwicklungsziele ab

Über die Eigenschaften, die eine Führungskraft im Idealfall besitzen sollte, wird in der Realität niemand zu 100 % verfügen. Trotzdem ist es sinnvoll, sich mit dem Idealtypus einer Führungskraft auseinanderzusetzen. So können Sie sich der Anforderungen an Ihre Persönlichkeit bewusst werden und darauf achten, diese entsprechend weiterzuentwickeln. ■

Bereitschaft, Verantwortung zu übernehmen

Eine Voraussetzung, um eine Leitungsfunktion wahrzunehmen, ist die Bereitschaft, die Verantwortung für eine Aufgabe, für die Ziele und für die Mitarbeiter zu übernehmen.

Wer sich für etwas verantwortlich fühlt, engagiert sich auch dafür, will etwas beeinflussen und bewegen. Sehen Sie sich vor allem der Aufgabe bzw. dem Ergebnis verpflichtet, werden Sie auch diesem Ziel entsprechende Entscheidungen treffen. Grundsätzlich nutzen Sie die vorhandene Macht, um Ihre Verantwortung wahrzunehmen. Sie setzen sich für die Mitarbeiter und die Ihnen gesetzten Ziele ein.

Wem dagegen Verantwortungsbereitschaft fehlt, der lässt die Dinge laufen, überlässt das Team und die einzelnen Mitarbeiter sich selbst. Konflikten wird eher aus dem Weg gegangen. Handlungen, die etwas bewirken, sind eher Zufall.

Gerade wenn man in einer Führungsposition neu ist, ist es wichtig, zu wissen, wofür man verantwortlich ist. Nur so können Sie Ihre Führungsmotivation exakt auf Ihren Verantwortungsbereich ausrichten. Machen Sie sich deshalb Ihre Aufgaben bewusst und überprüfen Sie, ob Sie auch innerlich bereit sind, sich dafür verantwortlich zu fühlen.

Einige Aspekte Ihrer Führungstätigkeit werden Ihnen schwerfallen. Wenn Sie die Rolle des Chefs aber professionell ausfüllen wollen, dürfen Sie diese nicht ausblenden. Sie sind für das gesamte Aufgabenspektrum Ihrer Position verantwortlich und sollten sich deshalb auch für alle notwendigen Aufgaben in der Pflicht fühlen.

Integrität im Handeln

Mitarbeiter brauchen als Orientierung für das eigene Handeln einen berechenbaren Vorgesetzten. Dieser sollte deshalb hinter dem, was er sagt, stehen und dies gegenüber dem Team und nach außen vertreten. Darauf wollen sich die Mitarbeiter verlassen können. Nur so schaffen Sie Sicherheit und Vertrauen. Eine Voraussetzung für Berechenbarkeit sind Verlässlichkeit und Integrität. Dies bedeutet: Achten Sie darauf, dass Ihre Handlungen und Entscheidungen mit dem übereinstimmen, was Sie sagen. Ihr Tun und Ihre Überzeugungen sollten als kongruent erlebt werden. Achten Sie deshalb auch darauf, dass Sie wirklich hinter Ihren Entscheidungen stehen. Reflektieren Sie Ihr Handeln vorher. Bereiten Sie sich beispielsweise auf Gespräche mit Mitarbeitern vor.

Gerade am Anfang werden Ihnen die Mitarbeiter mit Unsicherheit begegnen und Sie vorsichtig betrachten. Je verbindlicher Sie in dieser Situation auf sie zugehen, desto leichter machen Sie es ihnen, sich auf Sie einzulassen. Verbindlichkeit heißt hier auch, dass Sie soweit möglich aussprechen, was Sie wissen und was nicht. Sie zeigt sich aber nicht unbedingt in schnellen Entscheidungen. Vielmehr sollten Sie benennen, wie Sie beabsichtigen vorzugehen und wann.

Beziehungen aufbauen können

Damit Menschen zusammenarbeiten wollen und können, brauchen sie eine Beziehung zueinander. Deshalb müssen Führungskräfte, um erfolgreich mit ihren Mitarbeitern kooperieren zu können, Kontakte aufbauen und halten können. Eine gute Beziehung ist die Voraussetzung, um Themen offen zu besprechen. Wenn der Kontakt „stimmt", fällt es den Mitarbeitern leichter, Feedback zu geben und entgegenzunehmen, Ideen zu entwickeln oder Vorschläge einzubringen.

Sie werden aber nur eine Beziehung zu Ihren Mitarbeitern aufbauen können, wenn Sie mit diesen Menschen arbeiten wollen, sich für Sie interessieren und das auch zeigen.

Gehen Sie deshalb von Anfang an auf Ihre Mitarbeiter zu, führen Sie Gespräche, stellen Sie Kontakt her. Zeigen Sie sich interessiert an den Menschen und dem, was sie tun.

Wirksamkeitsorientierung

Damit die notwendigen Ergebnisse und Ziele erreicht werden, gilt es, Aufgaben zielgerichtet anzugehen und umzusetzen. Der Aufwand für Analyse und Reflexion steht in einem vernünftigen Verhältnis zum Output. Hindernisse und Rückschläge dürfen in der Regel nicht als Grenze gesehen werden, sondern als Herausforderung, neue Wege für die Umsetzung eines Ziels zu finden. Dies ist leichter gesagt als getan. Doch es geht hier darum, bei Schwierigkeiten nicht zu verzagen, und die Bereitschaft, sich den Hindernissen zu stellen.

In der Anfangsphase bedeutet das, sich zunächst genügend Zeit für die Analyse zu nehmen und Informationen auszuwerten, aber dann zügig Schlussfolgerungen zu ziehen, Entscheidungen zu treffen und Maßnahmen zu initiieren.

Flexibilität

Als Führungskraft stehen Sie immer wieder vor Situationen, die Sie noch nie vorher erlebt haben. Auch sollten Sie auf jeden Mitarbeiter individuell eingehen. Das setzt voraus, dass Sie möglichst offen auf Neues und Veränderungen reagieren können.

Wer eine neue Position besetzt, bewegt sich in einem gegenüber früher veränderten Umfeld. Das bringt neue Anforderungen an das Handeln mit sich. Flexibilität bedeutet in dieser Situation, sich unvoreingenommen auf die veränderte Situation einzustellen. Ein Perspektivwechsel ist angesagt. Es gilt die Situation aus der neuen Perspektive heraus zu verstehen. Wenn Sie aus dem Team stammen, werden Sie feststellen, dass die Mitarbeiter sich Ihnen gegenüber anders verhalten als früher, als sie noch Kollegen waren. Auch Sie verändern sich durch die neue Rolle. Sie prägt Ihr Verhalten. Lösungen, die Sie als Chef entwickeln, basieren auf anderen Analysen und haben andere Konsequenzen.

Empathie

Um den Mitarbeiter oder Verhandlungspartner zu verstehen und adäquat auf ihn eingehen zu können, sollte man die Situation auch aus dem Blickwinkel des Gegenübers sehen können. Dies hilft, dessen Interessen und Emotionen besser zu verstehen und seine Handlungsweisen nachzuvollziehen. Die Reaktion auf emotionale Befindlichkeiten kann gerade bei Diskussionen um zentrale Themen genauso viel zu einer Lösung beitragen wie sachliche Argumente. Ob bei der Vorbereitung oder auch später beim Start und in der Analyse: Je besser Sie sich in die Menschen und deren Erwartungen, Interessen, Hoffnungen und Ängste hineinversetzen können, desto mehr können Sie Ihr Handeln darauf ausrichten und damit leichter Lösungen finden, die auch der andere mittragen kann.

Selbstwahrnehmung

Jede Situation, insbesondere eine schwierige, löst in Menschen körperliche und emotionale Reaktionen aus. Diese Emotionen beeinflussen das Denken und Handeln. Je bewusster Sie diese inneren Reaktionen auf die Außenwelt wahrnehmen, desto klarer erkennen Sie, warum Sie handeln, wie Sie handeln. Wer die eigenen Gefühle wahrnimmt und akzeptiert, kann sich bewusst verhalten.

Gerade am Anfang können Sie in Situationen geraten, die Sie aus dem Gleichgewicht bringen. Dann sollten Sie in der Lage sein, wahrzunehmen, welche körperlichen und emotionalen Reaktionen dieser Moment in Ihnen bewirkt. So können Sie Ihr Verhalten besser verstehen und beispielsweise erkennen, ob Ihnen intuitiv klar ist, dass an der Situation etwas nicht stimmt, oder Sie zurückschrecken, weil gleichzeitig viel Neues auf Sie zukommt. Je besser Ihnen dies gelingt, desto effektiver können Sie eigenem kontraproduktiven Verhalten entgegensteuern.

Der Wechsel auf die neue Funktion löst bei den meisten neuen Chefs auch psychische Reaktionen aus. Einige verspüren Anspannung, Unsicherheit und Druck; andere dagegen Freude und Begeisterung. In welcher Intensität dies geschieht, hängt von Ihrer Persönlichkeit ab. Wichtig ist, die eigenen Befindlichkeiten nicht zu übersehen und mit diesen wertschätzend umzugehen. Nehmen Sie sich Zeiten der Reflexion und des Innehaltens. Sie helfen zu erkennen, welche Gefühle Sie antreiben. Nur wenn Sie diese bewusst wahrnehmen, können Sie verhindern, von den eigenen Emotionen zu unüberlegtem Verhalten verführt zu werden.

Bereitschaft, Konflikte anzugehen

Wer Verantwortung übernimmt, muss auch bereit sein, sich für seine Sache einzusetzen und notfalls auch Auseinandersetzungen in Kauf zu nehmen. Bei Interessengegensätzen sind Konflikte oft unvermeidlich.

In Ihrer neuen Rolle werden Sie von Anfang an mit unterschiedlichen Erwartungen von Mitarbeitern, dem Vorgesetzten und Ihrem Umfeld zu tun haben. Einige davon sind miteinander unvereinbar. Sie werden Position beziehen müssen. Das führt mit ziemlicher Sicherheit zu Konflikten und Spannungen. Stellen Sie sich von Anfang an darauf ein.

Entwickeln Sie eine positive Haltung gegenüber Konflikten. Gehen Sie diese mutig an. Machen Sie sich bewusst: Ein Aussitzen verschlimmert in der Regel die Situation. Zudem erhöht es auch nicht den Respekt Ihrer Mitarbeiter vor Ihnen.

Bereitschaft zur Kooperation

Damit ein Mensch mit einem anderen zusammenarbeiten kann und will, ist er auf die Kooperationsbereitschaft des anderen angewiesen. Diese sollte deshalb spürbar und sichtbar sein. Reagieren Sie deshalb aufgeschlossen, wenn jemand etwas mit Ihnen besprechen will. Mangelnde Bereitschaft zur Zusammenarbeit zeigt sich auch in der Kommunikation. Entscheidungen werden dann zu wenig an das Umfeld angebunden. Der Austausch von Informationen findet nur bedingt und reduziert statt.

Ihre Kollegen auf Führungsebene und auch die Mitarbeiter wollen relativ schnell erkennen, woran sie mit Ihnen sind und dass sie mit Ihnen auch zusammenarbeiten können. Achten Sie deshalb darauf, frühzeitig zu signalisieren, dass Sie kooperationsbereit sind. Suchen Sie einen offenen Dialog. Fragen Sie auch um Rat. Bieten Sie Unterstützung an. Geben Sie Informationen weiter. Stellen Sie klar, dass aus Ihrer Sicht die Ziele nur im Miteinander erreicht werden können.

Darüber hinaus gibt es noch weitere Eigenschaften und Fähigkeiten, die in einer Führungsposition hilfreich sind:

- Redegewandtheit,
- Zielstrebigkeit,
- Belastbarkeit,
- Durchsetzungsvermögen,
- Fähigkeit, Probleme zu lösen,
- Fähigkeit, zu analysieren,
- Konzeptionsstärke,
- Organisationsfähigkeit,
- Kundenorientierung,
- Fähigkeit, systematisch-methodisch vorzugehen,
- Entscheidungsfähigkeit.

Was davon in Ihrer Situation besonders zählt, hängt von den Anforderungen der Funktion ab. Ein Teamleiter, der stark in seinem Team ein- und angebunden ist, benötigt unter anderem hohe Teamfähigkeit, Konfliktfähigkeit und ein bestimmtes Fachwissen. Der Abteilungsleiter, der mehrere Teamleiter führt, benötigt dagegen eher Konzeptionsstärke, strategische Fähigkeiten und Durchsetzungsfähigkeit.

TIPP: Nehmen Sie Ihre Entwicklung selbst in die Hand

Welche Eigenschaften für Sie besonders wichtig sind, hängt von den Anforderungen Ihrer Funktion ab. Hierfür gibt es kein Patentrezept. Sie müssen selbst herausfinden, was Ihre Situation erfordert. Dies kann Ihnen niemand abnehmen. Sie können sich hierzu Beratung und Unterstützung von außen z. B. durch Ihren Vorgesetzten oder einen Coach holen. Definieren müssen aber Sie, was Sie brauchen.

1.4 Rollendilemma

Führen ist oft widersprüchlich. Sie handeln nicht in einem statischen Raum mit klar definierten Fakten und Bedingungen, sondern in einem Gefüge, welches nicht nur durch die Situation geprägt ist, sondern beispielsweise auch durch Zielsetzungen, die sich auf den ersten Blick gegenseitig ausschließen können. Sie stehen deshalb immer wieder vor der Aufgabe, Ihre Position zwischen einander eigentlich entgegengesetzten Polen zu bestimmen. Der Organisationspsychologe Oswald Neuberger hat dies mit „Rollendilemma" beschrieben.

Um mit diesem umgehen zu können, müssen Sie eigene Akzente setzen, sich positionieren und Handlungsspielräume gestalten und ausbauen. Je ungeklärter die Situation ist, desto schwerer wird es Ihnen fallen, sich für eine Position zwischen den unterschiedlichen Polen zu entscheiden. Deshalb sollten Sie sich so früh wie möglich Klarheit über die Rahmenbedingungen verschaffen – und sich mit den wichtigsten Pol-Paaren auseinandersetzen. [Die folgende Auswahl lehnt sich an Oswald Neuberger 1995 und 1983 an.]

Mittel und Zweck

Bei diesen beiden Polen geht es darum, abzuwägen, welche Bedeutung für Sie der Mitarbeiter als Mensch und als Funktionsträger hat (vgl. Bild 1.8). Inwieweit wollen oder können Sie die Bedürfnisse und Anliegen des Einzelnen berücksichtigen (z. B. seine Interessen, Entscheidungsfreiheit und Selbstbestimmtheit)? Inwieweit sehen Sie die Mitarbeiter in ihrer Funktion als Leistungsträger und Kostenfaktor (bzw. Mittel zum Zweck der Leistungserbringung)?

BILD 1.8 Pole „Mittel" und „Zweck"

Bei den bei uns gültigen Wirtschafts- und Systembedingungen kann keiner der beiden Pole vernachlässigt werden. Die Führungskraft muss, angepasst an die aktuelle Situation, für die notwendige Balance sorgen. Überbewerten Sie einen Pol, kann Ihr System kippen. Fühlen sich die Menschen zu sehr als Mittel zum Zweck, leiden darunter deren Motivation und Identifikation mit dem Unternehmen und damit das Ergebnis. Stellen Sie dagegen die Bedürfnisse des Einzelnen zu sehr in den Vordergrund, schadet das der Effektivität und damit ebenfalls den Ergebnissen.

Gleichbehandlung aller und Eingehen auf den Einzelnen

Jeder Mitarbeiter ist ein Individuum mit spezifischen Qualitäten und Fähigkeiten. Die Führungskraft muss diese erkennen, respektieren, entwickeln und entsprechend einsetzen. Dabei sollten Sie die Einmaligkeit des Menschen wertschätzen und auf Besonderheiten eingehen.

Im Gegensatz dazu steht jedoch, dass eine Organisation nur an einem Teil der Qualitäten interessiert ist. Sie benötigt nur, was den dem Mitarbeiter übertragenen Aufgaben dienlich ist und zur Leistungserfüllung beiträgt. Darüber hinaus sollte Führung auch für Gerechtigkeit sorgen. Das bedeutet in diesem Kontext: Alle Mitarbeiter sind fair und gleich zu behandeln. Diese Maxime trägt einer einfachen Tatsache Rechnung: Wenn die Mitarbeiter erleben, dass sie nicht gleich behandelt, sondern einige bevorzugt werden, entsteht Unzufriedenheit im Team bzw. in der Belegschaft.

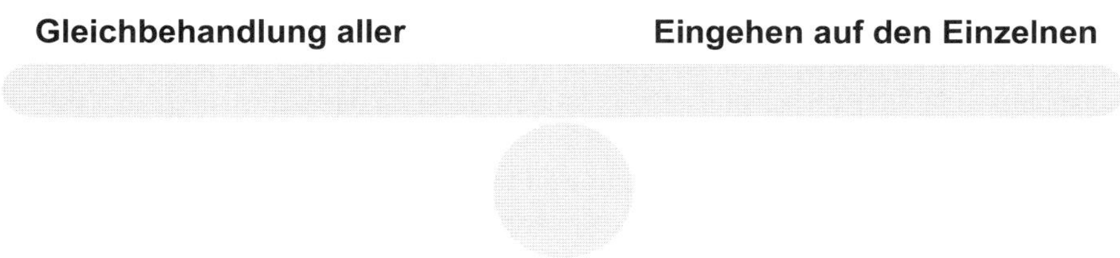

BILD 1.9 Pole „Gleichbehandlung aller“ und „Eingehen auf den Einzelnen“

Auch hier gilt es für Sie, die beiden Pole, individuelle Bedürfnisse, Interessen, Stärken und Schwächen des Einzelnen auf der einen Seite und Gleichbehandlung, Fairness und Gerechtigkeit gegenüber allen Mitarbeitern auf der anderen Seite, gut auszubalancieren (vgl. Bild 1.9).

Konkurrenz und Kooperation

Solidarität, ein gutes Miteinander, gegenseitige Akzeptanz und ein sich wechselseitiges Unterstützen sind sehr gute Voraussetzungen für die Kooperation im Team. Entsteht jedoch ein Gefühl von zu großer Selbstzufriedenheit und Harmonie, kann sich dies auf die Leistungsbereitschaft und die Identifikation mit den Zielen negativ auswirken, da die Priorität auf dem angenehmen Miteinander liegt und nicht auf der Produktivität. Um die Harmonie nicht zu gefährden, können Knackpunkte ignoriert und damit notwendige Handlungsbedarfe nicht diskutiert werden. Notwendige Entwicklung findet nicht statt.

Konkurrenz kann anspornen, regt zur Weiterentwicklung und Verbesserung an. Bei zunehmender Konkurrenz steigt allerdings auch das Einzelkämpfertum. Der eigene Vorteil steht im Vordergrund. Die Unterstützung des anderen gilt als unnütz vertane Zeit. Das größere Ganze, ob Team oder Unternehmen, gerät in den Hintergrund.

BILD 1.10 Pole „Konkurrenz“ und „Kooperation“

Deshalb gilt es für Sie als Führungskraft, die notwendige langfristige Balance zwischen Wettbewerb und kooperativem Miteinander zu schaffen (vgl. Bild 1.10). Nur positive Reibung setzt Energie frei. Ob Sie über Anreizsysteme wie Prämien, Benchmarks oder über eine Steigerung des Anspruchsniveaus einwirken, hängt von der Situation und den Mitarbeitern ab. Achten Sie darauf, so auf Ihr Team einzuwirken, dass die Bereitschaft zur Kooperation gestärkt wird und trotzdem die belebende Energie des Wettbewerbs genug Raum erhält.

Zurückhaltung und Offenheit

Mitarbeiter erwarten von ihren Vorgesetzten Offenheit und eine transparente Informationspolitik. Die Führungskräfte sollten, nach Auffassung der Mitarbeiter, authentisch und ehrlich mit ihnen kommunizieren. In letzter Konsequenz würde das aber auch bedeuten, dass der Führende Unsicherheit, Nichtwissen und Ängste zeigt. Ab einer bestimmten Offenheit hat dies aber negative Auswirkungen auf Ihre Akzeptanz und die Autorität und Sie könnten abgewertet oder unter Druck gesetzt werden.

Verstecken Sie aber Ihre Emotionen vor Ihren Mitarbeitern, können Sie als nicht authentisch, nicht greifbar und nicht überzeugend erlebt werden. Auch das fördert nicht den Respekt vor Ihnen.

BILD 1.11 Pole „Zurückhaltung“ und „Offenheit“

Es hängt von Ihnen ab, wie viel Sie von sich zeigen können und wollen (vgl. Bild 1.11). Offenheit ist sicherlich erstrebenswert. Sie sollten aber auch um die Grenzen wissen und mögliche Konsequenzen bedenken.

Ordnung und Freiheit

Als Verantwortlicher eines Bereiches oder Teams müssen Sie auf Ordnung, Berechenbarkeit und die Einhaltung der Vorgaben und Regeln bestehen. Damit schränken Sie manche Freiheit der Mitarbeiter ein. Im Zweifelsfall müssen Sie auch Sanktionen verhängen. Nur so können Sie die Funktion des Systems sicherstellen, Ergebnisse erzielen und für ein angemessenes Verhalten der Mitarbeiter sorgen.

Wenn diese aber die Vorschriften und Regeln als zu eng erleben, kann das ihre Einsatzbereitschaft und Motivation reduzieren. Die Arbeitsfreude lässt nach, Kreativität und die Bereitschaft, mitzudenken, verkümmern. Die Mitarbeiter kümmern sich mehr um die Einhaltung der Regeln als um die ihnen übertragene Aufgabe.

BILD 1.12 Pole „Ordnung“ und „Freiheit“

Gerade in der Anfangssituation neigen manche Führungskräfte dazu, ihre Unsicherheit zu kaschieren, indem sie besonders penibel auf die korrekte Einhaltung der offiziellen Regeln achten. Richten Sie Ihre Aufmerksamkeit besser auf die „eigentlichen" Vorgaben, auf denen die offiziellen Regeln basieren. Filtern Sie heraus, was Ihr Vorgesetzter und die Geschäftsleitung wirklich fordern. Auf diese Weise lernen Sie die gelebten Regeln kennen und verhindern, dass sich die Mitarbeiter durch Einhaltung von ungelebten Regeln wie in einem Korsett fühlen. Vorschriften, die man als unsinnig betrachtet, hält man auch nur bedingt ein (vgl. Bild 1.12). Wie viel Ordnung und Freiheit Sie für sinnvoll halten, hängt aber auch von Ihrem Führungsverständnis und von der Situation ab. Die Feinjustierung für den Einzelnen, also wie viel Freiheit bzw. Ordnung er exakt benötigt, finden Sie am besten im Einzelgespräch heraus.

Sachlichkeit und Emotionalität

Die Aufgabe von Führung ist es, Ergebnisse zu erzielen, d. h. Ziele zu setzen, zu planen, zu organisieren etc. Dies bedeutet analytisch, sachlich und vernünftig an die Aufgabe heranzugehen. Gefühle und Emotionen haben hier scheinbar keinen Platz.

Blenden Führende aber ihre Gefühle für sich und andere zu sehr aus, können sie kühl, beherrscht, distanziert und unnahbar wirken. Sie messen dann auch den eigenen Bedürfnissen und denen der anderen nur geringen Wert bei. Der Mensch hinter der Funktion verschwindet. Im Gegensatz dazu steht die Führungskraft, die den Kontakt zum Mitarbeiter sucht, die Bedürfnisse und Stimmungen erspürt, Wärme und Herzlichkeit zeigt.

BILD 1.13 Pole „Sachlichkeit" und „Emotionalität"

Die persönliche Nähe lässt aber auch viel Verständnis und Toleranz für das Gegenüber entstehen, die es erschweren können, bestimmte Ansprüche und Anforderungen zu setzen, „weil man ja weiß, was das für den anderen bedeutet". Darüber hinaus besteht die Gefahr, dass beim Mitarbeiter Enttäuschungen entstehen, wenn der einfühlsame Vorgesetzte ihn kritisiert oder Unbequemes fordert (vgl. Bild 1.13). Hilfreich ist hier, wenn Sie sich Ihrer Rolle als Führungskraft bewusst werden. Als Vorgesetzter sind Sie sowohl für Ihre Mitarbeiter als auch für die Ergebnisse verantwortlich. Sie müssen immer beide Bezugspunkte berücksichtigen. Machen Sie sich auch immer die Auswirkungen des einen Aspekts auf den anderen klar. Das vermeidet, dass Sie zu sehr auf eine Seite der Waage geraten.

Kontrolle und Vertrauen

Kontrolle ist ein notwendiges Mittel, um das Erreichen der gesetzten Ziele zu sichern. Wie oft und intensiv sie erfolgt, hängt von der aktuellen Arbeitssituation, der Person des

Mitarbeiters und des Chefs ab. Sie dient auch der Selbstbestätigung des Vorgesetzten und ist ein Instrument der Steuerung und Lenkung sowie eine Voraussetzung für Kritik und Anerkennung der Mitarbeiter.

BILD 1.14 Pole „Kontrolle“ und „Vertrauen“

Ein Zuviel an Kontrolle demotiviert allerdings die Mitarbeiter. Sie vermuten Misstrauen beim Vorgesetzten und verstärken ihre Aufmerksamkeit in puncto Sicherheit und Fehlervermeidung, damit der Vorgesetzte nichts „findet“. Insbesondere selbständige, kompetente und verlässliche Mitarbeiter fühlen sich unter diesen Bedingungen frustriert.

Vertrauen, per se, kann jedoch dazu führen, dass Sie zu spät feststellen, dass Mitarbeiter in die falsche Richtung laufen, ineffizient handeln und damit die Ergebniserzielung gefährden (vgl. Bild 1.14). Versuchen Sie, Ihre Mitarbeiter, deren Fähigkeiten und Leistungsvermögen möglichst schnell kennenzulernen. Je besser Sie Ihre Mitarbeiter einschätzen können, desto mehr Vertrauen können Sie zulassen. Wenn Sie sie kennen, können Sie sie auch in die Mitverantwortung nehmen und ihnen eine (teilweise) Selbstkontrolle übertragen.

Ähnliches gilt für den zweiten Pol: Je besser Sie Ihre Ziele und die Kriterien für den Erfolg definieren können, desto besser wissen Sie, an welchen Punkten Kontrolle notwendig ist.

■ 1.5 Im Spannungsfeld der Erwartungen

Grundsätzlich gibt es in Unternehmen zwei unterschiedliche Muster von Rollen: die Rolle des Mitarbeiters und die des Vorgesetzten. In der Regel ist jede Führungskraft auch Mitarbeiter eines Vorgesetzten. Somit wechseln im Berufsalltag die Rollen. Auch Sie haben immer beiden Rollen inne. Nach der Rollentheorie sind an jede Rolle bestimmte Erwartungen geknüpft. Diese sind in erster Linie von der Position bestimmt und haben nur wenig mit der Person des Rolleninhabers zu tun. Mit dem Wechsel auf eine Führungsposition ändern sich folglich auch die Erwartungen an Sie.

Erwartungen

- ... sind Hoffnungen, Wünsche, Hinweise und Verweise auf Ansatzpunkte, aber kein Handlungsprogramm, das es zu erfüllen gilt.
- ... sind Informationen über die Blickwinkel, Sichtweisen des Umfelds.

- ... weisen auf das hin, was möglicherweise fehlt.
- ... sind Perspektiven des Umfelds, an denen Sie gemessen werden.
- ... können im Widerspruch zueinander stehen.
- ... können mit Fakten verwechselt werden. In diesem Fall werden z. B. sachliche Vorschläge mit bewussten und unbewussten Wünschen vermischt.
- ... enthalten das Wort „warten“. Das bedeutet: Wer etwas von Ihnen erwartet, begibt sich eher in eine passive Haltung und wartet ab, inwieweit sich seine Erwartungen erfüllen oder nicht.

Die Gestaltung der Vorgesetztenrolle ist das Ergebnis der Wechselwirkung zwischen den Erwartungen von außen und dem Verhalten des Rolleninhabers. Es ist ein Prozess gegenseitiger Beeinflussung und wechselseitigen Lernens, der sich immer wieder verändern kann.

An den Wechsel in der Führungsposition sind Hoffnungen und Wünsche, aber auch Befürchtungen und Ängste gekoppelt. Manche Mitarbeiter erhoffen sich bestimmte Veränderungen, andere wiederum erwarten, dass alles so bleibt, wie es ist. Ein neuer Chef besitzt damit geradezu magnetische Anziehungskraft. Er soll Orientierung und Antworten geben. Für eine neue Führungskraft ist es daher wichtig, die Erwartungen so gut es geht zu kennen und eine eigene Position zu entwickeln. Nur so können Sie sich auf sie einstellen und geschickt agieren. Ihr Führungserfolg hängt in einem hohen Maße davon ab, wie Sie auf die Erwartungen unterschiedlicher Personen(gruppen) reagieren. Welche Erwartungen nehmen Sie ernst, welche weniger und welche beachten Sie besser nicht? Auf welche Erwartungen reagieren Sie wie? Bei dieser Priorisierung sollten Sie eines grundsätzlich bedenken: Alle Erwartungen werden Sie nicht erfüllen können. Je mehr Sie sich aber der Erwartungen an Sie bewusst sind und je genauer Sie sie kennen, desto besser verstehen Sie das Verhalten des Umfelds und desto eindeutiger können Sie dazu Position beziehen. Sie sollten sich deshalb die Zeit nehmen, die an Sie gestellten Erwartungen herauszuarbeiten, zu überlegen, in welchem Kontext sie zu sehen sind, und dann einen eigenen Standpunkt beziehen.

Das kann Sie vor Situationen bewahren, in denen unreflektierte Erwartungen Sie verunsichern. In diesem Fall neigen manche neue Führungskräfte dazu, den an sie herangetragenen Wünschen zu entsprechen, um ihre Sicherheit zurückzugewinnen. Außerdem verhindert die Gegenüberstellung der unterschiedlichen Erwartungen, dass Sie sich naiv auf eine einseitige Position einlassen, ohne die Auswirkungen auf andere zu bedenken. Bild 1.15 zeigt, welche Personen(gruppen) Erwartungen an Sie richten.

Mit welchen Erwartungen Führungskräfte generell und insbesondere beim Wechsel konfrontiert sind, wird in den nachfolgenden Perspektiven aufgeführt:

1.5.1 Erwartungen der Geschäftsführung/des Vorstands

Ein Vorstand bzw. ein Geschäftsführer hat die Interessen des gesamten Unternehmens im Blick. Er muss das Gesamtergebnis verantworten und sorgt für eine erfolgreiche Realisierung der Firmenstrategie. Sein Ziel ist folglich, das Zusammenwirken der einzelnen Bereiche so zu organisieren, dass eine Unternehmenskultur entsteht, die möglichst gute Voraussetzungen für den langfristigen Erfolg schafft. Aus diesem Grund gilt seine Aufmerksamkeit der gesamten Organisation, nicht dem Einzelnen. Von neuen Führungskräften erwartet er, dass

- ... sie sich mit den Zielen des Unternehmens und dem Produkt bzw. der Dienstleistung identifizieren und dafür sorgen, dass die Mitarbeiter dies ebenso tun.
- ... sie die Wünsche der Kunden kennen und erfüllen wollen, dabei aber auf Wirtschaftlichkeit achten.
- ... sie die Zusammenarbeit über Abteilungs- und Bereichsgrenzen hinweg unterstützen.
- ... sie die Firmenphilosophie des Unternehmens nach innen und außen positiv und motivierend vorleben.
- ... sie das Image des ihnen unterstellten Teams/Bereichs verbessern. Wünsche wie: *„Hoffentlich erreicht er endlich eine bessere Außendarstellung der Abteilung“*, können die Besetzung einer neuen Führungsposition begleiten.
- ... sie die Ziele möglichst effizient erreichen sowie sparsam mit den Ressourcen Zeit und Geld umgehen.

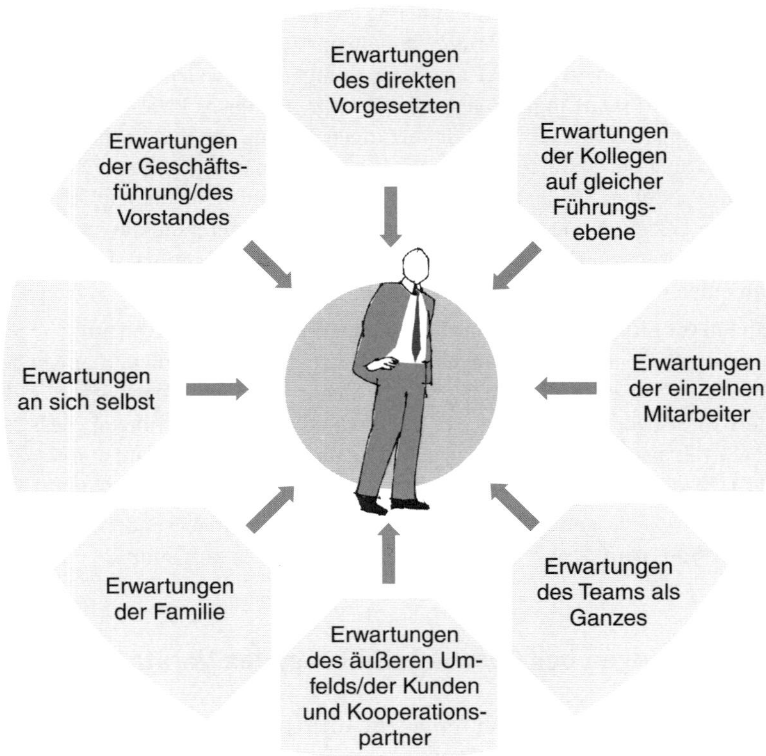

BILD 1.15 Führungskraft im Spannungsfeld der Erwartungen

Um diese Punkte erfüllen zu können, fordern die Geschäftsführer/Vorstände von ihren Führungskräften unternehmerisches Denken. Grundlage der Bewertung einer Situation sind aus Sicht der Unternehmensleitung immer folgende Fragen: Wie wird sich diese Entscheidung auf das ganze Unternehmen auswirken? Nutzt dies auch der gesamten Organisation?

1.5.2 Erwartungen des direkten Vorgesetzten

Folgende zentrale Erwartungen können Sie als gegeben voraussetzen: Zunächst möchte Ihr Vorgesetzter die Auswahlentscheidung (sofern er Ihre Auswahl mitgetroffen hat) bestätigt sehen. Sie können daher meist mit einer – wie auch immer gearteten – Einarbeitung und Unterstützung durch ihn rechnen.

Dem Vorgesetzten ist es wichtig, dass Sie sich als Führungsfigur etablieren. Das bedeutet: Sie müssen dafür sorgen, von Ihren Mitarbeitern akzeptiert zu werden, und sich deren Respekt erarbeiten.

Außerdem möchte Ihr Vorgesetzter, dass Sie bald Ihre volle Leistungsfähigkeit erreichen. Sobald Sie Ihre Abteilung „im Griff haben", kann er sich wieder auf seine Arbeit konzentrieren. Bis dahin wird er Sie aber besonders im Auge behalten. Sie sollen schnell in Ihre neuen Aufgaben hineinwachsen und bald selbständig arbeiten können. Im Gegenzug erwartet er Rückmeldungen: Gibt es Probleme? Brauchen Sie Hilfe? Kommen Sie zurecht?

Darüber hinaus gibt es versteckte, unausgesprochene Erwartungen des Vorgesetzten. Zum Beispiel: *„Führen Sie so, wie ich es machen würde."* *„Verhalten Sie sich auf jeden Fall loyal und übergehen Sie mich nicht."* Sie sollten aber auch unbewusste Erwartungen berücksichtigen, die in sich widersprüchlich sind. So möchte der Vorgesetzte anfangs möglichst genau über die aktuelle Situation informiert werden, gleichzeitig hat er aber nur begrenzt Zeit, sich mit Ihrer Eingewöhnung zu befassen.

Weitere ausgesprochene und unausgesprochene Erwartungen können sein:

- Ihre Abteilung anders als Ihr Vorgänger zu organisieren,
- ihn als Vorgesetzten zu entlasten,
- die Schwachpunkte des Vorgängers zu beseitigen,
- für „frischen Wind" und Aufbruchstimmung zu sorgen,
- die Leistung der Mitarbeiter wesentlich zu verbessern/erhöhen,
- das Image der Abteilung nach außen zu verbessern,
- nicht besser und kompetenter als der Vorgesetzte zu wirken.

1.5.3 Erwartungen der Kollegen auf gleicher Führungsebene

Die Führungskräfte auf der gleichen Ebene wünschen sich von ihrem neuen Kollegen solidarisches, kollegiales Verhalten, dass er informiert, kooperiert und auch mal Informationen unter der Hand weitergibt. Der eigene Bereich, die „Fürstentümer" sollen allerdings unangetastet bleiben. Sie wünschen sich, dass der Neue sich als einer von ihnen verhält. Er darf aber auch keine Gefahr für die etablierten Führungskräfte darstellen. Das inoffizielle „Ranking", bestimmt durch längere Unternehmenszugehörigkeit und größere Erfahrung, soll von ihm akzeptiert und respektiert werden. Ebenso wenig wollen die Kollegen, dass „in langen Jahren entwickelte Einschätzungen und Vorgehensweisen" infrage gestellt werden.

Neue Führungskräfte werden deshalb anfangs neugierig und manchmal auch kritisch beobachtet. Je nach Unternehmenskultur sehen die Kollegen in dem Neuling auch einen Konkurrenten. Allzu forsches Auftreten erleben sie als Bedrohung. Verpönt sind auch „Allianzen nach oben". Die Führungskollegen registrieren schnell, wenn ein Kollege aus der erwarteten Solidarität ausbricht und mit dem Vorstand bzw. der Geschäftsführung gegen sie kooperiert. In dem Fall zeigen sie nach dem Motto „Wehret den Anfängen" dem Anfänger, wenn möglich, die Grenzen.

Wer neu in diesen Führungskreis tritt, tut deshalb gut daran, Offenheit und die Bereitschaft zu solidarischem Miteinander zu signalisieren. Deshalb sollten Sie auf die Kollegen zugehen, sich beispielsweise im Einzelgespräch vorstellen, deren Erwartungen aktiv erfragen, die Leistung der Kollegen anerkennen und sich positiv darüber äußern und Ihre Unterstützung anbieten. Auch hier ist es wichtig, die Spielregeln zu verstehen und sich danach geschickt zu positionieren. Verbünden Sie sich deshalb nicht zu früh. Wägen Sie besser zuvor ab, wo die einzelnen Führungskollegen stehen, und entscheiden Sie erst dann, wie Sie den Kontakt jeweils gestalten wollen.

1.5.4 Erwartungen der einzelnen Mitarbeiter

Die Erwartungen der Mitarbeiter betreffen einerseits die Beziehung zum Vorgesetzten und sind andererseits aufgaben- und sachbezogen. Kurz nach dem Wechsel zu ihrem neuen Vorgesetzten haben sie zudem ein gesteigertes Informationsbedürfnis: Sie wollen wissen, ob und, wenn ja, was sich für sie verändert.

Grundsätzlich wünscht jeder Mitarbeiter Anerkennung, Unterstützung, Kritik, Anleitung, Verständnis und Gerechtigkeit. Der neue Chef soll gleichzeitig stark auftreten und sich entgegenkommend verhalten. Jeder Beschäftigte möchte einen Vorgesetzten, der ihn als Mensch sieht und ernst nimmt, nach Möglichkeit auf ihn eingeht, für seine Wünsche offen ist und auch Verständnis für persönliche Schwächen zeigt. Während das Team als Ganzes Gerechtigkeit erwartet, wünscht sich der Mitarbeiter (unausgesprochen) eine kleine Bevorzugung: *„Sei gerecht, aber zu mir ein bisschen gerechter."*

So erwartet z. B. ein früherer Kollege von seinem neuen Vorgesetzten, dass er weiterhin – wie früher als Kollege auch – ein „guter Kumpel" ist und als Chef schon mal ein Auge zudrückt. Persönliche Rituale wie der gemeinsame Kantinenbesuch sollen so bleiben – auch wenn sich andere zurückgesetzt fühlen könnten.

Nach einem Wechsel in der Führungsposition erwartet der Mitarbeiter darüber hinaus, dass er den neuen Vorgesetzten im Einzelgespräch relativ bald besser kennenlernen kann und Information über anstehende Neuerungen schnell erhält: Er will hören, ob das Aufgabenfeld, das er bearbeitet, so bleibt oder sich grundlegend ändern wird. Für ihn ist ebenfalls wichtig, wie selbständig er arbeiten kann. Den Mitarbeiter interessiert außerdem, ob die Vereinbarungen, die er mit dem Vorgänger bezüglich Gehalt und Karriereperspektiven getroffen hat, vom Nachfolger weiterhin anerkannt werden oder ob er sie neu aushandeln muss.

Je besser Sie in der Anfangsphase den Kontakt und die Gespräche mit den einzelnen Mitarbeitern gestalten und je mehr Sie fragen, desto mehr erfahren Sie über die Erwartungen der Mitarbeiter. Achten Sie dabei auch auf die Zwischentöne und auf die subtilen Aspekte.

1.5.5 Erwartungen des Teams als Ganzes

Die Mitarbeiter jedes Teams und jeder Abteilung sind aufeinander eingespielt. Der neue Chef soll das wie immer geartete Zusammengehörigkeitsgefühl nicht verschlechtern, sondern verbessern. In gut funktionierenden Teams bzw. Abteilungen kann die neue Führungskraft zunächst als Störenfried, vielleicht auch „nur" als Störfaktor gesehen werden, der in das gute Zusammenspiel integriert werden muss und noch nicht berechenbar ist. Teams reagieren dann mit freundlicher, aber vorsichtiger Zurückhaltung, eventuell auch mit Distanz oder Ablehnung. In einem Team mit bisher schlechtem Klima erhoffen sich die Mitarbeiter dagegen eine Verbesserung.

Nach innen, in seinem Verhalten gegenüber den Mitarbeitern, erwarten diese von ihrem neuen Chef eine große Anpassungsfähigkeit. Die inoffiziellen Regeln, beispielsweise das „zeitliche" Ende des Arbeitstages oder das Feiern von Geburtstagen, sollen akzeptiert und beibehalten werden. Außerdem soll der neue Vorgesetzte für eine faire Zusammenarbeit und gerechte Aufgabenverteilung sorgen.

Nach außen, also gegenüber der Organisation, erwartet das Team dagegen hohe Durchsetzungskraft. Die Mitarbeiter wünschen, dass „ihre" Führungskraft ihre Interessen innerhalb der Organisation bzw. gegenüber der Leitung des Unternehmens oder der Institution möglichst gut vertritt. Unberechtigte Ansprüche von außen soll sie abwehren.

Das Team wünscht sich einen Neuen, der für Erfolg und für eine positive Entwicklung steht und das gute Miteinander nicht hemmt. Informationen sollen möglichst ungefiltert fließen. Am Anfang will das Team wissen, was auf es zukommt, was bleibt und was sich ändert. Wie werden nun die Entscheidungen getroffen? Inwieweit werden Aufgaben umverteilt und Abläufe verändert?

Der Neue soll die Probleme lösen, ohne das Team tief greifend zu verändern. Die Gruppe will, dass das Gute, das Positive und das Angenehme unangetastet bleiben und Nachteile, Defizite und Mängel angepackt werden. Was dies aber genau ist und was die Einzelnen darunter verstehen, müssen Sie erst herausfinden, um eine eigene Position zu entwickeln.

1.5.6 Erwartungen des äußeren Umfelds/der Kunden und Kooperationspartner

Kunden im und außerhalb des Unternehmens erwarten grundsätzlich, dass das Geschäft möglichst reibungslos weiterläuft. Sie gehen davon aus, dass der Neue seinen

Bereich schnell „im Griff hat“ und damit preiswert und in guter Qualität seine Dienstleistungen und Produkte anbieten oder produzieren kann. Kunden beurteilen eine Firma auch danach, wie professionell der Führungswechsel vonstattengeht. Danach machen sie sich ein Bild, das die Arbeit nachhaltig positiv wie negativ beeinflussen kann.

Kunden wollen (sofern der Bereich der neuen Führungskraft direkten Kundenkontakt besitzt) auch bald zu dem Neuen Kontakt bekommen und seine Vorstellungen für die weitere Kooperation kennenlernen. Diese entscheiden mit darüber, wie die Zusammenarbeit fortgeführt und in Zukunft gestaltet wird.

Deshalb ist es wichtig, sich vor allem bei den wichtigsten Kunden möglichst früh vorzustellen. Meist gibt es einen Mitarbeiter als Hauptansprechpartner für den Kunden. Der neue Vorgesetzte kann ihn z. B. bei einem der nächsten anstehenden Kundenbesuche begleiten und sich bei der Gelegenheit auch einführen. Es ist ein Zeichen von Wertschätzung, wenn der neue Chef sich Zeit für einen Antrittsbesuch nimmt. Bleibt diese Kontaktaufnahme längere Zeit überfällig, wird dies als Geringschätzung und Abwertung erlebt. Die Kunden erwarten von der neuen Führungskraft, dass sie die positiven Seiten der Beziehung, beispielsweise Vergünstigungen, beibehält, und Negatives, wie etwa Lieferungsverspätungen oder Qualitätsmängel, abstellt. Kunden können aber den Führungswechsel auch dazu nutzen, sich neue Vorteile zu verschaffen und ihre Ausgangssituation zu verbessern. Neue Führungskräfte sollten deshalb am Anfang auf der Hut sein, Zugeständnisse zu machen und Entscheidungen zu treffen, ohne vorher die Sachlage genau geprüft zu haben.

Das Gleiche gilt auch für Kooperationspartner, ebenso für die internen Kunden, also den Schnittstellen zu den anderen Abteilungen. Verantwortliche dieser Bereiche wollen wie Kunden behandelt werden. Hinzu kommen noch die Erwartungen, die sie als Kollegen auf Leitungsebene an Sie haben.

1.5.7 Erwartungen der Familie

Der Wechsel vom Mitarbeiter zur Führungskraft ist nicht nur für Sie eine Veränderung, sondern auch eine für Ihr persönliches Umfeld. In der Regel haben Führungskräfte sowohl eine wesentlich höhere und intensivere zeitliche Belastung als auch höhere Verantwortung als Mitarbeiter ohne Führungsaufgaben. Das wirkt sich auf das Private, auf die Partnerschaft und die Familie aus. Demgegenüber stehen Erwartungen an Sie wie z. B.: *„Komme rechtzeitig nach Hause“* oder *„Übernehme weiter die Mitverantwortung im Haushalt und bei den Kindern.“*

Diese ausgesprochenen Forderungen, aber ebenso unausgesprochene, wirken sich auch auf Sie aus. Sollte Ihr Partner bestimmte Veränderungen, wie höhere zeitliche Belastung, nicht akzeptieren, kann dies zu Enttäuschungen und Spannungen auf beiden Seiten führen.

Erfolg ist nicht nur abhängig von dem, was am Arbeitsplatz passiert, sondern braucht auch die Unterstützung der Familie/Partnerschaft. Trägt das private Umfeld, also Familie, Verwandte oder Freunde, Ihre veränderte Situation nicht mit, können Sie in einen Rollenkonflikt kommen. Erwartungen kollidieren und können nicht erfüllt werden. Spannungen und Konflikte entstehen. Die Auswirkung des Wechsels sollten Sie daher mit Ihrem Partner besprechen.

1.5.8 Erwartungen an sich selbst

Ihre bewussten und unbewussten Erwartungen an sich wirken, ob Sie wollen oder nicht. Deshalb sollten Sie sich ihnen stellen, sich Zeit nehmen, sie zu ergründen, und in sich „reinhören", um auch die leiseren und subtileren Bedürfnisse und Bestrebungen zu registrieren. Je besser Sie sich „bewusst machen", mit welcher Einstellung Sie an den Wechsel herangehen und was Sie von innen her mit begleitet und steuert, desto leichter fällt es Ihnen, sich selbst dabei zu führen und zu den Erwartungen von außen Position zu beziehen.

Was Sie unter erfolgreicher Führung verstehen, hängt mit Ihrer Erwartungshaltung an sich zusammen. Diese wiederum wird von Ihrer Persönlichkeit und Ihren Verhaltens- und Denkmustern geprägt. Sind Sie z. B. jemand, der sich Fehler kaum verzeiht, legen Sie sicherlich viel Wert darauf, alles richtig und perfekt zu machen. Ist Ihnen wichtig, bei den Mitarbeitern beliebt zu sein, wird dies ebenso einige Entscheidungen zugunsten der Mitarbeiter beeinflussen.

Die Erwartungen an sich sind die einzigen, die Sie direkt verändern können. Es liegt an Ihnen, wie hoch Sie die Messlatte für Ihren Erfolg legen. Stellen Sie beispielsweise überhöhte Ansprüche an sich, besteht die Gefahr, dass Sie sich unter größeren Erfolgsdruck setzen als nötig. Deshalb sollten Sie sich während der Vorbereitung auf die neue Aufgabe bewusst machen, was Ihre Erwartungen an sich leitet. Nur so können Sie bewusst damit umgehen. Das bedeutet beispielsweise: Wenn Sie wissen, dass es Ihnen wichtig ist, dass die Mitarbeiter Sie mögen, können Sie auch abschätzen, dass dieses Bedürfnis dem Ziel, gute Ergebnisse zu erreichen, entgegenstehen kann, und gegebenenfalls bewusst gegensteuern. Neben Bedürfnissen können auch andere Faktoren Ihr Führungsverhalten beeinflussen. Die wichtigsten davon sind:

- erlebte Autoritäten oder Führungspersonen, an deren Vorbild (positiv oder negativ) Sie sich mehr oder weniger bewusst orientieren. Das können Eltern, Lehrer, Verwandte, aber auch frühere Chefs und Kollegen sein.
- Verhaltensmuster und Handlungsstrategien, die sich in der Vergangenheit bei der Beeinflussung anderer als erfolgreich erwiesen haben. Sie werden z. B. ganz anders verhandeln, wenn Sie bislang Ihre Interessen eher mit Charme und Liebenswürdigkeit durchsetzen konnten, als wenn Sie dazu eher Durchsetzungskraft benötigten.
- Prägungen durch das Elternhaus: Jeder Mensch ist auf einzigartige Weise erwachsen geworden. Die Erziehung im Elternhaus, die Prägung durch Mutter, Vater und Geschwister formten Ihre Grundeinstellung zu Lebensthemen wie Leistung, Erfolg, Unabhängigkeit, Kritik oder Zusammenarbeit.
- persönliche Bedürfnisse, die das Verhalten gegenüber anderen bestimmen (z. B. Bedürfnis nach Bestätigung, Anerkennung, Sicherheit, Image, Akzeptanz, Unabhängigkeit, Verständnis).
- Ängste, die das Verhalten anderen gegenüber beeinflussen (z. B. Angst, „durchschaut" zu werden, Angst vor Ablehnung, Kritik, Abwertung, Einsamkeit, Konflikten, Gesichtsverlust oder Misserfolg).

- Rollen, die Sie in einem anderen Zusammenhang ausfüllen und die der konkreten Vorgesetztenrolle widersprechen. Arbeitet beispielsweise eine Führungskraft in einem Unternehmen, das die Umwelt stark belastet, und ist gleichzeitig Mitglied in einer Umweltschutzorganisation, die sich gegen solche Missstände wendet, kann das innere Konflikte auslösen, wenn die Führungskraft im Unternehmen umweltbelastende Vorgänge mit umsetzen muss, als Mitglied der ortsansässigen Umweltorganisation aber gleichzeitig dagegen protestieren sollte.

Inwieweit einige oder Teile dieser Aspekte auf Sie wirken, ist Ihnen sicherlich bekannt. Die Ihnen nicht bekannten wirken unbewusst. Je mehr Sie über die Faktoren, die Ihre Erwartungen an Sie bestimmen, wissen, desto besser können Sie dieses Wissen nutzen, um die Führungsrolle erfolgreich einzunehmen. Nur auf bewusste Aspekte Ihrer Persönlichkeit können Sie Einfluss nehmen. Den bislang unbewussten kommen Sie auf die Spur, wenn Sie:

- Rückmeldungen (Feedback) von anderen einholen,
- mit Ihnen vertrauten Personen reden und sich austauschen,
- Coaching- und Beratungsangebote nutzen,
- sich Zeit nehmen und Ihr Verhalten und Denken reflektieren.

1.5.9 Umgehen mit den Erwartungen

Das Typische und Schwierige an Vorgesetzten-, Führungs- und Leitungsrollen besteht darin, dass sich die Erwartungen der einzelnen Gruppen und Personen häufig nicht decken. Daraus entstehen oft in sich widersprüchliche und konfliktträchtige Führungsanforderungen. Tabelle 1.6 beschreibt Beispiele für innere Konflikte von Führungskräften, die aus widersprüchlichen Erwartungen resultieren.

Die verschiedenen Sichtweisen auf Sie führen nicht nur zu unterschiedlichen, teilweise gegensätzlichen Erwartungen. Sie bewirken auch, dass andere Aufgaben so definieren, wie es den jeweiligen eigenen Interessen entgegenkommt. Ein Begriff wie „optimale Informationsweitergabe“ kann sehr unterschiedlich ausgelegt werden. Während z. B. Vorgesetzte davon ausgehen, dass ihre Führungskräfte Informationen selbstverständlich gefiltert weitergeben, erwarten die Mitarbeiter, Aufklärung über alles, was die „Oberen“ diskutieren und entscheiden. Das bedeutet: Wenn Sie die Führungsphilosophie vertreten, dass alle Informationen möglichst eins zu eins an die Mitarbeiter kommuniziert werden sollen, damit diese über den aktuellen Wissensstand verfügen, freut das zwar das Team, sofern es nicht überfordert ist, kann aber zu Konflikten zwischen Ihnen und dem Vorgesetzten führen, da Sie zu viel „führungsinternes“ Wissen weitergeben und sich die Mitarbeiter mit Fragen beschäftigen, die für deren Funktion nicht relevant sind. Das Geflecht der Erwartungen zeigt auch auf, dass Ihr Führungserfolg in Beziehung zu den Sichtweisen und Bewertungen Ihres Umfelds steht. Machen Sie sich bewusst: Ihr Erfolg hängt nicht nur von den konkreten Ergebnissen ab, die Sie bzw. Ihr Bereich erzielen, sondern auch von subjektiven Einschätzungen Ihres (Rollen-)Handelns durch andere. Deshalb gilt es, seine Aufgabe und sein Handeln klar darzustellen, sich zu positionieren und die eigenen Erfolge auch zu kommunizieren.

TABELLE 1.6 Rollenkonfliktliste (nach Oswald Neuberger)

Arten	Erklärung	Beispiel
Konflikte in der Person der Führungskraft	Die Führungskraft richtet in sich widersprüchliche Erwartungen an sich.	Die Führungskraft will im Team beliebt sein, muss aber ungeliebte Entscheidungen durchsetzen.
Konflikte mit Mitarbeitern bzw. anderen Funktionen	Die Führungskraft erlebt sich widersprechende Erwartungen von anderen.	Das Team erwartet Fairness und Gerechtigkeit. Der einzelne Mitarbeiter erwartet aber Rücksicht für seine spezielle persönliche Situation. Mitarbeiter und Vorgesetzter stellen unvereinbare Erwartungen. Mitarbeiter erwarten z. B. eine kooperative Führung mit hoher Mitsprache, während der Vorgesetzte ein konsequentes, zügiges Durchsetzen von Entscheidungen erwartet.
Konflikte mit den eigenen, unterschiedlichen Rollen	Aufgrund von verschiedenen Rollen (z. B. Vater und Führungskraft) entstehen in sich widersprüchliche Erwartungen.	Als Vorgesetzter möchte der Chef berufliche Verantwortung möglichst gewissenhaft wahrnehmen. Als Familienvater erwartet er von sich, dass er sich für seine Partnerin und die Kinder zu Hause Zeit nimmt.
Konflikt mit der Rolle	Erwartungen an die Rolle passen nicht mit dem Selbstbild zusammen.	Die Führungskraft steht im Widerspruch zwischen ihren persönlichen Anschauungen/Werten und dem beruflichen Handeln. Das ist z. B. der Fall, wenn eine überzeugte Pazifistin in einem Rüstungsunternehmen arbeitet.

Erwartungen an Sie sind auch durch die Definition Ihrer Funktion als Führungskraft bestimmt. Aufgrund dieser Aufgabenbeschreibungen leiten sich bestimmte Erwartungen an Ihr Handeln ab. Je weniger präzise diese formuliert sind, desto stärker können Sie von Mitarbeitern, Führungskräften oder auch von anderen Bereichen gemäß deren subjektiven Bedürfnissen und Interessen interpretiert werden. Je weiter die Vorstellungen des Umfelds über das, was Ihre Aufgabe ist, auseinandergehen, desto konfliktbehafteter ist die Situation. Um den Erwartungen an Sie positiv und konstruktiv begegnen zu können, ist es hilfreich:

- sie zu erkennen,
- sie zu hinterfragen und zu analysieren,
- sie mithilfe eigener Kriterien zu bewerten,
- eine eigene Position zu entwickeln und damit zu entscheiden, inwieweit Sie auf Erwartungen eingehen, zu ihnen Stellung beziehen, sich von ihnen abgrenzen oder sie zu Handlungsbereichen und Aufgaben machen.

Nutzen Sie die Einteilung in Tabelle 1.7, um festzulegen, wie Sie mit einzelnen Erwartungen umgehen werden.

Darüber hinaus können Sie auch selbst handeln, um das Erwartungsgeflecht zu entwirren und sich den Umgang mit den unterschiedlichen Erwartungen zu vereinfachen. Sorgen Sie so früh wie möglich dafür, dass vorhandene Unklarheiten bereinigt werden, eine klare Verantwortungs- und Aufgabenzuordnung entsteht und Sie eine möglichst eindeutige Definition erhalten, woran der Erfolg Ihrer Tätigkeit gemessen wird (z. B. Zielerreichung, Umstrukturierung, Neudefinition von Ablaufprozessen).

Je klarer die Aufgaben und die Verantwortungsbereiche festgelegt sind, desto leichter können Sie sich auf die Erwartungen beziehen und mit diesen umgehen. Finden Sie sich damit ab, dass Sie nicht alle an Sie gerichteten Erwartungen restlos erfüllen können und trotz aller Bemühungen nicht verhindern werden, den einen oder anderen zu enttäuschen. Je klarer die Ziele und erwarteten Ergebnisse sind und je mehr Ihnen Ihre Anliegen und Bedürfnisse bewusst sind, desto leichter steuern Sie sich und Ihren Bereich. Sie können dann besser Ihren Kurs setzen und sich klar gegenüber den Erwartungen des Umfelds positionieren.

Ihre Führungsaufgabe ist mehrdeutig. Doch Sie können und sollten die unterschiedlichen Erwartungen und Sichtweisen so beeinflussen, dass Sie sich annähern. Setzen Sie deshalb eigene Akzente, beziehen Sie einen eigenen Standpunkt und nutzen Sie Handlungsspielräume, um diese nach Möglichkeit zu verändern und zu erweitern.

Als Führungskraft sind Sie nicht nur Entscheider. Sie sind darüber hinaus als Verhandler und politisch Handelnder gefragt. In einem Interessengeflecht gilt es, mit den unterschiedlichen Interessen klug und geschickt umzugehen, Standpunkte zu beziehen, Kompromisse einzugehen, eventuelle Spannungen zuzulassen und Konflikte anzugehen. Entscheidungen sind nicht nur richtig, wenn sie aufgrund eines Sachzwangs effizient sind, sondern auch, wenn sie den Absichten verschiedener Gruppierungen dienen und nutzen. Führen heißt auch politisch handeln. Eine Führungskraft ist Stratege, Taktiker, Diplomat, Verkäufer. Ihr Erfolg hängt somit auch davon ab, ob Sie Unterstützer gewinnen, Akzeptanz herstellen und Allianzen schmieden können. Vergessen Sie dabei aber nicht: Die Akzeptanz von Entscheidungen ist nicht für die Ewigkeit. Veränderungen wie ein neues Machtgefüge können andere Interessen und Sichtweisen hervorbringen und damit die Erwartungen verändern, auf die Sie sich beziehen müssen.

TABELLE 1.7 Umgang mit Erwartungen

Erwartungen, auf die Sie nicht zwingend reagieren müssen, und die Sie auch nicht erfüllen werden.	Erwartungen, die Sie offen und deutlich ablehnen werden.	Erwartungen, bei denen Sie noch abwarten werden, weil Sie Ihren Standpunkt dazu noch klären müssen.	Erwartungen, die Sie offen bejahen und umsetzen können.	Erwartungen, die Sie erfüllen werden, dies aber noch nicht verkünden.

1.6 Symbolische Führung

Führung zeigt sich nicht nur in Handlungen und Entscheidungen, sondern manifestiert sich auch über deren Auswirkungen und Begleiterscheinungen. Wenn Sie z. B. als neue Führungskraft das Büro Ihres Vorgängers beziehen und die Ausstattung völlig unverändert lassen, „duftet" der Raum noch nach der früheren Führungskraft. Durch die gleiche Anordnung, die gleiche Gestaltung bleibt dieser und mit ihm die Vergangenheit präsent. Tauschen Sie dagegen einen Teil der Büroeinrichtung aus, stellen Sie die Möbel um und lassen Sie den Raum frisch in einer anderen Farbe streichen, assoziiert man Ihr Büro mit Neuem. Man merkt, der Wind weht aus einer anderen Richtung, es riecht nach Veränderung. Achten Sie deshalb darauf, Ihren Start mit den passenden Symbolen und Ritualen zu verbinden.

Mit Symbolen oder auch symbolischen Aussagen können Sie Wirkungen erzielen, die Ihr Führungshandeln unterstreichen. Erwarten Sie beispielsweise von Ihren Mitarbeitern Sparsamkeit, sollten Sie auch bei Ihrer Büroausstattung eher einen schlichten, aber gediegenen Stil wählen, ohne exklusive und teuere Details. So betonen Sie Ihre Absicht, zu sparen, und stärken gleichzeitig Ihre Glaubwürdigkeit. Das wiederum fördert die Akzeptanz Ihrer Forderung, mit den Finanzen zu haushalten.

Geben Sie beispielsweise den Mitarbeitern persönlich und ausführlich Feedback zu ihrer Aufgabenerledigung, wirkt das positiver und wertschätzender, als wenn Sie Ihre Rückmeldung kurz per Mail übermitteln. Hiermit zeigen Sie Ihren Mitarbeitern auch auf, welchen Stellenwert sie für Sie besitzen.

Das bedeutet: Die Akzeptanz Ihrer Entscheidungen ist auch davon abhängig, wie diese beispielsweise vom Mitarbeiter interpretiert werden. Das Wie prägt das Was mit. Es entscheidet mit darüber, ob man Ihnen glaubt. Das Wie wird durch Symbolik beeinflusst. Die eigentliche Bedeutung und Akzeptanz Ihres Handelns entsteht durch die Strahlkraft der Symbolik, das Sinnbild, das beim Gegenüber entsteht. Oswald Neuberger trifft hierzu folgende Aussage: *„Man kann nicht nicht symbolisch führen"* [Neuberger 1990, S. 93].

Wenn Symbolik wirkt, ist es sinnvoll, diese bewusst im Führungsalltag zu nutzen.

Symbolkraft bekommt Ihr Handeln beispielsweise,

- wenn Sie für etwas mehr Aufmerksamkeit zeigen als erwartet (z. B. „Unser neuer Vorgesetzter hat sich wirklich viel Zeit genommen, uns anzuhören.");
- wenn Sie bestimmte Aufgaben auf mehrere Schultern verteilen (z. B. bei den Meetings die Gesprächsleitung wechseln lassen);
- wenn Sie Entscheidungen in die Verantwortung des Teams übergeben (z. B. die Mitarbeiter die Urlaubsplanung selbständig regeln lassen);
- wenn Sie am Beispiel eines Erlebnisses Grundsätze, die wichtig sind, deutlich machen (z. B. „An dem Beispiel, wie diese Urlaubsvertretung selbstverständlich organisiert wurde, wird deutlich, wie ich mir grundsätzlich die Eigenverantwortung in unserem Team vorstelle ...");
- wenn Sie Unterschiede schaffen zu Ihrem Vorgänger oder vergleichbaren Abteilungen (z. B. „Jetzt könnte ich mich wegen jeder Frage an meinen Vorgesetzten wenden, während ich früher oft bei der ersten Frage eine abweisende Antwort bekommen habe.").

Voraussetzung dafür ist, dass die Handlungen der Führenden sowie die Strukturen und Systeme, in deren Kontext sie stehen, durch die Mitarbeiter (richtig) gedeutet werden.

Tabelle 1.8 listet einige der in der Arbeitswelt gängigen Symbole und deren Bedeutung auf. Da die Aussage der Sinnbilder mehrdeutig ist, können Sie sich aber nicht darauf verlassen, dass Sie immer so verstanden werden, wie Sie es gemeint haben.

Durch Symbole und symbolisches Handeln können Sie auch auf einer emotionalen und eher unbewussten Ebene Orientierung geben. Achten Sie deshalb darauf, welche Wirkung Ihr Handeln erzielt, bzw. reflektieren Sie auch, wie Sie durch Symbole und symbolisches Handeln Ihre Absichten bestärken können.

Gerade am Anfang, wenn Sie unter der besonderen Aufmerksamkeit und Beobachtung Ihrer Mitarbeiter und des Umfeldes stehen und jeder wissen will, woran er mit Ihnen ist, wird Ihr Verhalten schnell gedeutet und bewertet. Beziehen Sie dies in Ihre Vorbereitung und die ersten 100 Tage mit ein.

TABELLE 1.8 Mögliche Symbolik und ihre Aussage

Symbolik	Mögliche Bedeutung
Dekoration vom Vorgänger verändern	eine neue „Ära“ beginnt
offene Bürotür	Transparenz und Offenheit
Aufenthaltsraum schaffen	Ruhe und Platz für Persönliches
neue Ansprache („du“/„Sie“)	Nähe/Distanz
Besprechungsmoderation wechselt	Mitarbeiter sollen Verantwortung übernehmen
Brechen von Tabus	Veränderung der Unternehmensstruktur
Geburtstagsessen – Geschenke	Anerkennung der Mitarbeiter
neuer Kleidungsstil	Veränderung in der Person

Überlegen Sie, welche Grundsätze Ihnen besonders wichtig sind und wie Sie diese von Anfang an mit Symbolen unterstreichen können.

TIPP: Achten Sie auf die Bedeutung der Symbole

- Achten Sie darauf, dass die Zeichen, die Sie setzen, nicht im Widerspruch zu Ihren Absichten, Werten und Vorstellungen stehen.
- Handeln Sie auch bei kleineren Dingen symbolisch und nicht nur bei den wesentlichen Punkten. So wird deutlich, worauf es Ihnen ankommt (z. B. sparen Sie auch bei kleinen Beträgen, wenn Sie der Verschwendung den Kampf angesagt haben).
- Verfolgen Sie, ob das symbolische Handeln auch so verstanden wurde, wie Sie es gemeint haben, und korrigieren Sie, soweit möglich, Fehlinterpretationen.
- Finden Sie heraus, welche Geschichten über Sie erzählt werden und welche Botschaft mit ihnen transportiert wird.
- Achten Sie auf symbolische Handlungen Ihrer Vorgesetzten und in Ihrem Umfeld und beobachten Sie, welche Schlüsse Sie und andere daraus ziehen.

1.7 Unterschied zwischen fachlicher und disziplinarischer Führung

Führung ist davon abhängig, welche Befugnisse der Chef besitzt und wie die Personalverantwortung definiert wird. In der Regel ist die Führungskraft für die Ergebnisse, die Leistungen und das Verhalten der Mitarbeiter verantwortlich und hat disziplinarische Vollmachten. Diese disziplinarische Führung beinhaltet im Einzelnen:

- die Einstellung von Mitarbeitern,
- eine Fürsorgepflicht für die Mitarbeiter,
- den Arbeitseinsatz und die Aufgaben der Mitarbeiter festzulegen (hinsichtlich Art der Aufgabe, Verteilung, Ort, Verhalten),
- die Leistungen zu beurteilen,
- die fachliche und persönliche Entwicklung des Mitarbeiters zu unterstützen,
- die Einhaltung von Richtlinien sicherzustellen.

Dabei sind arbeitsrechtliche und tarifrechtliche Bestimmungen, der Arbeitsvertrag und betriebliche Vereinbarungen zu beachten. Sie regeln grundsätzliche Rahmenbedingungen, angefangen bei der Sicherheit über Datenschutz oder Gesundheit bis hin zu Persönlichkeitsrechten.

Machen Sie sich auch die Grenzen Ihrer Kompetenzen bewusst. Sie müssen z. B. die Persönlichkeitsrechte der Mitarbeiter achten und deren Privatsphäre schützen. Themen aus dem privaten Bereich des Mitarbeiters können Sie deshalb nur mit dessen Zustimmung besprechen. Bei psychischen Problemen und Erkrankungen oder bei Suchtproblemen sind nicht Sie, sondern in erster Linie Fachkräfte gefragt. Sie besitzen keine therapeutische Ausbildung und sind auch kein Seelsorger.

Daneben gibt es gerade auf Teamleiterebene und bei Projektleitern Verantwortliche,

- die keine disziplinarischen Befugnisse besitzen,
- eine Gruppe nur befristet für einen bestimmten fachlichen Auftrag leiten oder
- ein Spezialistenteam koordinierend steuern.

Diese Führungskräfte ohne Weisungsbefugnisse können nur fachlich führen. Das heißt: Sie müssen, um ihre Führungsaufgabe zu erfüllen, verhandeln und überzeugen. Da nicht die formelle Macht bestimmt, werden Vereinbarungen als Handlungsgrundlage getroffen. Auch Ziele und Vorgehensweisen basieren auf Übereinkunft. Akzeptanz für ihr Vorgehen erzielen diese Führungskräfte durch Argumente und Überzeugung. Tabelle 1.9 zeigt, in welchen Positionen man normalerweise Weisungsbefugnis hat und in welchen nicht.

Als Führungskraft im herkömmlichen Sinne sind Sie Linienvorgesetzter und sind im Organigramm eingeordnet. Sie leiten ein Team mit festen Mitarbeitern, besitzen Personalverantwortung und Weisungsbefugnis. Ohne Weisungsbefugnis brauchen Ihre Mitarbeiter Ihren Anweisungen nicht zu folgen. Im Konfliktfall muss der disziplinarische Vorgesetzte mit hinzugezogen werden.

Wie Sie Ihre Führungsrolle wahrnehmen können und dürfen, hängt somit davon ab, mit welchen Kompetenzen und Befugnissen Sie ausgestattet werden. Wirken Sie darauf hin, dass dies, soweit möglich, schriftlich festgehalten wird. Eine solche Klarstellung verschafft Orientierung und Sicherheit, aber auch ein Bewusstsein über Begrenzungen.

TABELLE 1.9 Führungskräfte mit und ohne Weisungsbefugnis

Ohne Weisungsbefugnisse	Mit Weisungsbefugnissen
Projektleiter Teamkoordinator stellvertretender Abteilungsleiter ...	Abteilungsleiter Bereichsleiter Geschäftsführer ...

1.8 Kompakt

Theoretische Überlegungen eignen sich, grundlegende Fragen zum Thema Führung zu beantworten. Durch Modelle und Theorien lassen sich auch Mechanismen beschreiben und Zusammenhänge erklären. Sie betrachten das Thema aber immer unter einem spezifischen Blickwinkel. Die Realität ist vielfältiger. Einzelne Theorien taugen daher für sich allein nicht als Richtschnur für Führungshandeln. Aber sie können den Blick schärfen, um Kriterien für den Führungserfolg zu definieren und sich wichtige Wechselbeziehungen bewusst zu machen.

So unterschiedlich die Definitionen von Führung auch sind, sie weisen zwei Gemeinsamkeiten auf: Sie nennen immer eine Person, den Mitarbeiter, der dazu gebracht werden soll, etwas Bestimmtes zu tun. Zweck dieser Beeinflussung ist, ein Ziel oder Ergebnis zu erreichen. Demnach ist die Führungskraft jemand, der auf die Mitarbeiter so einwirkt, dass diese Ziele erreichen. Sie ist folglich für die Mitarbeiter sowie die Strukturen und Prozesse, mit deren Hilfe die Ziele verwirklicht werden können, verantwortlich. Das bestimmt die Grundaufgaben jedes Chefs. Er beeinflusst sie durch Kommunikation mit den Mitarbeitern und durch die Gestaltung der Prozesse und Strukturen.

Die moderne Leistungsgesellschaft stellt Führung vor zwei grundlegende Herausforderungen. Die immer schneller aufeinanderfolgenden Veränderungen erfordern hohe Flexibilität. Gleichzeitig nimmt durch die zunehmende Vernetzung der Menschen und damit auch der Wirtschaft die Komplexität der zu erreichenden Ziele zu. Deshalb ist jedes Unternehmen heute auf selbständig arbeitende und hoch qualifizierte Beschäftigte angewiesen. Das hat das Verhältnis zwischen Chef und Mitarbeiter tief greifend verändert. Die Führungskraft, die ihre Mitarbeiter durch Anordnungen anleitet, ist zunehmend weniger gefragt. Gefordert wird stattdessen die Beteiligung der Mitarbeiter. Chefs haben immer mehr für motivierende Arbeitsbedingungen und die Identifizierung der Beschäftigten mit den Unternehmenszielen zu sorgen. Gleichzeitig sollen sie Konzepte entwerfen, die helfen, trotz steigenden Wettbewerbsdrucks zu bestehen.

Ein Chef hat dafür zu sorgen, dass jede Aufgabe die fünf für ihre Abwicklung notwendigen Arbeitsschritte durchläuft: Ziele setzen, Planung, Entscheidung, Realisierung und Kontrolle. Dies tut er hauptsächlich mittels Kommunikation und Information. Damit unterscheidet man zwei Ebenen, die die Umsetzung einer Aufgabe bestimmen: die organisatorisch-strukturelle, zu der Strukturen und Prozesse gehören, und die zwischenmenschlich-psychologische, unter die die Anleitung der an der Umsetzung beteiligten Personen fällt. Jeder Ebene lassen sich zahlreiche Führungsaufgaben und Führungsinstrumente zuordnen. Wer vom Mitarbeiter zum Chef aufsteigt, muss sich deshalb auf gänzlich neue Anforderungen einstellen. Seine Fachkompetenzen haben ihn in der Regel für die neue Position qualifiziert. Nach dem Wechsel muss er aber lernen, diese anders einzusetzen, und zusätzlich Führungskompetenzen zeigen.

Um die Komplexität der Aufgaben einer Führungskraft zu verstehen, genügt ein Blick auf die Faktoren, die eine Führungssituation bestimmen. Da gibt es zunächst die handelnden Personen: den Chef und die Mitarbeiter. Sie sind Individuen mit unverwechselbaren Erfahrungen und einzigartigen Prägungen. Daraus resultieren sehr unterschiedliche Verhaltensweisen und Einstellungen. Auf sie muss ein Chef Rücksicht nehmen, damit eine gewinnbringende Zusammenarbeit möglich ist. Führungshandeln ist zudem von der Aufgabe geprägt. Man geht anders an sie heran, je nachdem, ob sie neu oder altbekannt sind oder zu ihrer Durchführung Kreativität oder immer derselbe Handgriff nötig ist. Des Weiteren bestimmt auch die Situation, wie eine Aufgabe umgesetzt wird. In Krisen oder in Sondersituationen verlangen Chefs ihrem Team wesentlich höheren Einsatz ab wie im Normalfall. Ähnlich einflussreich sind auch die Strukturen, in denen gearbeitet wird. In Abteilungen, die flexibel auf Kundenwünsche eingehen sollen, müssen die Mitarbeiter wesentlich selbständiger agieren können, als wenn sie am Fließband stehen würden. Schließlich agieren Führungskräfte auch in einem Umfeld, das ihr Handeln bestimmt. Die Unternehmenskultur kann hier bestimmte Vorgehensweisen vorschreiben. Aber auch die Wettbewerbssituation hat Folgen: Je höher der Konkurrenzdruck ist, desto mehr müssen die Führungskräfte mit ihren Ressourcen haushalten oder um zusätzliche Stellen kämpfen. Diese zahlreichen Einflussfaktoren machen eines deutlich: Keine Führungssituation gleicht der anderen.

Doch für den Erfolg der Führungstätigkeit gibt es trotzdem eine klare Richtlinie: das Unternehmensziel. Es kommt also für jede Führungskraft darauf an, möglichst viel zu diesem beizutragen. Das bedeutet: Sie muss effektiv führen und, da sie ohne das Team nichts bewegen kann, mitarbeiterbezogen. Was jedoch die Erfolgsfaktoren betrifft, gibt es unterschiedliche Ansätze. Personenorientierte Theorien gehen davon aus, dass der Erfolg von den Eigenschaften und Fähigkeiten der Führenden abhängt. Positionsorientierte Führungstheorien messen dagegen dem Ausgleich der unterschiedlichen Interessen große Bedeutung zu. Folgt man ihrer Auffassung, kann diejenige Führungskraft am meisten bewirken, der es gelingt, die Erwartungen von Mitarbeitern und dem Vorgesetzten mit ihren eigenen in Übereinstimmung zu bringen. Damit lenkt diese Rollentheorie die Aufmerksamkeit auch auf unternehmensinterne Konflikte und sich widersprechende Erwartungen. Die situationsorientierten Führungstheorien nehmen an, dass der Erfolg der Führungskraft von allen Faktoren abhängt, die die Arbeitssituation bestimmen. Damit kann ein Chef seinen Erfolg nicht selbst bestimmen, sondern ist auf die Mitwirkung der Mitarbeiter, des Vorgesetzten und günstige Rahmenbedingungen angewiesen.

Diese unterschiedlichen Betrachtungsweisen von Führung beeinflussen genauso wie der persönliche Charakter, das Menschenbild oder andere Überzeugungen, Werte und Grundeinstellungen den Führungsstil. Denn Letzterer ist ein typisches Muster Ihres Führungsverhaltens. Es kann auch ratsam sein, unterschiedlich zu führen, je nachdem, in welcher Situation Sie sich gerade befinden oder mit welchen Menschen Sie es zu tun haben. Ein Überblick über die gängigsten Führungsstile und -modelle schärft den Blick auf das eigene Führungsverhalten und hilft, die Reaktion der Mitarbeiter abzuschätzen.

Die traditionelle Führungstypologie nennt drei wichtige Führungsstile: den autoritären, den kooperativen und den Laissez-faire-Führungsstil. Beim autoritären Führungsstil trifft der Chef die Entscheidungen und gibt die Ziele vor. Die Kommunikation erfolgt damit von oben nach unten. Führungsinstrumente sind zumeist Anordnungen und Vorschriften. Der Erfolg dieses Führungsstils steht und fällt mit den Qualitäten des Chefs. Auf die Belange der Mitarbeiter nimmt dieser wenig Rücksicht. Autoritäre Führung kann sinnvoll sein, wenn es auf schnelle Entscheidungen und eindeutige Anweisungen ankommt.

Die kooperative Führungskraft delegiert Aufgaben und legt Wert darauf, dass Entscheidungen im Diskurs mit dem Team getroffen werden. Ziel ist es, größtmögliche Mitarbeiterzufriedenheit mit bestmöglichen Arbeitsergebnissen zu verbinden. Bei diesem Stil kommen die Kompetenzen und Potenziale der Mitarbeiter zum Tragen. Das fördert deren Identifikation mit dem Unternehmen sowie Kreativität und Motivation. Entscheidungen können hier allerdings wegen des erhöhten Abstimmungsbedarfs länger dauern.

Beim Laissez-faire-Führungsstil lässt die Führungskraft ihren Mitarbeitern weitgehend freie Hand. Daher fehlen klare Zielvorgaben und ein regelmäßiges Feedback des Führenden. Die Mitarbeiter können unter diesen Bedingungen nur dann gut arbeiten, wenn sie ein großes Maß an Selbstmotivation besitzen und zielorientiert sind.

Der Kontinuumansatz von Tannenbaum und Schmidt konzentriert sich auf die Entscheidungsspielräume von Führungskraft und Mitarbeitern. Er beschreibt sechs charakteristische Entscheidungsabläufe, die die schrittweise Entwicklung von Entscheidungen nach dem autoritären Prinzip bis hin zur Gruppenentscheidung des Teams verdeutlichen.

Weiterführende Führungstheorien beurteilen Führung nach zwei Dimensionen: Mitarbeiterorientierung und Aufgabenorientierung. Robert Blake und Jane Mouton haben aus dieser Grundannahme das sogenannte Grid-Gitter entwickelt. Erfolgreiche Führung muss entsprechend diesen Modellen Elemente beider Dimensionen berücksichtigen.

Der situative Reifegradansatz von Hersey und Blanchard führt zusätzlich den Begriff „Reifegrad" des Mitarbeiters ein. Er definiert den Entwicklungsstand des Mitarbeiters, der durch Kriterien wie Qualität der Kompetenzen, Grad der Motivation oder Erfahrung bestimmt ist. Von diesem Reifegrad leiten Hersey und Blanchard ab, wie sich die Führungskraft verhalten sollte.

Um ihre Aufgaben erfüllen zu können, muss die Führungskraft aber nicht nur ein Erfolg versprechendes Verhalten an den Tag legen, sondern sollte auch bestimmte Kompetenzen und persönliche Eigenschaften besitzen. Zu den wichtigen Fähigkeiten gehören: Fachkompetenz, soziale Kompetenz, Methodenkompetenz und Persönlichkeitskompetenz. Eine ihrer herausragenden Eigenschaften sollte die Bereitschaft, Verantwortung zu übernehmen, sein. Nur unter dieser Voraussetzung wird sie sich für die Unternehmensziele und die Mitarbeiter engagieren. Hinzu kommt Integrität. Was ein Chef sagt und tut, darf sich nicht widersprechen, sonst verliert er an Glaubwürdigkeit. Im Zweifelsfall muss er auch bereit sein, für seine Überzeugungen Konflikte in Kauf zu nehmen.

Da es im Geschäftsleben darauf ankommt, Kontakte zu knüpfen und zu nutzen, ist es auch von Vorteil, Beziehungen aufbauen zu können. Es ist auch nötig, flexibel auf Veränderungen oder unvorhersehbare Ereignisse reagieren zu können.

Eine Führungskraft sollte sich aber auch in die Lage ihres Gegenübers hineinversetzen können, damit sie gut verhandeln und leichter Kompromisse erzielen kann. Und schließlich muss sie auch für sich selbst eine Antenne haben. Ohne die Fähigkeit zur Selbstwahrnehmung läuft sie Gefahr, sich permanent zu überfordern oder ihre Gefühle falsch zu deuten und deshalb Fehlentscheidungen zu treffen.

Eine Führungskraft muss viele Aufgaben gleichzeitig meistern. Da lässt es sich nicht vermeiden, dass sich einige Zielsetzungen widersprechen. Das tritt vor allem in Bereichen ein, in denen sowohl ziel- als auch mitarbeiterorientiert gehandelt werden muss. Man spricht in diesem Zusammenhang auch vom sogenannten Rollendilemma. Um seiner Rolle gerecht zu werden, muss der Chef dann die an sich widersprechenden Pole in eine situationsadäquate Balance bringen. Klassische Beispiele für diese Widersprüche sind: Mittel und Zweck, Freiheit und Ordnung oder Kontrolle und Vertrauen.

An jede Rolle, also auch an die des Chefs, richten sich Erwartungen. Sie können wichtige Hinweise auf die Grundpositionen Ihres Umfelds geben und Handlungsbedarf aufdecken. Eines sind die Wünsche Ihrer Mitarbeiter, Kunden, Schnittstellenpartner oder des Vorgesetzten jedoch auf keinen Fall: Punkte eines Handlungsprogramms, das Sie vollständig zu erfüllen haben. Sie sollten aber trotzdem die Erwartungen Ihres Umfelds möglichst gut kennen. Ihr Führungserfolg hängt maßgeblich davon ab, wie Sie mit den Wünschen der anderen umgehen können. Nehmen Sie sich deshalb die Zeit, die Erwartungen aller Seiten genau herauszuarbeiten, um dann zu überlegen, wie Sie ihnen begegnen wollen.

Der Vorstand und die Geschäftsleitung sind für ein gutes Gesamtergebnis verantwortlich und deshalb daran interessiert, dass alle Bereiche des Unternehmens reibungslos ineinandergreifen. Deswegen erwartet die oberste Führungsetage von Ihnen, dass Sie die Unternehmensphilosophie mittragen und vorleben sowie die Ihnen gesetzten Ziele erfüllen. Der direkte Vorgesetzte möchte, dass Sie Ihre Abteilung möglichst bald „in den Griff" bekommen und so seine Auswahlentscheidung für Sie bestätigen. In der Anfangsphase ist er deshalb in der Regel bereit, Sie zu unterstützen. Führungskollegen auf gleicher Ebene erwarten dagegen, dass Sie sich in das Gefüge dieser Führungsgruppe einpassen und kooperativ sind. Die Mitglieder Ihres Teams wollen, dass Sie nach außen möglichst stark auftreten und die Teaminteressen vertreten. Ähnlich gestalten sich die Wünsche des einzelnen Mitarbeiters. Er erwartet von Ihnen klare und faire Richtlinien und möchte gleichzeitig, dass Sie ihn als Mensch wertschätzen, auf seine persönlichen Belange Rücksicht nehmen und vielleicht auch Verständnis für die eine oder andere Schwäche zeigen. Soweit Sie mit Kunden direkten Kontakt haben, werden Sie feststellen, dass diese sich so bald wie möglich einen ersten Eindruck über Sie bilden und Ihre Vorstellung für die weitere Zusammenarbeit kennenlernen wollen. In ihrem Interesse ist, dass die guten Aspekte der Geschäftsbeziehung weiterlaufen wie bisher, weniger gute aber möglichst bald verbessert werden. Ihr Partner, die Familie und Freunde werden sich daran gewöhnen müssen, dass Sie mit dem Wechsel in die Führungsposition weniger Zeit für sie haben wie vorher. Sie brauchen den privaten Rückhalt, um den Anforderungen der Führungsposition gewachsen zu sein. Widersprechen sich die Vorstellungen von Privatleben und Arbeitswelt zu sehr, laufen Sie zudem Gefahr, in einen Rollenkonflikt zu geraten. Ihre eigenen Erwartungen sind die einzigen, die Sie beeinflussen können. Nehmen Sie sie deshalb genau unter die Lupe. Bringen Sie in Erfahrung, welchen Einflüssen Ihre Erwartungen geschuldet sind, und prüfen Sie, ob alles, was Sie von sich fordern, vernünftig ist. Auf diese Weise können Sie mit großer Wahrscheinlichkeit Druck von sich nehmen.

Ähnlich sollten Sie auch mit den anderen Erwartungen umgehen. Da sie von unterschiedlichen Personen(gruppen) kommen, werden sie sich nicht zu 100 % decken oder sich vielleicht sogar widersprechen. Arbeiten Sie deshalb heraus, was hinter den einzelnen Wünschen steht, und beurteilen Sie anhand Ihrer eigenen Wertvorstellungen, inwieweit die Erwartungen begründet sind. Dann können Sie eindeutig Position beziehen. Beachten Sie dabei aber auch, wie offen Sie Zustimmung oder Ablehnung äußern. Manchmal empfiehlt es sich, diplomatisch zu handeln.

Führen können Sie nicht nur mit Handlungen, sondern auch mit der Wirkung, die bestimmte Aktivitäten hervorrufen. In diesem Fall spricht man vom symbolischen Führen. Hierunter fällt beispielsweise die Umgestaltung des Büros Ihres Vorgängers, damit jeder Besucher merkt, dass andere Zeiten angebrochen sind. Symbolisches Führen unterstreicht damit durch die Art und Weise, wie etwas geschieht, dass etwas geschieht. Der Inhalt der Handlung wird unterstrichen und erzielt damit höhere Akzeptanz. Nutzen Sie deshalb ganz bewusst diese Möglichkeit, Ihrem Führungshandeln mehr Nachdruck zu verleihen.

2 Startvorbereitung

„Man muss viel gelernt haben, um über das, was man nicht weiß, fragen zu können."
Jean-Jacques Rousseau,
französischer Philosoph

Worum es geht ...

Das Besondere am Neubeginn ist seine Einmaligkeit: Er lässt sich nicht wiederholen. Ein misslungener Einstieg lässt sich nicht mehr rückgängig machen. Es bleibt bestenfalls der Versuch, das Schlimmste auszubessern und den Schaden zu begrenzen, um im nächsten Schritt die Dinge wieder gerade zu rücken. Ein schlechter erster Eindruck aber wird lange nachwirken. Deshalb sollten Sie beim Wechsel in eine Führungsrolle nichts dem Zufall überlassen, sondern sich auf die neue Aufgabe gezielt vorbereiten und die wichtigsten Schritte sorgfältig planen. Kurz: Für einen erfolgreichen Start in die neue Führungsposition ist eine professionelle Vorbereitung unerlässlich.

Dieses Kapitel beschreibt, wie Sie sich systematisch vorbereiten können und so optimale Voraussetzungen für Ihren Führungsstart schaffen. Es behandelt folgende Themen:

- wie Sie Rückhalt in Ihrer Familie für die neuen Belastungen finden,
- wie Sie Ihre Freizeit anders organisieren können,
- wie Sie sich von Ihrem früheren Arbeitsplatz verabschieden sollten,
- auf was Sie in Ihrer Startposition besonders achten sollten,
- wie Sie Klarheit über Ihre neue Funktion und deren Rahmenbedingungen gewinnen,
- wie Sie Führungskompetenzen lernen können.

Wenn Sie heutige Führungskräfte fragen, ob das Unternehmen oder die Personalabteilung sie auf ihre Position vorbereitet hat, lautet die spontane Antwort oft sinngemäß: „Es gab keine" (vgl. Interview 4 und 5). Unterschwellig nimmt man dabei Bedauern und einen leisen Vorwurf wahr. Interessant ist auch, dass die Befragten in der Regel unter „Vorbereitung" eine dezidierte Einarbeitung, am besten durch den Vorgänger, verstehen.

Dies zeigt zweierlei: Zum einen ist das Informationsbedürfnis vor dem Antritt einer neuen Führungsposition extrem hoch. Zum anderen ist sehr detailliertes und auf die bevorstehende Herausforderung exakt zugeschnittenes Wissen gefragt. Außerdem lassen die Aussagen auf eine weitverbreitete Unsicherheit der angehenden Chefs schließen und das Gefühl, allein gelassen zu werden. Doch - so sehr in dieser Situation der Wunsch nach einer leitenden Hand nachzuvollziehen ist - der Arbeitgeber kann und will dies nur bedingt leisten. Er geht davon aus, dass Führungskräfte nicht nur für bestimmte Aufgaben und für die Mitarbeiter verantwortlich sind, sondern auch für sich und den eigenen Erfolg. Die erste wichtige Führungsaufgabe ist also, sich selbst durch die Vorbereitung zu führen. Das bedeutet: Sie müssen sich selbst Ihrer Stärken vergewissern, klären, welche Anforderungen die neue Position stellt, und an den Schwächen bzw. Entwicklungsfeldern arbeiten. Außerdem sollten Sie überlegen, wie Sie in Zukunft, trotz höherer Arbeitsbelastung, ein Familienleben organisieren können und Freundschaften pflegen. Ihr Privatleben ist die Basis für Ihre innere Orientierung und Leistungsfähigkeit und sollte deshalb nicht aus dem Blick geraten.

2.1 Persönliche Situation

Für viele angehende Chefs beginnt mit dem Schritt in die Führungsrolle ein neuer Lebensabschnitt. Sie haben viele Hürden genommen, um so weit zu kommen, und dieses Ziel über viele Jahre verfolgt. Nun ist es an der Zeit, sich auf die kommenden Herausforderungen einzustellen und über Erreichtes Bilanz zu ziehen. Am besten beginnen Sie damit bei Ihrer Person und Ihrem privaten Umfeld. Lassen Sie zuerst Ihren bisherigen Werdegang Revue passieren und halten Sie wichtige Etappenziele fest. Es geht darum, herauszufinden, was Sie bisher erfolgreich gemacht hat.

Wenn Sie den Blick in Ihre Vergangenheit richten, werden Sie merken, dass Sie in vielen Situationen selbst „Führung“ übernommen haben. Das kann im Ehrenamt, in der Familie oder im Beruf gewesen sein. Damit haben Sie bereits erste Erfahrungen erworben, auf die Sie aufbauen können.

ÜBUNG: Überlegen Sie, was für Sie gute Führung ausmacht. Stellen Sie sich dabei folgende Fragen:

- Wie können und wollen Sie führen? Was ist Ihnen dabei wichtig?
- Wer oder was ist für Sie in puncto Führung ein Vorbild (im positiven und negativen Sinn)?

Malen Sie dann auf ein Blatt Papier einen Zeitstrahl auf. Er steht für Ihren bisherigen Lebensweg. Tragen Sie darauf ein, wann Ereignisse stattfanden, die für Sie wichtig waren oder vieles veränderten. Stellen Sie sich dazu folgende Fragen:

- Was waren die wesentlichen Schritte in Ihrem Leben (z. B. Ausbildung, Studium, Vereinstätigkeit, Umzug)?
- Was haben Sie zu diesem Schritt beigetragen und was andere?
- Welche Stärken und Schwächen erkennen Sie im Rückblick?
- Wer hat Ihr Verständnis von Führung geprägt? Was daran wollen Sie für Ihre eigene Führungsarbeit übernehmen?

Als Ergebnis sollten Sie eine Skizze ähnlich Bild 2.1 erhalten. ■

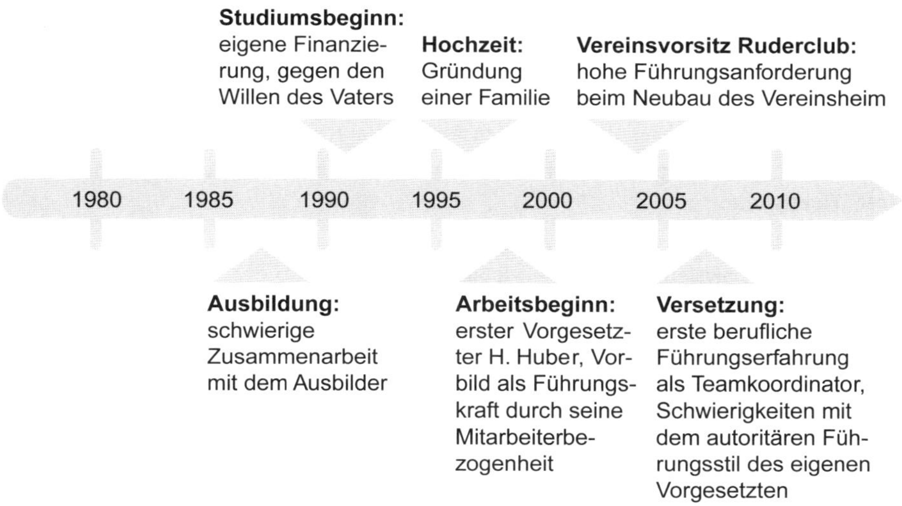

BILD 2.1 Wichtige Lebensereignisse auf einem Zeitstrahl (Beispiel)

2.1.1 Motivation

Mit dem anstehenden Wechsel in die Führungsetage haben Sie ein wichtiges Ziel erreicht. Dafür mussten Sie Zeit und Energie investieren. Sie haben sich gegenüber den Mitbewerbern durchgesetzt und durch Ihre Leistungen und durch Ihre Persönlichkeit überzeugen können. Das bedeutet: Sie haben bereits bewiesen, dass Sie über eine große Antriebskraft verfügen. Aber wissen Sie auch, woher Sie diese Kraft nehmen? Was sind Ihre Antriebsfaktoren?

TIPP: Ziehen Sie Ihre persönliche Bilanz nicht am grünen Tisch

Überlegen Sie aber nicht nur am Schreibtisch, was auf Sie zukommt, sondern gehen Sie allein spazieren oder wandern. Bewegung hilft, eine andere Sicht auf die bevorstehenden Herausforderungen einzunehmen und klarer zu sehen. Auf diese Weise entwickeln sich oft neue Ideen. ■

Doch Vorsicht. Was Sie bisher erfolgreich gemacht und motiviert hat, muss sich nicht auch in der neuen Rolle bewähren. Ab jetzt gelten neue Gesetze. Über den Erfolg einer Führungskraft entscheiden andere Faktoren als bei einem Mitarbeiter. Grundsätzlich gilt: Die fachlichen Anforderungen nehmen ab, konzeptionelle und soziale Kompetenzen sind dagegen in höherem Maß gefordert. Um diesen Wandel gut zu bewältigen, sollten Sie sich über Ihre bisherigen Antriebsfaktoren Rechenschaft ablegen. Karriere zu machen hat in der Regel seinen Preis. Aber wenn Sie sich bewusst sind, warum Sie diesen Schritt gehen, werden Sie besser abwägen können, wo Ihre Grenzen sind und welchen Stellenwert für Sie private und familiäre Interessen haben. Diese Analyse kann Sie auch davor bewahren, unbewusst einer Motivation zu sehr nachzugeben. Sie hilft damit, das Ruder in der Hand zu behalten und das richtige Maß zu finden. Stellen Sie sich nun folgende Fragen:

- Was sind Ihre Antriebsfaktoren?
- Was motiviert Sie dabei?
- Was fällt Ihnen zum Umgang mit diesen Antriebsfaktoren ein?

Tragen Sie Ihre Antworten in Tabelle 2.1 ein und ordnen Sie Ihre Antriebsfaktoren nach ihrer Wichtigkeit.

TIPP: Analysieren Sie Ihre Antriebsfaktoren ehrlich

Seien Sie ehrlich zu sich selbst. Einige Antriebsfaktoren werden Sie sich nur ungern eingestehen. Sie entsprechen in der Regel nicht den gesellschaftlichen Vorgaben, was man tut oder nicht, oder fallen sogar unter ein Tabu. Doch bedenken Sie: Je treffender Sie Ihre Motivation beschreiben, desto mehr wird Ihnen die Analyse nützen. ■

TABELLE 2.1 Antriebsfaktoren und Motivationsgrundlagen

Antriebsfaktoren	Was motiviert Sie dabei?	Ihre Priorisierung	Ihre Ideen zum Umgang mit diesem Antrieb
Gehalt	Beispiel: eigenes Haus	Prio 1	Geld ist nicht alles Geld auf die hohe Kante legen
Gehalt			
Verantwortung			
Einfluss und Macht			
Gestaltungsspielraum			
Image und Ansehen			
Menschen führen			
Erfolg			
berufliches Vorankommen			
gesellschaftliche Verantwortung			
...			

Nach der Motivation, Führungskraft zu werden, können fünf Grundtypen unterschieden werden:

- **Der Entwicklungstyp:** Diese Kandidaten sind besonders an Entwicklungsmöglichkeiten interessiert und der Chance, in einem erfolgreichen Unternehmen arbeiten zu können.
- **Der Karrieretyp:** Diese Kategorie stellt Anerkennung und Karriere in den Vordergrund. Der Status „Führungskraft" und der damit verbundene hohe soziale Status ist ihm besonders wichtig.
- **Der Idealist:** Vertreter dieser Kategorie wollen an etwas Bedeutsamem arbeiten, das im Einklang mit ihren inneren Werten steht.
- **Der Gehaltvolle:** Diese Gruppe stellt die finanziell verbesserte Situation und die damit gesteigerten Möglichkeiten in den Vordergrund.
- **Der Hochgelobte:** Die Motivation dieser Gruppe, Führungskraft zu werden, kommt nicht vorwiegend von ihnen selbst. Sie stehen in der Gunst von Förderern. Deshalb lassen Sie sich vom Erfolg leiten und fragen sich vielleicht erst viel später, ob dieser Schritt richtig war.

ÜBUNG: Beantworten Sie folgende Fragen zur Klärung Ihres Grundtyps:

- Welchem der Grundtypen entspricht Ihre Grundmotivation am ehesten?
- Welche Verführungen und Gefahren birgt diese Grundeinstellung? Auf was sollten Sie deshalb besonders aufpassen?
- Wie können Sie diese Verführungen und Gefahren vermeiden?

2.1.2 Familie

Der Wechsel zur Führungskraft bedeutet nicht nur für Sie selbst eine tief greifende Veränderung, sondern auch für Ihr persönliches Umfeld, besonders die Familie. Sie müssen damit rechnen, länger zu arbeiten und wegen der neuen Anforderungen nicht so schnell wie gewohnt abschalten zu können. Das belastet das Familienleben und Ihre Privatsphäre. Deshalb sollte Ihre Entscheidung von Ihrem privaten Umfeld mitgetragen werden. Der Wechsel braucht die Unterstützung des Partners, der Kinder, von Verwandten, Freunden und Bekannten. Nur wenn Beruf und Privatleben in Balance sind, kann Ihr eigener Lebensplan auf Dauer aufgehen. Diskutieren Sie deshalb bereits im Vorfeld die Auswirkungen der neuen Position auf die Familie und Partnerschaft (z. B. längere Arbeitszeiten, größere physische und psychische Belastungen). Vereinbaren Sie, wie sie gemeinsam die neue Situation meistern wollen. Widerstehen Sie dabei der Versuchung, die Mehrbelastung der Einarbeitung und der anspruchsvollen Führungsaufgabe herunterzuspielen, sondern suchen Sie bewusst nach Möglichkeiten, Ihr Umfeld zu entlasten. Dabei kann es wichtig sein, beispielsweise die längst fällige Putzfrau zu engagieren oder feste Zeiten zu vereinbaren, in denen Sie sich regenerieren können und Zeit für die Partnerschaft finden. Bedenken Sie auch, dass Sie sich anfangs nur schwer auf andere Dinge wie die neuen Aufgaben werden konzentrieren können. Fällen Sie deshalb anstehende private Entscheidung vor Antritt Ihrer neuen Position. Ihr Partner rechnet damit, dass nach einer gewissen Einarbeitungszeit, in der er Ihre Mehrbelastung mitträgt, wieder ein Zustand einkehrt, in dem die Familie mit Ihnen rechnen kann. Dann wird sich aber trotzdem vieles verändert haben. Besprechen Sie daher, wie Sie die kürzere gemeinsame Zeit gestalten wollen, und entwickeln Sie Zukunftsperspektiven. Gehen Sie bei all diesen Überlegungen von Ihrer aktuellen privaten Situation aus.

TIPP: Gehen Sie offen mit dem Aufstieg in der Familie um

- Bitten Sie den Partner und (falls sie schon größer sind) die Kinder für den Wechsel um Unterstützung.
- Beziehen Sie die Familie in Entscheidungen mit ein.
- Entwickeln Sie eine gemeinsame Vision Ihrer Familie bzw. Partnerschaft und erörtern Sie, was sich durch Ihre neue Funktion ändern wird.
- Durchdenken und diskutieren Sie die Auswirkungen der neuen Position auf die Familie (z. B. Wohnortwechsel, längere Arbeitszeiten, größere physische und psychische Belastung).
- Vereinbaren Sie Rahmenbedingungen, die für beide Seiten akzeptabel sind.

Checkliste für den Umgang mit dem Wechsel in der Familie

- Welche Unterstützung benötigen Sie unbedingt?

___

___

___

- Welche wünschen Sie sich?

___

___

___

- Bei welchen Entscheidungen wollen Sie Ihren Partner mit einbeziehen?

___

___

___

- Welche Rahmenbedingungen für den Wechsel halten Sie für beide Seiten für akzeptabel?

___

___

___

- Was können Sie tun, um sich privat zu entlasten und Unterstützung einzuholen?

___

___

___

2.1.3 Freundeskreis

Der Freundeskreis wird schnell hellhörig, wenn jemand von ihnen eine Führungsposition einnimmt. Dies hat zwei Ursachen: Zum einen freuen sie sich, dass es einer von ihnen in eine Führungsposition „geschafft hat". Zum anderen befürchten sie - bewusst oder unbewusst -, dass sich diese Veränderung auch auf Freundschaften auswirken wird. Sprechen Sie diese Besorgnis offen an. Fragen Sie Ihre Freunde, wie sie sich Sie als Führungskraft vorstellen. Sammeln Sie deren Hinweise, Hoffnungen und Befürchtungen.

In einem Punkt hat Ihr Freundeskreis recht: Aufgrund der Aufgaben als Führungskraft werden Sie weniger Zeit für Ihr Privatleben haben. Das erschwert es, Freundschaften zu pflegen. Deshalb ist es jetzt sinnvoll, den Freundeskreis unter die Lupe zu nehmen. Vielleicht sollten Sie ihn auf wenige, aber enge Freunde begrenzen und die anderen bewusst zurücksetzen. Folgende Fragen können Ihnen helfen, sich Klarheit zu verschaffen:

- Wer zählt zu Ihrem engeren Freundeskreis und was schätzen Sie an Ihnen?
- Wie viel Zeit verbringen Sie bisher mit Freunden und wie viel Zeit können Sie sich für sie realistischerweise als Führungskraft nehmen?
- Welche Freundschaften werden Sie notfalls zeitlich begrenzen?
- Was können Sie tun, damit Sie trotz geringerer Zeit Ihre wichtigsten Freundschaften pflegen können?

Sie können Ihren Freundeskreis aber auch in Ihre Überlegungen mit einbeziehen und gemeinsam diskutieren, wie sich die neue Führungsaufgabe auswirken kann. So erfahren Sie, was Sie besonders beachten oder unbedingt vermeiden sollten, um die Beziehungen aufrechtzuerhalten. Bedenken Sie: Ohne Freundeskreis fehlt Ihnen eine wichtige Stütze für die kommenden Herausforderungen. Folgende Fragen eignen sich für das gemeinsame Brainstorming:

- Was, glauben Ihre Freunde, wird sich durch die Führungsposition in Ihrer Freundschaft verändern?
- Haben Ihre Freunde Hoffnungen und Befürchtungen? Wenn ja, welche?
- Wie können Sie gemeinsam dafür sorgen, dass Ihre Freundschaft erhalten bleibt?
- Wo können Ihre Freunde Sie unterstützen, damit Sie die erste Zeit als Führungskraft gut meistern?
- Was, glauben Ihre Freunde, wird Ihnen gut gelingen und was schwerfallen?
- Was raten Ihnen Ihre Freunde für Ihre Rolle als Führungskraft auf dem Hintergrund Ihrer gemeinsamen Erfahrungen?

TIPP: Reden Sie mit Freunden, die offen ihre Meinung sagen

Fragen Sie nur die Freunde, von denen Sie eine ehrliche und offene Antwort erwarten können. Es hilft Ihnen nicht, wenn jemand Ihnen nur gut zuredet oder Sie nicht verletzen will.

2.1.4 Freizeit

Um die Analyse Ihres privaten Umfelds abzuschließen, sollten Sie sich nun Ihren persönlichen Interessen und Ihrer Freizeit zuwenden. Auch hier stellt sich die Frage, was Sie beibehalten oder verändern wollen und können, damit Sie sich trotz der geringeren Freizeit, die Sie als Führungskraft haben werden, erholen können. Verzichten Sie aber auf keinen Fall auf Auszeiten. Pausen, körperlicher Ausgleich und sinnerfüllte Freizeitbeschäftigung sind für Ihre Gesundheit, Ihr Wohlbefinden und nicht zuletzt für Ihre Leistungsfähigkeit als Führungskraft von großer Bedeutung. Regelmäßiges Schwimmen oder Jogging hilft beispielsweise, Stress abzubauen. Wenn Sie eine starke Rückenmuskulatur aufbauen, können Sie damit den berühmt-berüchtigten Rückenschmerzen nach stundenlangem Sitzen vorbeugen. Fühlen Sie Verspannungen, empfehlen sich Dehn- und Bewegungsübungen.

Der Ausgleich verschafft Ihnen auch die nötige Distanz, die Arbeit realistisch einzuschätzen und sich selbst als Mensch mit eigenen privaten Bedürfnissen ernst zu nehmen. Gönnen Sie sich deshalb auch weiterhin ab und zu eine Wanderung am Wochenende. Sie kann dazu beitragen, wieder einen klaren Kopf zu bekommen: Bewegt sich der Körper, lösen sich oft auch Denkblockaden. Manchmal hilft auch ein Kino-, Theater- oder Ausstellungsbesuch, um abzuschalten und auf andere Gedanken zu kommen. Sogar aufgestauter Ärger lässt sich beim Holzhacken oder Gartenumgraben produktiv nutzen. Freizeit und Arbeit müssen sich trotz Zeitknappheit nicht widersprechen, sondern können sich gut ergänzen.

Verbringen Sie aber im Privaten nicht nur Zeit mit sich, sondern pflegen Sie auch familiäre Beziehungen und Freundschaften. Ein Fußballspiel mit den Kindern kann manchmal mehr Spaß bringen als im Fußballverein.

Folgende Fragen können Ihnen bei der zukünftigen Gestaltung Ihrer Freizeit helfen:

- Welche Hobbys haben Sie und welche wollen Sie in Zukunft wie pflegen?
- Wie wollen Sie geistig und körperlich fit bleiben?
- Welche privaten Aktivitäten sind Ihnen wichtig und wovon können Sie sich trennen (z. B. Ehrenämter, Vereinsaktivitäten, Kurse etc.)?

TIPP: Ordnen Sie Ihr Privatleben neu

Räumen Sie auf, bei Ihren Hobbys und mental. Fragen Sie sich, was Ihnen wichtig ist und wo es seinen richtigen Platz hat. Alles andere können Sie ausmisten. Auf diese Weise schaffen Sie nicht nur Ordnung, sondern auch Platz für Neues.

2.1.5 Abschied vom alten Arbeitsplatz

Viele Führungskräfte nehmen bei einem Wechsel Aufgaben ihrer früheren Arbeitsstelle in die neue Funktion mit. Das führt zu zusätzlicher Belastung. Diese Situation sollten

Sie vermeiden. Schließen Sie Ihre alten Aufgaben rechtzeitig ab. Sie werden zu Beginn Ihrer neuen Position Freiraum brauchen, um sich auf die neuen Anforderungen einstellen zu können. Falls es an Ihrem bisherigen Arbeitsplatz Konflikte im beruflichen Umfeld oder im Team gab, sollten Sie diese noch klären. Denken Sie auch an „Leichen im Keller", beispielsweise Versäumnisse. Jetzt ist es an der Zeit, sie aus der Welt zu schaffen.

TIPP: Schließen Sie alte Aufgaben ab

- Listen Sie auf, was Sie in der alten Rolle noch alles erledigen müssen und besprechen Sie die Aufstellung mit Ihrem Nachfolger, falls er schon anwesend ist, bzw. mit Ihrem Noch-Vorgesetzten.
- Vereinbaren Sie mit Ihrem Nachfolger alle wichtigen Punkte der Übergabe und dokumentieren Sie schriftlich, wer was bis wann umsetzen muss.
- Schaffen Sie mindestens ein bis zwei Wochen Puffer zwischen dem Abschluss der alten Aufgabe und dem Beginn der neuen Aufgabe.
- Gestalten Sie den Abschied positiv, damit Sie sich später auf die neue Aufgabe konzentrieren können.

Nachdem Sie diese pragmatische Seite Ihres Abschieds in die Wege geleitet haben, sollten Sie sich auch die Zeit nehmen, persönlich mit Ihrer bisherigen Funktion abzuschließen. Das hilft, den „Kopf freizubekommen", und macht es Ihnen leichter, sich auf die neuen Herausforderungen einzulassen. Stellen Sie sich für Ihre Bilanz folgende Fragen:

- Mit welchen Gefühlen beenden Sie den alten Arbeitsplatz?
- Wie haben Sie sich in der letzten Funktion entwickelt?
- Welche Entwicklung und Kompetenzerweiterung haben Sie der Tätigkeit zu verdanken?
- Was hat Sie dort erfolgreich gemacht?
- Was wollen Sie in die neue Position mitnehmen (z. B. Kontakte, Netzwerke)?
- Was lassen Sie zurück?

Checkliste für den Abschluss:

- Gibt es noch Klärungsbedarf? Mit wem?

____

____

____

- Wie werde ich meinen Abschied gestalten (Rituale/Formen des Abschieds)?

____

____

____

2.2 Startpositionen

Sobald Sie mit Ihrer bisherigen Arbeitsstelle abgeschlossen haben, ist es an der Zeit, sich auf die neue Funktion zu konzentrieren und deren Charakteristika herauszuarbeiten. Wenden Sie sich zunächst Ihrer persönlichen Ausgangssituation zu. Grundsätzlich unterscheidet man sechs Arten des Wechsels (vgl. Bild 2.2). Jede von ihnen schafft andere Startbedingungen und birgt spezifische Herausforderungen. Sie sollten deshalb die besonderen Aspekte Ihres Starts auch bei der weiteren Vorbereitung und während der ersten 100 Tage nicht außer Acht lassen.

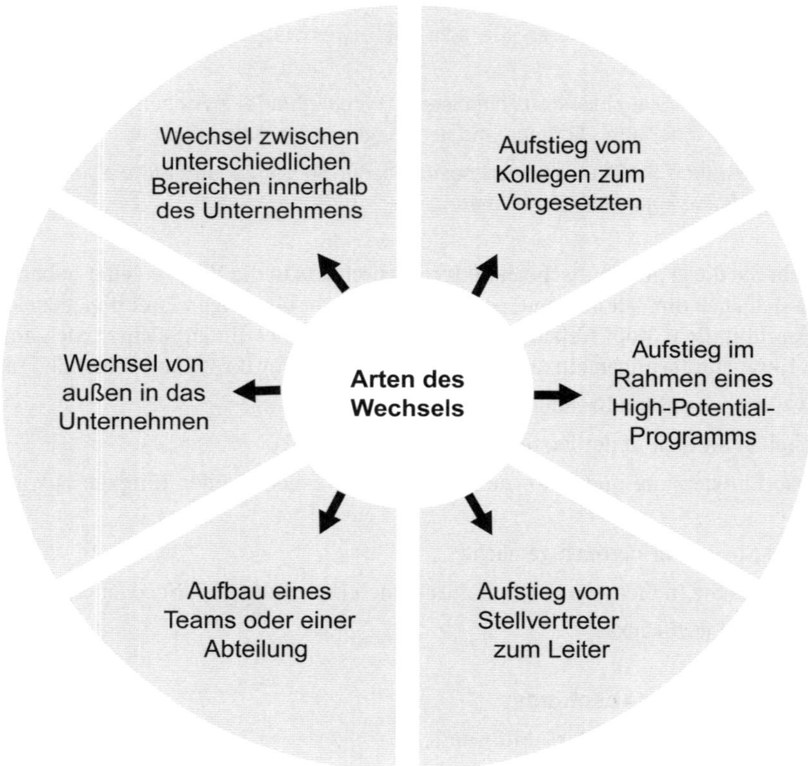

BILD 2.2 Arten des Wechsels

2.2.1 Wechsel von außen in das Unternehmen

In diesem Fall durchbricht der Neue – allein durch die Tatsache, dass er von außen kommt – die klassischen, internen Aufstiegswege des Unternehmens. Damit kann er Vorsicht und Zurückhaltung bei den Mitarbeitern auslösen. Möglich ist aber auch, dass der neue Chef als Bereicherung gesehen wird, da er anderes Know-how, zusätzliche Kontakte, spezifische Marktkenntnisse und eventuell auch Kunden mitbringt. Wie der neue Chef aufgenommen wird, hängt aber auch vom Image des Unternehmens ab, aus dem er kommt. Die Geschäftsleitung zeigt mit der Wahl eines Kandidaten von außen, dass Neues Einzug halten soll. Schon allein wegen der deshalb zu erwartenden Veränderungen sollten Sie aber Ihre Entscheidung im Team begründen und erklären. Andernfalls besteht die Gefahr, dass einige Mitarbeiter sich zurückgesetzt und in der eigenen Firma benachteiligt fühlen. Das gilt insbesondere für diejenigen, die selbst gehofft haben, den Posten zu besetzen. Man muss dann damit rechnen, dass einige – in der Regel die „Fähigeren" und Leistungsträger – überlegen, das Unternehmen zu verlassen.

Im Vorfeld der Neubesetzung und in der Einarbeitungszeit des neuen Chefs entsteht oft ein Machtvakuum, in dem niemand die Interessen der Abteilung bzw. des Teams effektiv wahrnehmen kann. Andere Führungskräfte nutzen das gern zu ihrem Vorteil. Sie treffen Personalentscheidungen und verschieben Verantwortungen und Aufgaben auf Kosten des Neuen. So ist es keine seltene Erfahrung, dass sich im Team plötzlich Mitarbeiter befinden, die niemand haben möchte, und Leistungsträger abgezogen werden.

Wer von außen in ein Unternehmen kommt, um dort eine Führungsposition zu übernehmen, muss sich auf eine besonders umfangreiche Einarbeitung einstellen. Er muss nicht nur lernen, die vielfältigen Aufgaben einer Führungskraft zu bewältigen, sondern sich auch in möglichst kurzer Zeit in der Organisation zurechtfinden und Mitarbeiter, den Vorgesetzten und Kollegen einschätzen können.

Typische Herausforderungen

- Sie benötigen vergleichsweise viel Zeit für die Einarbeitung, weil Ihr Informationsbedarf zu Organisation, Struktur, Kultur, Abläufe, Regeln etc. überdurchschnittlich groß ist.
- Die Vorbereitung und der Start in die neue Position erfordern hohen physischen und psychischen Einsatz. Das Vertrautwerden mit dem Umfeld und den Menschen in Ihrer Umgebung sowie die Entwicklung von Strategien, um mit dieser Situation zurechtzukommen, kostet Sie mehr Energie und Zeit, als wenn Sie innerhalb des Unternehmens aufgestiegen wären.
- Sie stehen unter erhöhtem Erwartungsdruck der Leitung. Sie hat jemanden von außen berufen, weil sie hofft, dieser könne schneller oder effektiver als ein interner Bewerber etwas verändern.
- Es besteht die Gefahr, dass Sie zu früh Zusatzprojekte oder Aufgaben übernehmen. Jeder Neue versucht automatisch so schnell wie möglich zu signalisieren, dass er jetzt dazugehört und sich deshalb für das Unternehmen engagiert. Tut er das, ohne die Rahmenbedingungen zu kennen, kann er aufgrund dieser Unwissenheit z. B. sogenannte „Verlierer"-Projekte übernehmen.

- Ihre Unwissenheit über Kultur, Struktur und Abläufe können „Insider" ausnutzen. Es ist z. B. möglich, dass sich Kunden auf angebliche, frühere Vereinbarungen und Zusagen berufen, um daraus einen Vorteil zu ziehen. Andere Führungskräfte könnten versuchen, Ihnen Kompetenzbereiche zu nehmen oder aber auch unliebsame Verantwortungen und Aufgaben „zuzuschustern".
- Es unterstützt Sie am Anfang kein Netzwerk. Da Sie nicht aus dem Unternehmen kommen, haben Sie in der Regel auch (noch) keine Kontakte zu wichtigen Ansprechpartnern oder Personen, denen Sie vertrauen oder die Sie um Rat bitten können. Das erschwert Ihnen den Zugang zu informellen Informationen und ungeschriebenen Gesetzen.
- Sie haben Schwierigkeiten, akzeptiert zu werden. Fähige und kompetente Mitarbeiter wandern ab. Übergangene Mitbewerber für die Leitungsposition im Team können unterschwellig gegen Sie arbeiten.

TIPP: Berücksichtigen Sie, dass Sie sich erst im neuen Unternehmen zurechtfinden müssen

- Planen Sie sich Zeit ein, die Organisation kennenzulernen.
- Recherchieren Sie besonders sorgfältig Informationen über Unternehmen, Kultur, Leitbild, Führungsgrundsätze, Stellung am Markt, Kundenbeziehung etc. Klären Sie vor allem, ob und wie das Unternehmen erfolgreich ist. Ist der Wert oder/und Umfang in letzter Zeit gestiegen oder gesunken? Wie steht es im Vergleich zur Konkurrenz da? Ist es schneller gewachsen oder langsamer und warum? Sind die Produkte billiger und deshalb auch die Herstellung? Wer ist die Kunden- bzw. Zielgruppe?
- Finden Sie heraus, warum die Geschäftsleitung für diese Position eine Führungskraft von außen gesucht hat.
- Fragen Sie die Personalabteilung oder einen Vorgesetzten, wer sich intern Hoffnungen auf diese Stelle gemacht hat und warum er sie nicht bekommen hat.
- Informieren Sie sich vor Antritt der neuen Stelle über Ihr neues Arbeitsumfeld und Ihre neuen Mitarbeiter.
- Beobachten Sie die Sprache, Regeln, Gewohnheiten, Normen, Tabus, Umgang mit Kritik und Fehlern im Unternehmen besonders aufmerksam (z. B. bei Ihrem Einstellungsgespräch oder bei der Vertragsverhandlung mit dem neuen Unternehmen).
- Nehmen Sie sich Zeit, ein Netzwerk aufzubauen.

2.2.2 Wechsel zwischen unterschiedlichen Bereichen innerhalb des Unternehmens

Der Wechsel innerhalb eines Unternehmens, von einer Abteilung in eine andere ist weitverbreitet. Die neue Führungskraft kennt damit zwar das Unternehmen, nicht aber ihren neuen Bereich und das zukünftige Aufgabengebiet. Sie läuft so Gefahr, die kommenden Herausforderungen zu unterschätzen. Sie glaubt, schon alles zu kennen und zu wissen, „wie der Laden tickt“. Doch gerade in Großunternehmen hat oft jeder Geschäftsbereich seine eigenen Regeln, Anforderungen und Gesetze und dementsprechend auch eine eigene Führungskultur.

Unter diesen Bedingungen sollten Sie sich hüten, sich vorschnell ein Bild zu machen. Sie kennen das Unternehmen bisher aus einem anderen Blickwinkel. Sie müssen nun lernen, den Bereich nach anderen oder zusätzlichen Kriterien zu bewerten. Besonders wichtig ist es, das Team bzw. die Abteilung zu verstehen.

Meist besitzt jeder Bereich ein bestimmtes Image. Das prägt die gegenseitige Wahrnehmung und Bewertung. Die Mitarbeiter werden Sie automatisch nach Ihrer Ursprungsabteilung beurteilen: *„Der Neue kommt aus der Entwicklung. Er weiß gar nicht, wie der Markt funktioniert.“* Oder: *„Die vom Vertrieb haben von Produktion und ihren Problemen ja keine Ahnung.“* Aber Sie sind vor solchen vorschnellen Schlussfolgerungen ebenso wenig gefeit: Wenn Sie z. B. eine Abteilung leiten sollen, die als „Loser“ bekannt ist, werden Sie dort den Mitarbeitern auch nicht unvoreingenommen begegnen. Auf beiden Seiten können also Vorurteile vorhanden sein.

Typische Herausforderungen

- Sie unterschätzen den Zeitaufwand, den Sie brauchen, um die Regeln in Ihrem neuen Bereich zu erkennen und zu verstehen. Sie gehen stattdessen davon aus, zu wissen, wie das Team bzw. die Abteilung funktioniert, weil Sie aus dem gleichen Unternehmen kommen.
- Sie nehmen Projekte aus der früheren Aufgabe mit, um diese abzuschließen.
- Das Image des früheren Bereichs „klebt“ an Ihnen. Daraus resultieren Vorurteile.
- Sie halten es für wichtiger, sich im neuen Bereich sachkundig zu machen, als Ihre neuen Mitarbeiter und deren Arbeitsweise kennenzulernen. Dadurch fehlen Ihnen wichtige Informationen für die ersten Gespräche mit Mitgliedern Ihres Teams.

TIPP: Vermeiden Sie vorschnelle Urteile

- Informieren Sie sich gründlich über das Team bzw. die Abteilung. Erkundigen Sie sich nach Zielen, Methoden, Stil, Leistungen und Erfolgen.
- Fragen Sie im Unternehmen, bei Kunden und Lieferanten nach dem Image des Teams bzw. der Abteilung, die Sie führen sollen.
- Finden Sie heraus, wo die Unterschiede und Gemeinsamkeiten zu Ihrer Ursprungsabteilung liegen.
- Eignen Sie sich vorab notwendiges bereichsspezifisches Know-how an. Recherchieren Sie ausreichend, um zu wissen, was auf Sie zukommt.

2.2.3 Aufstieg vom Kollegen zum Vorgesetzten

In diesem Fall stammt der neue Chef aus der Abteilung bzw. dem Team, das er jetzt leitet. In der Regel hat er sich als Mitarbeiter fachlich so hervorgetan, dass der Vorgesetzte bzw. die Geschäftsleitung auf ihn aufmerksam wurde und ihm nun eine verantwortungsvollere Position zutraut.

Diese Führungskraft kennt die früheren Kollegen, ist mit manchen befreundet. Beide Seiten verbindet eine gemeinsame Historie. Vielleicht hat man sogar gemeinsame „Leichen im Keller“. Man hat mit ziemlicher Wahrscheinlichkeit die eine oder andere Entscheidung des Vorgängers oder der Geschäftsführung kritisiert und weiß um die gegenseitigen Stärken und Schwächen. In manchen Fällen kennt man auch die persönlichen und privaten Hintergründe sowie wichtige persönliche Triebfedern des Handelns und zukünftige Bestrebungen.

Die größte Herausforderung des neuen Chefs ist, den Rollenwechsel vom Kollegen zum Vorgesetzten zu meistern. Die Mitarbeiter begrüßen zumeist seinen Aufstieg. Sie gehen davon aus, dass sich ihr ehemaliger Kollege für sie einsetzt und Verständnis für ihre Probleme hat. Grundsätzlich aber erwarten sie Kontinuität. Die Mitarbeiter werden den Wechsel umso positiver bewerten, je näher sie den ehemaligen Kollegen standen. Ein ehemals guter Kontakt weckt aber auch Hoffnungen auf Gefälligkeiten und Vorteile. Ein früher distanziertes Verhältnis kann dagegen zu Unsicherheiten und Ängsten führen. Mitarbeiter, die mit dem ehemaligen Kollegen nicht gut auskamen, argwöhnen, der neue Vorgesetzte könne nun seine Macht ausspielen, um sich für frühere Differenzen zu revanchieren.

Typische Herausforderungen

- Sie konzentrieren sich auf die fachlichen Aufgaben, da Sie in diesem Bereich Erfolg hatten und diesen Kompetenzen Ihren Aufstieg verdanken. Mitarbeiterführung und andere Führungsaufgaben rücken dadurch in den Hintergrund.
- Sie unterlassen es, zusätzliche Informationen über das Team und die Abteilung zu sammeln, da Sie meinen, alle Details bereits zu kennen. Dadurch laufen Sie Gefahr, Ihren Verantwortungsbereich ausschließlich aus Sicht eines Mitarbeiters zu beurteilen, anstatt andere Perspektiven in Ihre Überlegungen mit einzubeziehen. Vor allem der fehlende „Blick von außen“ kann zu Betriebsblindheit führen. Veränderungen können Sie so nur auf Basis des früheren Mitarbeiter-Blickwinkels angehen.
- Neid und Missgunst von Mitarbeitern und manchen ehemaligen Kollegen.
- Es fällt Ihnen schwer, zwischen persönlichen und beruflichen bzw. Führungsinteressen zu trennen. Auf der einen Seite wollen Sie persönliche Beziehungen zu ehemaligen Kollegen aufrechterhalten und pflegen. Als Chef können Sie aber nicht auf Mitarbeiter, mit denen Sie privat befreundet sind, besondere Rücksicht nehmen. Von Zeit zu Zeit werden Sie auch ein Machtwort sprechen müssen.
- Wer vorher Mitarbeiter war, rückt durch die neue Position von seinen ehemaligen Kollegen weg. Für viele neue Führungskräfte ist dies ein unangenehmer und auch schmerzvoller Prozess, mit dem sie lernen müssen, zurechtzukommen. Es besteht die

Angst, mit „Liebesentzug“ bestraft zu werden. Um die Kluft zu den ehemaligen Kollegen nicht noch weiter zu vertiefen, scheuen sie sich, für die Mitarbeiter unangenehme Neuerungen einzuführen oder Veränderungen anzugehen.

- Sie entwickeln zu wenig Distanz zu den Mitarbeitern. Deshalb tun Sie sich z. B. hart, ehemalige Kollegen konstruktiv kritisch zu beurteilen oder zusätzliche Aufgaben an die Mitarbeiter zu verteilen.
- Sie stehen unter besonderem Zugzwang, um glaubwürdig zu bleiben. Die Mitarbeiter kennen Ihre Positionen und fordern nun ein, dass Sie abstellen, was Sie zuvor kritisiert haben. Ähnlich ergeht es Ihnen mit Ihren Schwächen: Jeder weiß, wo Ihre Defizite als Mitarbeiter lagen. Das kann Sie dazu verleiten, Schwierigkeiten zu tabuisieren. Wenn Sie z. B. selbst oft unpünktlich waren, fällt es schwer, das Thema anzusprechen.
- Sie verwechseln Ihre Führungsaufgabe mit der Interessenvertretung für die Mitarbeiter. Da Sie aus dem Team stammen, sind Ihnen die Wünsche der Mitarbeiter vertraut. Einige ehemalige Kollegen geben Ihnen vielleicht sogar verdeckte oder offene Aufträge mit auf den Weg. So laufen Sie Gefahr, die Erwartungen der Mitarbeiter als konkrete Aufgaben zu betrachten.

TIPP: Achten Sie auf einen klaren Rollenwechsel

- Verhalten Sie sich bis zur offiziellen Ernennung zum Vorgesetzten als Kollege. Vermeiden Sie insbesondere, Führungsaufgaben vorab zu übernehmen. Das würde die Beziehungen zu den Kollegen verschlechtern.
- Beobachten Sie Ihr Umfeld aus der Perspektive des Chefs. Analysieren Sie die Situation im Team und stellen Sie fest, welche Fähigkeiten die Kollegen haben und wie es um ihre Motivation bestellt ist.
- Betrachten Sie das Team aus anderen Blickwinkeln. Gespräche mit Mitgliedern von Nachbarabteilungen oder Kunden helfen, andere Perspektiven einzunehmen.
- Reduzieren Sie schrittweise enge Kontakte zu Mitarbeitern, die ihnen nahestehen, und gehen Sie mehr auf die anderen Kollegen zu. Das verringert eventuelle Befürchtungen oder übergroße Erwartungen an Sie in der Anfangszeit als Führungskraft.
- Vermeiden Sie es, etwas aufgrund Ihrer Mitarbeiterperspektive zu versprechen. Sobald Sie die Sache aus dem Blickwinkel eines Chefs sehen, könnte sich erweisen, dass Sie vorschnell gehandelt haben.
- Sprechen Sie offen mit Ihren Kollegen über die neue Aufgabe und Rolle. So können Sie nicht nur wichtige Anregungen für Ihre neue Position sammeln, sondern auch dazu beitragen, dass Ihre zukünftigen Mitarbeiter zwischen Ihnen als Mensch und Ihrer anstehenden Rolle unterscheiden.
- Sprechen Sie mit übergangenen Mitbewerbern offen über die neue Situation.
- Stellen Sie sich darauf ein, Ihre Kollegen zu enttäuschen. Sie werden nicht alle ihre Erwartungen erfüllen können.

2.2.4 Aufstieg im Rahmen eines High-Potential-Programms

In vielen mittelständischen und großen Unternehmen gibt es Programme und Konzepte für die Förderung potenzieller Nachwuchsführungskräfte. Sogenannte „High Potentials" werden damit gezielt auf Führungspositionen und bestimmte Karrierewege vorbereitet. Meist sind sie noch sehr jung, wenn sie ihre erste Führungsposition antreten, und zeigen ein entsprechend großes Selbstbewusstsein. Oft werden sie dort auch nur für eine befristete Zeit eingesetzt. Sie sollen sich bewähren und sich damit für die nächste Position qualifizieren.

Die Geschäftsleitung schätzt den „unverdorbenen Blick" dieser qualifizierten Nachwuchsführungskräfte und unterstellt ihnen überdurchschnittliche Leistungsbereitschaft und hohe Motivation. Sie hofft, dass sie dank ihrer bewiesenen Analysefähigkeit und hohen Qualifikation innovative Ansätze verfolgen und neue Ideen einbringen.

Mitarbeiter und Kollegen reagieren dagegen oft mit Skepsis. Für sie gehört zur Führungskompetenz auch Erfahrung und deshalb eine längere Betriebszugehörigkeit. Sie trauen den jungen Chefs nicht zu, die Unternehmenskultur und Entscheidungswege ausreichend zu kennen, um sich auf dem firmenpolitischen Parkett behaupten zu können. Hinzu kommt: Gerade für ältere Mitarbeiter ist es kränkend, einen jüngeren Chef vorgesetzt zu bekommen. Zudem weiß man nicht, ob die Veränderung von Dauer ist.

Aus diesem Grund wollen sich die Mitarbeiter oft nur bedingt auf den neuen Chef einlassen. Entscheidungen und Veränderungen haben für sie nur vorübergehende Gültigkeit. Es besteht damit die Gefahr, dass die Mitarbeiter Neuerungen nur „oberflächlich" akzeptieren. Manchmal unterstellen sie auch dem Neuen, das Team und seine Erfolge für das eigene Fortkommen nutzen zu wollen. Das bedeutet: Die Mitarbeiter gehen davon aus, innerhalb kürzester Zeit viel leisten zu müssen und – falls für die Karriere des Chefs dienlich – „verheizt" zu werden.

Typische Herausforderungen

- Das Misstrauen zeigen manche Mitarbeiter ihrem neuen High-Potential-Chef unterschwellig. Sie lassen ihren Vorgesetzten manchmal ins offene Messer laufen, geben „Insiderwissen" nicht weiter. Wenn Sie sich ihre Unsicherheiten und das geringe Wissen nicht anmerken lassen wollen, können Sie diesen Effekt noch verstärken.
- Ihre Führungskollegen auf gleicher Ebene setzen Sie unter Zugzwang und erhöhten Erfolgsdruck. Sie beäugen Sie argwöhnisch. Einige fürchten, von Ihnen überholt oder vielleicht auch ersetzt zu werden. Sie versuchen, Ihnen deshalb klarzumachen, dass Sie sich als Newcomer erst einmal bewähren müssen, bevor Sie akzeptiert werden.
- In Diskussionen und Verhandlungen mit Kollegen und Mitarbeitern behaupten sich diese High Potentials meist sehr gut und können sich durchsetzen. Ob aber das Ergebnis von den Mitarbeitern und Verhandlungspartnern von innen akzeptiert und damit realisiert wird, ist nicht immer sicher. Auf einer unterschwelligen Ebene kann im Nachhinein gegen Vereinbarungen gearbeitet werden. Sie könnten sich aufgrund der „formellen" Zustimmung in Sicherheit wiegen, während in „informellen" Gesprächen im kleinen Kreis versucht wird, das Ergebnis zu unterlaufen.

- Sie werden mit dem „erfahrenen“ Vorgänger in der Führungsposition verglichen und „Erfahrungsdefizite“ werden festgestellt.
- Sie unterschätzen den Faktor „Erfahrung“. Da Sie hoch qualifiziert sind, lassen Sie sich von neuesten Erkenntnissen leiten. Bewährtes erscheint aus diesem Blickwinkel nur als der sprichwörtliche „alte Zopf“, der abgeschnitten gehört. Damit laufen Sie Gefahr, Dinge ändern zu wollen, ohne dabei auf die Unterstützung der Know-how-Träger vor Ort zählen zu können.
- Ihr Netzwerk basiert nur auf Kontakten zu anderen High Potentials. Sie sind gemeinsam gefördert worden und damit ist ein vertrauter Bezugsrahmen entstanden. Je schwieriger es ist, sich gegen die Vorurteile der „alteingesessenen“ Unternehmensangehörigen durchzusetzen, desto mehr tendiert man dazu, sich bei „seinesgleichen“ Rat und Unterstützung zu holen. Doch so besteht die Gefahr, dass sich High Potentials in ihrer Auffassung gegenseitig bestätigen und damit die Konfrontation zwischen Alt und Jung, erfahrenen Betriebsangehörigen und Newcomern verstärken, anstatt effektive Zusammenarbeit zu erreichen.

TIPP: Nehmen Sie die Befürchtungen der Mitarbeiter ernst

- Nehmen Sie sich Zeit für Einzelgespräche mit Ihren Mitarbeitern. Sie können dabei feststellen, ob sie Ihnen gegenüber skeptisch reagieren. Fragen Sie nach dem Grund dafür. Wenn Sie versuchen, die Ressentiments Ihnen gegenüber zu verstehen und darüber zu reden, können Sie sie entkräften oder doch zumindest reduzieren.
- Zeigen Sie sich auch als Mensch und scheuen Sie sich nicht, Unsicherheiten und Schwächen zuzugeben oder auch einmal um Rat zu fragen.
- Bauen Sie einen guten Kontakt zu Ihren Mitarbeitern auf. Sie brauchen sie.
- Beziehen Sie Ihre Mitarbeiter in Entscheidungen mit ein.
- Würdigen Sie die Erfahrung und die Kompetenz der Mitarbeiter und der Kollegen.
- Signalisieren Sie, dass Sie die Leitungsfunktion hier wichtig nehmen. Falls die neue Position Sie nicht „nur“ für weitere bevorstehende Karriereschritte vorbereiten soll, sollten Sie auch betonen, dass Sie keine kurzfristige Durchlaufstelle ist.
- Seien Sie sich der Ressentiments gegen Sie bewusst, akzeptieren Sie dies.

2.2.5 Aufstieg vom Stellvertreter zum Leiter

In vielen Fällen rückt der Stellvertreter in die Position des Chefs auf. Er hatte damit zwar bereits Führungsverantwortung, aber nur als Vertretung und mit eingeschränkten Befugnissen. Selbst in Abwesenheit des Vorgesetzten übernahm er nur eine Verantwortung unter Vorbehalt. Manche Entscheidungen mussten vertagt werden, bis der Chef zurück war. Diese Erfahrungen wirken prägend in die neue Führungsrolle hinein.

Unklare Aufgabenbeschreibung und fließende Grenzen zwischen der Rolle des Stellvertreters und der des Chefs können diesen Effekt verstärken. Gerade ambitionierte Stellvertreter laufen so Gefahr, Aufgaben und Tätigkeiten zu übernehmen, die ihre Befugnisse überschreiten. Darauf folgt oft eine Zurechtweisung. Das schwächt das Ansehen des Stellvertreters weiter. Manche Chefs nutzen ihren Vertreter auch als besseren Assistenten oder übertragen ihm unangenehme Aufgaben. Damit untergraben sie die Position des Stellvertreters oder sein Ansehen bei den Kollegen zusätzlich.

Der ehemalige Stellvertreter tut sich daher oft schwer, aus dem Schatten des Vorgängers zu treten, vor allem wenn dieser angesehen war. Hinzu kommt: Die eigentlichen Führungsaufgaben und grundlegenden Eckdaten, beispielsweise die der Abteilung gesteckten Ziele oder die aktuellen Details der Firmenstrategie, kennt er nur zum Teil. Lediglich die Aufgaben des operativen Geschäfts sind ihm durch Urlaubsvertretungen und dergleichen bekannt. Die Mitarbeiter lassen sich nach einem Wechsel deshalb vielleicht nur zögerlich auf seine Ideen und Konzepte ein. Aufgrund dieser Erfahrungen kann es sein, dass sie die neue Führungskraft nur bedingt nach dem Start akzeptieren.

TIPP: Sorgen Sie als „Noch"-Stellvertreter für klare Verhältnisse

Wenn Sie derzeit Stellvertreter sind und Ihre Beförderung bevorsteht, sollten Sie die verbleibende Zeit nutzen, Ihre Position möglichst eindeutig zu gestalten. So können Sie sich zu einer besseren Ausgangsposition für den Wechsel in den Chefsessel verhelfen.

- Holen Sie sich eine eindeutige Rollen- und Aufgabenbeschreibung für die Stellvertretung von Ihrem Vorgesetzten. Ist keine vorhanden, entwerfen Sie eine und schlagen Sie diese Ihrem Chef vor.
- Klären Sie, so gut es geht, was Sie bei Abwesenheit des Chefs entscheiden können und was nicht.
- Sorgen Sie dafür, dass Ihre Stellvertreterfunktion klar und eindeutig bei den Kollegen und im direkten Umfeld kommuniziert ist.
- Lassen Sie sich nicht für Führungsaufgaben Ihres Chefs benutzen.
- Übernehmen Sie nicht von sich aus vorauseilend Führungsaufgaben, die Sie aufgrund Ihrer Rollenbeschreibung übernehmen dürfen.
- Nehmen Sie sich Zeit, ein Netzwerk aufzubauen.

Typische Herausforderungen

- Gerade der Stellvertreter, der die Situation aus der Kollegensicht und Führungssicht vermeintlich sehr gut kennt, läuft Gefahr, unreflektiert in den Wechsel zu gehen.
- Sie erleben einen „fließenden" Übergang. Auf den ersten Blick verändert sich mit Ihrem „Amtsantritt" wenig. Für die Mitarbeiter wirkt alles so wie früher und sie verhalten sich auch entsprechend.
- Die Übergabe verläuft unstrukturiert und daher lückenhaft. Da Sie schon Führungsaufgaben zeitweise übernommen haben, kennen Sie sich vermeintlich bereits aus. Das verführt dazu, bei der Übergabe wichtige Details zu überspringen oder Rahmenbedingungen bereits als bekannt vorauszusetzen.

- Das Image, nur „zweite Geige“ zu sein, bleibt Ihnen sicherlich einige Zeit. Die Mitarbeiter haben Sie in der Zeit als Stellvertreter als jemanden erlebt, dessen Entscheidungen nur unter Vorbehalt gelten. Das verringert Ihre Akzeptanz als Führungskraft.

TIPP: Betonen Sie den Wechsel in der Führungsposition

- Klären Sie besonders detailliert, was Ihr neuer Vorgesetzter von Ihnen erwartet. Will er, dass alles weiterläuft wie bisher, oder hofft er auf neue Akzente?
- Setzen Sie sich mit dem Image Ihres Vorgängers auseinander. Was hat er aus Ihrer Sicht gut gemacht und was möchten Sie verändern?
- Achten Sie auf eine klare und eindeutige Übergabe. Der Wechsel muss allgemein sichtbar sein. Sprechen Sie in Ihrer Antrittsrede kurz an, was Sie beibehalten wollen und wo Sie Änderungen planen.
- Unterstreichen Sie demonstrativ, dass Sie jetzt der Chef sind. Ziehen Sie beispielsweise in das Büro Ihres Vorgängers, gestalten Sie es nach Ihren Bedürfnissen um.
- Verändern Sie bestimmte Rituale und Symbole des Vorgängers. So werden Sie als „Neuer“ sichtbar.

2.2.6 Aufbau eines Teams oder einer Abteilung

Eine sehr interessante, aber auch risikoreiche Aufgabe ist der Aufbau eines neuen Teams oder einer neuen Abteilung. In diesem Fall haben Sie überdurchschnittlich großen Gestaltungsspielraum und stehen vor vielen Herausforderungen, an denen Sie wachsen können.

Diese Situation hat unbestreitbar Vorteile: Es gibt keine Altlasten oder Bürden des Vorgängers. Strukturen müssen nicht aufgebrochen, sondern erst gefunden werden. Sie können sich die Mitarbeiter in der Regel selbst aussuchen und sich so ein Team zusammenstellen, das Ihren Vorstellungen entspricht. Auf der anderen Seite müssen Sie aber sehr komplexe Herausforderungen bewältigen und stehen unter hohem Erwartungsdruck.

Nicht jede neue Führungskraft ist einer solchen Situation gewachsen. Wenn Sie sich dieser Aufgabe stellen, ist es wichtig, das richtige Maß zwischen Vorsicht und Mut zu finden: Vorsichtige Chefs neigen dazu, ihren Gestaltungsrahmen so eng wie möglich abzustecken. Damit können Sie die Chancen, die in diesem Neuanfang liegen, verspielen. Offensive, selbstbewusste Führungskräfte nutzen dagegen die Gunst der Stunde und die „Weite des Raumes“. Wenn Sie dabei den Bogen überspannen, werden der Vorgesetzte und das Umfeld Ihnen dann eindeutig klarmachen, wo die Grenzen sind.

Hinzu kommt: Einige Ressourcen und kompetente Mitarbeiter müssen regelrecht erkämpft werden. Sie müssen sich auch einen Platz zwischen den anderen Abteilungen schaffen und Dinge an sich ziehen, die bisher von anderen Führungskollegen beansprucht wurden. Verhandlungsstärke, Absicherung in der Hierarchie und Durchsetzungsvermögen sind hier besonders gefragt.

Typische Herausforderungen

- Eine neue Abteilung braucht eine klare Zielsetzung und Vision, um gemeinsam die Kraft zu entwickeln, die es braucht, um eine effektive Mannschaft zu formen.
- Sie müssen schnell Erfolge vorweisen. Nur so können Sie sich und Ihren Mitarbeitern einen festen Platz in der Struktur der Organisation verschaffen.
- Der Aufbau eines Teams benötigt Zeit. Diese Zeit steht in Konkurrenz zu der Erwartung Ihres Vorgesetzten und des Umfelds, dass Sie und Ihr Team bald Ihre Aufgaben erfüllen und Ergebnisse vorweisen können. Oft sind diese Anforderungen überzogen. Die vielen Einzelschritte beim Aufbau eines Teams oder einer Abteilung werden von Außenstehenden vielfach unterschätzt.
- Führungskollegen können versuchen, die Anfangsunsicherheit zu ihrem Vorteil zu nutzen. Sie fordern z. B. Kompetenzen oder Befugnisse ein oder geben sie nicht frei.
- Sie konzentrieren sich auf den Aufbau Ihres neuen Teams bzw. der neuen Abteilung. Damit laufen Sie Gefahr, Rahmenbedingungen und bereits vom Unternehmen vorgegebene Faktoren wie Stellenbeschreibungen, Regeln der Zusammenarbeit oder das Gehaltssystem aus dem Blick zu verlieren. Dies führt zu enormen Anpassungsschwierigkeiten der Abteilung, da es dann ständig Reibungspunkte mit den vorgegebenen Rahmenbedingungen geben wird.

TIPP: Gehen Sie beim Aufbau des Teams/der Abteilung systematisch vor

- Überlegen Sie, warum es für das Unternehmen sinnvoll ist, ein neues Team bzw. eine neue Abteilung zu gründen. Bestimmen Sie, welchen Platz Sie und Ihr Team in der Unternehmenshierarchie einnehmen sollten.
- Entwickeln Sie schnell eine Vision, die beschreibt, was das Team wie erreichen will. So schaffen Sie frühzeitig eine hohe Identifikation der Mitarbeiter mit ihrer Aufgabe.
- Entwickeln Sie sich eine Roadmap, die die wesentlichen Schritte beim Aufbau eines neuen Teams bzw. einer neuen Abteilung beschreibt. Nur wenn Sie systematisch vorgehen, werden Sie die Komplexität Ihrer Aufgabe meistern können.
- Holen Sie sich möglichst viel Hilfestellung von Fachexperten und erfahrenen Kollegen. Versuchen Sie von Anfang an, die bestmöglichen Lösungen für Ihre offenen Fragen zu finden.
- Falls keine Stellen- und Aufgabenbeschreibungen vorhanden sind, entwerfen Sie sie. Stimmen Sie diese dann mit der Personalabteilung ab und legen Sie sie Ihrem direkten Vorgesetzten vor.
- Nehmen Sie sich Zeit für die Findungsphase im Team. Nutzen Sie die Möglichkeit, in einem Teambildungsworkshop Ziele, Aufgaben, Rollen und Verantwortlichkeiten aufzuzeigen und zu klären.
- Geben Sie den Mitarbeitern genug Zeit, sich untereinander kennenzulernen.

- Wählen Sie Mitarbeiter aus, die kompetent sind und ins Team passen, und lassen Sie sich keine von außen aufdrängen. Nutzen Sie dafür das Wissen der Personalabteilung. Die professionelle Auswahl von Personen, mit unterschiedlichen Kompetenzen und Fähigkeiten, ist ein wesentlicher Grundstein für eine erfolgreiche Zusammenarbeit.
- Nutzen Sie im Verlauf des Zusammenwachsens den gemeinsamen Lernprozess, um gemeinsam mit Ihren Mitarbeitern zu analysieren, was bereits gut läuft, wo es Skepsis gibt und wo Verbesserungsbedarf besteht.

2.3 Profilsuche

Nachdem Sie nun wissen, unter welchen Voraussetzungen Sie starten, sollten Sie nun auch Ihre Anforderungen anvisieren. Welche Aufgaben erwarten Sie auf dem Weg dorthin und wie können Sie sie meistern? Hinter diesen Fragen verbergen sich zwei Themenkomplexe:

- die Anforderungen Ihrer Rolle als Führungskraft und
- die Anforderungen Ihrer neuen Funktion.

In beiden Fällen geht es darum, herauszufinden, inwieweit Sie die Anforderungen erfüllen und in welchen Punkten Sie sich weiterentwickeln müssen. Hilfreiches Instrument dazu ist eine Ist-Soll-Analyse. Dabei stellen Sie Ihre vorhandenen Kompetenzen und Fähigkeiten denen gegenüber, die Sie haben sollten.

2.3.1 Führungskompetenzen

Beginnen Sie bei der Analyse Ihrer Führungskompetenzen mit einer Selbsteinschätzung. Dafür ist es sinnvoll, ein anerkanntes Führungskompetenzmodell zu verwenden, beispielsweise das von Kienbaum (vgl. Tabelle 2.2). Dieses listet die wichtigsten Fähigkeiten von Führungskräften auf. Sie können dann auf einer Skala von 1 bis 4 angeben, wie ausgeprägt bei Ihnen die angegebenen Kompetenzen sind. Da Sie die neuen Anforderungen in der Führungsrolle noch nicht ausreichend kennen (Führungsrollen sind in den Grundanforderungen vergleichbar, aber in den Detailanforderungen oft sehr unterschiedlich), sollten Sie sich auf die Selbsteinschätzung beziehen, wie Sie sich bisher in Führungssituationen erlebt haben. Vielleicht finden Sie dann noch jemanden, der Ihnen dazu aufrichtig Feedback geben kann. So können Sie Ihre Selbsteinschätzung mit einer Fremdeinschätzung überprüfen.

TIPP: Ziehen Sie die Personalabteilung zu Rate

Viele größere Unternehmen haben eigene Kompetenzmodelle entwickelt. Fragen Sie bei der Personalabteilung nach, ob es so etwas auch in Ihrem Unternehmen gibt.

Danach sollten Sie zusammenstellen, welche Anforderungen Sie in der neuen Position erwarten bzw. über welche Kompetenzen Sie verfügen sollten. Nutzen Sie dazu Tabelle 2.3. Die Fragen in der linken Spalte helfen Ihnen, die notwendigen Anforderungen zu definieren. Stellen Sie dieser Liste Ihre vorhandenen Stärken gegenüber. Aus dem Unterschied zwischen Ist- und Sollbeschreibung leitet sich ab, wo für Sie Handlungsbedarf besteht.

Nachdem Sie zusammengestellt haben, an welchen Punkten Sie noch etwas zu verbessern haben, sollten Sie nun festlegen, wie Sie Ihre Wissenslücken schließen wollen. Tragen Sie diese Entwicklungsziele in Tabelle 2.4 ein. Setzen Sie sich Fristen, bis zu denen Sie einzelne Fähigkeiten erlernt bzw. Kenntnisse erworben haben wollen, und überlegen Sie, woran Sie feststellen können, ob Sie Ihr Pensum erfolgreich gemeistert haben. Als Ergebnis erhalten Sie Ihren persönlichen Entwicklungsplan für die Vorbereitung auf die neue Führungsposition.

TABELLE 2.2 Kompetenzmodell nach Kienbaum Skalierung Selbsteinschätzung:

1 = geringe Kompetenz
2 = fortgeschrittene Kompetenz
3 = vertiefte Kompetenz
4 = exzellente Kompetenz

Anforderungen an Führungskräfte	Selbsteinschätzung				
	1	2	3	4	Ihre Ideen zum Kompetenzentwicklungsbedarf
Analysevermögen					
Konzept- und Entscheidungsqualität					
Kreativität/Innovation					
Handlungs- und Resultatsorientierung					
Motivationskraft					
Zielmanagement					
Überzeugungskraft					
Durchsetzungsfähigkeit					
Kooperation/Integration					
Leistungsmotivation					
Dynamik und Belastbarkeit					
Lern- und Veränderungsbereitschaft					
Verantwortungsbewusstsein					
Fachkompetenz/Erfahrungsspektrum					
unternehmerisches Denken					
Strategiekompetenz					
Ertragsmanagement					
Internationalität					

2.3.2 Individuelle Verhaltensmuster

Nachdem Sie die fachlichen, persönlichen und sozialen Anforderungen der neuen Position geklärt haben, sollten Sie sich nun mit Ihren persönlichen Verhaltensmustern auseinandersetzen. Besonders beim Start in eine neue Rolle ist es hilfreich, sich über Ihre Person, Ihren Arbeitsrhythmus und typische Verhaltensweisen Rechenschaft abzulegen. Wenn Sie sich dieser bewusst sind, können Sie beurteilen, ob und wann sich ein persönliches Muster kontraproduktiv auswirken kann, und der unerwünschten Wirkung entgegensteuern.

TABELLE 2.3 Ist-Soll-Analyse der Führungskompetenzen

Anforderungen bzw. benötigte Kompetenzen	Anforderungen in der konkreten Führungsrolle (Soll)	Selbsteinschätzung: Stärken (Ist)	Selbsteinschätzung: Entwicklungsfelder (Ist)
Welche Fähigkeiten und Kenntnisse im Hinblick auf die **Kompetenz zu führen** sind in der neuen Aufgabe besonders gefordert (z. B. Führen von Mitarbeitergesprächen, Aufbau einer neuen Abteilung nach der Umstrukturierung, Führen einer sehr inhomogenen Mitarbeitergruppe über verschiedene Standorte)?	Beispiel: Führen von Vertriebsmitarbeitern in verschiedenen Standorten	Eigene Vertriebserfahrung, Marktkenntnisse, Einschätzung der Schwierigkeiten und Chancen in dem Marktsegment	Wie motiviere ich Mitarbeiter? Wie schaffe ich Zusammenhalt über die Distanz?
Welche Fähigkeiten und Kenntnisse im Hinblick auf die **Kompetenz zu führen** sind in der neuen Aufgabe besonders gefordert?			
Welche spezifischen **fachlichen und methodischen Fertigkeiten** und Kenntnisse sind erforderlich (z. B. Controlling, Prozesssteuerung, Planung)?			
Welche **sozialen und unternehmerischen Führungskompetenzen** werden erwartet (z. B. Überzeugungsfähigkeit, Durchsetzungskraft, Moderation, Coaching)?			
Welche besonderen **persönlichen Anforderungen** sind gefordert (z. B. Sorgfalt, Eigenständigkeit, Belastbarkeit, Verantwortungsbereitschaft, Proaktivität, Verhandlungsgeschick, Kontaktfähigkeit, Kooperationsfähigkeit)?			
Welche **Erfahrungen** sind für die neue Aufgabe hilfreich (z. B. positive Erfahrungen mit eigenen Vorgesetzten)?			

TABELLE 2.4 Entwicklungsplan für die Vorbereitung auf die neue Führungsposition

Was?	Wie?	Bis wann?	Woran merken Sie, dass Sie Erfolg hatten? (Erfolgskontrolle)
Schritt 1: ...			

Folgende Fragen helfen, Ihre persönliche „Bedienungsanleitung" zu „lesen" und Ihr Verhalten besser zu verstehen:

- Woraus ziehen Sie Kraft und Energie? Wie tanken Sie wieder auf?
- Wie kommen Sie zur Ruhe? Was hilft Ihnen zur Entspannung?
- Was brauchen Sie, um von der Arbeit abschalten zu können? Wie stellen Sie einen guten Abstand zu ihr her?
- Wie kommen Sie auf Touren? Was brauchen Sie, um aktiv zu werden?
- Was gibt Ihnen Sicherheit im Arbeitsalltag? Wer oder was hilft Ihnen, Sicherheit zu gewinnen?
- Was bringt Sie während der Arbeit aus der Ruhe? Was macht Sie nervös und unruhig?
- Bei welchen Themen kann man Sie manipulieren? Wie kann man Ihre Entscheidungen beeinflussen? In welchen Situationen lassen Sie etwas zu, was Sie eigentlich nicht wollen?

TIPP: Achten Sie auf Ihre eigenen Verhaltensmuster

Nur wenige Menschen können diese Fragen auf Anhieb befriedigend beantworten. Normalerweise nimmt man seine Verhaltensweisen als gegeben hin und hinterfragt sie nicht weiter. Wenn Sie aber als Führungskraft erfolgreich sein wollen, sollten Sie das ändern. Denn je besser Sie sich und Ihre Verhaltensmuster kennen, desto besser können Sie sich selbst und andere führen. Machen Sie sich deshalb eine Liste mit den Fragen, denen Sie im Alltag näher auf den Grund gehen wollen.

2.3.3 Neues betriebliches Umfeld

Zu einem professionellen Start in eine Führungsposition gehört, sich auf das Umfeld vorzubereiten. Deshalb sollten Sie sich bereits im Vorfeld über das Unternehmen und seine Branche, den neuen Vorgesetzten, das Team, die Kollegen auf der Führungsebene und die Kunden informieren. Je besser Sie in der Vorbereitung recherchieren, desto zielgerichteter ist die Vorbereitung und desto optimaler der Start.

TIPP: Planen Sie für die Vorbereitung ausreichend Zeit ein

Nehmen Sie sich für die Vorbereitung Zeit. Bewährt hat sich, dafür mindestens zwei Wochen einzukalkulieren. Denn systematische Vorbereitung bedeutet nicht nur, Informationen zu sammeln, sondern auch daraus zu lernen. Sie müssen sich bemühen zu verstehen, wie z. B. Entscheidungsstrukturen funktionieren oder welche Strategie hinter den nach außen getragenen Unternehmenszielen steht. ■

Sollten Sie in der Vorbereitungsphase noch nicht lückenlos alle notwendigen Informationen zusammenstellen können, ist das kein Malheur. Eine Ihrer wichtigsten Aufgaben in den ersten Tagen und Wochen in der neuen Position wird es sein, fehlende Aspekte sukzessive zu ergänzen. Wichtig ist jedoch, dass Sie dann nicht bei null anfangen müssen, sondern bereits grundsätzlich informiert sind. Andernfalls könnten Sie sich bereits zu Beginn eine peinliche Blöße geben.

Neue Funktion

Um sich auf die neue Funktion einstimmen zu können, die eigenen Fähigkeiten und Kompetenzen mit den Anforderungen abgleichen zu können, sollten Sie zumindest eine Vorstellung von Ihrer neuen Aufgabe haben. Es geht dabei grundsätzlich um folgende Fragen:

- Für was sind Sie verantwortlich?
- Um was müssen Sie sich kümmern?
- Was sind die wesentlichen Aufgaben Ihres Bereichs?
- Was unterscheidet Ihre Führungstätigkeit von der Ihrer Führungskollegen?
- Welche Ziele und Ergebnisse soll Ihr Verantwortungsbereich erzielen?
- Woran wird sich Ihr Erfolg messen?

Daneben ist es sinnvoll, sich erste Gedanken über Ihre Position innerhalb des Unternehmens zu machen. Überlegen Sie, mit welchen Personen, Funktionen oder Abteilungen Sie eng zusammenarbeiten werden und was Sie über diese bereits wissen. Folgende Fragen helfen, Ihre Position im Unternehmen auszuloten:

- Wo sind Sie in der Prozesskette angesiedelt?
- Wer sind Ihre Schnittstellenpartner?
- In welcher Beziehung stehen Sie formell oder durch Kompetenzzuordnung zu Führungskräften Ihrer Schnittstellenpartner. Wie ist die Abgrenzung zu Ihren Führungskollegen?

Unternehmen

Die Geschäftsleitung erwartet von ihren Führungskräften, dass sie die Zielsetzung und das Führungsverständnis des Unternehmens kennen und umsetzen, selbst wenn sie erst seit Kurzem dazugehören. Klären Sie deshalb folgende Fragen:

- Identifizieren Sie sich mit den Zielen des Unternehmens bzw. der Abteilung und können Sie diese in Ihrem Verantwortungsbereich umsetzen?
- Stehen Sie hinter dem Produkt und/oder den Dienstleistungen der Firma?
- Leben Sie die Firmenphilosophie des Unternehmens nach innen und außen positiv und motivierend vor?
- Können Sie das Image der Abteilung verbessern? Wünsche wie *„Hoffentlich erreicht er endlich eine bessere Außendarstellung der Abteilung“* können die Besetzung einer neuen Führungsposition begleiten.
- Können Sie die Ziele effizient erreichen und sparsam mit den Ressourcen Zeit und Geld umgehen?
- Können Sie die eigene Abteilung weiterentwickeln?

Die Anforderungen und Erwartungen an die Führungskräfte sind zusätzlich abhängig von der allgemeinen wirtschaftlichen Lage und der Situation in der Branche. In Unternehmen und Wirtschaftsbereichen, die wenig Gewinn erzielen, wird z. B. der Druck höher sein, effektiv mit Ressourcen und Zeit zu wirtschaften und gute Ergebnisse zu erzielen, als in Firmen, deren Produkt oder Dienstleistung innovativ und am Markt konkurrenzlos ist.

Es gibt auch inoffizielle Regeln für Führungskräfte im Unternehmen, wie z. B. die Kleiderordnung, die von Unternehmen zu Unternehmen unterschiedlich ausgeprägt ist. Diese unausgesprochenen, aber gelebten Regeln stehen nirgends, sind aber versteckte Verhaltensanweisungen, die es zu kennen und einzuhalten gilt.

TIPP: Achten Sie auf das passende Outfit

Es lohnt sich, bereits beim Vorstellungsgespräch und dem dazugehörigen „Gang durchs Haus“ auf die Kleiderordnung zu achten. Sollten Sie deren Regeln auf diese Weise nicht erschließen können, fragen Sie Ihren Ansprechpartner, beispielsweise den Personalreferenten. ■

Sofern Sie von außen in ein Unternehmen kommen oder in einen neuen Geschäftsbereich wechseln, gilt es, sich gründlich über das Unternehmen zu informieren. Holen Sie Informationen über die Historie, Geschäftszahlen, Produkte, Kunden und wirtschaftliche Perspektiven ein.

Für den optimalen Start sollten Sie möglichst vor Beginn, spätestens aber in der ersten Woche folgende Fragen beantworten können:

- Wie ist das Unternehmen aufgestellt (Größe, Produkt, Umsatz, Gesellschaftsform, Anzahl der Mitarbeiter)?
- Wie ist das Image in der Öffentlichkeit?
- Wie ist das Führungsverständnis/Leitbild?
- Wie ist die Unternehmenskultur? Sind die Entscheidungsstrukturen bürokratisch oder flexibel? Welcher Führungsstil wird erwartet?

- Welche Kunden hat das Unternehmen?
- Wie ist die Stellung am Markt?
- Wie steht das Unternehmen oder auch die Abteilung im Vergleich zur Konkurrenz da? Ist es bzw. sie schneller gewachsen oder langsamer? Warum?
- Wer sind Ihre „Kunden“ und wie können Sie einen Kontakt zu ihnen aufbauen?

TIPP: Eignen Sie sich branchenspezifisches Wissen an

Informieren Sie sich über die wichtigsten Fakten und den Fachjargon. So können Sie von Anfang an mitreden. „Sprachschwierigkeiten“ bergen dagegen die Gefahr, dass Sie inkompetent erscheinen oder sich unnötige Missverständnisse einschleichen.

Die meisten dieser Informationen sind öffentlich und frei zugänglich. Sie finden sie beispielsweise im Internet, in den Medien oder Selbstdarstellungen des Unternehmens. Wenn Sie innerhalb des Unternehmens wechseln, können Sie zusätzlich auch interne Quellen nutzen. Das Leitbild und die Führungsgrundsätze vermitteln z. B. wichtige Eindrücke über den Charakter des Unternehmens bzw., wie es nach außen erscheinen will. Gespräche mit Mitarbeitern und Kunden, sofern möglich, runden das Bild ab. Eine detaillierte Aufstellung möglicher Informationsquellen bietet Tabelle 2.5. Nutzen Sie sie als Checkliste. Sie können darin eintragen, welche Informationsquellen ihnen zugänglich waren.

Erfahrungsgemäß erweisen sich Gespräche als gewinnbringend. Oft sind es aber Außenstehende, die besonders hilfreich sind: z. B. die bisherigen Förderer, bisherige Kollegen, der Partner, Freunde und Verwandte, die – zumindest in Teilbereichen – Erfahrungen gemacht haben, die den Anforderungen der neuen Position entsprechen bzw. ähneln.

TABELLE 2.5 Informationsquellen

Allgemein zugängliche Informationen		
	Ja/Nein	Notiz
Internetseite		
Fachzeitschriften		
Jahresbericht		
Werbungen		
Presseberichte		
Informationsmaterialien		
Verbandsorgane (z. B. der Arbeitgeber, der Branche, der Gewerkschaft)		

Interne Quellen		
	Ja/Nein	Notiz
Leitbild, Führungsgrundsätze (manchmal auch im Internet einzusehen)		
Personalstatistiken		
Kundenstatistiken		
Beschwerdeanalyse		
Arbeitspläne		
Stellenbeschreibungen		
Produktionsberichte		
Geschäftsprozessdarstellungen		
Protokolle		
Personalakten		

Personen als Quellen		
	Wer?	Frage
Kollegen		
Mitarbeiter		
Vorgänger		
Vorgesetzte		
Kunden		
Lieferanten		
Konkurrenten		

TIPP: Suchen Sie sich geeignete Sparringspartner

Besprechen Sie die kommenden Herausforderungen nicht nur mit Menschen, die mit der zukünftigen Position zu tun haben. Suchen Sie auch den Austausch mit Fachleuten, die über Wissen verfügen, das Ihnen nützlich sein kann, oder mit Verwandten und Freunden, zu denen Sie besonderes Vertrauen haben.

2.4 Kompakt

Bei der Vorbereitung für Ihre neue Position sollten Sie sich vor allem um fünf Dinge kümmern: Ihre Stärken und Schwächen, Ihr privates Umfeld, einen guten Abschluss Ihrer vorherigen Arbeit, Ihre Startposition und Informationen über die neue Stelle. Um diese fünf Themen zu meistern, gibt es kein Patentrezept. Ihre Situation wird sich in manchen Punkten immer vom Normalfall unterscheiden, da diese sehr verschieden sein können. Ihr Ziel sollte daher sein, die Vorbereitung in die eigenen Hände zu nehmen und dafür einen systematischen Plan zu erstellen, der genau auf Sie passt.

Beginnen Sie am besten mit der Selbsteinschätzung und fragen Sie sich, in welchen Situationen Sie bereits Führungserfahrung gesammelt haben. Auf diese Weise erhalten Sie bereits erste Hinweise darauf, was Sie können und ausbauen sollten und was Sie besser vermeiden. Im zweiten Schritt sollten Sie sich Rechenschaft ablegen, warum Sie sich entschieden haben, Karriere zu machen. Berufliches Engagement erfordert in der Regel Abstriche im Privatleben. Nur wenn Sie sich vor Augen führen, warum Sie auf manches verzichten und dass das Ihre Entscheidung war, werden Sie nicht mit den Folgen hadern.

Danach geht es um die Umgestaltung Ihres Privatlebens. Die neue Position wird – besonders am Anfang – zeitaufwendiger werden wie die bisherige. Führungskräfte haben nur in den seltensten Fällen geregelte Arbeitszeiten. Außerdem wird es schwerer wie bisher sein, einen Schlussstrich unter die Arbeit zu ziehen. Wenn wichtige Entscheidungen bevorstehen oder es Ärger gegeben hat, wird Sie das auch noch nach Dienstschluss beschäftigen. Gleichzeitig können Sie aber auf ein Privatleben und Freizeit nicht verzichten. Sie brauchen es auch als Ausgleich, zur Erholung und Regeneration.

Ihr engstes Umfeld sind im Regelfall der Partner und die Familie. Ihnen sollte deshalb Ihr besonderes Interesse gelten. Veränderungen lassen sich hier aber nur gemeinsam durchführen. Besprechen Sie deshalb, was die Zukunft bringt, und beschönigen Sie nichts. Bitten Sie um Unterstützung. Dann sollten Sie gemeinsam überlegen, wie Sie die kürzere Freizeit intensiv nutzen können. Dazu gehört auch, über alltägliche Pflichten zu reden. Prüfen Sie, ob Sie sie rationeller organisieren können, umverteilen oder nach außen delegieren.

Als Nächstes sollten Sie Ihre Aufmerksamkeit auf den Freundeskreis und Ihre Freizeitaktivitäten richten. Auch hier werden Sie Abstriche machen müssen. Überlegen Sie daher, was Ihnen wichtig ist und auf welche Kontakte Sie keinesfalls verzichten wollen. Die Freundschaften, die Sie weiterhin pflegen wollen, sollten Sie ebenfalls in die anstehenden Veränderungen mit einbeziehen. In diesen Gesprächen mit engen Freunden können Sie auch nach Rat fragen oder Feedback über das eigene Verhalten, die Stärken und Schwächen einholen. Notieren Sie die wichtigsten Aussagen. Sie können Ihre Selbsteinschätzung ergänzen.

Um den neuen Anfang zu wagen, ist es wichtig, mit dem, was bisher war, abzuschließen. Das gilt insbesondere für Ihre frühere Arbeitsstelle. Nehmen Sie keine Aufgaben in die neue Position mit. Sonst können Sie sich nicht angemessen auf die neuen Herausforderungen konzentrieren. Bringen Sie die Aufgaben Ihres bisherigen Verantwortungsgebiets zu Ende. Stellen Sie die Grundinformationen über Ihren alten Arbeitsplatz zusammen und übergeben Sie sie Ihrem Nachfolger. Sinnvoll ist auch, sich von Ihrer bisherigen Wirkungsstätte mit einem kleinen Ritual zu verabschieden, beispielsweise einem Glas Sekt mit den Kollegen. Danach sollten Sie auch mental einen Schlussstrich unter dieses Kapitel Ihres Lebenslaufs ziehen. Überlegen Sie, was Sie an Ihrem alten Arbeitsplatz gelernt haben, welche Erfahrungen Sie gemacht haben und inwieweit diese Ihnen in der neuen Position nützen können.

Nun können Sie sich Ihrer neuen Position zuwenden. Überlegen Sie dabei erst, aus welcher Position Sie an den Start gehen. Jeder Wechsel hat seine Vor- und Nachteile. Machen Sie sich diese klar. Dann können Sie die positiven Aspekte Ihres Weges nutzen und sich gegen mögliche Fehleinschätzungen wappnen.

Danach sollten Sie sich auf die Anforderungen an Sie als Führungskraft und in der neuen Funktion konzentrieren. Wählen Sie dafür ein geeignetes Führungskompetenzmodell. Es hilft Ihnen Ihre Fähigkeiten zu analysieren. Als Nächstes sollten Sie auflisten, welche konkreten Führungsaufgaben Sie in der neuen Position erwarten. Stellen Sie dieser Liste gegenüber, inwieweit Sie sich für diese neuen Herausforderungen bereits gerüstet sehen. Dabei erkennen Sie auch, wo Ihre Kenntnisse nicht ausreichen und Handlungsbedarf besteht. Halten Sie diese Punkte fest. Sie sind die Grundlage für Ihren persönlichen Entwicklungsplan für die Vorbereitung auf die neue Führungsposition. Um ihn fertigzustellen, müssen Sie noch ergänzen, in welcher Reihenfolge Sie Ihre Fähigkeiten ausbauen wollen, wie und in welchem Zeitraum das geschehen kann und woran Sie erkennen, dass Sie etwas dazugelernt haben.

Im Anschluss daran sollten Sie Ihre bisherige Planung kontrollieren. Unter welchen Bedingungen können Sie besonders gut arbeiten und wann nicht? Haben Sie daran gedacht, dass Sie Ruhepausen einkalkulieren und Zeiten zur Regeneration? Und schließlich: Könnte irgendetwas Ihre bisherigen Entscheidungen beeinflusst haben, ohne dass Sie das wollten? Beobachten Sie von nun ab sich und Ihr Verhalten genau. Das hilft, auch die weiteren Vorbereitungsschritte exakt auf Ihre Bedürfnisse abzustimmen.

Nun haben Sie die Rahmenbedingungen geschaffen, um sich dem eigentlichen Punkt der Vorbereitung zuzuwenden: der neuen Position. Bemühen Sie sich zu klären, welche Aufgaben auf Sie zukommen und welche Handlungsspielräume Sie haben, um diese zu erfüllen. Hierbei ist es wichtig, die Funktion Ihrer Position innerhalb der Hierarchie des Unternehmens zu definieren. Aber bedenken Sie: In der Regel können Sie während der Vorbereitung noch nicht alle Fragen befriedigend klären. In den ersten Wochen nach Antritt der neuen Stelle werden Sie Ihre jetzigen Einschätzungen anhand der Erwartungen, die an Sie gestellt werden, überprüfen müssen. Doch je mehr Sie jetzt bereits klären, desto leichter werden Sie die Informationen, die Sie dann erhalten, einschätzen können.

Doch es genügt nicht, nur Ihren direkten Verantwortungsbereich zu analysieren. Sie sollten sich zusätzlich über die wirtschaftliche Lage des Unternehmens, seine Philosophie und Außendarstellung informieren und Material über die Zukunftsperspektiven der Branche sammeln. Als Führungskraft erwartet die Unternehmensleitung von Ihnen, dass sich Ihre Aktivitäten nahtlos in die Firmenstrategie einfügen.

3 Am Startblock

„Wir wissen mehr, als wir zu sagen vermögen."
Michael Polanyi, Philosoph und Chemiker

Worum es geht ...

Mit der Bilanz Ihrer Stärken und Schwächen, der Einstimmung Ihres privaten Umfelds auf die anstehenden Veränderungen und den gesammelten Informationen über Ihren zukünftigen Arbeitsplatz haben Sie sich gewissenhaft auf Ihre neue Position vorbereitet. Nun sollten Sie aber noch eine weitere Informationsquelle nutzen: Ihren Vorgänger. Er weiß, wie die Abteilung/das Team funktioniert, wo ihre/seine Stärken und Fehlerquellen liegen. Außerdem kann er Ihnen wichtige Hinweise über das Umfeld, Entscheidungswege oder ungeschriebene Gesetze geben. Damit besitzt er einen Wissens- und Erfahrungsschatz, auf den Sie keinesfalls verzichten sollten. Davon können Sie aber nur profitieren, wenn Sie sich gezielt auf ein Gespräch mit dem Vorgänger vorbereiten, um die notwendigen Informationen herauszudestillieren, und später die Inhalte gründlich auswerten und strukturieren zu können.

Dieses Kapitel beschreibt, wie Sie diese Wissensübergabe effektiv gestalten können. Es behandelt folgende Themen:

- welche Chancen ein strukturierter Wissenstransfer bietet,
- wie Sie eine Vertrauensbasis zu Ihrem Vorgänger aufbauen können,
- welche Themenbereiche bei der Übergabe sinnvoll sind,
- wie ein neutraler Moderator den Wissenstransfer unterstützen kann,
- nach welchen Kriterien Sie die erhaltenen Informationen auswerten sollten.

Obwohl die Vorteile einer strukturierten Wissensübergabe auf der Hand liegen, kommt es in der Realität nur selten zu einem ausführlichen und gut vorbereiteten Gespräch mit dem Vorgänger. Den Nachfolgern bleibt meist nur, sich zeitaufwendig aus vielen Quellen wichtige Informationen zu beschaffen und eigene Erfahrungen zu machen. Auch in den in Kapitel 10 abgedruckten drei Erfahrungsberichten angehender Führungskräfte geben zwei Chefs an, ihr Vorgänger sei so schnell gegangen, dass sie keinen Kontakt aufnehmen konnten (Interview 5 und 6). Ein weiterer Neuling forderte die Übergabe aktiv ein (Interview 4). Die Beschreibung „auf die Schnelle" lässt aber darauf schließen, dass von einem gut vorbereiteten und strukturierten Vorgehen wohl nicht die Rede sein konnte. Auch die drei interviewten Personalentwickler beurteilen das Thema strukturierte Wissensübergabe offenbar sehr unterschiedlich: Einer macht darüber keine Angaben (Interview 2). Ein weiterer sagt immerhin, es lohne sich, *„sich mit der Vorgeschichte ... [der Mitarbeiter] auseinanderzusetzen“* (Interview 3). Nur der dritte Befragte beschreibt, dass ein Übergabegespräch fest in der Unternehmenskultur verankert ist (Interview 1).

Wenn Sie den Erfahrungsschatz Ihres Vorgängers nutzen wollen, sollten Sie möglichst frühzeitig die Initiative ergreifen. Bei der Kontaktaufnahme ist Fingerspitzengefühl gefragt. Sie können keinesfalls voraussetzen, dass der Vorgänger das für Sie wichtige Wissen Ihnen „auf dem Silbertablett“ serviert, sondern können im Zweifelsfall mit Ablehnung rechnen. Darüber hinaus stehen Sie vor der Aufgabe, das Gespräch gründlich vorzubereiten und später auch detailliert auszuwerten. Wie Ihnen das gelingen kann, zeigt das folgende Kapitel.

3.1 Strukturierter Wissenstransfer

Um vom Wissen und den Erfahrungen des Vorgängers zu profitieren, ist eine strukturierte Übergabe notwendig. Jeder Führungswechsel ist einzigartig. Sie sollten deshalb die besonderen Bedingungen und Anforderungen Ihres zukünftigen Arbeitsplatzes herausarbeiten.

Ein bewährtes Instrument für die Übergabe ist ein strukturiertes Interview mit anschließender Ergebniskontrolle: der strukturierte Wissenstransfer (vgl. Bild 3.1).

Sie setzt voraus, dass Sie genau wissen, welche Themen der Wissensübergabe für Sie wichtig sind und welche konkreten Ziele Sie mit diesen Informationen verfolgen.

TIPP: Gehen Sie selbst aktiv an die Wissensübergabe heran und sorgen Sie dafür, dass sie systematisch und umfassend verläuft

- Es geht um Ihren erfolgreichen Start, deshalb sind Sie gefordert, sich die notwendigen Informationen zu beschaffen.
- Bereiten Sie sich selbst gut auf diese Interviews vor, besonders auf die Themenfelder, die aus Ihrer Sicht besonders wichtig sind.
- Fragen Sie im Interview nach, wenn sie etwas nicht verstanden haben oder wenn Sie genauere Informationen zu einem Punkt brauchen.
- Stellen Sie sich nicht als Hilfsbedürftigen dar, sondern als jemand, der die Erfahrungen seines Vorgängers schätzt und, soweit dies sinnvoll ist, nutzen will.

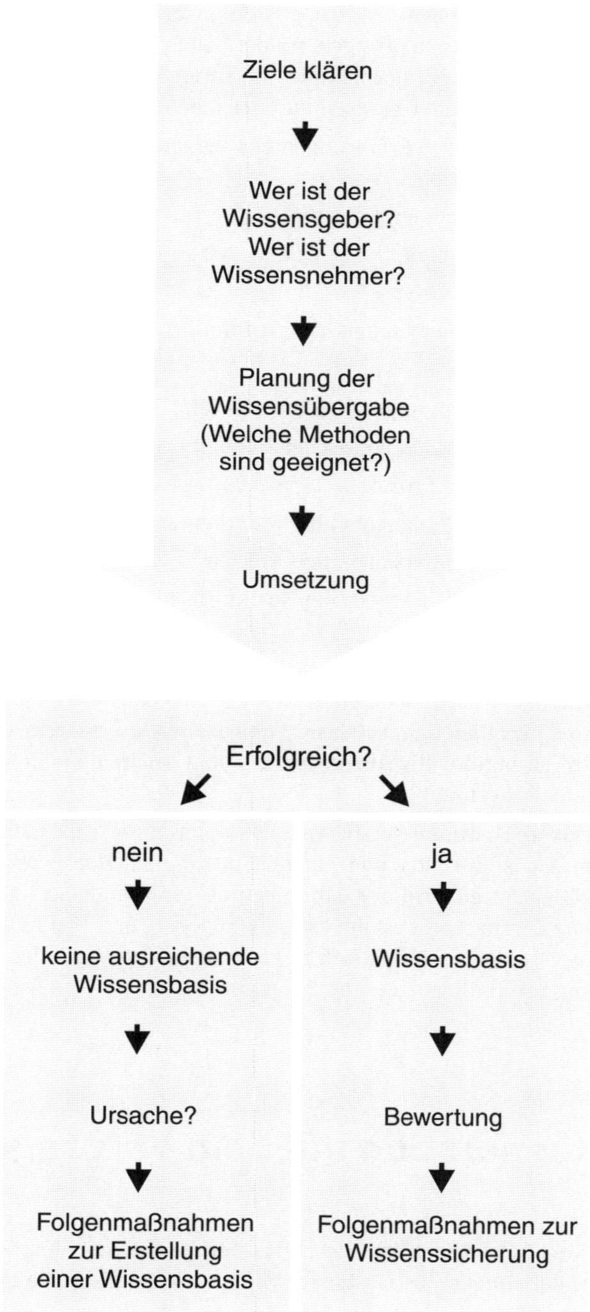

BILD 3.1 Prozess des strukturierten Wissenstransfers

Hauptziel einer solchen Wissensweitergabe ist folglich, das Wissen und die Erfahrungen des Vorgängers nicht nur zu erfragen, sondern auch systematisch so aufzubereiten, dass Sie die darin enthaltenen Informationen für Ihren Start in der neuen Position nützen können. Damit verfolgt die Übergabe im Einzelnen folgende Ziele:

- Sichern des Wissens und der Erfahrungen des Vorgängers über seine Aufgaben und seine Rolle im Unternehmen,
- schnelle Einarbeitung der neuen Führungskraft,
- Vermeiden von Doppelarbeiten,
- Vermeiden von Fehlern,
- Identifizieren von Schlüsselpersonen und -abteilungen,
- Erkennen von Handlungsbedarfen,
- Identifizieren von offiziellen und inoffiziellen Regeln,
- Kenntnis der strukturellen und politischen Rahmenbedingungen,
- Kenntnis über Abläufe und Prozesse,
- Sichern des Wissens des Vorgängers über Mitarbeiter,
- Identifizieren von potenziellen Fallen und Risiken.

Grundsätzlich unterscheidet man bei der strukturierten Wissensübergabe zwei Wissensarten:

- **Explizites Wissen:** Hierbei handelt es sich um bewusstes Wissen, um Daten, Zahlen und Fakten, die leicht zugänglich sind. Es ist ein verbalisierbares, objektivierbares, formalisierbares, technisierbares Wissen, welches leicht erklärbar und vermittelbar ist. Dieses wird oft bereitwillig übergeben. Es steht größtenteils in Ordnern, Dateien und Unterlagen zur Verfügung.
- **Implizites Wissen:** Hierunter versteht man oft unbewusstes, aus Erfahrungen gewonnenes Wissen. Es ist vernetzt und entsteht prozessual. Dieses Wissens ist häufig schwerer zugänglich und wird nur dann übergeben, wenn danach gefragt wird, eine ausgesprochene Bereitschaft besteht, es weiterzugeben, und es durch gute Fragen herausgearbeitet wird. Es erschließt sich in erster Linie über gezieltes Nachfragen und die Verdichtung von Erfahrungen und Erkenntnissen.

3.2 Kooperation mit dem Vorgänger

Inwieweit Ihr Vorgänger bereit ist, Sie umfassend zu unterrichten, kann sehr unterschiedlich sein. Bei einigen besteht für ein solches Gespräch große Offenheit. Andere werden aber keinen Grund sehen, ihre Erfahrung und ihr Wissen so einfach vollständig preiszugeben. Nach dem Motto „Wissen ist Macht“ erhalten Sie gerade so viele Informationen, dass niemand Ihrem Vorgänger vorwerfen kann, er habe Sie nicht gut eingearbeitet. Den Rest des Wissens wird er zurückhalten. Oft steht hinter diesem Taktieren die Befürchtung, Sie als Nachfolger könnten in dieser Position erfolgreicher sein als Ihr Vorgänger, und dessen Ansehen dadurch schmälern. Die Herausforderung für Sie als Nachfolger liegt nun darin, eine Beziehung zu Ihrem Vorgänger aufzubauen, aufgrund derer er bereit ist, möglichst viel Wissen und Erfahrung an Sie weiterzugeben.

TIPP: Vereinbaren Sie den Übergabetermin mit Ihrem Vorgänger frühzeitig

Wenn Ihr Vorgänger das Unternehmen verlässt oder aus einem anderen Grund während Ihrer Einarbeitungsphase für Sie nicht mehr erreichbar ist, sollten Sie bereits vor dem Antritt Ihrer neuen Stelle einen Termin für die Übergabe vereinbaren. Sie laufen sonst Gefahr, sich die Prozesse und Abläufe selbst erarbeiten und Kontakte von Grund auf neu knüpfen zu müssen. Selbst die Information über die Mitarbeiter können verloren sein. Die Dokumentation der gegebenen Versprechen und Zusagen, ihre Beurteilung und Bewertung sind dann nicht mehr zugänglich. Manchmal ist es auch sinnvoll, den zukünftigen Vorgesetzten mit einzubeziehen, damit dieser ein solches Gespräch initiiert. ■

Dies können Sie erreichen, indem Sie

- dem Vorgänger Respekt und Wertschätzung entgegenbringen, soweit Sie dies ehrlich können,
- eine angenehme Atmosphäre schaffen und Unterbrechungen von außen unterbinden,
- über Ihre eigenen Gefühle bei der bevorstehenden Herausforderung des Stellenwechsels sprechen,
- mit dem Vorgänger über dessen Erfahrungen beim Führungseinstieg reden,
- nachfragen, zuhören, Offenheit und Neugierde zeigen,
- die Arbeit des Vorgängers weder bewerten noch kritisieren,
- ethische Grundprinzipien formulieren und vereinbaren, wie mit dem Wissen des Vorgängers umzugehen ist und was genau unter Vertraulichkeit zu verstehen ist.

Im Vorfeld des Wissens- und Erfahrungstransfers ist es auch wichtig, hervorzuheben, dass nicht nur der Nachfolger, sondern auch der Vorgänger von der Übergabe profitiert. Welchen Nutzen bietet dieser Austausch für beide Seiten?

- **Vorteile für die neue Führungskraft:** Sie erhält wichtige Informationen über Rahmenbedingungen und Zusammenhänge im Unternehmen, die Abteilung, die Mitarbeiter und die neue Rolle.
- **Vorteile für den Vorgänger:** Er stellt sicher, dass seine Arbeit gut weitergeführt wird, und kann seine Erfahrungen reflektieren, um diese für die eigene Weiterentwicklung zu nutzen.

TIPP: Finden Sie einen Weg, Ihrem Vorgänger für seine Unterstützung bei Ihrem Start zu danken

Zeigen Sie ihm, dass Sie diese Hilfe zu schätzen wissen. In den meisten Fällen hat Ihr Vorgänger keinen geordneten Wissenstransfer erlebt und musste sich sein Wissen mühsam selbst erarbeiten.

3.3 Themenbereiche des Wissenstransfers und hilfreiche Interviewfragen

Die für die Übergabe relevanten Themen lassen sich in sechs Themenbereiche einordnen:

- Schlüsselpersonen und -bereiche,
- Regelungen und Rahmenbedingungen,
- Prozesse, Strukturen und Arbeitsabläufe,
- Trends, Vision, Mission, Strategie, Unternehmenskultur und -ziele,
- Erfolge und Misserfolge sowie
- Besonderheiten des Wechsels.

Die folgende Auswahl von Themen und Interviewfragen zeigt, was konkret bei einer Übergabe zur Sprache kommen kann. Nutzen Sie sie als Grundlage für die Planung Ihres Gesprächs mit dem Vorgänger und passen Sie die Tabellen an die Gegebenheiten Ihrer Situation an. Es hat sich bewährt, die Themen in den jeweiligen Themenfeldern, über die Sie Genaueres wissen sollten, gemeinsam mit Ihrem Vorgänger auszuwählen. Erstellen Sie dann einen Fragenkatalog, mit dem Sie das für Sie relevante Wissen ergründen können. Dokumentieren Sie die Rückmeldungen Ihres Vorgängers, damit Sie später auf diese zurückgreifen können und keine Informationen verloren gehen. Mit so einer systematischen Vorarbeit stellen Sie sicher, dass alle für den Führungswechsel wichtigen Wissenstransferthemen zur Sprache kommen und Sie sich dieses Wissen nicht später langwierig selbst erarbeiten müssen.

TIPP: Achten Sie darauf, dass Sie und Ihr Vorgänger sich für das Übergabegespräch genügend Zeit nehmen

Planen Sie mindestens drei bis vier Stunden ein. Sollte der Arbeitsbereich sehr komplex sein, können Sie die Übergabe auch in zwei oder drei Gespräche aufteilen.

3.3.1 Schlüsselpersonen und -bereiche

Tabelle 3.1 zeigt beispielhaft, welche Schlüsselpersonen und -bereiche die Arbeit in Ihrer neuen Abteilung bzw. Ihrem neuen Bereich maßgeblich beeinflussen können und die Sie deshalb möglichst gut kennen sollten:

TABELLE 3.1 Schlüsselpersonen und -bereiche (Beispiele)

Wissenstransferthemen			
Eigene Abteilung	Schnittstellen	Unternehmen	Extern
Vorgesetzte	Führungskollegen	Aufsichtsrat	Kunden
einzelne Mitarbeiter	vor- und nachgelagerte Abteilungen	Entscheider	Benchmarkingpartner/ Hauptkonkurrenten
Potenzialträger	Nachbarabteilungen	Projektleiter strategische Projekte	Interessengruppen
Meinungsbildner	Ausschüsse	Netzwerk	politisch bedeutende Personen
Spezialisten	für die Abteilung wichtige Informationsträger	Machtzentrum	Zulieferer und Lieferanten
Know-how-Träger	relevante Gremien	Wirtschaftsausschuss	Behörden und Verbände
Teamkoordinatoren	Zentralfunktionen (z. B. für Personal, Finanzen)	Betriebsräte	Hochschulen
Leistungsträger		Gewerkschaftsvertreter	Presse

Hilfreiche Interviewfragen (Beispiele):

- Wer sind die wichtigsten Ansprechpartner und welche Rolle haben sie?
- Wer hat den größten Einfluss für den Erfolg der Abteilung?
- Wer sind die Leistungsträger und welche Rahmenbedingungen brauchen diese, um erfolgreich zu arbeiten?
- Was ist den einzelnen Personen/Gruppen in der Abteilung/dem Team wichtig?
- Wer verfügt in welchen Bereichen über herausragende Kenntnisse bzw. Erfahrungen? Welche einschlägigen Erfahrungen haben Sie mit ihr/ihm gesammelt?
- Wie muss man mit ihr/ihm umgehen, um erfolgreich zusammenzuarbeiten?
- Mit wem wurden welche Vereinbarungen getroffen?
- Wie haben Sie ihre Mitarbeiter geführt?
- Wurden Ziele vereinbart? Wenn ja: Wie und wo sind die aktuellen Ziele dokumentiert?
- Welche beruflichen Perspektiven und Entwicklungswege wurden mit den einzelnen Mitarbeitern vereinbart?

- Welche Ansprechpartner/Experten aus benachbarten Abteilungen, Gremien und Projektgruppen sind besonders wichtig?
- Mit welchen Schlüsselpersonen lief die Zusammenarbeit eher positiv bzw. eher weniger gut und warum?
- Welche Kontakte sind wichtig? Welche Kontakte sind weniger wichtig?
- Welche Kontakte würde sich lohnen, zusätzlich aufzubauen (neue Arbeitskreise, Gremien etc.)?

3.3.2 Regelungen und Rahmenbedingungen

Tabelle 3.2 bietet eine Übersicht, über einige der Regelungen und Rahmenbedingungen, die Sie in Zukunft berücksichtigen sollten.

TABELLE 3.2 Regelungen und Rahmenbedingungen (Beispiele)

Wissenstransferthemen		
Betriebliche Regelungen	**Arbeitsrechtliche und disziplinarische Regelungen**	**Allgemeine Regelungen**
Kostenstellen	Arbeitszeit	DIN-Normen
Entscheidungswege	Urlaubsregelungen	politische Rahmenbedingungen
Budget	Reise- und Dienstfahrten	Branchen und Verbandsregelungen

Hilfreiche Interviewfragen (Beispiele):

- Wer kann Auskunft zu den einzelnen Regeln und Rahmenbedingungen geben?
- Wenn Sie überlegen, wie Sie Entscheidungen treffen: Folgen Sie einem bestimmten Schema, um sicherzustellen, dass Sie die Rahmenbedingungen beachten?
- Wo befindet sich die Beschreibung der Regeln für z. B. Dienstfahrten?
- Welche Regelungen müssen besonders beachtet werden?
- Welche Regelungen werden öfters von den Mitarbeitern missachtet und wie ist damit umzugehen?
- Wie ist Ihr Vorgänger mit den Regeln umgegangen? Welches Vorgehen hat sich besonders bewährt?

3.3.3 Prozesse, Strukturen und Arbeitsabläufe

Tabelle 3.3 veranschaulicht, welche Informationen über Prozesse, Strukturen und Arbeitsabläufe in Ihrer neuen Position von Interesse sind.

TABELLE 3.3 Prozesse, Strukturen und Arbeitsabläufe (Beispiele)

Wissenstransferthemen	
Prozesse/Abläufe	**Strukturen**
Prozesslandkarte	Organigramm
Kernprozesse	Zuständigkeiten
unterstützende Prozesse	Ressourcen
Prozesskennzahlen	Stellenprofile
Prozessverantwortliche	Gehaltssystematik
Soll-Prozesse	Funktionen
gelebte Prozesse	Hierarchie
Schnittstellen	Meetingkultur
Übergabepunkte	Vertreterregelungen

Hilfreiche Interviewfragen (Beispiele):

- Welche Prozesse sind für die Abteilung bzw. den Bereich besonders wichtig? Wie sieht der Soll-Prozess aus und wie wird er in der Realität gelebt?
- Worauf muss ich als Vorgesetzter besonders achten?
- Woran wird der Erfolg der Prozesse gemessen und wie können diese gemonitort werden?
- Was läuft gut und wo gibt es immer wieder Schwierigkeiten? Was sind die Ursachen dafür?
- Wie wurden in der Vergangenheit die Prozesse verbessert?
- Welche Funktion hat die Abteilung entsprechend dem Organigramm?
- Welche Bereiche sind einflussreich und welche weniger?
- Welche Arbeitsmethodik hat Ihnen geholfen?
- Welches Organigramm gibt die Zuordnung der Abteilung/des Teams gut wieder?
- Welche Zuständigkeiten gibt es und wer nimmt sie wahr?
- Gibt es Stellen- bzw. Aufgabenprofile, wo befinden sie sich und welche Relevanz haben sie?
- Gibt es einen Stellvertreter und wie ist die Vertretung geregelt?
- Wie sind die organisatorischen Abläufe in der Abteilung geregelt (Auftragseingang, Auftragsvergabe etc.)?
- Wer muss über bestimmte Ereignisse (auftretende Probleme etc.) wann und wie informiert werden?
- Wie laufen die Abstimmungsprozesse generell?
- Wo liegt die fachliche Zuständigkeit, wo liegen die Entscheidungszuständigkeiten?

3.3.4 Markt, Trends, Vision, Mission, Strategie, Unternehmenskultur und -ziele

Tabelle 3.4 listet auf, in welchen Punkten die Entwicklung des Markts, Unternehmensstrategie und -kultur für Ihre neue Führungsrolle relevant werden können.

TABELLE 3.4 Markt, Trends, Vision, Mission, Strategie, Unternehmenskultur und -ziele

Wissenstransferthemen	
Markt und Umfeld	**Unternehmen**
Marktanforderungen	Unternehmenskultur
Trends	Vision
Gesetze	Strategie
Innovationen	Mission
Konkurrenten	Abteilungsziele
Lieferanten	Herausforderungen
Umfeld	aktuelle Veränderungsprojekte

Hilfreiche Interviewfragen (Beispiele):

- Welche Trends und Markteinflüsse wirken sich besonders intensiv auf die Erfolgschancen der Abteilung aus?
- Was zeichnet die Abteilung gegenüber der Konkurrenz aus?
- Was trägt die Abteilung bzw. der Bereich zu Vision, Mission und Strategie des Unternehmens bei?
- Wie wurde die Strategie im Unternehmen kommuniziert?
- Was sind charakteristische Elemente der Unternehmenskultur? Welche Rituale, Vorgehensweisen etc. sind zu beachten?
- Welche Synergien können mit anderen Bereichen und Unternehmensteilen genutzt werden?
- Was tut man, was unterlässt man besser?
- Wenn Sie diesen Bereich weiter führen würden, was würden Sie beibehalten? Was verändern?
- Wer kann mich am besten bei den bevorstehenden Herausforderungen unterstützen?
- Welche unternehmens- und bereichsweiten Veränderungen bzw. Changeprozesse müssen berücksichtigt werden und welche Auswirkungen haben sie für die Abteilung/das Team?

3.3.5 Erfolge und Misserfolge

Tabelle 3.5 zeigt, welche Aspekte der Erfolge und Misserfolge Ihres Vorgängers Ihnen wichtige Hinweise für das spätere eigene Führungshandeln liefern können.

TABELLE 3.5 Erfolge und Misserfolge (Beispiele)

Wissenstransferthemen	
Erfolge	**Pleiten, Pech und Pannen**
Veränderungen	gescheiterte Vorhaben/begangene Fehler
Stärken des Bereichs	Risiken
bewährte Problemlösungen	Schwächen des Bereichs
Erfolgsfaktoren	Probleme/Krisen
Chancen	verborgene und offene Fallen

Hilfreiche Interviewfragen (Beispiele):

- Können Sie einen typischen Arbeitstag in den wesentlichen Details beschreiben?
- Was sind nach Ihrer Meinung die wichtigsten Kriterien für erfolgreiches Handeln in Ihrer Position?
- Was waren Ihre größten Erfolge und wie haben Sie diese erreicht?
- Auf welche Kompetenzen kommt es Ihrer Meinung nach am meisten an, um in dieser Aufgabe erfolgreich zu sein?
- Was hat Ihnen in Ihrem Führungsalltag am meisten geholfen?
- Was schätzen Ihre Kunden und Ihr Umfeld an Ihnen?
- Was schätzen Ihre Mitarbeiter besonders an Ihnen?
- Woran kann man erkennen, dass sich eine Vorgehensweise bewährt?
- Welches spezielle Fachwissen, welche Methoden/Tools sind wichtig, um die Verantwortung als Führungskraft dieser Abteilung/dieses Teams erfolgreich wahrzunehmen?
- Was waren Ihre größten Misserfolge und welche Erkenntnisse haben Sie daraus gewonnen?
- Was würden Sie heute anders machen?
- Wo existieren Verbesserungspotenziale?
- Welche Projekte, Aufgaben, Tätigkeiten sind schiefgelaufen in den letzten Jahren?
- Was würden Sie aus heutiger Sicht anders machen, damit bestimmte Probleme gar nicht erst entstehen können?
- Gibt es zurzeit Schwierigkeiten, die immer wieder auftreten und die man nur schwer abstellen kann? Welche sind das genau? Was ist bisher schon unternommen worden?
- Werden Probleme bzw. Fehler eher verschwiegen oder darf man darüber sprechen?

- Wenn Probleme und Krisensituationen aufgetreten sind, wie haben Sie diese gelöst?
- Wie haben Sie wichtige Entscheidungen getroffen?
- Wenn Sie Ihre Arbeit ideal gestalten hätten können, wie hätte das konkret ausgesehen? Was hat Sie daran gehindert?
- Was sind aus der Sicht Ihres Vorgesetzten die Stärken und was die Schwächen des Bereichs?

3.3.6 Besonderheiten des Wechsels

Tabelle 3.6 veranschaulicht, anhand welcher Themen Sie ausloten können, welche Besonderheiten Ihr Wechsel in die Führungsposition aufweist.

TABELLE 3.6 Besonderheiten des Wechsels (Beispiele)

Wissenstransferthemen	
Abteilung/Team	**Neue Führungskraft**
Image im Unternehmen	mögliche Gefahren
aktuelle Herausforderungen	mögliche Erwartungen an die neue Führungskraft
Historie des Teams	Themenfelder im Fokus der Mitarbeiter
mögliche zukünftige Veränderungen	Zusammenarbeit mit dem Vorgesetzten
Know-how-Verlust	Zusammenarbeit mit Führungskollegen

Hilfreiche Interviewfragen (Beispiele):

- Wie ist das Image der Abteilung/des Teams im Unternehmen? Was sind Ihrer Meinung nach die Gründe dafür?
- Wie würden Sie die Entwicklung der Abteilung beschreiben? Was waren die Gründe für diese Entwicklung?
- Welche Veränderungen stehen in nächster Zeit Ihrer Meinung nach an? Warum sind diese Veränderungen Ihrer Meinung nach wichtig? Wie hätten Sie diese Veränderungen vorangetrieben?
- Was sollte ich auf jeden Fall Ihrer Meinung nach bewahren?
- Wo sind typische „Fettnäpfchen“, in die ich treten könnte?
- Welche Chancen und welche Risiken bringt der Führungswechsel Ihrer Meinung nach mit sich?
- Auf was würden Sie an meiner Stelle zu Beginn am meisten Wert legen?
- Was ist Ihrer Meinung nach am wichtigsten, um in dieser Position erfolgreich zu sein?
- Welche Fähigkeiten und Stärken, welche Spezialkenntnisse drohen mit Ihrem Weggang in der Abteilung/im Team verloren zu gehen?

3.4 Wissenstransfer mithilfe eines Moderators

Eine andere Variante des Wissenstransfers ist, einen neutralen Moderator hinzuzuziehen. Er übernimmt es für Sie, die Fragen zu stellen, und dokumentiert die Antworten. Auf diese Weise können Sie sich auf die Inhalte konzentrieren.

TIPP: Stellen Sie den Nutzen eines Moderators heraus

Sorgen Sie dafür, dass der Einsatz eines neutralen Moderators nicht als Schwäche verstanden wird, sondern als sinnvolle und hilfreiche Unterstützung, die allen Seiten nutzt.

Sollten Sie diese Variante wählen, gehen Sie am besten folgendermaßen vor:

1. Bereitschaft des Vorgängers klären

Wenn Sie einen Moderator für den Wissenstransfer hinzuziehen wollen, sollten Sie dies vorab mir Ihrem Vorgänger abstimmen. So vermeiden Sie Irritationen. Das Hinzuziehen einer weiteren Person kann befremdlich wirken. Begründen Sie deshalb Ihre Entscheidung und legen Sie die Vorteile dieser Variante dar. Das sind insbesondere:

- Der Moderator sorgt für passende Rahmenbedingungen für das Interview.
- Der Moderator sorgt für die zeitliche und inhaltliche Strukturierung des Interviews.
- Der Moderator kann aus neutraler Position Fragen stellen, die vielleicht sonst nicht gestellt würden.
- Der Moderator kann nachfragen, wenn nicht konkret geantwortet wurde.
- Der Moderator dokumentiert die Interviewergebnisse.
- Der Moderator unterstützt durch gezieltes Nachfragen und Verdichten den Interviewten bei der Beschreibung seiner Erfahrungen.

TIPP: Ziehen Sie nur dann einen Moderator hinzu, wenn Ihr Vorgänger dies wirklich auch für gut und richtig erachtet

Sollte Ihr Vorgänger nicht gleich einverstanden sein, fragen Sie nach seinen Bedenken und Einwänden und klären Sie, wie Sie diese mit in Erwägung ziehen können, um eine gemeinsame Lösung zu finden.

2. Moderator auswählen

Die Wahl des „richtigen“ Moderators entscheidet mit, ob der Wissenstransferprozess gelingt. Der Vermittler sollte nicht nur in Ihren Augen integer und unabhängig sein, sondern ebenso auch von Ihrem Vorgänger als „passend“ akzeptiert werden. Nur so kann er seiner Rolle gerecht werden.

Darüber hinaus sollte der Moderator über folgende Fähigkeiten und Eigenschaften verfügen:

- Erfahrung mit der Durchführung von Interviews,
- die Fähigkeit, Fragen zu stellen, ohne zu werten oder die Antwort in eine Richtung zu beeinflussen,
- ausgeprägte Kommunikationsfähigkeit,
- Neutralität gegenüber Ihnen und Ihrem Vorgänger,
- die Fähigkeit, vertraulich mit den erfahrenen Informationen umzugehen,
- die Fähigkeit, Gespräche ziel- und ergebnisorientiert zu leiten.

Es gibt allerdings Menschen, die Sie grundsätzlich nicht als Moderator in Betracht ziehen sollten. Darunter fallen in erster Linie Unternehmensangehörige, die aufgrund ihrer Funktion nur bedingt die für ein offenes Gespräch erforderliche Neutralität gewährleisten können. Bei ihnen besteht die Gefahr, dass sie das Interview eher behindern als fördern. Dabei handelt es sich in erster Linie um:

- Führungskollegen aus Nachbarabteilungen,
- Mitarbeiter aus der Personalabteilung, die bei der späteren Beurteilung von Ihnen oder Ihrem Vorgänger beteiligt sind, und
- Ihre eigenen Vorgesetzten.

3. Startgespräch mit dem Moderator

Das Startgespräch sollte 30 bis 60 Minuten dauern und hat zum Ziel, dass Moderator, Vorgänger und neue Führungskraft einander kennenlernen, Vertrauen aufbauen und gemeinsam die Rahmenbedingungen für das Interview oder gegebenenfalls die Interviews besprechen.

Dabei sollten Sie folgende Punkte klären:

- den genauen Zeitpunkt und die Dauer des bzw. der Interviews,
- den Ort des bzw. der Interviews,
- die Zielsetzung des bzw. der Interviews,
- die Erwartungen beider Seiten aneinander,
- die Befürchtungen beider Seiten und wie diese möglichst effektiv ausgeräumt werden können,
- die Rollenaufteilung und den Ablauf des bzw. der Interviews,
- die Auswahl und Abgrenzung der Wissenstransferthemen,
- die Vorbereitung durch den Vorgänger (d. h., ob und eventuell welche Dokumente oder Unterlagen er mitbringt),
- die Vor- und Nachteile eines Wissenstransfers,
- die Vertraulichkeit der Interviewergebnisse,
- die Beauftragung und Leistungen des Moderators.

4. Durchführung des bzw. der Interviews

Die Durchführung eines Interviews kann sich an folgendem Ablauf orientieren:

- *Eröffnung*

(Begrüßung, Ziel, Dauer, Rahmenbedingungen)

- *Interview*

(Struktur der Themenabfolge, Fragen zu den ausgewählten Themen, Nachfragen, Verdichten, Zusammenfassen, Beispiele erfragen, Dokumentation der Rückmeldungen)

- *Abschluss*

(Dank, Rückmeldung zur Verwendung des Wissens, Feedback zum Interviewverlauf, Fazit, Ausblick)

Wenn die Atmosphäre stimmt, sind die richtigen Fragen der Schlüssel für ein gutes Interview. Achten Sie bei den Interviews darauf, dass Sie die Antworten Ihres Vorgängers nicht vorschnell beurteilen, sondern diese ohne Wertung aufnehmen und zuhören. Beachten Sie, dass der interviewte Vorgänger die höchsten Redeanteile hat und nicht Sie oder der Moderator. Der Vorgänger sollte Raum bekommen, sein Wissen zu vermitteln.

5. Dokumentation der Interviewergebnisse

Für die Dokumentation der Interviewergebnisse hat sich die Verwendung von Mindmaps wie in Bild 3.2 bewährt. Deren Struktur bleibt leicht in Erinnerung und kann jederzeit an allen Stellen fast beliebig erweitert werden. Achten Sie darauf, dass Sie möglichst alle im Interview beschriebenen Inhalte darin erfassen und so beschreiben, dass auch nach einiger Zeit sich das Dokumentierte noch nachvollziehen lässt.

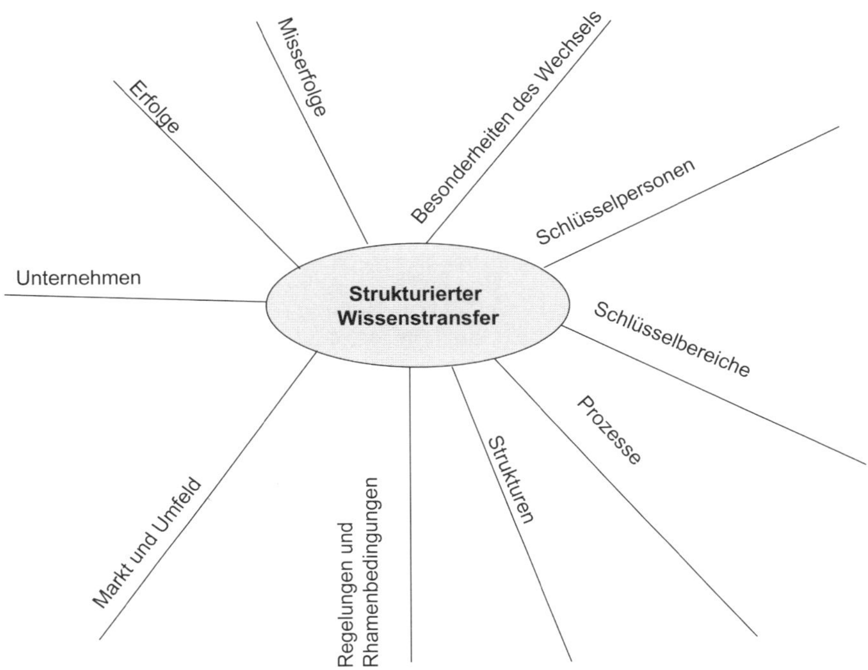

BILD 3.2 Mindmap zur Dokumentation der Inhalte eines Übergabegesprächs

3.5 Auswertung des Wissenstransfers

Mit dem Interview haben Sie eine Vielzahl von Informationen von Ihrem Vorgänger erhalten und dessen zentrale Erfahrungen kennengelernt. Aber nur wenn Sie diesen Fundus gewissenhaft auswerten und analysieren, können Sie die erhaltenen Informationen effektiv nutzen und, wo Sie Lücken feststellen, zusätzliche Recherchen anstellen.

Die Auswertung ermöglicht Ihnen nicht nur, sich ein klareres Bild von der Arbeitsweise Ihres Vorgängers zu machen und von seinen Erfahrungen zu profitieren, sondern gibt Ihnen auch Einblicke in die Systemzusammenhänge Ihres zukünftigen Arbeitsumfeldes. Ihr erfolgreicher Einstieg als Führungskraft hängt nicht nur von Ihren Fähigkeiten ab, sondern auch, wie gut Sie die Muster und Gesetzmäßigkeiten Ihres Arbeitsumfeldes als System erkennen und nutzen können.

Danach sollten Sie weder alles unverändert von Ihrem Vorgänger übernehmen noch das Rad neu erfinden. Wichtig ist, zu entscheiden, welche Erfahrungen und welches Wissen des Vorgängers Sie nutzen können und wollen, und, wo Sie bewusst andere, eigene Wege gehen wollen. So können Sie Reibungsverluste vermeiden und dennoch Ihre eigenen Akzente für die Weiterentwicklung der Abteilung/des Teams setzen.

TIPP: Werten Sie die Informationen des Wissenstransfers kritisch und fundiert aus

- Befolgen Sie nicht unkritisch jeden Rat. Nehmen Sie ihn zunächst lediglich zur Kenntnis. Erst in einem zweiten Schritt sollten Sie ihn bewerten und entscheiden, inwieweit er Ihnen nützen kann.
- Gehen Sie nach einiger Zeit nochmals die Dokumentation des Übergabegesprächs durch. Nachdem Sie selbst erste Erfahrungen in der Führungsposition gesammelt haben, werden Sie eine Reihe von Informationen anders verstehen wie bei der ersten Bewertung. Das kann bislang noch offene Fragen über Ihren Vorgänger oder Ihren Arbeitsplatz klären.

Folgende Auswertungsfragen können Ihnen helfen, den Erfolg Ihres Wissenstransfers zu bewerten und zu identifizieren, wo Sie gegebenenfalls zusätzliche Informationen benötigen:

- Wie ist nun nach dem Wissenstransferinterview Ihre innere Haltung zu Ihrem Führungswechsel?
  - Inwieweit hat sich Ihre Befindlichkeit verändert?
  - Welche Hoffnungen und Befürchtungen sind neu entstanden?
  - Was waren Punkte und Themen, die Sie vorher anders eingeschätzt haben?
  - Welche neuen Einschätzungen zu Ihrem Führungswechsel haben Sie gewonnen?
- Welche zusätzlichen Fragen sind entstanden und noch nicht geklärt?
  - Was wollen Sie tun, um die noch offenen Punkte zu bearbeiten?

- Was vermuten Sie, welchen Eindruck hat Ihr Vorgänger von Ihnen durch das Interview gewonnen?
- Was sind die ersten Aktivitäten in der Startphase?
- Wo sehen Sie den wesentlichen Handlungsbedarf für Ihren Führungseinstieg?
- Welche Punkte wollen Sie noch mit Ihrem Vorgesetzten oder anderen Personen klären bzw. vergleichen?

3.6 Kompakt

Um konkrete und praxisnahe Informationen über die Abteilung, das Umfeld und eigene Handlungsspielräume zu sammeln, sollten Sie möglichst früh das Gespräch mit Ihrem Vorgänger suchen. Auf diese Weise können Sie sich in kurzer Zeit Wissen aneignen, das Sie sich sonst mühsam erarbeiten müssten. Eine bewährte Methode für diesen Informationsaustausch ist der strukturierte Wissenstransfer.

Sie zielt nicht nur darauf, möglichst viele Daten, Zahlen und Fakten zu erhalten. Ebenso wichtig ist es, Erfahrungen des Vorgängers zu erfragen und die gesammelten Informationen so aufzubereiten, dass sie Ihnen einen gut strukturierten Überblick ermöglichen. Der strukturierte Wissenstransfer hilft Ihnen folglich, sich einzuarbeiten, Fehler zu vermeiden, Schlüsselpersonen und -abteilungen zu identifizieren, Rahmenbedingungen, Abläufe und Prozesse kennenzulernen und festzustellen, wo Handlungsbedarf besteht.

Beim Sammeln der Informationen sollten Sie zwei Arten von Wissen unterscheiden. Explizites Wissen umfasst Daten, Zahlen und Fakten. Es ist vergleichsweise leicht zugänglich und wird zumeist entsprechend bereitwillig weitergegeben. Implizites Wissen basiert dagegen auf Erfahrung und entwickelt sich prozessual. Dieses Wissen erhalten Sie in der Regel nur, wenn Sie gezielt danach fragen bzw. bereits Gesagtes verdichten.

Inwieweit allerdings der Vorgänger bereit ist, vorbehaltlos zu erzählen, was Sie wissen möchten, hängt entscheidend davon ab, ob es Ihnen gelingt, eine Vertrauensbasis aufzubauen. Betonen Sie deshalb, dass auch der Vorgänger von einer Wissensübergabe profitiert. Er kann sicherstellen, dass seine Arbeit gut fortgeführt wird, und erhält gleichzeitig die Chance, seine Erfahrungen in der bisherigen Position zu reflektieren und für zukünftige Herausforderungen zu nutzen. Zeigen Sie ihm, dass Sie Respekt vor seiner Leistung haben. Bewerten und kritisieren Sie nicht seine Arbeit. Wichtig ist auch, dass Sie ihm offen und neugierig gegenübertreten und über Ihre Gefühle bei dem anstehenden Wechsel sprechen. Sichern Sie ihm ausdrücklich Vertraulichkeit zu und definieren Sie mit ihm gemeinsam, was sie darunter genau verstehen.

Zur Vorbereitung auf das Übergabegespräch sollten Sie sich gewissenhaft überlegen, was Sie wissen wollen, und mit welchen Fragen Sie dies am besten erreichen. Die für die Übergabe relevanten Themen lassen sich sechs Bereichen zuordnen: Schlüsselpersonen und -bereiche, Regelungen und Rahmenbedingungen, Prozesse, Strukturen und

Arbeitsabläufe, Trends, Strategie, Unternehmenskultur und -ziele, Erfolge und Misserfolge sowie Besonderheiten des Wechsels. Dabei hat es sich bewährt, die Themen vorab gemeinsam mit dem Vorgänger festzulegen.

Für das Übergabegespräch können Sie aber auch einen neutralen Moderator hinzuziehen. Er stellt die Fragen und dokumentiert die Antworten. Dadurch können Sie sich auf die Inhalte konzentrieren. Falls Sie diesen Weg der Übergabe gehen wollen, sollten Sie Ihre Entscheidung dem Vorgänger mitteilen und ihn um seine Zustimmung bitten. Verweisen Sie dabei auf die Vorteile eines neutralen Gesprächsleiters: Er kann für gute Rahmenbedingungen sorgen, auf die Struktur des Interviews achten. Da er das Gespräch „von außen" sieht, fällt es ihm wahrscheinlich leichter als den beiden Gesprächspartnern, wichtige Themen auf den Punkt zu bringen, bei Ungenauigkeiten nachzuhaken oder Fragen zu stellen, die sonst nicht gestellt würden. Danach empfiehlt es sich, gemeinsam mit dem Vorgänger einen Moderator auszuwählen. Achten Sie dabei nicht nur auf die kommunikativen Fähigkeiten, sondern auch auf strikte Neutralität und Vertrauenswürdigkeit.

Um den mit dem Interview entstandenen Fundus an Informationen nutzen zu können, sollten Sie diese gewissenhaft auswerten. Achten Sie dabei besonders auf die Muster und Gesetzmäßigkeiten Ihres zukünftigen Arbeitsplatzes. Reflektieren Sie zunächst, welche Informationen Sie erwartet und welche Sie überrascht haben. Worin besteht Handlungsbedarf und wie wollen Sie diesem begegnen? Falls Sie feststellen, dass noch Fragen offengeblieben sind, sollten Sie diese Lücken schließen.

4 Sprung ins Wasser

„In jedem Anfang steckt ein Zauber inne,
der uns beschützt und hilft zu leben."
Hermann Hesse, deutscher Dichter

Worum es geht ...

Während der Vorbereitungen, des Sammelns der Informationen und der Identifikation möglicher Handlungsbedarfe, haben Sie bereits begonnen, wie eine Führungskraft zu denken und zu handeln. An Ihrem ersten Arbeitstag in neuer Funktion müssen Sie nun zeigen, dass Sie auch das Auftreten einer Führungskraft haben. Vom ersten Eindruck, den Sie auf Ihre Mitarbeiter, den neuen Vorgesetzten und die Kollegen machen, hängt ab, wie Sie in Ihrer neuen Rolle akzeptiert werden. Gleichzeitig sollten Sie möglichst schnell Sicherheit im Umgang mit den neuen Aufgaben gewinnen und Ihre Situation präzise einschätzen lernen.

Dieses Kapitel beschreibt, wie Sie den Start als Führungskraft optimal gestalten können. Es behandelt folgende Themen:

- Ihre Vorstellung,
- wie Sie Ihre Situation schnell einschätzen lernen,
- den Aufbau eines Netzwerks mit den Kollegen,
- den Umgang mit an Sie gestellten Erwartungen,
- wie Sie sich Ihre ersten Ziele setzen können.

Wenn Sie Ihre neue Position antreten, sollten Sie sich darüber im Klaren sein, dass die ersten Tage eine besondere Herausforderung darstellen. In den seltensten Fällen haben Vorgesetzte und Mitarbeiter Ihnen Ihre neue Position im Unternehmen umsichtig vorbereitet. Sie werden sie sich selbst erarbeiten müssen.

Im Rückblick erleben viele Führungskräfte ihre ersten Tage als verunsichernd. Sie sehen sich mit Aufgaben und Erwartungen konfrontiert, die ihnen bislang unbekannt waren: *„Das war von heute auf morgen ein völlig neues Gefühl. Ich hatte die gleichen Sachen aus einem anderen Blickwinkel zu sehen und musste Entscheidungen treffen, die ich so vielleicht in der Vergangenheit nicht mitgetragen hätte"* (Interview 5). Ein anderer Interviewpartner berichtet, ihm sei es besonders schwergefallen, mit der Erwartung umzugehen, schnell Entscheidungen zu treffen. *„Ich habe dann immer geantwortet, ich sei noch nicht ausreichend tief in der Materie. Ich konnte damals die Konsequenzen nicht* *abschätzen. Und dann hat es keinen Sinn, eine Entscheidung herbeizuführen"* (Interview 6). Ähnlich unangenehm empfinden einige die neue Aufgabe der Mitarbeiterführung. In einem Fall stand kurz nach dem Rollenwechsel ein Mitarbeitergespräch mit Zielvereinbarungen im Terminkalender. Schon diese Beispiele zeigen: Die Einarbeitung ist sowohl arbeits- als auch zeitintensiv. Bereits in der Startphase ist es notwendig, zu differenzieren, was sofort geklärt und entschieden werden kann und was nicht. Sie werden eine beträchtliche Anzahl Überstunden investieren müssen, um sich Schritt für Schritt einen Überblick zu verschaffen und die neue Situation einschätzen zu lernen.

Hinzu kommen organisatorische Hürden, die den Einstieg erschweren: Manchmal fehlt noch der Schreibtisch. Ein anderes Mal hat niemand daran gedacht, dass der neue Chef Passwörter braucht, um den Computer zu benutzen und wichtige Firmenunterlagen einsehen zu können. Gleichzeitig ist eine Führungskraft von Anfang an verplant. Meetings stehen auf dem Terminplan, an denen Sie aufgrund Ihrer Funktion teilnehmen sollen.

Diese Erfahrungen zeigen: Anfängliche Unklarheiten und Unsicherheiten erlebt jeder Chef. Über Führungsqualitäten sagen sie nicht viel aus. Wichtig ist vielmehr, dass Sie diese Phase des Neuanfangs schnell überwinden und von Anfang an dafür sorgen, dass Sie die Anlaufschwierigkeiten so klein wie möglich halten. Wie das geschehen kann, zeigt das folgende Kapitel.

4.1 Begrüßung und Kennenlernen

Der erste Arbeitstag in der neuen Funktion steht bevor. Sie sind gespannt, wie Ihnen die neuen Kontakte gelingen. Neben der Vorfreude auf die neue Aufgabe verspüren Sie auch Unsicherheit und Vorsicht.

Ihren Mitarbeitern, den Kollegen und dem Vorgesetzten geht es ähnlich. Sie sind gespannt, wie sich der Neue präsentiert, was er im Vergleich zu seinem Vorgänger ändern wird und was beibehalten. Sie werden Sie am Anfang vorsichtig „beschnüffeln", vielleicht auch argwöhnisch beäugen. Jeder will möglichst schnell herausfinden, welche Konsequenzen die personelle Veränderung für ihn bringt.

Deshalb steht in den ersten Tagen das Kennenlernen im Vordergrund. Dazu gehört Ihre Vorstellung

- im Team,
- gegenüber den Kollegen,
- gegenüber dem neuen Vorgesetzten.

4.1.1 Erster Kontakt mit den Mitarbeitern

Gerade am ersten Arbeitstag sollten Sie Ihre Kleidung mit Bedacht auswählen. Achten Sie darauf, dass Sie Ihrer neuen Position im Unternehmen entspricht (Dresscode) und

Sie sich darin wohlfühlen. Wer sich beim Start over- oder underdressed fühlt, kann nur schwer unverkrampft auf neue Mitarbeiter, Kollegen oder Vorgesetzte zugehen.

Wenn Sie von außen kommen, beginnt der Tag – zumindest bei großen Unternehmen – in der Personalabteilung. Von dort geht es zum neuen Vorgesetzten. In der Regel bringt er Sie an Ihren neuen Arbeitsplatz. Stammen Sie aus dem Team, starten Sie direkt von dort.

Bedenken Sie, dass grundsätzlich der erste Kontakt entscheidenden Eindruck hinterlässt. Sie sollten ihn deshalb bewusst positiv gestalten. Dazu gehört, die Mitarbeiter, wenn sie Ihnen neu sind, per Handschlag zu begrüßen. Dieser direkte, persönliche Kontakt zeigt, dass Sie sich für Ihr Gegenüber interessieren und Ihnen die persönliche Begegnung wichtig ist. Fragen Sie nach dem Namen und prägen Sie sich diesen möglichst gut ein. Dabei leisten Gedankenstützen gute Dienste. Ein Weg ist beispielsweise, den Namen mit einem Eigenschaftswort zu verbinden, das mit demselben Buchstaben beginnt (z. B. „mutiger Müller“). Nehmen Sie sich bei jedem Mitarbeiter Zeit für ein kurzes Gespräch. Wenn Sie bereits Informationen über seinen Werdegang besitzen, können Sie positive Punkte seiner Vita einfließen lassen (z. B. die lange Firmenzugehörigkeit oder die gute Ausbildung, die er genossen hat). Wichtig ist, dass Sie sich für den Erstkontakt Zeit nehmen und möglichst viele Eindrücke sammeln.

Anrede

Bereits dieser erste Kontakt birgt eine Herausforderung: die persönliche Anrede, „Sie“ oder „du“? Für den Erfolg in der Arbeit macht es keinen Unterschied, ob man sich in der Abteilung duzt oder siezt. Dennoch sorgt diese Frage meist für Verunsicherung.

Grundsätzlich gilt: Ein „Du“ schafft mehr persönliche Nähe und Vertraulichkeit. Ein „Sie“ dagegen zeigt eher Distanz und Abstand. Das kann später gerade unangenehme Führungsentscheidungen erleichtern.

Dazu ein Beispiel: Sie kommen aus dem Team. Mit denjenigen, mit denen Sie besonders eng zusammengearbeitet haben, duzen Sie sich; mit den anderen sind Sie per Sie geblieben. In der neuen Rolle drängt sich Ihnen unwillkürlich eine Frage auf: *„Muss ich jetzt alle siezen oder duzen?“* Vorgesetzte sollten niemanden bevorzugen oder zurücksetzen. Bieten Sie allen das Du an, könnte das anbiedernd wirken und nicht authentisch. Siezen Sie aber alle, könnte das diejenigen, die Sie vorher geduzt haben, befremden und aufgesetzt wirken.

TIPP: Behalten Sie gegenüber früheren Kollegen die Anrede bei

Mitarbeiter bzw. frühere Kollegen, die Sie bisher geduzt haben, sollten Sie weiterhin so ansprechen. Verfahren Sie einfach nach dem Motto „business as usual“. Wichtig ist, dass Sie sich mit der Anrede wohlfühlen und einen unverkrampften Kontakt herstellen können.

In der ersten Besprechung sollten Sie diese Entscheidung kurz wie folgt erläutern: Die Anrede zeigt weder Bevorzugung noch Benachteiligung. Sie bewerten Leistung und Engagement, unabhängig von der Anrede oder persönlichen Kontakten.

Wenn Sie von außen in ein Unternehmen kommen, erleben Sie möglicherweise Ihnen fremde „Ansprechrituale". Sie müssen lernen, die Umgangsformen Ihrer neuen Umgebung zu verstehen und souverän zu handhaben.

Bei der Anrede gibt es branchenspezifische Tendenzen: In produktionsnahen Unternehmen wird - zumindest in den unteren Hierarchieebenen - geduzt, genauso bei jungen Branchen, beispielsweise bei Softwareentwicklern. In Behörden, Großkonzernen, Banken oder Versicherungen ist dagegen das Sie eher üblich. Teilweise entscheidet auch die Funktion Ihres Gegenübers darüber, ob ein Du oder ein Sie angebracht ist. So kann das Du innerhalb der Führungsebene selbstverständlich sein, aber zwischen Mitarbeitern und Führungskraft ungern gesehen werden.

TIPP: Achten Sie auf die Anrede in einem für Sie neuen Unternehmen

- Nehmen Sie sich Zeit, die „Ansprechrituale" im neuen Umfeld zu verstehen. Ein zu schnelles Anpassen kann verkrampft und anbiedernd wirken.
- Versuchen Sie herauszufinden, wie sensibel das Thema besetzt ist.
- Streben Sie einen bewussten und differenzierten Umgang mit dem Thema an.

Wird Ihnen das Du angeboten, können Sie es jederzeit freundlich ablehnen. Wichtig ist dabei aber eine verbindliche Formulierung, beispielsweise: *„Es freut mich, dass Sie mir ein Du anbieten. In meiner neuen Situation finde ich ein Sie im Moment passender. Trotzdem sehe ich es als ein positives persönliches Signal von Ihnen. Ich hoffe, Sie nehmen es mir nicht übel."*

Vorstellung

Je mehr Aufmerksamkeit und Wertschätzung die Unternehmensführung Ihnen als ihrem neuen Mitglied erweist, desto größere Bedeutung messen die Mitarbeiter der Veränderung bei. Jede Aufmerksamkeit und Wertschätzung, die man Ihnen gegenüber zeigt, wertet Ihren Start auf.

Es kann sein, dass Sie sich der Abteilung selbst als neuer Chef vorstellen sollen. Das ist manchmal dann der Fall, wenn Sie aus dem Team heraus aufgestiegen sind. Wenn irgend möglich: Vermeiden Sie diese Situation und initiieren Sie eine offizielle Einführung durch einen Vorgesetzten.

TIPP: Lassen Sie sich offiziell vorstellen

Fragen Sie Ihren direkten Vorgesetzten oder die Personalabteilung, ob eine offizielle Vorstellung geplant ist. Wenn nicht, bitten Sie darum oder versuchen Sie konstruktiv darauf hinzuwirken, dass Sie in diesem Punkt Unterstützung erhalten. Eine offizielle Übergabe bewirkt eine höhere Akzeptanz Ihrer neuen Rolle und stärkt Ihre Autorität.

Im Idealfall stellt der direkte oder ein höherer Vorgesetzter Sie als neuen Chef vor. Dabei sollte er seine Freude über den anstehenden Neubeginn äußern und die Gründe für die getroffene Wahl kurz nennen. Zum Beispiel: *„Wir freuen uns, dass unser Unternehmen sich für Herrn Gruber entschieden hat. Er war der Kandidat, der unseren Erwartungen voll entsprach …"*

Dann sollte der Vorgänger Sie als Menschen beschreiben, dem er in jeder Hinsicht zutraut, die Abteilung erfolgreich zu führen. Zum Beispiel: *„Ich bin froh, dass Herr Gruber meine Abteilung übernimmt. Bei ihm weiß ich Sie in guten Händen …"* Ein abschließendes Händeschütteln markiert symbolhaft die „Stabübergabe". Nun ist es an Ihnen, das Wort zu ergreifen.

4.1.2 Antrittsrede

In der Antrittsrede kommt es darauf an, möglichst schnell Vertrauen und Sympathie aufzubauen. Sie sind die Grundlage erfolgreicher Zusammenarbeit. Zeigen Sie deshalb, dass Sie sich auf die kommenden Herausforderungen und Aufgaben freuen. Einige Mitarbeiter werden bereits erlebt haben, dass ein neuer Vorgesetzter seinen Posten nur als Durchgangsstation angesehen hat. Für sie ist es besonders wichtig, zu hören, dass Sie sich auf Ihr neues Umfeld einlassen. Je mehr Sie jetzt für Klarheit sorgen, desto weniger Spekulationen werden kursieren und desto eher gehen alle Beteiligten zum Alltag über und lassen sich auf Sie als neuen Vorgesetzten ein.

BILD 4.1 Zentrale Fragen der Mitarbeiter

Die Mitarbeiter können vor Ihrer Rede nicht einschätzen, was Ihre Ernennung für sie ändern wird. Sie sind unsicher und wollen so schnell wie möglich herausfinden, wer Sie sind und wie Sie das Team oder die Abteilung führen werden. Sie erwarten daher Antworten auf die in Bild 4.1 aufgeführten Fragen.

Eine Antrittsrede umfasst daher sowohl Informationen zu Ihrer Person als auch Aussagen zu Ihrem beruflichen Werdegang und Führungsverständnis. Sie sollte folgende Aspekte beantworten:

- Ausbildung,
- vorherige Funktionen,
- bisherige Arbeitgeber,
- persönliche Lebenssituation, Familienstand,
- Interessen, Hobbys,
- spezifische Vorerfahrungen (z. B. Auslandserfahrung),
- besondere Kenntnisse, die für die Abteilung bzw. das Team relevant sind,
- Führungserfahrungen (Ist dies Ihre erste Führungsaufgabe?),
- warum Sie sich gerade in diesem Unternehmen, für diese Abteilung und diese Funktion beworben haben.

Wenn Sie bereits im Team bekannt sind, können Sie auf die persönliche Vorstellung verzichten. Dennoch sollten Sie persönliche oder private Themen nicht unter den Tisch fallen lassen. Um Sympathie und Vertrauen aufzubauen, müssen die Mitarbeiter den Menschen wahrnehmen können, der von nun an ihr Chef ist. Es ist wesentlich wichtiger, dass Ihr zukünftiges Team mit einem „guten Gefühl" aus der Antrittsrede geht, als dass es detailliert Ihre Zukunftspläne kennenlernt. Sie können sich daher inhaltlich auf wenige Kernbotschaften beschränken. Um sie adäquat zu präsentieren, sollten Sie folgende Punkte beherzigen:

- Formulieren Sie kurz, knapp und prägnant.
- Konzentrieren Sie sich auf wesentliche Kernaussagen.
- Vermitteln Sie Ihre Vorstellungen von Zusammenarbeit an Beispielen.
- Seien Sie authentisch.
- Stellen Sie Ihre Ansichten nicht philosophisch-grundsätzlich, sondern einfach, plausibel und praxisnah dar.
- Achten Sie darauf, dass die Mitarbeiter Lust bekommen, bei Ihnen zu arbeiten.
- Bedenken Sie, das Wesentliche, das Ihre Mitarbeiter mitnehmen sollen, sind nicht Fakten und Definitionen, sondern ein „gutes Gefühl". Sie sollen z. B. den Eindruck haben: *„Dem kann ich vertrauen." „Der sieht mich auch als Mensch." „Mit dem werden wir erfolgreich sein."*

Übung: Gelungene Ansprache an die Mitarbeiter

Formulieren Sie eine Antrittsrede an Ihre neuen Mitarbeiter. Orientieren Sie sich dabei inhaltlich an folgenden Fragen:

- Warum haben Sie diese Führungsposition übernommen? Was empfinden Sie an ihr spannend, wichtig, als besondere Herausforderung?
- Was erwarten Sie von Ihren Mitarbeitern?
- Wie würden Sie Ihren Führungsstil beschreiben?
- Was können Ihre Mitarbeiter von Ihnen erwarten?
- Was verstehen Sie unter Eigenverantwortung?
- In welcher Weise möchten Sie Vereinbarungen treffen?
- Wie werden Sie Entscheidungen treffen?
- Welche Hilfe und Unterstützung wünschen Sie sich von Ihren Mitarbeitern?
- Welche Hilfe und Unterstützung können Ihre Mitarbeiter von Ihnen erwarten?

Im Folgenden das Beispiel einer Antrittsrede: Ein neuer Teamleiter stellt sich vor. Er stammt aus dem Kreis der Mitarbeiter.

Liebe Kolleginnen und Kollegen,

ich freue mich sehr, dass ich nun vor Ihnen stehe und mich Ihnen als Ihre Führungskraft vorstellen kann.

Wie Sie wissen, bin ich schon seit über vier Jahren bei Ihnen für das Sachgebiet XYZ verantwortlich. Ich fand diese Tätigkeit sehr reizvoll und spannend. Und die Zusammenarbeit mit Ihnen, vor allem die Kollegialität im Team, habe ich sehr geschätzt. Als sich aber andeutete, dass Frau Braun das Unternehmen verlässt, merkte ich bei mir sofort die Bereitschaft, mich für ihre Stelle zu bewerben. Trotzdem zögerte ich: Die Vorstellung fiel mir schwer, mich von meinen, mir lieb gewordenen Aufgaben zurückzuziehen und die Kundenkontakte sehr stark abbauen zu müssen. Hinzu kam: Durch die Führungsaufgabe könnte ich nicht mehr Teil des Teams sein. Dennoch habe ich mich schließlich dazu durchgerungen, für unser Aufgabengebiet die Führungsverantwortung zu übernehmen. Ich möchte bei den anstehenden Veränderungen im Bereich, besonders der Entwicklung der Dienstleistung Z, Verantwortung übernehmen. Nur als Teamleiter kann ich die Neuerungen mitgestalten und zu ihrem Erfolg beitragen. Besonders wichtig aber ist mir der Erhalt der guten Zusammenarbeit und der tollen Teamatmosphäre. Und schließlich: Die Funktion des Teamleiters ist für mich eine persönliche Herausforderung und ein Karriereschritt, den ich gerne gehen will.

Ich bitte Sie alle, mich in der Anfangszeit zu unterstützen: Lassen Sie mir einige Wochen Zeit für die Einarbeitung und tolerieren Sie manches Nichtwissen. Ich bitte Sie auch, mich auf Punkte hinzuweisen, bei denen Handlungsbedarf besteht. Unterstützen Sie mich, und damit auch unser Team, durch konstruktive, kritische Loyalität. Sie können jederzeit, wenn meine Türe offen steht, zu mir kommen, mit mir Fragen klären oder mich auf etwas Wichtiges hinweisen. Am liebsten kläre ich die Sachverhalte im Dialog. Sie kennen mich: Ich brauche den Austausch, das Feedback und das gemeinsame Brainstorming, um zu Entscheidungen zu kommen. Ich bin für Ihre Ideen offen und lasse mich auch gerne von Ihnen beraten. Eine intensive, fruchtbare Diskussion beim Kaffeeautomaten hat mich schon öfter inspiriert. Ich kann von Ihnen und wir können voneinander lernen.

Da ich daran glaube, dass fruchtbarer Austausch uns als Team voranbringt, bevorzuge ich einen Führungsstil, der Sie in Entscheidungen mit einbezieht. Ich werde deshalb auch regelmäßige Besprechungen einführen, um mit Ihnen die anstehenden, wichtigen Entscheidungen zu diskutieren. Ich werde im Vorfeld darauf achten, dass Sie dafür die notwendigen Informationen bekommen. Das Aufdecken von Defiziten hilft, Schwachstellen zu vermeiden. Ich bitte Sie deshalb, diese offen zu benennen.

Damit wir als Team erfolgreich sind, werde ich darauf achten, dass jedem von Ihnen die Ziele für seine Aufgaben klar sind und Sie für Ihre Leistung die verdiente Anerkennung bekommen. Wichtig ist mir deshalb:

- Aufgaben und Ziele klar zu definieren,
- Rahmenbedingungen zu schaffen, die gute Leistungen fördern, besonders die neue Software Y für das Thema Z anzuschaffen,
- die Voraussetzungen für faire Bewertungen zu schaffen, insbesondere Ihr Engagement und Ihren Beitrag für das Team fundiert und für jeden nachvollziehbar zu beurteilen,
- Sie bei der persönlichen Entwicklung zu unterstützen.

Ich gehe auch davon aus, dass Sie selbst am besten wissen, auf welchem Weg Sie Ihre Ziele am effektivsten erreichen. Deshalb halte ich weitgehende Selbstverantwortung für eine Voraussetzung für Erfolg. Freude an der Arbeit braucht für mich Freiräume. Nehmen Sie sich diese, fordern Sie sie auch und nehmen Sie mich beim Wort. Wenn Sie unsicher sind, rufen Sie mich an oder schicken mir einfach eine Mail.

Fehler kann man machen, aber nicht öfters. Lassen Sie uns deshalb offen über Fehler und Defizite sprechen. Dann können wir uns weiterentwikkeln. Übrigens, ich bin auch nur ein Mensch und werde Fehler machen. Sprechen Sie mich ruhig darauf an.

Sie können von mir Vertraulichkeit erwarten, d. h., Dinge, die Sie mir unter vier Augen sagen, bleiben unter uns. Ebenso wichtig ist mir Loyalität. Ich erwarte, dass Sie mich nicht übergehen bzw. – wenn Sie sich an eine Hierarchieebene weiter oben wenden – mich zumindest davon informieren. Loyalität ist etwas Wechselseitiges.

Arbeitszeit verstehe ich auch als Lebenszeit. Das heißt: Nicht nur Leistung und gute Ergebnisse zählen, sondern auch der Mensch. Nur wer gerne zu seiner Arbeit kommt, sich im Team wohlfühlt und auch Freude an der Arbeit hat, leistet dauerhaft viel und bleibt uns erhalten.

Lassen Sie uns in diesem Sinne zusammenarbeiten und erfolgreich sein!

TIPP: Achten Sie auf gelungene Kontaktaufnahmen in den ersten Tagen

- Geben Sie Ihren neuen Mitarbeitern zur Begrüßung die Hand. Sie zeigen so persönliches Interesse. Jeder einzelne will gerne „gesehen" und angesprochen werden.
- Merken Sie sich die Namen Ihrer Mitarbeiter und wichtigen Schnittstellenpartner.
- Nehmen Sie sich Zeit für einen kurzen Small Talk. Diese Gespräche in entspannter Atmosphäre erleichtern das „Beschnuppern". Das Kennenlernen wird leichter.
- Nehmen Sie die Atmosphäre Ihres neuen Umfelds wahr. Versuchen Sie das „Klima", den „Geist" zu erspüren. Arbeiten die Menschen gerne hier? Zeigen sie Unsicherheit und Vorsicht, wenn sich ein Vorgesetzter nähert, oder geht man offen und direkt miteinander um? Gibt es Themen, die nicht beim Namen genannt, sondern umschrieben werden? Wird man leiser, sobald es um persönliche Meinungen und Einschätzungen geht?
- Versuchen Sie die ungeschriebenen Gesetze im Unternehmen zu verstehen. Wie verbringt man die Pausen? Wer geht mit wem zum Essen? Welche Kleiderordnung gilt? Wen sollten Sie über Ihre Planungen unterrichten? Wer erwartet, einbezogen und um Rat gefragt zu werden? Etc. Nur wenn Sie „Fettnäpfchen" und „Tretminen" kennen und ihnen so aus dem Weg gehen, können Sie sich schnell und sicher im neuen Umfeld bewegen. Achten Sie bei Gesprächen und Kontakten besonders auf unterschwellige Reaktionen. Je besser Sie die ungeschriebenen Regeln kennen, desto leichter wird der Start. Selbst wenn Sie aus dem Unternehmen stammen, erfordert Ihre neue Position eine andere Sicht der Dinge. Es gelten auch andere Gesetze.
- Essen Sie gemeinsam mit Ihren Mitarbeitern und Führungskollegen zu Mittag. Essen ist ein Gemeinschaft stiftendes Ritual und gehört zum Berufsalltag. Lehnen Sie – zumindest am Anfang – keine Einladungen ab. Gehen Sie bewusst auf andere zu und setzen Sie sich nicht allein an einen Tisch.
- Gehen Sie durch die Abteilung (Management by Walking around). Damit zeigen Sie, dass Sie die Arbeit der Mitarbeiter schätzen. Diese „Begehungen" geben Ihnen darüber hinaus die Möglichkeit, sich als Person zu präsentieren und einen ersten Eindruck über die Arbeitsplätze zu erhalten.

- Suchen Sie den Kontakt „nach draußen“. Obwohl Sie sich in den ersten Tagen auf das Kennenlernen Ihrer Mitarbeiter konzentrieren sollten, ist es wichtig, erste Kontakte zu Schlüsselpersonen in anderen Abteilungen, Schnittstellenpartnern und Kunden zu knüpfen. Stellen Sie sich vor und vereinbaren Sie Termine für „Antrittsbesuche“.
- Vermeiden Sie, vorschnell Entscheidungen zu treffen oder verfrüht Position zu beziehen. In der Anfangszeit versucht Ihr Umfeld – bewusst oder unbewusst –, Ihr „Nichtwissen“ für sich zu nutzen. Begründen Sie Ihre „Nichtentscheidung“. Sagen Sie beispielsweise, Sie wollen sich erst kundig machen oder Sie benötigen noch Zeit, um entscheiden zu können. Es wirkt professionell, erst dann Entscheidungen zu treffen, wenn man sich kompetent fühlt.
- Vermeiden Sie abwertende Äußerungen über Ihren Vorgänger, frühere Entscheidungen in Ihrem neuen Bereich oder Ihre vorherigen Arbeitsplätze.

4.1.3 Aktivitäten zu Beginn

Obwohl Sie nun alle Mitarbeiter einzeln begrüßt, durch den ersten Small Talk von ihnen einen Eindruck gewonnen und im Gegenzug die wichtigsten Fragen Ihrer Mitarbeiter geklärt haben, sollten Sie in den ersten Wochen das Team näher kennenlernen. Dafür bieten sich folgende Aktivitäten an:

- ein Einstand,
- ein Startworkshop,
- erste Informationsgespräche mit einzelnen Mitarbeitern.

Einstand

Ein wichtiges Anfangsritual ist der Einstand. Diese kleine, von Ihnen ausgerichtete Feier zeigt, dass Sie von nun an dazugehören. Sie symbolisiert gleichzeitig, dass eine Veränderung stattfindet und dieser Neuanfang ein Grund zur Freude ist. Der Einstand sollte innerhalb der ersten drei Wochen stattfinden.

Die Mitarbeiter wollen dabei spüren, dass Ihnen der Start in die neue Position viel bedeutet. Sie sollten sich daher großzügig, aber maßvoll zeigen. Sind Sie beim Einstand zu sparsam, könnten die Mitarbeiter daraus schließen, sie seien Ihnen nicht viel wert. Geben Sie dagegen zu viel Geld aus, entsteht schnell der Eindruck, Sie wollen sich anbiedern.

Um das richtige Maß zu finden, sollten Sie sich an den Gepflogenheiten im Unternehmen orientieren. Die Vorstellungen von einem angemessenen Aufwand für den Einstand sind sehr unterschiedlich. In manchen Firmen genügt ein kleiner Imbiss mit Sekt gegen Arbeitsende, in anderen ist eine Einladung zum gemeinsamen Abendessen im Restaurant üblich. Im Zweifelsfall können Sie sich auch bei einem Mitarbeiter erkundigen, was passend wäre. Der Einstand ist auch eine Chance, erstmals zu zeigen, auf was es Ihnen beim Umgang mit Mitarbeitern ankommt. Nutzen Sie sie.

TIPP: Achten Sie auf einen gelungenen Einstand

- Achten Sie darauf, dass möglichst viele Mitarbeiter bzw. relevante Personen teilnehmen können.
- Klären Sie, ob der Einstand üblicherweise während der Arbeitszeit oder am Abend stattfindet.
- Wenn Sie erst kurz im Unternehmen sind, wählen Sie einen neutralen Ort. Einladungen zu Ihnen nach Hause sollten Sie erst aussprechen, wenn Sie Ihre Mitarbeiter gut kennen und auf gemeinsame Erfahrungen zurückblicken können.
- Halten Sie eine kurze, lockere, zum Anlass passende Ansprache.
- Formulieren Sie die Einladung klar und direkt. Es muss deutlich werden, dass Sie der Einladende sind. Achten Sie darauf, niemanden zu vergessen. Das könnte den Betreffenden ausgrenzen und schwer wiedergutzumachen sein.

Startworkshop

Bei einem Startworkshop erfahren Sie, welche Aufgaben jeder Mitarbeiter hat, wie er seine Situation einschätzt und ob er irgendwo Handlungsbedarf sieht. Für diese Veranstaltung sollten Sie sich vor allem dann entscheiden, wenn Sie bislang nur wenig über die Abteilung, ihre Aufgaben und ihre Organisation in Erfahrung bringen konnten, der Führungswechsel umstritten ist oder tief greifende Veränderungen anstehen. In ihr werden folgende Fragen beantwortet:

- Was sollten Sie über Ihren neuen Bereich wissen?
- Wo besteht akuter Handlungsbedarf?
- Was erwarten Sie von den Mitarbeitern und umgekehrt?
- Was planen Sie in den ersten Wochen?

Je nach Anzahl der Mitarbeiter und Vielschichtigkeit der Situation und zu klärenden Fragen dauert die Veranstaltung einen halben oder ganzen Tag. Ein Beispiel für den Ablauf eines solchen Workshops zeigt Bild 4.2.

Bei diesem Meeting sollten Sie die Leitung übernehmen. Das erwarten die Mitarbeiter und stärkt Ihre Position. Manchmal empfiehlt es sich aber, einen externen Moderator mit einzubeziehen. Das ist vor allem dann der Fall, wenn der Führungswechsel umstritten ist oder Vorbehalte gegen Sie als Person bestehen. Solche Situationen treten beispielsweise nach der Zusammenlegung von Abteilungen, Unternehmensfusionen oder der „Amtsenthebung" des Vorgängers auf. Das Einschalten des externen Moderators erleichtert es, die Diskussion zu versachlichen und Widerstände oder Unsicherheiten auszuräumen.

Startworkshop

Eröffnung des Workshops
- Beschreibung der Ziele der Veranstaltung
- (vertiefende) Vorstellung der neuen Führungskraft

Vorstellen der Mitarbeiter
- Vorstellen der Personen
- Vorstellung des Aufgabenbereiches und von Zusammenhängen

Bestandsaufnahme Mitarbeiter/neue Führungskraft
Mitarbeiter ohne Führungskraft
- Was muss/sollte der Neue von uns wissen, um gut mit uns zusammenarbeiten zu können?
- Was wollen wir noch von unserer neuen Führungskraft wissen?

Präsentation der Ergebnisse im Plenum

Fragen an den Vorgesetzten

strukturiertes Interview mit Fragen der Mitarbeiter

Bestandsaufnahme Arbeitsbereich/Führungskraft
Mitarbeiter ohne Führungskraft
- Mit welchen Anforderungen/Themen sollte sich die neue Führungskraft beschäftigen?
- Mit welchen aktuellen Knackpunkten müsste sie sich auseinandersetzen?

Präsentation der Ergebnisse im Plenum

Nachfragen und kurze Stellungnahme der neuen Führungskraft

Abschluss

BILD 4.2 Beispiel eines Startworkshops (Dauer ca. vier bis acht Stunden)

Erste Informationsgespräche mit einzelnen Mitarbeitern

Diese Vieraugengespräche sind eine weitere Möglichkeit, sich ein umfassendes Bild von Ihrem neuen Arbeitsbereich zu machen. Ist der anfängliche Klärungsbedarf in Ihrem Team sehr hoch, empfiehlt es sich, die Gespräche nach dem Startworkshop anzusetzen. Vollzieht sich der Führungswechsel dagegen weitgehend reibungslos, dürften diese Informationsgespräche ausreichen, die Situation in der Abteilung zu beurteilen. In dem Gespräch geht es darum,

- ... eventuelle Unsicherheiten des Mitarbeiters auszuräumen: Wünscht er zusätzliche Informationen über Sie und Ihre Pläne?
- ... zu klären, wie sich beide Seiten am Anfang unterstützen können.
- ... den Handlungsbedarf zu analysieren: Wo sollte dringend etwas entschieden werden?

- ... Vereinbarungen und Zusicherungen des Vorgängers zu recherchieren: Gibt es aus seiner Zeit Zusagen oder Versprechen, die nicht eingelöst wurden?
- ... Informationen über die Arbeitsweise des Mitarbeiters und die Zusammenarbeit des Teams zu sammeln.
- ... Einstellungen und persönliche Ziele des Mitarbeiters zu erfahren: Wie geht es dem Mitarbeiter zurzeit mit seiner Arbeit und Aufgabe?

TIPP: Sorgen Sie für ein gelungenes Erstgespräch

- Planen Sie so, dass die Gespräche möglichst kurz aufeinanderfolgen.
- Informieren Sie die Mitarbeiter vorher über den Zweck des Gesprächs.
- Geben Sie keine Zusagen. Nehmen Sie sich Zeit für die Analyse. Bitten Sie die Mitarbeiter um Geduld.
- Nennen Sie einen Zeitraum, in dem Sie das Team über das Ergebnis der Gespräche informieren werden.
- Fragen Sie am Ende des Gesprächs jeden Mitarbeiter, welchen Eindruck er hatte. Dieses Feedback soll Ihnen helfen, sich in die neue Rolle einzuleben und Sicherheit zu gewinnen.

4.1.4 Integration in den Führungskreis

Auch wenn in den ersten Tagen das Kennenlernen der Mitarbeiter viel Zeit beansprucht, sollten Sie dem Führungskreis, dem Sie ab jetzt angehören, ebenfalls große Aufmerksamkeit widmen. Ohne Kooperation mit den anderen Chefs können Sie nur wenig erreichen. Das zeigt sich nicht nur in Situationen, in denen wichtige Entscheidungen anstehen oder lukrative Aufträge vergeben werden. Manchmal entscheidet allein eine rechtzeitige Information kompetenter Kollegen darüber, ob Sie die richtige Entscheidung treffen, beruflich vorwärtskommen oder scheitern. Das gilt insbesondere für die Führungskollegen, mit deren Teams Ihre Mitarbeiter eng zusammenarbeiten. Nur wenn Sie zu den anderen Führungskräften gute Kontakte pflegen, können auch Ihre Mitarbeiter die Zusammenarbeit zwischen den Abteilungen positiv gestalten.

Deshalb ist es wichtig, sich schnell ein Bild von den Konstellationen innerhalb der Führungsriege zu machen. Achten Sie dabei besonders auf Machtstrukturen und gruppendynamische Prozesse, die zurzeit stattfinden.

Hilfreiche Fragen, um den Führungskreis einzuschätzen:

- Wer ist der dienstälteste Führungskollege? Wer ist auch eher neu in der Runde?
- Wer steht dem Vorstand/der Geschäftsführung am nächsten?
- Welche Lager oder Gruppierungen gibt es?
- Gibt es viel oder eher wenig Austausch zwischen den Führungskollegen?
- Wie verlaufen Sitzungen und Workshops des Führungskreises? Was ist dabei markant oder typisch? Was kann daraus geschlossen werden?

- Wenn Sie Ihre neuen Kollegen bereits kennen: Wen schätzen Sie? Zu wem haben Sie ein eher distanziertes Verhältnis?

Nehmen Sie sich Zeit, sich den Führungskollegen vorzustellen. Gerade langjährige Führungskräfte erwarten unterschwellig, dass der Neue die Erfahrung, das langjährig aufgebaute Wissen über Führung in dem jeweiligen Unternehmen akzeptiert, respektiert und würdigt (vgl. Kapitel 1). Zu forsches Auftreten kann hier schnell zu Ablehnung führen. Das Kennenlernen dient auch hier dazu, eine Einschätzung zu entwickeln, aufgrund der Sie sicher agieren können.

4.1.5 Aufbau eines Netzwerks

Um als Führungskraft zu bestehen, benötigen Sie ein gut funktionierendes Netzwerk. Denn über diese Kontakte erhalten Sie Informationen „aus erster Hand“ oder können Sie Meinungen, Erfahrungen oder Ratschläge einholen. Wenn es um wichtige Weichenstellungen geht, gilt es, in diesem Personenkreis Unterstützung zu finden und Allianzen zu schmieden. Kurz: Erst mit dieser Rückendeckung können Sie Ihre Aufgaben effektiv bewältigen. Eine gute Empfehlung öffnet mehr Türen als jede formelle Anfrage. Dieses Netzwerk entwickelt sich nicht von selbst. Sie müssen sich vom ersten Tag an aktiv darum bemühen und die gewonnenen Kontakte pflegen. Das bedeutet vor allem:

- Führen Sie Kontakte und Begegnungen aktiv herbei.
- Feiern Sie auch mit Ihren Kollegen den Einstand.
- Zeigen Sie Interesse an anderen und bauen Sie eine Sympathieebene auf.
- Tauschen Sie sich mit den anderen Führungskräften aus.
- Gewähren Sie Hilfe und Unterstützung.
- Pflegen Sie die Beziehungen längerfristig.
- Schaffen Sie eine emotionale Bindung.

Die Möglichkeit, an Ihrem Netzwerk zu arbeiten, haben Sie immer dann, wenn Sie mit einem oder mehreren Kollegen zusammentreffen. Nutzen Sie dafür Anlässe wie gemeinsame Mittagessen, Firmenveranstaltungen und Weiterbildungen oder die Zusammenarbeit in Projekten. Damit die Kontakte auf Dauer funktionieren, darf sich keiner der Partner übervorteilt fühlt. Ein Netzwerk basiert auf Geben und Nehmen. Nur so kann sich Vertrauen aufbauen.

TIPP: Pflegen Sie Ihr Netzwerk

- Interessieren Sie sich ehrlich für den anderen.
- Geben Sie einen Vertrauensvorschuss.
- Gehen Sie in Vorleistung.
- Erweisen Sie sich als berechenbar und geradlinig.
- Lassen Sie sich Zeit.

Über diese emotionalen Aspekte dürfen Sie keinesfalls die funktionalen aus dem Auge verlieren. Es geht nicht nur darum, zu sympathischen Kollegen enge Beziehungen aufzubauen, sondern auch darum, Kontakte zu Personen in Schlüsselpositionen zu pflegen. Sie sollten Ihr Netzwerk deshalb möglichst breit aufstellen. Überlegen Sie, wer Ihnen in welchen Situationen weiterhelfen kann. Nur so können Sie zielgerichtet Kontakte knüpfen.

Anfangs wird Ihre Liste möglicher Netzwerkpartner noch unvollständig sein. Auf Anhieb entschlüsselt sich selten, wie die Entscheidungsfindung im Detail funktioniert oder wer warum eine besonders große Autorität in der Runde besitzt. Wichtig ist aber, frühzeitig mit der Aufstellung zu beginnen und diese dann nach und nach zu komplettieren.

TIPP: Gehen Sie beim Aufbau Ihres Netzwerks systematisch vor

Wenn Sie folgende Fragen beantworten können, haben Sie die grundlegenden Aspekte eines Netzwerks berücksichtigt.

- Wer kann Sie gut darüber informieren, was „hinter den Kulissen" vorgeht?
- Welche Beziehungen können helfen, Ereignisse im Unternehmen richtig zu bewerten?
- Wer kann Ihre Interessen fördern? Wer kann verhindern, dass Ihre Anliegen blockiert oder verzögert werden?
- Welche Kooperationen können Ihre Arbeit bzw. die des Teams erleichtern?
- Welche Gegenleistungen können Sie anderen Personen anbieten? Welche Informationen sind für Führungskollegen interessant? Bei welchen Entscheidungen haben Sie eine Schlüsselposition inne?

4.1.6 Zusammenarbeit mit dem Vorgesetzten

Basis für eine erfolgreiche Führungstätigkeit ist die gute und vertrauensvolle Zusammenarbeit mit dem neuen Chef. Er legt Ihre Arbeitsbedingungen fest. Damit kann er Sie fördern oder behindern. Suchen Sie deshalb von Anfang an regelmäßigen Kontakt. Nur so können Sie ihm Rückmeldung geben, inwieweit die Rahmenbedingungen für Sie und Ihre Arbeitsweise hilfreich sind, und gegebenenfalls bitten, diese zu ändern.

Voraussetzung für eine gute Kooperation ist die Kenntnis seines Gegenübers und dessen Arbeitsstil. Sie sollten sich deshalb schnell ein umfassendes Bild von Ihrem Vorgesetzten machen. Dabei helfen folgende Fragen:

- Auf was legt Ihr Vorgesetzter Wert?
- Welche Art der Berichterstattung bevorzugt er (kurz und knapp oder ausführlich)? Erwartet er formlose, schriftliche Infos (z. B. per Mail) oder mündliche Mitteilungen?
- Ist es ihm im Vorfeld einer Entscheidung wichtig, mit Ihnen Für und Wider zu erörtern, oder erwartet er einen Bericht, um sich selbst ein Bild zu machen?

- Legt Ihr Vorgesetzter auf Fakten und Details Wert oder genügt ihm eine Überblicksdarstellung?
- Fordert er strukturierte Planungen mit Zwischenzielen oder geht er bei der Umsetzung von Zielen lieber prozesshaft und flexibel vor?
- Was sind seine Lieblingsthemen, für die er besonders zugänglich ist?

Ihre Aufgabe besteht darin, die Erwartungen Ihres Vorgesetzten zu ergründen. Die sachlichen Eckdaten, Zahlen und Fakten genügen dazu nicht. Der direkteste Weg ist, Ihren Vorgesetzten nach seinen konkreten Erwartungen zu fragen. Viele frischgebackene Führungskräfte verzichten auf diese Chance. Sie haben Angst, inkompetent oder überfordert zu wirken. Doch in der Regel geht der Vorgesetzte davon aus, dass Sie sich melden, wenn Unklarheiten auftreten oder Sie Unterstützung benötigen.

Stellen Sie keine falschen Erwartungen an Ihren Vorgesetzten. Ihr Chef ist nicht dazu da, Sie an der Hand zu nehmen und Ihnen die Schwierigkeiten aus dem Weg zu räumen. Sie selbst sind Führungskraft und sollten Ihre Arbeitsbedingungen weitgehend selbständig gestalten. Ihr Chef kann Sie aber beim Einstieg begleiten, für Klarheit sorgen und Ihnen die Ziele für Ihren Bereich zuweisen.

TIPP: Gestalten Sie aktiv die Zusammenarbeit mit Ihrem Vorgesetzten

- Stimmen Sie mit dem Vorgesetzten ab, in welcher Form und wie detailliert er auf dem Laufenden gehalten werden will.
- Vereinbaren Sie mit ihm konkrete, regelmäßige Termine, um sich über Ihre Situation in den ersten Monaten auszutauschen. Bei diesen Gesprächen ist es wichtig, dass Sie Zwischenbilanz ziehen und Feedback einholen.
- Definieren Sie zusammen mit Ihrem Vorgesetzten Ihren Kompetenz- und Entscheidungsbereich. Unklare Definitionen der Position und des Aufgabenbereichs führen zu Unsicherheiten im Verhalten. So können Sie nicht souverän und selbstbewusst auftreten.
- Je genauer festgelegt ist, wofür Sie zuständig sind, desto eindeutiger erkennen Sie, welche Entscheidungen Sie zu treffen haben, welche nicht und wann Sie sich abgrenzen sollen und können.
- Nutzen Sie die regelmäßigen Gespräche auch, um zu folgenden Punkten eindeutige Auskünfte bzw. Definitionen zu erhalten:
  - Ihre Aufgabe und Rolle,
  - Ihren Entscheidungs- und Handlungsrahmen, die Erwartungen Ihres Vorgesetzten, insbesondere was Sie anfangs erreichen sollen und wie die Kommunikation zwischen Ihnen ablaufen soll.

4.1.7 Analyse des Umfelds

Damit Sie sich in der Anfangszeit klug verhalten können, sollten Sie die Erwartungen reflektieren, mit denen Sie von Mitarbeitern, Kollegen und dem Vorgesetzten konfrontiert werden (vgl. Kapitel 1). Das ist eine wichtige Voraussetzung, um sich angemessen zu positionieren und Fehler zu vermeiden. Bedenken Sie dabei: Nicht nur die ausgesprochenen, auch die unausgesprochenen Erwartungen wirken. Ein hilfreiches Instrument dazu ist die Umfeldanalyse.

Wozu dient eine Umfeldanalyse?

- Die Umfeldanalyse hilft, Personen und Gruppen zu identifizieren, die Ihren Erfolg fördernd oder hemmend beeinflussen können. Damit schafft Sie die Voraussetzung, diese Personen, Gruppen oder Abteilungen einzubinden bzw. zu berücksichtigen.
- Sie schärft den Blick für das größere Ganze.
- Die Analyse lässt Sie vorhandenen Informationsbedarf feststellen.
- Sie erleichtert es Ihnen, Schnittstellen zu anderen Bereichen zu erkennen.
- Sie verdeutlicht die Rahmenbedingungen Ihrer neuen Position.
- Sie hilft Ihnen, anstehende Handlungen und Entscheidungen nach ihrer Bedeutung und Notwendigkeit zu gewichten.
- Sie macht Spannungen oder mögliche Konfliktpotenziale deutlich.

Erstellen der Umfeldanalyse

Mit einer Umfeldanalyse zeichnen Sie ein möglichst genaues Bild Ihrer aktuellen Situation. Die grafische Darstellung wechselseitiger Erwartungen lässt Sie Ihre Position im Wechselspiel unterschiedlicher Gruppen „auf einen Blick“ erkennen.

- Zunächst stellen Sie sich in die Mitte (vgl. Bild 4.3).
- Dann überlegen Sie, welche Gruppen und Personen Erwartungen an Sie in Ihrer neuen Position haben, und tragen diese in die äußeren Felder ein (z. B. Kollegen auf der Führungsebene, Vorgesetzter, Mitarbeiter, Schnittstellenbereiche).
- Wählen Sie nun die wichtigsten Faktoren aus (maximal vier bis fünf). Diese Reduzierung hebt das Wesentliche hervor und erleichtert damit spätere Schlussfolgerungen aus der Analyse.
- Tragen Sie nun bei den Pfeilen ein, welche wechselseitigen Erwartungen es gibt. Vergessen Sie hierbei nicht die unausgesprochenen, subtilen Erwartungen, d. h., was erwarten Sie von ... und was erwartet die Zielgruppe von Ihnen.

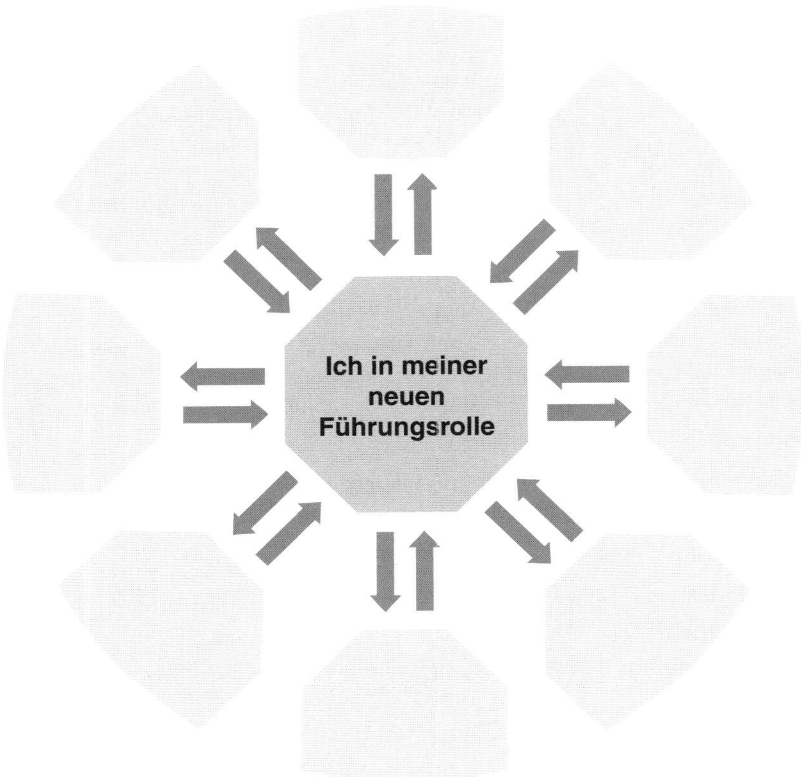

BILD 4.3 Umfeldanalyse: Wer hat welche Erwartungen an die neue Führungskraft?

Fazit aus der Analyse

Sobald die Analyse fertiggestellt ist, können Sie Ihre Schlussfolgerungen ziehen. Stellen Sie sich dazu folgende Fragen:

- Wo prallen unterschiedliche oder gegensätzliche Erwartungen aufeinander?
- Welche Erwartungen wollen Sie erfüllen, welche nicht? Wo können Sie diese Entscheidung nicht eindeutig treffen? An diesen Stellen sollten Sie sich zusätzliche Information besorgen, um die Lage einschätzen zu können.
- Wie können Sie die Erwartungen einzelner Gruppen oder Personen positiv für sich beeinflussen?
- Wo haben Sie ein Informationsdefizit? Wie können Sie Ihre Kenntnis über die Erwartungen der anderen konkretisieren?
- Wo gibt es Spannungsfelder?

TIPP: Mithilfe der Umfeldanalyse erkennen Sie auf Anhieb Ihre Position

- Umfeldanalysen helfen nicht nur, Ihre Rolle und Funktion zu definieren. Sie legen auch Widersprüche und Missverständnisse offen. Je schneller Sie diese erkennen, desto früher können Sie die Sachlage klären und damit Konflikte vermeiden oder zumindest reduzieren und abfedern.
- Nach der Analyse Ihres Umfeldes sollten Sie eine Prioritätenliste erstellen. Welche Erwartungen dulden keinen Aufschub? Welche wollen Sie mittel- bis langfristig angehen? Welche Unklarheiten wird Ihr Verhalten in der nächsten Zeit ausräumen?
- Die Umfeldanalyse kann die Basis für Gespräche mit dem Vorgesetzten, dem Team und dem Partner sein. Nutzen Sie dieses Potenzial.

BILD 4.4 Umfeldanalyse: Aufstellen der relevanten Umfelder (Beispiel)

Dieses Beispiel zeigt, wie ein Teamleiter in der Entwicklung eines Produktionsunternehmens seine Position analysiert. Er stieg aus dem Team zur Führungskraft auf.

- Zunächst stellt er sich in die Mitte.
- Dann hält er fest, welche Personen und Gruppen für seine Situation relevant sind: sein Chef, der Vorgesetzte seines Chefs, sein Team, das Team Design, der übergangene Mitbewerber im Team, die Personalabteilung, der Betriebsrat und seine Partnerin (vgl. Bild 4.4).
- Aus dieser Liste wählt er nun die wichtigsten Einflussfaktoren aus. Er entscheidet sich für folgende Gruppen bzw. Personen (vgl. Bild 4.5):
  - Den Chef: Er ist der wichtigste Ansprechpartner und die Person, die ihn bewertet und Ziele setzt.
  - Das Team: Er ist auf die Mitarbeiter angewiesen, um seine Aufgaben und ihm gesetzte Zielvorgaben erfüllen zu können.
  - Das Team Design: In der Zusammenarbeit mit diesem Team gab es wiederholt Spannungen.
  - Seine Partnerin: Der Teamleiter möchte, dass seine Frau die Veränderungen im Privatleben mitträgt und akzeptiert, die sein Rollenwechsel fordert. Wie diese gestaltet werden sollen, will er deshalb nur zusammen mit ihr entscheiden.
- Im nächsten Schritt trägt er die wechselseitigen Erwartungen ein. (Um eine bessere Übersicht zu erreichen, beschränkt sich das Beispiel auf je zwei Erwartungen pro Gruppe bzw. Person. In der Realität sind in der Regel mehr Erwartungen wirksam.)

Danach wertet der Teamleiter die Analyse aus. Dabei erkennt er folgende „Knackpunkte“, denen er besondere Aufmerksamkeit schenken will:

- den unterschiedlichen Ansichten der Mitarbeiter, was sich, verglichen mit dem Vorgänger, in der Abteilung ändern sollte,
- seinem Wunsch, obwohl er Chef ist, Mitglied des Teams zu bleiben,
- dem Leistungsdruck, den die Erwartungen seines Vorgesetzten verursachen (dieser wünscht, dass der Neue in der Abteilung schnell strukturelle Verbesserungen und größere Leistungsbereitschaft erzielt),
- dem Wunsch des Vorgesetzten nach strafferer Führung des Teams durch die neue Führungskraft (dies steht im Gegensatz zu den eigenen Erwartungen des Teamleiters, in der Anfangsphase genügend Zeit für die Umstellung zu haben und nicht überfordert zu werden),
- den unterschiedlichen Erwartungen von seiner Frau und ihm, was die Gestaltung des Privatlebens anbelangt.

Aus den Knackpunkten leiten sich dann bestimmte Aktivitäten ab, wie etwa ein Gespräch mit der Partnerin, um mehr Akzeptanz für die höhere zeitliche Beanspruchung durch die neue Rolle zu erreichen, oder ebenfalls ein Gespräch mit dem direkten Vorgesetzten über realistische Ziele für das Team. ■

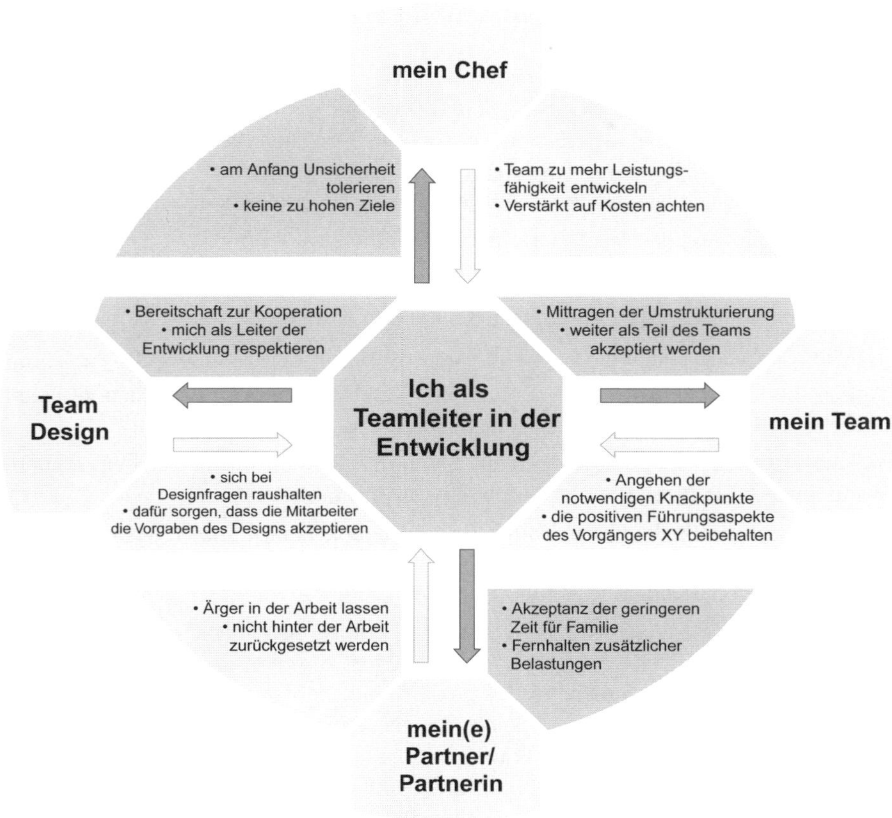

BILD 4.5 Umfeldanalyse: Sammeln der wechselseitigen Erwartungen (Beispiel)

4.2 Sich arbeitsfähig machen

Um Ihre Arbeit anzutreten, genügt es nicht, sich einen Überblick über Ihre Situation zu verschaffen. Wichtig sind auch Informationen über Ihre Rahmenbedingungen. Erst wenn Sie genau wissen, für was Sie verantwortlich sind, was Sie selbst entscheiden können und was nicht, haben Sie die Möglichkeit, Ihre Situation zu beeinflussen und gegebenenfalls zu ändern. Damit Sie diese Handlungsspielräume effektiv nutzen können, sollten Sie sicherstellen, dass die Voraussetzungen stimmen. Ihr Arbeitsplatz und Ihre Infrastruktur müssen so organisiert werden, dass Ihnen die Arbeit erleichtert wird. Damit stehen Sie vor zwei weiteren zentralen Aufgabenbereichen:

- der Überprüfung Ihrer Aufgaben und Verantwortlichkeiten,
- der Organisation Ihres Arbeitsbereichs.

4.2.1 Überprüfung der Aufgaben und Verantwortlichkeiten

Eine der wichtigsten Aufgaben der ersten Wochen ist es, Klarheit über Ihre Aufgaben und Verantwortlichkeiten zu erlangen. Ob in Gesprächen mit den direkten Vorgesetzten, der Personalabteilung, den Mitarbeitern, in anderen Bereichen (beispielsweise bei Kontakten mit Schnittstellenpartnern) oder bei Analysen der Stellen- und Aufgabenbeschreibungen: Sie sollten sich immer wieder folgende Fragen stellen:

- Was ist das Ziel und der Zweck Ihrer neuen Funktion?
- Was sind Ihre Hauptaufgaben?
- Wie lauten die wichtigsten Anforderungen an diese Funktion?
- Welche Ergebnisse sollen Sie erzielen? Woran wird sich Ihr Erfolg messen?
- Wofür sind Sie verantwortlich gegenüber den Mitarbeitern, beim Erreichen gesetzter Ziele, dem Einsatz der Ressourcen (Finanzen, Material, Ausrüstung etc.)?
- Welche Handlungsspielräume besitzen Sie? (Was können Sie selbst entscheiden? Wann müssen Sie Ihren Chef bzw. andere Bereiche einbinden?)
- Wie definiert die Stellenbeschreibung Ihre formellen Kompetenzen gegenüber dem Vorgesetzten, den Mitarbeitern, Schnittstellenbereichen bzw. -abteilungen, anderen Führungskräften und dem Umfeld (z. B. Kunden, Lieferanten, Zuschussgebern)?

Auf viele dieser Fragen haben Sie bereits vor Antritt Ihrer neuen Position erste Antworten erhalten. Sobald Sie sich aber der konkreten Arbeit zuwenden, werden neue Unklarheiten auftreten. Erst wenn diese restlos geklärt sind, werden Ihre anfänglichen Unsicherheiten im Verhalten und bei Entscheidungen enden. Bis dahin sollten Sie aber zielgerichtet Informationen zu den Fragen sammeln, die für Sie aktuell sind. Es empfiehlt sich auch, regelmäßig Ihren Wissensstand anhand des Fragenkatalogs zu prüfen. Auf diese Weise erkennen Sie noch vorhandene Unschärfen und Unklarheiten.

4.2.2 Analyse der Rolle des Vorgängers

Besondere Aufmerksamkeit bei der Klärung Ihrer neuen Rolle verdient Ihr Vorgänger. Auf der einen Seite kann er Ihnen mehr Informationen und Erfahrungen über die Abteilung, das Team und ihre Funktion innerhalb der Hierarchie geben wie jeder andere. Andererseits werden Sie sich gegen ihn bzw. gegen das Bild, das das Team, die Kollegen oder der Vorgesetzte von diesem haben, behaupten müssen. Neue Chefs werden häufig mit ihren Vorgängern verglichen. Aus dieser Gegenüberstellung entstehen Erwartungen an Sie, die von der Person und Arbeitsweise des Vorgängers bestimmt sind. In der Regel sollen Sie das „Gute" beibehalten und das „Schlechte" verbessern. Diese Situation kann zu einer heimlichen Konkurrenz mit dem Vorgänger führen. Damit laufen Sie Gefahr, in eine Richtung gedrängt zu werden, die nicht Ihren Qualitäten Rechnung trägt, sondern denen des Vorgängers.

Erfolgreicher Vorgänger

Diesem Chef trauern die Mitarbeiter, Kollegen und der Vorgesetzte häufig nach. Sie wollen, dass möglichst vieles von Ihnen übernommen wird. Die Grundstimmung ist: *„Alles soll weiterlaufen wie bisher."* Ihre Umgebung neigt dazu, die Entscheidungen Ihres Vorgängers zu loben und seine Fehler zu vertuschen. Auftretende Missstände werden dem neuen Chef zur Last gelegt. *„Früher hätte es eine bessere Lösung gegeben."* In dieser Situation können Sie Gefahr laufen, von Anfang an in die Defensive zu geraten.

Schwacher Vorgänger

In diesem Fall werden Sie als neuer Chef sehnsüchtig erwartet. Mitarbeiter, Kollegen und der Vorgesetzte wollen schnelle Verbesserungen. Die Grundstimmung ist: *„So viel wie möglich so schnell wie möglich ändern."* Der neue Chef steht damit unter Druck. Offensichtliche Schwachpunkte soll er sofort beheben. In dieser Situation besteht die Gefahr, dass Sie vorschnell handeln und versäumen, die Ursachen der Missstände gründlich zu analysieren. Tabelle 4.1 zeigt, wie sehr die Zufriedenheit mit dem Vorgänger die Erwartungen an den neuen Chef beeinflusst.

Diese Tabelle lässt sich auch diagonal lesen. Dann wäre der Vorgesetzte mit der Arbeit des Vorgängers zufrieden; die Mitarbeiter aber nicht oder umgekehrt. Diese Fälle machen die Situation des Neuen noch komplizierter. Er muss nicht nur mit dem „Erbe" des Vorgängers umgehen lernen, sondern zusätzlich eine Lösung für die widerstreitenden Erwartungen des Vorgängers und der Mitarbeiter finden.

TABELLE 4.1 Erwartungen des Vorgesetzten und der Mitarbeiter an die neue Führungskraft, abhängig von der Zufriedenheit mit dem Vorgänger

	Position zum Vorgänger:	
	große Unzufriedenheit	**hohe Akzeptanz**
Erwartungen des Vorgesetzten	▪ Missstände erkennen ▪ Schwachstellen beseitigen ▪ anderen, gegensätzlichen Führungsstil entwickeln	▪ Arbeitsweise beibehalten ▪ Erfolge nicht gefährden ▪ Ergebnisse optimieren ▪ ähnlich führen
Erwartungen der Mitarbeiter	▪ anderen gegensätzlichen Führungsstil entwickeln ▪ Schwachstellen verbessern ▪ Privilegien nicht antasten ▪ vom Vorgänger abgrenzen	▪ alles so weitermachen ▪ Führungsstil beibehalten ▪ Prozesse und Abläufe nicht verändern ▪ den Vorgänger würdigen

Um mit diesen Erwartungen umgehen zu können, sollten Sie sie zunächst verstehen. Sammeln Sie deshalb Informationen über Ihren Vorgänger. Bemühen Sie sich, sich ein umfassendes Bild von ihm zu machen. Dabei sollten Sie folgende Fragen klären:

- Wie beschreiben Mitarbeiter, Kollegen, der Vorgesetzte Ihren Vorgänger?
- Welche Qualitäten sagen sie ihm nach?
- Welche Erfolge konnte er in den letzten Jahren vorweisen?

- Welche Schwächen und Defizite hatte er?
- Gab es negative Vorfälle und Vorkommnisse?
- Für was macht man ihn verantwortlich bzw. was rechnet man ihm hoch an?
- Welchen Führungsstil hatte er?

TIPP: Treten Sie nicht in Konkurrenz zu Ihrem Vorgänger

- Definieren Sie sich nicht über Ihren Vorgänger. Entwickeln Sie Ihr eigenes Profil. Bauen Sie dabei auf Ihren Stärken auf. Überlegen Sie, in welchen Punkten Sie auf Ihr zum Vorgänger differierendes Verhalten hinweisen wollen.
- Relativieren Sie den Erwartungsdruck. Der Erfolg oder Misserfolg der Abteilung geht nicht nur auf das Konto Ihres Vorgängers, sondern hängt z. B. auch von der Einsatzbereitschaft der Mitarbeiter und deren Leistung sowie vom Umfeld ab.
- Werten Sie Ihren Vorgänger und dessen Leistungen nicht ab. Wenn Sie sich auf seine Kosten profilieren, schwächt das Ihre Position.
- Versuchen Sie nicht, der subtilen Erwartung nachzukommen, die Erfolge Ihres Vorgängers zu kopieren.

4.2.3 Neuer Arbeitsbereich

Bevor Sie sich Ihren konkreten Aufgaben zuwenden können, lohnt sich ein prüfender Blick in Ihr Arbeitszimmer. Haben Sie bereits alle notwendigen Voraussetzungen, um sich an die Arbeit zu machen? Schreibtisch? Telefon? Fax? Internet? Können Sie auch damit umgehen? Brauchen Sie dafür Schlüssel, Passwörter oder andere Zugangsberechtigungen?

Machen Sie sich jetzt optimal arbeitsfähig. Als Führungskraft ist es an Ihnen, sich um Ihre Belange selbst zu kümmern und proaktiv für sich einzutreten. Richten Sie zuerst Ihr Büro ein. Achten Sie dabei darauf, dass Sie die in der Checkliste (Tabelle 4.2) aufgeführten arbeitstechnischen Voraussetzungen besitzen.

Als Nächstes sollten Sie in Erfahrung bringen, wo Ihre Mitarbeiter und enge Kooperationspartner sitzen und wo Sie für Ihre Arbeit wichtige Orte bzw. Räume finden. Wo trifft sich die Abteilung beispielsweise für Besprechungen oder wo wird das Kopierpapier verwahrt? Diesen Fragenkomplex können Sie am effektivsten mit einem Rundgang durch die Abteilung klären.

TABELLE 4.2 Technische und formale Rahmenbedingungen

Technische und formale Rahmenbedingungen	Beispiele
Arbeitsmittel	■ Stifte ■ Papier ■ Schere ■ Lineal etc.
Beschaffungen	■ Büromöbel ■ Dekoration des Büros etc.
IT-Ausstattung	■ Laptop ■ PC ■ Fax ■ Drucker ■ Palm etc.
Software	■ Office-Programme ■ fachspezifische Programme ■ unternehmensspezifische Programme etc.
Kommunikationsmittel	■ Telefon ■ Handy ■ Anrufbeantworter etc.

Lassen Sie sich über zentrale interne Abläufe und den Postweg informieren. Erkundigen Sie sich nach betrieblichen Formalismen, von der Corporate Identity über gängige Formulare bis zur Betriebsordnung. Organisieren Sie eine Einweisung in betriebsspezifische Computerprogramme, insbesondere das Intranet. Um bald arbeitsfähig zu sein, sollten Sie innerhalb der ersten Tage die in der Tabelle 4.3 aufgelisteten Aufgaben erledigen.

TABELLE 4.3 Wichtige Aufgaben der ersten Arbeitstage

Zu klären	Zu erledigen bis	O. K.
Wo ist was, wo befindet sich wer in der Abteilung (Rundgang im neuen Zuständigkeitsbereich)?		
Was ist bei der Nutzung von Telefon und Fax zu beachten? (Sind z. B. normalerweise Auslandsgespräche gesperrt? Wie hebt man diese Sperre auf?)		
Wo sitzen die wichtigsten Kooperationspartner und wie erreicht man sie (Organigramm und Verzeichnis der Nebenstellen) z. B. IT, Marketing, Personalreferat, Empfang, Hauslogistik?		
Welche Softwaresysteme sind im Unternehmen üblich?		
Wie kann man sich betriebliche Server oder das Intranet freischalten lassen? Wie kommt man an notwendige Passwörter?		
Welche Formalien sind zu beachten (z. B. E-Mail Signatur, Dokumentvorlagen)?		
Ist die Unterschriftsberechtigung sichergestellt?		

Zu klären	Zu erledigen bis	O. K.
Was ist bei der Nutzung von Druckern oder Kopierern zu beachten? (Gibt es z. B. besondere Regelungen für das Verrechnen von Kopien?)		
Wie erhält man die Zugangsberechtigung zu einem Parkplatz? Welche Regeln gibt es für dessen Nutzung?		
Wie funktioniert die Anschaffung von Büromaterial?		
Wie wird mit der unternehmensinternen Post verfahren? Welche Wege legt die Post im Haus zurück?		
Was ist bei der Kantinenbenutzung zu beachten? Sind im Unternehmen besondere Rituale mit dem Mittagessen verbunden?		
Welche Sicherheitssysteme gibt es? Brauchen Sie einen Code, um z. B. die Sicherheitstür zur Entwicklungsabteilung zu passieren? Wo bekommen Sie diesen Code? Ab wann sind abends welche Ausgänge verschlossen?		
Wie wird die Anwesenheitszeit der Mitarbeiter erfasst? Gibt es feste Arbeitszeiten oder Gleitzeit?		
Wie stellt man einen Dienstreiseantrag? Wie wird diese Reise später abgerechnet?		
Was steht in der Betriebsordnung?		
Welche Abläufe, Prozesse und Zuständigkeiten sind für Sie wichtig? Wer kann Sie einweisen?		
Wie kommen Sie an Visitenkarten?		
....?		

4.3 Einarbeitungsfahrplan

Um bei dem vielen Neuen nicht den Überblick zu verlieren, sollten Sie sich einen Einarbeitungsfahrplan erstellen. In ihm legen Sie fest, welche Themen Sie nacheinander klären wollen, was Sie dafür konkret unternehmen, wer der Ansprechpartner ist und in welchem Zeitrahmen Sie planen, diese Aktivitäten zu erledigen.

Dieser Leitfaden hilft, zielgerichtet Informationen zu sammeln und Ihre Eindrücke zu ordnen. Er zeigt auch, dass Sie Führungsqualitäten besitzen, konkret: aktiv auf Ihre Aufgaben zugehen und sie zielgerichtet abarbeiten.

Der Einarbeitungsfahrplan strukturiert die wesentlichen zwei Themen, die Ihre Aktivitäten in den ersten Wochen bestimmen:

- die Einarbeitung in Ihre Funktion und Aufgaben,
- das Kennenlernen der Mitarbeiter und engsten Kooperationspartner.

Beginnen Sie mit einem Brainstorming. Anhaltspunkte für mögliche, konkrete Aktivitäten bieten z. B. die Checklisten zur Einarbeitung in den neuen Arbeitsbereich. Aus einer Umfeldanalyse können Sie ebenfalls herauslesen, wo Sie Informationslücken oder Klärungsbedarf haben.

Ordnen Sie dann die einzelnen Aktivitäten Ihrer Liste den beiden großen Einarbeitungsthemen zu. Bringen Sie sie in eine für Sie sinnvolle Reihenfolge. Womit Sie beginnen, hängt von Ihrer Startsituation, der Komplexität Ihrer Position ab und auch davon, für wie viele Fach- und Sachaufgaben Sie zuständig sind.

TIPP: Achten Sie auf schnelle Erfolge

Planen Sie in den ersten Wochen sogenannte „Quick Wins", erste, vergleichsweise einfach zu erlangende Erfolgserlebnisse. Treffen Sie beispielsweise überfällige Entscheidungen, auf die viele warten. Je früher Sie Erfolge vorweisen können, desto schneller verfliegt die anfängliche Skepsis Ihres Umfelds. Das erleichtert Ihnen den Start: Erfolg verschafft Ihnen Bestätigung von außen und das stärkt Ihre Selbstsicherheit. Damit können Sie die anstehenden Aufgaben und Entscheidungen schneller und mutiger angehen. ■

Arbeiten Sie dann die Details der Planung aus, beispielsweise für die Einarbeitung in Funktion und Aufgaben. Informieren Sie sich, wer jeweils der richtige Ansprechpartner ist, und setzen Sie sich einen Zeitrahmen. Wenden Sie sich dann den von Ihnen geplanten Aktivitäten zum Kennenlernen der Mitarbeiter und engsten Kooperationspartner zu und legen Sie die Reihenfolge fest, in der Sie sie angehen wollen. Recherchieren Sie auch für diese Liste die Ansprechpartner und legen Sie den Zeitrahmen fest. Tabelle 4.4 zeigt das Beispiel eines Einarbeitungsfahrplans.

TABELLE 4.4 Einarbeitungsfahrplan (Beispiel)

Themenbereich	Konkrete Aktivitäten	Zeitrahmen		Ansprechpartner	Erledigt
		von	bis		
Überprüfung der Aufgaben	Stellenbeschreibung besorgen, sie prüfen, offene Punkte und Fragen auflisten	25. 02	31. 02.	Fr. Müller (Personalabteilung	
	Gespräche mit der Personalabteilung	31. 02.	05. 03.	Fr. Müller (Personalabteilung)	
	Gespräch mit Vorgesetzten	am	07. 03.	Hr. Schwarz (Vorgesetzter)	
fachliche Einarbeitung	Gebiet 1: Kostenkontrolling	15. 03	30. 04.	Fr. Huber	
	Gebiet 2: Logistikprozesse	01. 05	15. 05	Hr. Meier	

Themenbereich	Konkrete Aktivitäten	Zeitrahmen		Ansprechpartner	Erledigt
		von	bis		
Erwartungen der Mitarbeiter kennenlernen und Handlungsbedarfe klären	Informationsgespräche mit den Mitarbeitern	02. 02.	10. 02	alle Mitarbeiter	
Kennenlernen der wichtigen Ansprechpersonen des Teams im Umfeld	Vorstellen bei allen relevanten Schnittstellenpartnern und Abteilungen: Marketing Personal Verwaltung ...	06. 02	28. 02	Marketing: Hr. Schmid Personal: Fr. Beer Verwaltung: Hr. Knapp	

4.4 Kompakt

Während der ersten Tage in Ihrer neuen Position haben Sie vor allem zwei Aufgaben zu meistern: einen professionellen und vertrauensvollen Eindruck zu hinterlassen und anfängliche Unsicherheiten weitgehend zu klären. Nehmen Sie deshalb die ersten Tage wichtig und ernst. Das verhilft Ihnen zu einem professionellen und damit guten Start.

Der erste Eindruck hat Wirkung und damit Konsequenzen. Es kostet viel Zeit und Kraft, ein falsches Bild, das sich andere von Ihnen gemacht haben, zu revidieren. Gelingt es Ihnen aber, kompetent aufzutreten und glaubwürdig zu wirken, steigen die Chancen, dass Ihnen die neue Umgebung einen Vertrauensvorschuss oder „Anfängerbonus" gewährt und Sie in der Einarbeitungsphase tatkräftig unterstützt.

Damit Sie aber nicht längerfristig auf diese Hilfe angewiesen sind und bald selbständig agieren können, besteht die zweite Herausforderung dieser Tage darin, sich am neuen Ort zurechtzufinden. Sie sollten die Menschen, mit denen Sie regelmäßig Kontakt haben werden, kennen und einschätzen lernen. Gleichzeitig gilt es, Ihren Arbeitsplatz zu organisieren und die Aufgaben und Verantwortlichkeiten Ihrer neuen Position zu klären.

Schon beim ersten Kennenlernen können Sie beiden Aufgaben nachkommen: Gehen Sie offen auf die Mitarbeiter, Kollegen und die Vorgesetzten zu. Zeigen Sie sich an ihnen persönlich interessiert. Das wirkt nicht nur sympathisch, sondern verschafft Ihnen auch erste Informationen über Ihr Gegenüber und – wenn Sie über einen Small Talk hinauskommen – auch über die Firma und die Erwartungen, die an Sie gestellt werden. Voraussetzung dafür ist, dass Sie nicht „auf den ersten Blick" ungeschriebene Gesetze des Unternehmens übertreten und damit Ihrem Gegenüber „vor den Kopf stoßen". Sie sollten aus diesem Grund bereits am ersten Tag grundlegende Kenntnisse über gängige

Umgangsformen (z. B. die Anrede) oder Regeln (z. B. Dresscode) mitbringen. Dies können Sie bereits im Vorfeld erfragen. Gegenüber den Mitarbeitern sollten Sie darauf achten, auch ein angemessenes Verhältnis von Distanz und Nähe zu finden. Als Führungskraft sind Sie für Ihren Bereich verantwortlich.

Ihre Vorgesetzten können Sie unterstützen, Ihre herausgehobene Stellung zu zeigen. Im Idealfall begleiten Sie ein Vertreter des Führungskreises und Ihr Vorgänger an Ihrem ersten Tag als Chef in die Abteilung und präsentieren Sie den Mitarbeitern als jemanden, dem sie zutrauen, die Führungsaufgabe hervorragend auszufüllen. Versuchen Sie auf diese offizielle Vorstellung hinzuwirken, wenn sie nicht von vornherein eingeplant ist.

Danach sollten Sie eine Antrittsrede halten. Deren Ziel ist in erster Linie, eine Atmosphäre zu schaffen, die die spätere Zusammenarbeit erleichtert. Dazu gehört, dass die Mitarbeiter Vertrauen zu Ihnen fassen und etwaige Ängste verlieren bzw. relativieren. Sie können so motiviert dem Neuanfang entgegensehen. Aus diesem Grund gibt diese Ansprache sowohl Auskunft über Ihre berufliche Qualifikation und Ihren angestrebten Führungsstil als auch über Persönliches.

Nach diesem ersten Kontakt sollten Sie in den folgenden Wochen Ihre Eindrücke vertiefen. Während einer Einstandsfeier können Sie die Mitarbeiter persönlich näher kennenlernen und ein Gefühl für die Stimmung im Team entwickeln. Ein Startworkshop bzw. erste Informationsgespräche mit einzelnen Mitarbeitern geben Ihnen die Möglichkeit, zielgerichtet die Struktur und Arbeitsweise der Abteilung zu ergründen und eventuelle Schwachpunkte und Spannungsfelder zu definieren. Bei diesen Einstiegsaktivitäten zeigen die Mitarbeiter auch, welche Erwartungen sie an Sie stellen. Sammeln Sie diese Informationen sorgfältig. Sie geben nicht nur Aufschluss über Ihre Person, sondern weisen auch auf die aktuelle Situation in der Abteilung hin, legen offen, wo Handlungsbedarf besteht, und helfen, Ihre Zuständigkeiten und Aufgaben im Detail zu klären.

Im Führungskreis sollten Sie sich von Anfang an nach möglichen Partnern für ein breit angelegtes und tragfähiges Netzwerk umsehen. Informationen und Ratschläge der Führungskollegen können Ihnen anfangs helfen, in die neue Position hineinzuwachsen. Später dient das Netzwerk vor allem dazu, über Interna auf dem Laufenden zu bleiben und Unterstützung für Sie bei wichtigen Unternehmensentscheidungen zu mobilisieren. Lassen Sie sich beim Aufbau des Netzwerks nicht nur davon leiten, welcher Kollege Ihnen besonders sympathisch erscheint. Wichtig ist auch, dass Sie möglichst enge Kontakte zu Personen in Schlüsselpositionen knüpfen. Basis eines Netzwerks ist neben sachlichen Übereinstimmungen und ähnlichen Interessen vor allem gegenseitiges Vertrauen der Partner. Es kommt deshalb darauf an, dass Sie im regelmäßigen Kontakt oder durch Hilfe und Unterstützung für die Kollegen Kooperationsbereitschaft zeigen und damit ein tragfähiges Netz schaffen.

Eine Ihrer wichtigsten Kontaktpersonen ist der direkte Vorgesetzte. Seine Erwartungen bestimmen, welche Ziele Ihnen gesetzt werden. Gleichzeitig legt er die Rahmenbedingungen fest, unter denen Sie arbeiten, und damit Ihren Handlungsspielraum. Sie sollten deshalb engen Kontakt zu ihm suchen und sich seiner Arbeitsweise anpassen, beispielsweise bei Form, Umfang, Schwerpunktsetzung und Übermittlungsweise von Berichten. Wichtig ist aber vor allem, dass Sie seine Erwartungen an Sie genau kennen. Sie bestimmen die Ausgestaltung und die tatsächlichen Befugnisse Ihrer neuen Position. Streben Sie deshalb regelmäßige Gesprächstermine mit ihm an, um Fragen zu stellen und so Ihre

Aufgaben und Verantwortlichkeiten möglichst umfassend zu klären. In der ersten Zeit können Sie meist mit der Bereitschaft Ihres Vorgesetzten rechnen, auf Ihren zusätzlichen Informationsbedarf einzugehen. Er möchte in der Regel bestätigt sehen, dass er mit Ihnen die richtige Wahl getroffen hat und Sie sich zügig als Führungsfigur etablieren.

Sobald Sie Ihre wichtigsten Ansprechpartner im Unternehmen und deren Erwartungen an Sie näher kennengelernt haben, sollten Sie eine erste Zwischenbilanz ziehen und eine Analyse erstellen. Mit ihr können Sie die unterschiedlichen Erwartungen, die Ihre Mitarbeiter, Kollegen und der Vorgesetzte an Sie stellen, überblicken. Gleichzeitig legen Sie sich Rechenschaft ab, was Sie sich von Ihrem Umfeld wünschen oder fordern. Die Bewertung dieser Zusammenstellung legt offen, wo Spannungsfelder bestehen und wo Handlungsbedarf vorhanden ist, ob Sie die an Sie herangetragenen Erwartungen erfüllen wollen oder können und wo Sie die Lage noch nicht einschätzen können, weil abschließende Informationen fehlen. Auf diese Weise hilft die Analyse, die nächsten Handlungsfelder abzustecken.

Nachdem Sie einigermaßen Klarheit über die an Sie gestellten Erwartungen gewonnen haben, gilt es zu prüfen, ob Sie das, was Sie tun sollen, auch tun können. Dazu gehört einerseits, Informationen über die Aufgaben und Verantwortlichkeiten Ihrer Position zu sammeln, und andererseits, Ihren Arbeitsplatz zu organisieren, angefangen von der Büroeinrichtung über die Nutzung der benötigten Technik bis hin zu den Formalien, die z. B. bei Dienstreiseanträgen zu beachten sind.

Aufschluss über Ihre Aufgaben und Kompetenzen geben sowohl schriftliche Unterlagen wie Stellenbeschreibungen oder Kompetenzzuordnungen, der direkte Vorgesetzte als auch Personen, mit denen Sie in Zukunft eng zusammenarbeiten werden. Letztere können Ihnen sagen, was sie genau von Ihnen wie aufbereitet brauchen, um ihre eigene Arbeit tun zu können. Daraus lassen sich Ihre Pflichten ablesen.

Die Erfahrungen, die Ihr Umfeld mit Ihrem Vorgänger gemacht hat, ob sie seine Arbeit als erfolgreich oder fehlgeschlagen beurteilen, bestimmen Ihre anfängliche Situation in der neuen Rolle. Sie werden mit Erwartungen konfrontiert, die sich weniger auf Ihre Stärken und Schwächen beziehen als auf die Ihres Vorgängers.

Sie sollten deshalb vorsichtig agieren und detailliert analysieren, ob die Entscheidungen, die Ihnen anfangs nahegelegt werden, auf der Bewertung der realen Fakten vor Ort basieren oder auf der von Einschätzungen und Sachverhalten vor Ihrer Zeit. Enden wird diese Situation erst, wenn Sie ein eigenes Profil gefunden haben. Sie sollten sich deshalb früh auf Ihre Stärken besinnen und auf ihnen aufbauend einen eigenen Führungsstil entwickeln.

Um aber tatsächlich an die Arbeit gehen zu können, müssen auch die technischen und organisatorischen Voraussetzungen stimmen. Deshalb gilt es in den ersten Tagen zu prüfen, ob die technische Infrastruktur bereits vorhanden ist. Ihre nächste Aufgabe ist, die Nutzung technischer Geräte und anderer Hilfsmittel sicherzustellen und sich über Strukturen und Abläufe in Ihrem Umfeld zu informieren. Es empfiehlt sich, hierfür eine Checkliste aufzustellen, die Sie Punkt für Punkt abarbeiten.

Danach sollten Sie einen Einarbeitungsfahrplan entwerfen. Darin listen Sie auf, welche Aufgabe Sie innerhalb welchen Zeitrahmens erledigen wollen. So stellen Sie sicher, dass Sie in Ihrer Anfangszeit keine Informationsquelle ungenutzt lassen und auch wirklich die wichtigsten Menschen, mit denen Sie ab jetzt kooperieren werden, kennen und einschätzen lernen.

5 Reifeprüfung

„Wer sich in einer Streitfrage auf die Autorität beruft,
gebraucht nicht die Vernunft,
sondern eher das Gedächtnis."
Leonardo da Vinci
italienischer Maler, Bildhauer und Erfinder

Worum es geht ...

Sie haben mittlerweile Ihre wichtigsten Ansprechpartner kennengelernt. Mit Umfeldanalyse und Einarbeitungsfahrplan haben Sie auch einen grundsätzlichen Überblick über Ihre Aufgabe, die Funktion Ihrer Mitarbeiter, die Kollegen und Schnittstellenpartner sowie das Unternehmen gewonnen. Jetzt kommt es darauf an, den Grundstein für Ihre weitere Führungstätigkeit zu legen. Deshalb sollten Sie schrittweise Ihren Verantwortungsbereich so umgestalten, dass Sie in Zukunft effektiv und erfolgreich arbeiten können. Grundlage einer gelungenen Umgestaltung sind die Analyse der Ausgangssituation und die Definition der zu erreichenden Ziele.

Dieses Kapitel beschreibt, wie Sie die ersten 100 Tage optimal nützen können. Es behandelt folgende Themen:

- wie Sie sich systematisch eine tragfähige Wissensbasis der Ausgangssituation verschaffen,
- wie Sie Ziele formulieren und erreichen können,
- nach welchen Kriterien Sie die ersten Veränderungen bzw. Umgestaltungspläne auswählen sollten,
- was zum Erfolg der Neugestaltung maßgeblich beiträgt,
- wie Sie weniger erfolgreiche Projekte nachjustieren können,
- wie Sie die ersten Erfolge absichern können.

In fast allen Interviews (siehe Kapitel 10) zeigt sich, dass die neuen Chefs zunächst Schwierigkeiten hatten, in die neue Rolle hineinzuwachsen. Zwei mussten schon sehr bald Kündigungen von Mitarbeitern aussprechen bzw. konnten befristete Verträge nicht verlängern (Interview 5 und 6). Das belastete sie, da sie aus dem Team stammten. Oft tun sich neue Führungskräfte auch hart, ihren Aufgabenbereich zu strukturieren und Ziele und Visionen zu entwickeln (Interview 2 und 4). Einem Interviewpartner erschwerten unausgesprochene Erwartungen des direkten Vorgesetzten und unklare Kompetenzgrenzen den Einstieg (Interview 6).

In der Regel half der Kontakt zum bzw. die Aussprache mit dem Vorgesetzten, die Schwierigkeiten zu meistern. Dieser stellte entweder klar, was er genau von dem Neuen erwartete, und half damit, Prioritäten zu setzen, oder gab dem Neuen freie Hand für die Umsetzung seiner Umgestaltungspläne und stärkte ihm den Rücken. Die große Bedeutung des Vorgesetzten beim Einstieg in die Führungsrolle deckt sich auch mit den Erfahrungen der befragten Personalentwickler (Interview 1, 2 und 3). Einer von ihnen betont auch die Bedeutung von Selbstreflexion für den Erfolg in der Anfangsphase (Interview 2).

Diese Bilanz verdeutlicht, wie schwer es neuen Führungskräften oft fällt, die neue Rolle zu verinnerlichen, Prioritäten zu setzen und ihre Umgestaltungsvorhaben umzusetzen. Vieles davon kann man sich erleichtern, wenn man nach einem klaren Plan vorgeht.

5.1 Umgang mit Komplexität

Durch Ihr Auftauchen haben Sie Bewegung in Ihre Umgebung gebracht und Unruhe hervorgerufen. Das Mitarbeiterteam muss sich auf Sie als neuen Bezugspunkt einstellen, die Kollegen auf der Führungsebene wissen noch nicht, wie Sie sich einfügen werden, Ihr Vorgesetzter muss abwarten, wie schnell Sie voll einsatzfähig sind, und Schnittstellenpartner und Kunden prüfen, inwieweit sich etwas an der Kooperation ändert. Sie haben zwar in den ersten Tagen gegenüber Mitarbeitern, dem Vorgesetzten, Kollegen, Schnittstellenpartnern und Umfeld signalisiert, dass Sie mit ihnen konstruktiv zusammenarbeiten möchten. Dem konnten Sie aber bislang bestenfalls symbolische Taten folgen lassen.

Deswegen ist es jetzt Ihre vordringlichste Aufgabe, für Stabilität zu sorgen. Nur so kann sich die Unruhe, die entstanden ist, legen und damit können auch die Aufgaben in Ihrem Team bzw. Ihrer Abteilung weiterlaufen. Gleichzeitig geraten Sie zunehmend unter Zugzwang. Sie sollen beispielsweise Visionen für die Zukunft entwickeln, zu den unterschiedlichsten Dingen Position beziehen und etwas verändern. Aber noch verfügen Sie nicht über genügend Detailwissen, um eine sichere Grundlage für grundsätzliche Weichenstellungen in komplexen Situationen zu haben. Je mehr Sicherheit Sie aber in der Rolle der Führungskraft gewinnen, desto mehr können Sie verändern.

TIPP: Halten Sie sich an die eigenen Pläne

Viele Führungskräfte gehen mit den besten Absichten in die ersten 100 Tage und lassen sich dann davon abbringen, diese Zeit so zu gestalten, wie sie es für notwendig halten und geplant haben. Darunter leidet nicht nur der Erfolg, sondern auch die Führungskraft. Wer aufgrund mangelnder Orientierung immer wieder vor- und zurückrudert, verschleißt seine Energie und Durchsetzungskraft.

Deshalb sollten Sie mit einer klaren Vorgehensweise (vgl. Bild 5.1) in die ersten 100 Tage gehen. So wird Sie das Unerwartete, das sicher kommen wird, nicht aus der Bahn werfen. Zu Beginn ist es erst einmal wichtig, Sicherheit in der neuen Rolle zu erhalten und sich über die Ausgangsposition klar zu werden. Aufgrund der durch den Wechsel entstandenen Unsicherheit gilt es zuerst, sich und das Team zu stabilisieren. Erst wenn Sie die Situation ausreichend analysiert haben, können Sie darangehen, erste Veränderungen zu initiieren.

- Starten Sie mit einer Analysephase, in der Sie Ihre Abteilung, die Rahmenbedingungen und das Umfeld genau kennenlernen.
- Auf dieser soliden Basis können Sie die Ziele formulieren, die Sie die ersten ein bis zwei Jahre verfolgen wollen.
- In der dritten Phase sollten Sie dann die Umsetzung Ihrer Ziele in Angriff nehmen.
- Wie sich Ihre Abteilung entwickelt hat, sollten Sie nach einiger Zeit in einem systematischen Review herausfinden, um daraus Anpassungen ableiten zu können und Erfolge zu würdigen.

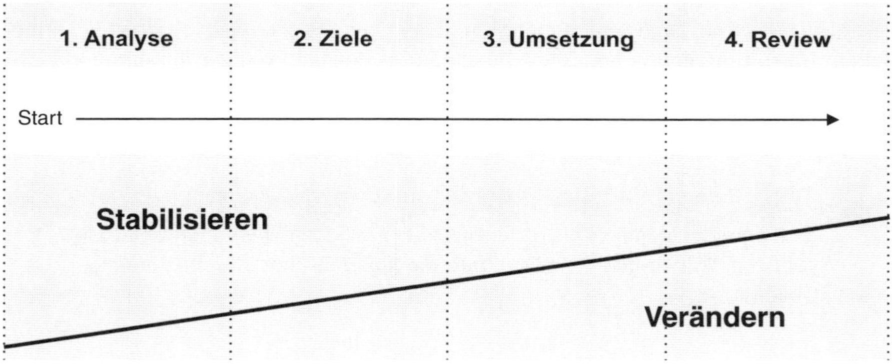

BILD 5.1 Vier Phasen der ersten 100 Tage

Wenn Sie diese Leitlinie für die erste Zeit konsequent befolgen, fällt es Ihnen auch leichter, typische Anfängerfehler zu vermeiden. Die wichtigsten sind:

- **Lineares Planen:** Sie denken, Sie könnten alles vorhersehen und planen, und versäumen deshalb, den Auswirkungen Ihres Handelns nachzugehen. Wenn Sie nicht die Augen und Ohren offen halten, können Sie nicht überprüfen, ob Ihre Annahmen auch eintreffen. Sie lernen dann nicht dazu, sondern halten an Ihren Bildern fest.
- **Der Schnellschuss:** Sie verändern schnell alles und lassen keinen Stein auf dem anderen, obwohl Sie sich dessen nicht sicher sind. Sie gehen damit ein sehr hohes Risiko ein und haben keine solide Basis geschaffen, diese Veränderungen zu begründen und nachvollziehbar zu machen.
- **Das Aussitzen:** Sie lassen alles beim Alten, um kein Risiko einzugehen. Sie zögern damit Veränderungen unnötig hinaus.
- **Der Alleingang:** Sie stimmen Ihr Vorgehen nicht mit Ihrem Vorgesetzten ab und stellen ihn vor vollendete Tatsachen. Sie schaffen auch bei Ihren Mitarbeitern das Gefühl,

dass Sie alles alleine schaffen wollen, und beteiligen diese nicht an den Veränderungen.

- **Die Selbstdarstellung:** Sie führen Ihre neuen Statussymbole vor und prahlen damit. Leider glänzen Sie nicht inhaltlich, sondern nutzen die neu entstandene Bühne, sich selbst zu inszenieren.
- **Die Kuscheltour:** Sie wollen als Führungskraft von Ihren Mitarbeitern gemocht werden und tun alles dafür. Damit verwechseln Sie Führung mit Interessenvertretung für Ihre Mitarbeiter.
- **Der Kulturschock:** Sie stellen sich nicht auf die Kultur Ihres neuen Bereichs ein und erzeugen durch Ihre unangepasste Art unnötige Widerstände.
- **Der Flächenbrand:** Sie fokussieren Ihre Kräfte und Aktivitäten nicht, sondern agieren an allen Ecken und Enden. Damit schaffen Sie nichts wirklich richtig, sondern verzetteln sich in tausend Dingen.
- **Der Außenminister:** Sie haben keine Zeit für Ihre Mitarbeiter, sondern tauchen in Führungsgremien und Kundengesprächen ab.

Ein wesentlicher Erfolgsfaktor von Führungskräften ist ihr Umgang mit Komplexität. In der Regel strömt im Tagesablauf mehr auf Sie ein, als Sie gründlich abarbeiten können. Bei der Gestaltung der ersten 100 Tage kommt es deshalb weniger darauf an, dass Sie an alles gedacht haben, sondern dass Sie in der Komplexität die wichtigen von den weniger wichtigen Dingen unterscheiden lernen.

TIPP: Unterscheiden Sie Nützliches von weniger Nützlichem

Es kommt nicht darauf an, dass Sie alle der nun folgenden Schritte durcharbeiten. Wählen Sie diejenigen aus, die Ihnen für Ihre Situation am meisten nutzen.

Wie lange Sie für die Umsetzung der vier Phasen Analyse, Ziele, Umsetzung und Review real brauchen, hängt in hohem Maße von Ihrer Situation ab. Bauen Sie beispielsweise ein Team neu auf, werden die Phasen länger verlaufen, als wenn Sie ein gut zusammengeschweißtes Team in stabilen Strukturen übernehmen. Die sprichwörtlichen 100 Tage sind daher eher ein Orientierungswert als eine klare Richtschnur.

5.2 Analysephase

Bevor Sie etwas unternehmen können, müssen Sie Ihre Ausgangssituation analysieren (vgl. Bild 5.2). In dieser Phase geht es also darum, noch detaillierter wie bisher die Aufgaben Ihrer Mitarbeiter, die Stellung Ihres Verantwortungsbereichs im Unternehmen, Handlungsspielräume, Ressourcen, Formen institutionalisierter Zusammenarbeit, Prozesse und Strukturen, Unternehmenskultur und Beziehungsnetzwerke zu ergründen.

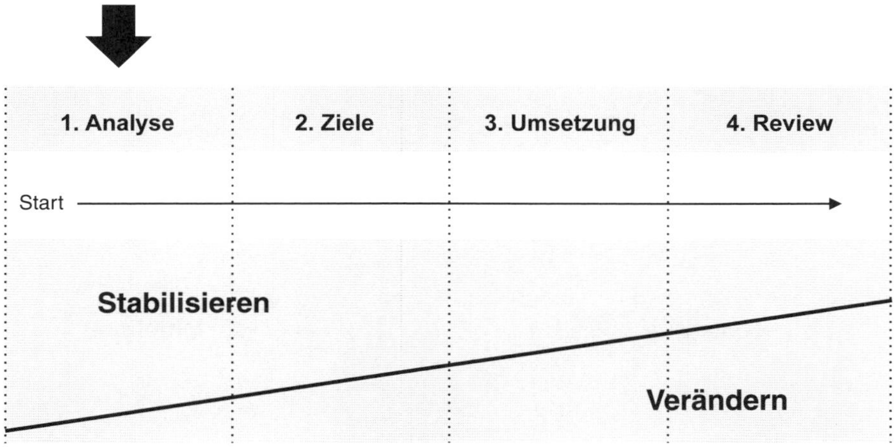

BILD 5.2 Analysephase

Sofern Sie nicht ein neues Team aufbauen, ist jede Startsituation und damit die notwendige Einflussnahme durch den Vorgänger geprägt. Es gibt unterschiedliche Ausgangssituationen Ihrer Abteilung, die Ihnen Ihr Vorgänger hinterlassen kann. Es werden Ihnen nun vier typische näher vorgestellt (vgl. Bild 5.3).

- **Erfolg:** Ihr Vorgänger war äußerst erfolgreich. In der Regel erwartet man von Ihnen, diesen Erfolg fortzuführen. Für Sie stellt sich nun die Frage, inwieweit dies möglich ist. Sie können tatsächlich so gute Ausgangsbedingungen vorfinden, dass auch Ihre Führungsarbeit gute Aussicht auf Erfolg hat. Auf der anderen Seite gibt es aber auch Führungskräfte, die bewusst ihre Abteilungen an ihrem Zenit verlassen, wenn abzusehen ist, dass sich die Bedingungen für die Weiterarbeit verschlechtern werden. Analysieren Sie deshalb die Gründe des Erfolgs. Welche besonderen Qualitäten und Ressourcen hat das Team bzw. die Abteilung? Achten Sie darauf, die erfolgsrelevanten Qualitäten zu bewahren.
- **Krise:** Die Abteilung, die Sie als Führungskraft übernehmen, steckt in der Krise. Von Ihnen erwartet man, dass Sie sie aus der Krise herausführen. Hier haben Sie die Chance, schnelle Erfolge feiern zu können, wenn Sie die richtigen Veränderungen einleiten. Gute Ergebnisse gehen unbestritten auf Ihr Konto. Wenn Sie sich aber einen größeren Fehler leisten, sind dessen Folgen oft schwerwiegender als bei Abteilungen, die nicht in der Krise sind. Untersuchen Sie deshalb, was die Abteilung in ihre schlechte Position gebracht hat. Schaffen Sie dann so schnell wie möglich Abhilfe.

TIPP: Beurteilen Sie Ihre Ausgangssituation ehrlich

Machen Sie sich ein möglichst fundiertes Bild von der Gesamtlage. Sie können sich nur selbst schaden, wenn Sie die Ausgangssituation zu optimistisch oder pessimistisch einschätzen.

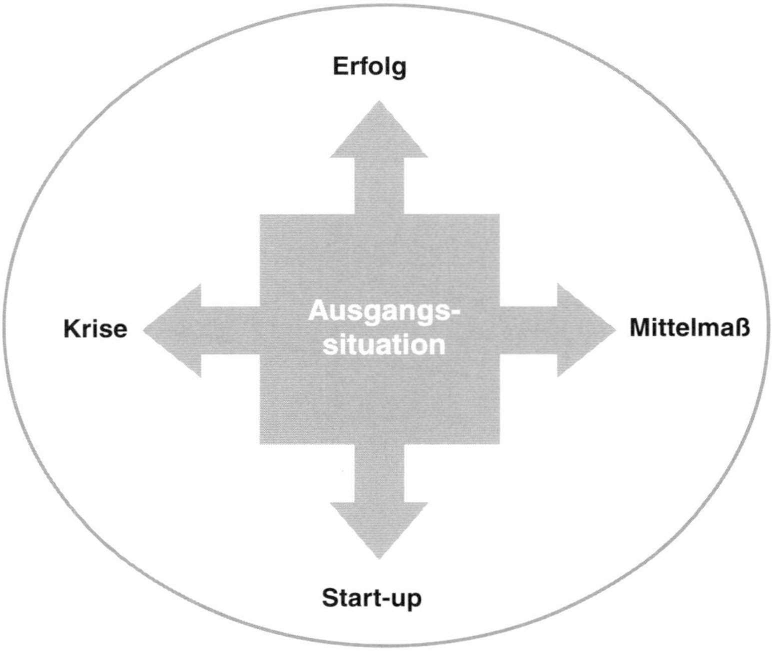

BILD 5.3 Vier mögliche Ausgangssituationen Ihrer Abteilung

- **Start-up:** Ein Start-up steht an, wenn Sie eine neue Firma gründen und Ihre ersten Mitarbeiter einstellen oder eine neue Abteilung ins Leben gerufen wird, die Sie übernehmen. Von Ihnen wird erwartet, dass Sie eine zukunftsfähige Organisation und Struktur aufbauen, die sich gut in das Gesamtbild oder den Markt einfügt und überlebensfähig ist. In diesem Fall haben Sie den großen Vorteil, dass Sie ohne Rücksicht auf die Vorgeschichte die neue Abteilung so gestalten können, wie Sie es wollen. Strukturen, Prozesse und Abläufe werden von Ihnen erarbeitet und definiert. Beziehen Sie dabei das Team mit ein. Die Mitarbeiter können sich mit Strukturen, die sie selbst entwickeln, besser identifizieren als mit vorhandenen, an die sie sich anpassen müssen. Doch Ihre Gestaltungsfreiheit hat auch einen großen Nachteil: Ein Neustart fordert Ihnen die gesamte Bandbreite der Führungsarbeit ab. Das kann zur Überforderung führen, da Sie auf keine Vorerfahrungen und Strukturen zurückgreifen können. Lassen Sie sich deshalb beraten und beteiligen Sie Ihre Mitarbeiter am Aufbau.
- **Mittelmaß:** Sie übernehmen eine Abteilung, bei der manches gut läuft und anderes verändert werden kann und soll. Dies ist die klassische Ausgangssituation eines Führungsstarts. Von Ihnen wird erwartet, dass Sie schnell erkennen, was beibehalten werden kann und wo Veränderungen erforderlich sind. In dieser Situation stehen Sie nicht unter großem Handlungsdruck. Sie haben Zeit, die Lage zu analysieren und Ziele für die Zukunft zu entwickeln. Dabei werden Sie einiges finden, das Sie verbessern wollen. Damit können Sie sich profilieren. Allerdings sollten Sie darauf achten, bei der Analyse gründlich vorzugehen. Sonst könnten Sie die Dinge verändern, die Sie beibehalten

sollten, und problematische Sachverhalte so belassen, wie sie sind. Wichtig ist auch, nicht viele kleine Verbesserungen gleichzeitig anzugehen. Damit laufen Sie Gefahr, sich zu verzetteln. Setzen Sie besser Schwerpunkte und arbeiten Sie die einzelnen Punkte nacheinander ab. Auch müssen Sie mit Widerständen gegen Ihre Verbesserungspläne rechnen. Wenn eine Abteilung scheinbar ganz gut funktioniert, ist es für einige der Betroffenen schwer nachvollziehbar, dass sie sich auf etwas Neues einlassen sollen.

Übung: Beschreiben Sie nun für sich kurz, wie Sie die Ausgangssituation Ihrer Abteilung einschätzen. Überlegen Sie auch, welche Chancen und Risiken damit verbunden sind. ■

5.2.1 Zweck der Abteilung und bisherige Zielsetzung

Bislang wissen Sie vielleicht nur grob, wofür es die Abteilung im Unternehmen gibt und welche Ziele bisher verfolgt wurden. Das sollten Sie jetzt unbedingt ändern. Wenden Sie sich deshalb an Ihren Vorgesetzten. Nicht nur Sie sind für die genaue Ausrichtung der Abteilung verantwortlich. Sie müssen sich dabei mit Ihrem Vorgesetzten abstimmen. Hilfreich zur Vorbereitung dieses Gesprächs können aber auch unternehmensinterne Materialien sein, die beschreiben, was der bisherige Zweck Ihrer Abteilung war, welche Funktion sie im Unternehmen hat und wie sie in Wechselwirkung mit anderen Bereichen des Unternehmens steht. Neben dem Vorgesetzten können Ihnen aber auch Prozesspartner, Kunden oder Mitarbeiter wichtige Informationen über die bisherige Ausrichtung Ihrer Abteilung geben. Folgende Fragen können Ihnen helfen, den Existenzgrund Ihrer Abteilung bzw. Ihres Teams zu klären:

- Seit wann gibt es diese Abteilung bzw. dieses Team so, wie es heute existiert?
- Was ist der konkrete Nutzen, den diese Abteilung für das Unternehmen bisher gebracht hat?
- Anhand welcher Indikatoren stellt das Unternehmen fest, dass die Abteilung/das Team erfolgreich arbeitet?
- Gibt es noch andere Abteilungen im Unternehmen, die einen ähnlichen Zweck verfolgen? Wie grenzt sich Ihre Abteilung von den ähnlich gelagerten ab und gibt es Bereiche, in denen Ihre Abteilung mit den anderen zusammenarbeitet?
- Was würde passieren bzw. fehlen, wenn es Ihre Abteilung im Unternehmen nicht mehr geben würde (Umkehrfrage)?
- Wurde von der Abteilung bisher etwas geleistet, dessen weiterer Nutzen umstritten ist? Was sollte von dieser Abteilung übernommen werden, was bisher nicht geleistet wurde?
- Welche Vorstellungen hat Ihr Vorgesetzter von ihrer Ausrichtung? Haben Sie freie Hand oder gibt es konkrete Vorgaben von seiner Seite?
- Welche Abteilung bzw. welcher Bereich ist davon abhängig, wie Ihre Abteilung ihm zuarbeitet?

Der Zweck, den Ihre Abteilung bisher erfüllte, bestimmte die Ziele, die Ihr Vorgänger verfolgte. Recherchieren Sie sie. Je besser Sie die Ziele Ihres Vorgängers kennen, desto besser können Sie verstehen, wie die Abteilung aufgebaut ist und wie Ihr Vorgänger – mit mehr oder weniger Erfolg – versucht hat, die Ziele zu erreichen. Nutzen Sie folgende Fragen für diese Analyse:

- Gibt es ein Schriftstück, in dem die Ziele Ihres Vorgängers beschrieben sind?
- Wurden die Abteilungsziele in der Zielvereinbarung der Führungskraft verankert und überprüft? Inwieweit konnte der Vorgänger die ihm gesetzten Ziele erfüllen? Welche Gründe gab es dafür?
- Wurden die Abteilungsziele mit den einzelnen Mitarbeitern in Zielvereinbarungen besprochen und wurde deren konkreter Beitrag dazu festgelegt? Welche Mitarbeiter hatten bisher welchen Beitrag zur Zielerreichung zu leisten?
- Existiert eine Unternehmens- und Bereichsstrategie? Beschreibt Sie, wie die Abteilungsziele diese Strategie bisher konkret unterstützen?
- Welche Ziele verfolgen die Mitarbeiter bewusst oder unbewusst? Welche Ziele würden die Mitarbeiter gerne mehr verfolgen, welche weniger und warum?
- Welche Zielsetzung erwarten Ihr Vorgesetzter und Ihr Umfeld von Ihrer Abteilung?
- Welche Leistungen erwarten Ihre Kunden von Ihnen?
- Wie haben sich die Ziele und die Zielerreichung in den letzten Jahren entwickelt?

TIPP: Ergründen Sie informelle Ziele

Lassen Sie sich nicht beirren, wenn Sie nicht auf alle Fragen eine schriftlich fixierte Antwort vorfinden. Mindestens genauso wichtig und stichhaltig wie diese sind für Ihre Orientierung die gelebten, informellen Ziele. Sie vermitteln manchmal mehr von der Wirklichkeit als die auf schönen PowerPoint-Folien beschriebenen Zielsetzungen, die aber nicht wirklich verfolgt wurden.

5.2.2 Aufgaben und Verantwortungsbereiche

Nachdem Sie nun den bisherigen Zweck und die Ziele der Abteilung kennengelernt haben, sollten Sie sich den einzelnen Aufgaben und Verantwortungsbereichen zuwenden. Dabei sollten Sie die Aufgaben zunächst in zwei Gruppen einteilen. Die einen sind Kernaufgaben, über die sich Ihr Bereich definiert. Bei den anderen handelt es sich um Zusatzaufgaben, die in Ihren Verantwortungsbereich und dessen Zielsetzung weniger passen.

Konzentrieren Sie sich zunächst auf die Kernaufgaben und filtern Sie aus Ihren Gesprächen mit Mitarbeitern, Schnittstellenpartnern und Kunden heraus, wie diese erfüllt werden. Die so gewonnenen Informationen können Sie dann in Tabelle 5.1 eintragen. Sie beginnen in der linken Spalte mit dem jeweiligen Aufgabengebiet, beschreiben in der nächsten Spalte den für Sie erkennbaren Handlungsbedarf und tragen dann die involvierten Schnittstellen und Mitarbeiter ein. Im nächsten Schritt schätzen Sie den Ressourcenaufwand in Mannjahren (MJ) ab, also wie viel seiner Jahresarbeitszeit ein Mitarbeiter für diese Aufgabe benötigt. Schließlich tragen Sie diese Mannjahre in die Spalte „Planstellen" ein und stufen dann die entsprechende Aufgabe in ihrer Priorität ein. Es kann sehr wohl sein, dass Sie Kernaufgaben haben, die nicht die Priorität A oder B besitzen, aber originär zu Ihrer Abteilung passen (im Gegensatz zu den Zusatzaufgaben).

TABELLE 5.1 Kernaufgaben

Kernaufgaben					
Aufgabengebiet	Möglicher Handlungsbedarf	Schnittstellen	Zugeordnete Mitarbeiter	Planstellen	Priorität (A-B-C)
Beispiel: Rechnungsstellung	Prozess standardisieren, Durchlaufzeit der Rechnung auf eine Woche verbessern ...	zu Finanzen, Fachbereich X, Revision und Controlling	Hr. Huber Fr. Meier Hr. Drewicke	1 MJ 1 MJ 0,5 MJ (halbtags beschäftigt)	A
...					

Zusatzaufgaben sind oftmals geschichtlich gewachsen oder haben eine strategische Bedeutung für einen übergeordneten Bereich. Vielleicht gibt es aber auch Zusatzaufgaben, von denen Sie sich trennen könnten, da sie besser in einen anderen Bereich passen oder eventuell auch grundsätzlich weggelassen werden können (z. B. das Verfassen von Berichten, die in dem Umfang vielleicht keiner liest). Um das überprüfen zu können, sollten Sie auch diesen Aufgabenbereich mithilfe von Tabelle 5.2 analysieren.

TABELLE 5.2 Zusatzaufgaben

Zusatzaufgaben					
Aufgabengebiet	Möglicher Handlungsbedarf	Schnittstellen	Zugeordnete Mitarbeiter	Planstellen	Priorität (A-B-C)
Beispiel: Verwaltung Poolfahrzeuge	zu wenige Poolfahrzeuge vorhanden, schriftliche Beantragung	in den gesamten Bereich	Hr. Fromm	0,1 MJ	B

TIPP: Schätzen Sie den Nutzen von Zusatzaufgaben

Bevor Sie sich aber von „Zusatzballast" trennen, überprüfen Sie, welche Auswirkungen das für Sie und das Unternehmen haben kann. Vielleicht ist es äußerst nützlich, wenn Sie diese Zusatzaufgaben weiterführen, gegebenenfalls aber inhaltlich etwas verändern. ■

5.2.3 Handlungs- und Entscheidungsrahmen

Die Rahmenbedingungen, die die Unternehmen für Entscheidungen setzen, sind sehr unterschiedlich. Dies fängt mit dem firmeneigenen Umgang mit der Selbstverantwortung der Mitarbeiter an und findet seine Fortsetzung in dem Regelwerk der Richtlinien und Vorschriften. Um für sich Transparenz zu schaffen, sollten Sie zunächst die Fragen in Tabelle 5.3 beantworten.

TABELLE 5.3 Checkliste zur Analyse des Handlungs- und Entscheidungsrahmens

Bei welchen Entscheidungen wünscht Ihr Vorgesetzter, vorher eingebunden zu werden?	
Wie wird Ihr Handlungsspielraum definiert? Was können Sie selbst entscheiden und was nicht?	
Welche Richtlinien existieren für Ihren Bereich?	
Was konnte Ihr Vorgänger entscheiden, was Sie noch nicht dürfen?	
Welchen Handlungs- und Entscheidungsspielraum hatten bisher Ihre Mitarbeiter? Wer hatte bisher mehr oder wer weniger Spielraum?	
Welche formellen Vereinbarungen und informellen Regelungen gibt es in der Abstimmung mit Schnittstellenpartnern bei Entscheidungen?	

Als neue Führungskraft werden Sie erleben, dass Ihr Handlungs- und Entscheidungsspielraum an manchen Stellen noch nicht sehr groß ist. Ihr direkter Vorgesetzter wünscht vielleicht Rücksprachen vor Entscheidungen, die Sie später sicherlich alleine treffen können. Akzeptieren Sie dies. So kann das gegenseitige Verständnis zwischen Ihnen und Ihrem Vorgesetzten wachsen. Nur auf dieser Grundlage werden Sie in Zukunft mehr Freiraum erhalten.

Umso wichtiger ist es aber, im Gespräch mit Ihrem Vorgesetzten eindeutig zu klären, wie er Ihren Handlungs- und Entscheidungsspielraum definiert. Lassen Sie das schriftlich festhalten. Falls es Ihnen schwerfällt, detailliert zu formulieren, unter welchen Voraussetzungen Sie etwas entscheiden dürfen, nutzen Sie Bild 5.4. Tragen Sie gemeinsam auf der Skala ein, wo einzelne Entscheidungen angesiedelt sind.

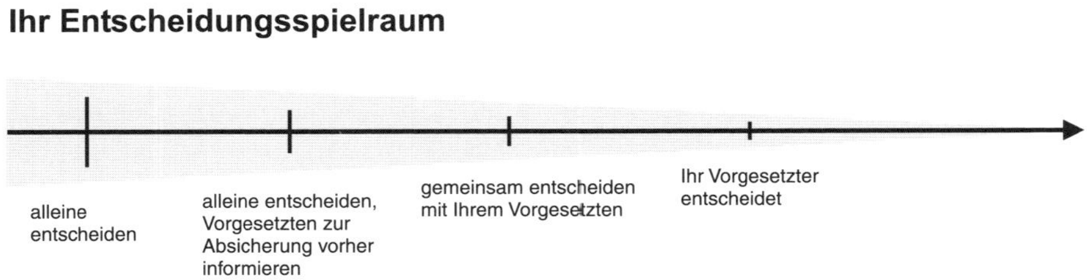

BILD 5.4 Entscheidungsspielraum

Manchmal fällt es einem nicht leicht, anzuerkennen, dass man selbst als Führungskraft nur einen eingeschränkten Handlungsspielraum besitzt. Wenn Sie es aber tun, können Sie

Risiken minimieren und Konflikten vorbeugen. Es ist Pflicht jedes Chefs, sich über seinen Spielraum zu informieren. Sollten Sie über Ihr Ziel hinausschießen und Entscheidungen treffen, zu denen Sie nicht befugt sind, können Sie bestenfalls am Anfang hoffen, dass Ihnen das verziehen wird. Auf den Sonderstatus „neue Führungskraft" können Sie nicht lange bauen. Auf Dauer ist es daher besser, diese Nachsicht mit dem Neuling nicht in Anspruch nehmen zu müssen. Fassen Sie deshalb noch einmal detailliert und schriftlich zusammen, in welchen Bereichen Sie was entscheiden dürfen. Tragen Sie das Ergebnis in Tabelle 5.4 ein.

Manchmal ist es auch sinnvoll, dass Sie in Einzelfällen Ihre Grenzen bewusst übertreten, um handlungsfähig zu bleiben und Gefahren abzuwenden. Wichtig ist ein kluges Umgehen damit. Das heißt: Sie sollten wissen,

- welche Regeln auf jeden Fall einzuhalten sind,
- welche Regeln man gegebenenfalls ohne größere Auswirkungen übertreten kann,
- welche "Regelverletzungen" man im Nachhinein erklären und begründen muss,
- welche Regeln man ignorieren kann.

5.2.4 Ressourcen und finanzielle Situation

Die finanzielle und materielle Ausstattung Ihrer Abteilung und die Fähigkeiten und Erfahrung Ihrer Mitarbeiter sind für Ihren Erfolg von entscheidender Bedeutung. Wenn Sie beispielsweise extrem motivierte Mitarbeiter haben, aber kein ausreichendes Budget, wird sich bald Ernüchterung einstellen, weil viele gute Ideen nicht umgesetzt werden können. Verschaffen Sie sich deshalb Klarheit über alle Ressourcen, die Sie zum Arbeiten brauchen. Welche Qualifikation haben Ihre Mitarbeiter? Wie motiviert sind sie? Wie ist Ihre Abteilung technisch ausgestattet? Welches Budget steht Ihnen zur Verfügung?

TIPP: Lassen Sie sich die Zusage von Ressourcen schriftlich bestätigen

Versuchen Sie, möglichst viele Informationen schriftlich zu bekommen. Was Sie schwarz auf weiß dokumentiert besitzen, können Sie im Nachhinein auch belegen. Das erleichtert es, Zusagen gegebenenfalls einzufordern, falls Ihnen diese jemand streitig macht.

TABELLE 5.4 Handlungsspielraum in einzelnen Entscheidungsbereichen

Entscheidungsbereich	Ihr Handlungsspielraum	Ihre Rücksprachepflicht
Beispiel: Gebiet 1: Beauftragung externer Berater	Vorauswahl von zwei bis drei geeigneten Beratern	mit dem Vorgesetzten und der Einkaufsabteilung
Gebiet 1:		
Gebiet 2:		
Gebiet 3:		
Gebiet 4:		
...		

Mitarbeiter-ressourcen

- Anzahl der Stellen in Mannjahren
- Besetzung der Stellen
- offene Stellen
- Planstellen
- Verteilung der Mannjahre auf die Aufgaben

Mitarbeiter-qualifikation und -motivation

- fachliche Kompetenzen ihrer Mitarbeiter
- soziale Kompetenzen ihrer Mitarbeiter
- Innovationspotential
- Erfahrungsstand
- Altersdurchschnitt und -verteilung
- Gesundheitsstand
- Motivation
- Kompetenzlücken

Ausstattung

- Anzahl und Alter der Anlagen- und Maschinenausstattung, Systeme, Drucker, u.a
- Arbeitsmaterialien und Hilfsmittel
- Ordnung und Sauberkeit
- Umweltschutzvorrichtungen
- Ausgestaltung der Arbeitsplätze
- Arbeits- und Besprechungsräume, Lüftung,
- Pausenräume

Budget

- Kostenstellen
- Bilanzen und Entwicklungen der letzten Jahre
- Personalkosten
- Sach- und Gemeinkosten
- Weiterbildungsbudget
- Investitionsvolumen

BILD 5.5 Analyse der Ressourcen

Bild 5.5 zeigt beispielhaft, wie die Auflistung der möglichen Ressourcen einer Abteilung aussehen kann. Je nach Aufgabengebiet sollten Sie das eine oder andere hinzufügen oder weglassen und mit konkreten Daten und Fakten hinterlegen. So erhalten Sie eine Analyse der Ressourcen, die genau die Rahmenbedingungen Ihrer Abteilung beschreibt.

5.2.5 Institutionalisierte Formen der Zusammenarbeit

Wenn Sie eine Abteilung übernehmen, finden Sie in der Regel zahlreiche eingespielte Formen der Zusammenarbeit vor. Lassen Sie sie am Anfang weiterlaufen und nehmen Sie sich die Zeit, diese kennenzulernen. Danach haben Sie eine aussagekräftige

Informationsgrundlage, aufgrund der Sie entscheiden können, welche Formen der Zusammenarbeit Sie von Ihrem Vorgänger übernehmen wollen und was Sie verändern werden.

Mitarbeiterversammlung	2-mal im Jahr
Bereichstreffen	alle 2 Monate
Führungsrunde	wöchentlich, Montagnachmittag

In Ihrer Abteilung

regelmäßige Teamsitzung	1-mal im Monat
Workshops	2-mal im Jahr
Intervision	6-mal im Jahr
Einzelgespräche	alle 2 Wochen pro Mitarbeiter
Arbeitsmeetings	nach Bedarf

BILD 5.6 Sitzungskultur einer Abteilung (Beispiel)

Danach sollten Sie jede institutionalisierte Art der Zusammenarbeit (vgl. Bild 5.6) näher unter die Lupe nehmen. Beginnen Sie mit den übergeordneten Informationsveranstaltungen und beantworten Sie folgende Fragen:

- An welchen Informationsveranstaltungen des Unternehmens und des Bereichs nehmen Mitarbeiter Ihrer Abteilung teil?
- Was ist das Thema der Veranstaltungen?
- Wer vermittelt die Informationen?
- Welche Bedeutung haben diese Veranstaltungen?

Aufgrund der so erhaltenen Fakten können Sie nun gewichten, für welche Mitarbeiter der Besuch von Informationsveranstaltungen sinnvoll ist und warum. Tragen Sie die Ergebnisse in Tabelle 5.5 ein.

Analysieren Sie nun die Führungskräftemeetings. Halten Sie sich dabei an folgende Fragen:

- An welchen Führungsrunden hat Ihr Vorgänger teilgenommen?
- Wann finden diese statt?
- Wie wird dort informiert und kommuniziert?
- Welche Informationen von dort können Sie an Ihre Mitarbeiter weiterleiten?

Halten Sie die hierüber gewonnenen Informationen in Tabelle 5.6 fest. So erkennen Sie detailliert, welche Bedeutung die einzelnen Führungskräftemeetings für Sie und Ihren Verantwortungsbereich haben.

TABELLE 5.5 Übergeordnete Informationsveranstaltungen (Beispiel)

Mitarbeiter	Veranstaltung	Verpflichtende Teilnahme	Nützlich für den Bereich	Politisch wichtig	Irrelevant
Frau Huber	Arbeitskreis XY	X	X		
	Meeting YZ			X	
Herr Mayer	QM-Gruppe	X	X		
	Innovationszirkel	X			
	Auswertungstreffen YZ		X		X

TABELLE 5.6 Führungskräftemeetings

Treffen	Andere Teilnehmergruppen	Themen	Verpflichtende Teilnahme	Nützlich für den Bereich	Politisch wichtig	Irrelevant
Beispiel: Changeprojekt	Führungskräfte 1. und 2. Ebene	Auswirkungen der Umstrukturierung YX		X	X	
Beispiel: Strategie 2010	Führungskräfte 1. und 2. Ebene	neue Strategie	X	X	X	

Gegenstand der weiteren Analyse ist das Berichtswesen. Überlegen Sie anhand der folgenden Fragen, nach welchen Regeln es funktioniert:

- Welche Berichte müssen Sie wem zu welchem Zeitpunkt vorlegen?
- Wie lassen Sie sich von Ihren Mitarbeitern berichten? Wann geschieht das schriftlich und wann mündlich?
- Nach welchen Kriterien werden Sie bei E-Mails auf cc gesetzt?
- Bei welchen E-Mails würden Sie gerne auf cc gesetzt werden?
- In welchen IT-Systemen werden die Berichte gepflegt?

Aufgrund der Antworten können Sie Tabelle 5.7 ausfüllen. Sie vermittelt Ihnen einen Überblick über den Aufwand, den Sie durch das Erstellen von Berichten haben, und den Nutzen der über diesen Weg an Sie weitergegebenen Fakten.

TABELLE 5.7 Berichtswesen

Berichte	Empfänger	Inhalt	Turnus (wie häufig)	Nützlich für den Bereich	Politisch wichtig	Irrelevant
Beispiel: Quartalsbericht	1. Berichtsebene	aktuelle Budgetsituation und Forecast	1-mal im Monat	X	X	

Wenden Sie sich nun den Abteilungsrunden zu. Nutzen Sie dazu folgende Analysefragen:

- In welchen regelmäßigen Abteilungsrunden bzw. Teamtreffen hat Ihr Vorgänger die Mitarbeiter zu einem Meeting zusammengeholt?
- Was wurde dort besprochen und entschieden?
- Gab es ein Protokoll und wie wurde mit den Ergebnissen umgegangen?

Stellen Sie anschließend die Angaben aus den Antworten in Tabelle 5.8 zusammen und gewichten Sie sie.

TABELLE 5.8 Abteilungsrunden

Team- bzw. Abteilungsrunde	Turnus	Themen	Verpflichtende Teilnahme	Nützlich für den Bereich	Politisch wichtig	Irrelevant
Beispiel: Teamsitzung	1-mal in der Woche	Information der Mitarbeiter über aktuelle Themen und Klärung übergeordneter Probleme	X	X		

Richten Sie als Nächstes Ihre Aufmerksamkeit auf die Workshops. Bestimmen Sie deren Merkmale mithilfe der folgenden Fragen:

- Hat Ihr Vorgänger mit den Mitarbeitern Workshops durchgeführt?
- Wenn ja, was wurde dort bearbeitet und mit welchen Ergebnissen?
- Wie sind diese Workshops gelaufen?
- Wurden die Workshops von Externen moderiert oder hat das Ihr Vorgänger selbst getan?

Die Ergebnisse und deren Bewertung können Sie in Tabelle 5.9 festhalten.

TABELLE 5.9 Workshops im eigenen Bereich

Workshops	Turnus	Welche Themen werden besprochen?	Verpflichtende Teilnahme	Nützlich für den Bereich	Politisch wichtig	Irrelevant
Beispiel: Jahresabschlussworkshop	1-mal im Jahr (Dezember)	Rückblick auf das vergangene Jahr, Zielsetzung für das nächste	X	X	X	

Setzen Sie sich anschließend mit den Lernformen in Ihrer Abteilung auseinander. Bei der Analyse helfen folgende Fragen:

- Gibt es in der Abteilung bisher Formen des kollektiven Lernens (z. B. kollegiale Beratung)?
- Wie wird on the job und informell in Ihrer Abteilung gelernt?
- Gibt es einen selbstverständlichen Know-how-Transfer von erfahrenen zu weniger erfahrenen Mitarbeitern?
- Werden bisher interne Vorträge oder Praxisbesuche (z. B. bei Benchmarkingpartnern) organisiert?
- Wer nimmt an welchen Weiterbildungen teil?

Fassen Sie die gewonnenen Informationen in Tabelle 5.10 zusammen und bewerten Sie deren Nutzen.

TABELLE 5.10 Lernformen

Lernformen	Anlass	Häufigkeit	Verpflichtende Teilnahme	Nützlich für den Bereich	Politisch wichtig	Irrelevant
Beispiel: interne Vorträge von Experten aus dem Unternehmen	nach Bedarf	ca. 3-mal im Jahr		X	X	
Beispiel: Weiterbildung für jeden Mitarbeiter	nach individuellem Bedarf	1 bis 2 Seminare pro Jahr		X		

Zum Abschluss sollten Sie den Blick auf Ihre Mitarbeiter lenken und die Einzelgespräche, die mit ihnen geführt werden. Nutzen Sie dazu folgende Fragen:

- Gibt es bisher regelmäßige Einzelgespräche mit jedem Mitarbeiter oder wurden diese nach Bedarf geführt? Wenn ja, welche und in welchem Rhythmus?
- Wie laufen diese Rücksprachen ab? Sind die Mitarbeiter vorbereitet? Gibt es eine klare Struktur dieser Gespräche?

5.2.6 Prozesse und Strukturen

Wie Ihre Abteilung arbeitet, erkennen Sie am besten durch die Analyse der Arbeitsprozesse. Dazu müssen Sie den Ablauf aller Tätigkeiten, die zur Bearbeitung einer Aufgabe notwendig sind, genau beschreiben (vgl. Bild 5.7). Was wird wann getan? Wie lange dauert jeder Arbeitsschritt? Wie ist deren Reihenfolge? Wer ist von wem oder was abhängig, um seinen Teil zur Bewältigung der Aufgabe beizutragen?

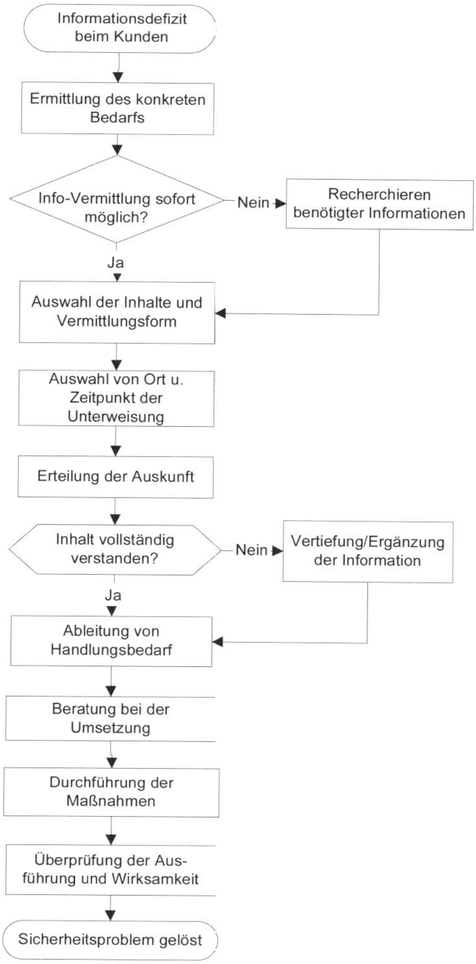

BILD 5.7 Prozess einer internen Dienstleistung/Beratung (Beispiel)

In vielen Firmen gibt es zwar Prozessbeschreibungen, aber die entsprechenden Dokumente sind oft nicht mehr aktuell und somit leider selten aussagekräftig. Lassen Sie sich deshalb zusätzlich die Prozesse von Ihren Mitarbeitern erklären und gegebenenfalls aufmalen. So können Sie auch erfahren, ob und möglicherweise welche Ideen zur Prozessverbesserung vorhanden sind. Die folgenden Fragen helfen, sich über den Prozess Ihrer Abteilung Klarheit zu verschaffen:

- Welche Kernprozesse, also Abläufe in den Hauptarbeitsfeldern Ihrer Abteilung gibt es?
- Sind diese Kernprozesse aktuell beschrieben? Wenn ja, wo können Sie von Ihnen und Ihren Mitarbeitern eingesehen werden?
- Welche Standards existieren in der Abarbeitung der Arbeitsschritte?
- Wurde in letzter Zeit an Prozessoptimierung gearbeitet? Wenn ja, welche Ergebnisse wurden nachhaltig erzielt?
- Wie sehen die Arbeitsschritte aus, die Ihre Mitarbeiter im Regelfall machen? Welche Ausnahmen gibt es und wie oft treten diese ein?
- Welche Prozesskennzahlen, z. B. Durchlaufzeit, existieren in Ihrem Bereich?
- Wie laufen die Prozesse in der Praxis ab? Inwieweit unterscheiden sie sich von den Prozessbeschreibungen?
- Welche Prozesse sollten analysiert und verbessert werden? Wo steckt in Ihrer Abteilung das Potenzial, schneller, besser und kostengünstiger zu arbeiten?

Die Strukturen der Abteilung bilden die sinnvolle Ergänzung zur Prozessbeschreibung. Sie machen die organisatorische Einbindung Ihrer Abteilung sichtbar. Dabei ist es hilfreich, sich die Strukturen, in die Sie und Ihre Abteilung bzw. Ihre Mitarbeiter eingebunden sind, auf zwei Ebenen anzusehen:

- innerhalb der Unternehmensorganisation,
- in der Abteilung bzw. im Team.

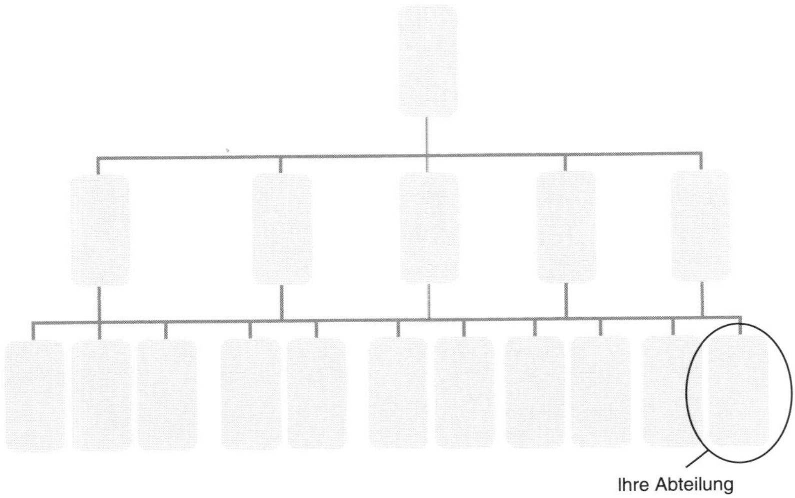

BILD 5.8 Organigramm

Um die Einbindung Ihrer Abteilung in den Bereich und in das Unternehmen zu ergründen, nehmen Sie am besten ein Organigramm (vgl. Bild 5.8) zur Hand. Stellen Sie sich dazu folgende Fragen:

- Wo ist Ihre Abteilung im Organigramm?
- Was bedeutet diese „Aufhängung" für Ihre Arbeit?
- Wo sind Ihr Vorgesetzter und dessen Vorgesetzter im Unternehmensorganigramm positioniert? Welche Auswirkung hat dies für Ihre Arbeit?
- Haben sich das Organigramm und die Zuordnung Ihrer Abteilung in den letzten Jahren verändert? Wenn ja, welche Gründe gab es dafür und welche Auswirkungen hatte das?
- Wünscht sich Ihr Vorgesetzter eine andere funktionale Zuordnung?
- Sind die Mitarbeiter mit dieser funktionalen Zuordnung arbeitsfähig oder erschwert diese die Arbeit unnötig?
- Passen die offiziellen Informations- und Entscheidungswege und die inoffiziellen zusammen?

TIPP: Gehen Sie sorgfältig mit den Teamstrukturen um

Solange Sie noch nicht wissen, wohin die Reise geht und welche Ziele Sie verfolgen werden, sollten Sie Ihre Mannschaft so belassen, wie Sie aktuell funktionsfähig ist. Erkennen Sie aber offensichtliche strukturelle Schwächen in Ihrer Abteilung, sollten Sie bald handeln, um diese abzustellen. ■

Wenden Sie sich nun der Struktur Ihres Teams bzw. Ihrer Abteilung zu. Lernen Sie die aktuelle Verfassung Ihres Teams kennen und nehmen Sie sich Zeit, dieses systematisch zu analysieren. Welche Faktoren für die Teamanalyse von Bedeutung sind, können Sie aus Bild 5.9 ablesen.

BILD 5.9 Analyse der Teamstruktur

Ergründen Sie, welche Charakteristika diese Faktoren besitzen. Nutzen Sie dazu den folgenden Fragenkatalog.

- **Rollen im Team:** Wer hatte den größten Einfluss? Wer fühlt sich zurückgesetzt? Wer war möglicherweise der Gegenspieler Ihres Vorgängers? Wer bringt die Ideen ein? Wer sorgt für Konstanz und Nachhaltigkeit?
- **Leistung und Arbeitsverhalten:** Welche Leistungen erbringt der Mitarbeiter? Wie reagiert er unter Druck? Ist er belastbar? Welche Bedürfnisse äußert er für seine Arbeitsfähigkeit? Ist der Mitarbeiter motiviert und leistungsfähig? Kann der Mitarbeiter sich ein treffendes Urteil über Situationen bilden? Ist er in der Lage, Prioritäten zu setzen und Selbstverantwortung zu übernehmen? Wer sind die Leistungsträger in Ihrem Team? Wer steht hinter der bisherigen Strategie? Wer ist veränderungsbereit?
- **Soziale und fachliche Kompetenzen:** Welcher Mitarbeiter hat welche Kompetenzen? Welche Kompetenzlücken werden sichtbar? Welche Qualifizierungsmaßnahmen wurden bisher durchgeführt? Ist den Mitarbeitern bewusst, was sie in ihrer beruflichen Funktion heute und in Zukunft können müssen?
- **Zusammenarbeit und Gruppendynamik:** Wer versteht sich mit wem im Team? Welche Subgruppen gibt es? Wer spricht mit wem? Wer mit wem nicht? Wer ist Meinungsbildner? Wer unterstützt kollegiale Entscheidungsprozesse? Wie ist die informelle Hierarchie im Team bzw. wer hat welchen Einfluss? Gibt es auffällige Kommunikationsgewohnheiten wie Stören, Verschweigen bestimmter Dinge, destruktive Kritik oder herablassende Bemerkungen? Wie ist der Umgang mit Erfolgen bzw. Schwierigkeiten? Gibt es Außenseiter und wie wird mit diesen umgegangen? Welche Metapher würden Sie wählen, um die Zusammenarbeit in Ihrem Team zu beschreiben (z. B. Schiffsmannschaft, Fußballmannschaft, Ansammlung von Menschen an einer Bushaltestelle)?
- **Mitarbeiterbeurteilung:** Wer wurde von Ihrem Vorgänger gefördert? Wer wurde bisher wie beurteilt und was waren die Gründe dafür? Welche Zielvereinbarungen gab es und wie wurden sie erfüllt, welche nicht? Sollten Sie die Kriterien für die Beurteilung ändern? Welche Anreizsysteme gibt es für Ihre Mitarbeiter? Wie haben sich diese auf die Mitarbeiter ausgewirkt?
- **Zu- und Abgänge:** Welche Mitarbeiter haben vor Ihrem Start das Team verlassen und warum? Welche Neuzugänge gab es? Aus welchem Bereich stammen sie? Kamen sie von außen?
- **Image:** Wie wird über das Team in der Organisation und beim Kunden gesprochen? Welches Image haben Ihre Mitarbeiter in anderen Abteilungen?
- **Loyalität und Vertrauen:** Wen empfinden Sie als loyal Ihnen als Führungskraft gegenüber, wen weniger? Welcher Mitarbeiter hält seine Zusagen, wer nicht? Wem können Sie vertrauen?

Sie werden in den ersten Wochen sicherlich nicht auf alle Fragen Antworten bekommen. Manche qualifizierte Schlussfolgerung können Sie erst später ziehen. Für Ihre Analyse und deren Konsequenzen ist es jedoch wichtig, ein erstes Fazit zu entwickeln. Nur so können Sie den notwendigen Handlungsbedarf erkennen.

Ziehen Sie nun ein Fazit aus Ihrer Analyse:

- Was sind die drei Hauptknackpunkte bzw. bei welchen Punkten besteht am meisten Handlungsbedarf?
- Was unternehmen Sie konkret, um diese zu bearbeiten?

5.2.7 Offizielle und gelebte Unternehmenskultur

Unternehmenskultur ist die Gesamtheit der Wertvorstellungen und Denkhaltungen, die das Verhalten der Mitarbeiter und das Bild des Unternehmens prägen. Sie definiert sich über die offiziellen und inoffiziellen Regeln, das Selbstverständnis und die Grundüberzeugungen. Ihre Wirkung zeigt sich beispielsweise im Umgang mit Fehlern oder in der Art, wie Grundsätze und Regeln der Beförderung gelebt werden. Wenn Sie solche kulturellen Aspekte kennen und in Ihr Handeln einbeziehen, können Sie unnötige Konflikte vermeiden und deutlich mehr Wirkung erzielen. Denn man erwartet von Ihnen insgeheim, dass Sie sich der Kultur anpassen und sich gut einfügen.

TIPP: Gehen Sie bewusst mit der Unternehmenskultur um

Es kann sein, dass Sie sich in einigen Punkten nicht an die Unternehmenskultur halten, sondern andere Akzente setzen wollen. Wenn Sie das vorhaben, tun Sie es nicht unüberlegt oder ohne guten Grund. Ihr Übertreten der Regeln kann Irritationen auslösen oder Sanktionen nach sich ziehen. ■

Bei der Analyse der Unternehmenskultur kommt es darauf an, die Unterschiede zwischen offiziellen Bekenntnissen und gelebter Realität herauszuarbeiten. Dabei spielen fünf Betrachtungsaspekte eine Rolle (vgl. Bild 5.10).

Unternehmenskultur

Am besten lernen Sie die gelebte Unternehmenskultur kennen, wenn Sie sich Geschichten über das Unternehmen erzählen lassen. Viele kulturprägende Faktoren zeigen sich in dem, was als typisch im positiven und negativen Sinne erlebt wurde. Diese werden innerhalb des Unternehmens von Mitarbeiter zu Mitarbeiter weitergegeben. Hören Sie deshalb genau hin und finden Sie in den Gesprächen heraus, welche Werte im Unternehmen besonders geachtet werden (z. B. harte Arbeit, Bescheidenheit) und welche missbilligt (z. B. Hierarchien zu übergehen, offen die Meinung zu äußern).

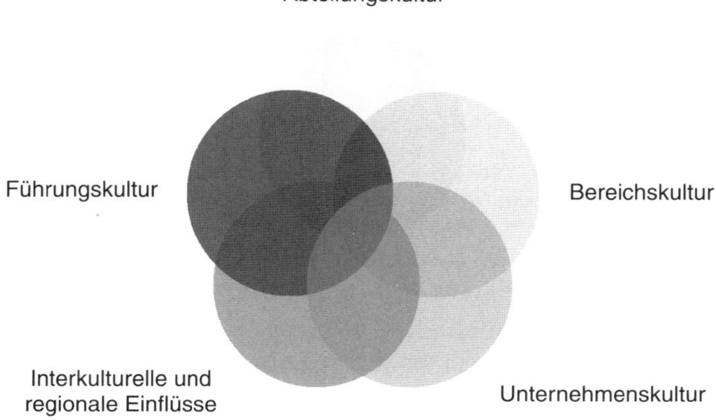

BILD 5.10 Aspekte der Unternehmenskultur

TIPP: Beachten Sie die Unterschiede in Kulturen

Besonders aufmerksam sollten Sie sein, wenn Sie aus einer anderen Branche stammen bzw. vorher in einem Unternehmen arbeiteten, das kleiner oder größer als Ihr jetziger Arbeitgeber ist. Denn Branche und Firmengröße haben großen Einfluss auf die Unternehmenswerte.

Anhand folgender Fragen können Sie die wesentlichen Grundannahmen der Unternehmenskultur ermitteln:

- Was beeinflusst den Prozess der Entscheidungsfindung?
  - Die Tradition (das war schon immer so)?
  - Die Hierarchie (richtig ist, was der Chef sagt)?
  - Wissenschaftliche Erkenntnisse bzw. externe Fachlichkeit?
- Wie sieht man die Mitarbeiter?
  - Hält man sie eher für fähig oder für nicht qualifiziert?
  - Sieht man sie tendenziell als Menschen, die gern Verantwortung übernehmen, oder als solche, die man „antreiben muss"?
- Wie werden menschliche Beziehungen geordnet?
  - Nach Alter (Senioritätsprinzip)?
  - Nach Funktion?
  - Nach Erfolg?
  - Nach Bereich?
- Was prägt die Zusammenarbeit?
  - Wettbewerb oder Kooperation?
  - Teamerfolg oder Einzelerfolg?
- Kommt es darauf an, aktiv zu sein, oder ist es besser, abzuwarten?
- Muss man ständig aktiv sein oder darf man auch mal passiv sein?
- Muss man immer am eigenen Arbeitsplatz anzutreffen sein oder darf man seinen Arbeitsplatz teilweise flexibel wählen?

Bereichskultur

Oftmals pflegt auch jeder Bereich eine eigene Kultur. Sie prägt vornehmlich der Bereichsleiter, dessen Werte und Vorstellungen zum Allgemeingut werden, wenn dieser Akzeptanz findet. Erkennen Sie, wie seine Unterabteilungen zusammenarbeiten? Welche kulturellen Signale (z. B. wie intensiv soll wirklich zusammengearbeitet werden?) empfangen Sie von Ihren Nachbarabteilungen und von Ihrem Vorgesetzten? Aber nicht nur die Binnenkultur Ihres Bereichs, sondern besonders auch dessen Ruf und Stellung in der Riege der anderen Bereiche beeinflussen die Kultur.

Abteilungs- bzw. Teamkultur

Auf die Kultur in Ihrer Abteilung haben Sie als Führungskraft bedeutenden Einfluss. Hier wirken Ihre symbolischen Handlungen prägend. Unterschätzen Sie diesen Aspekt des Führens nicht. Wenn Sie aber eine Abteilung neu übernehmen, richtet sich deren Kultur noch nach dem Vorgänger. Beobachten Sie deshalb das Verhalten der Mitarbeiter genau. Auf welche Regeln und Grundsätze legte Ihr Vorgänger offenbar Wert? Welche Umgangsformen haben sich daraus entwickelt? Was hat Ihr Vorgänger gelobt? Was sanktioniert?

Führungskultur

Wenn in Ihrem Unternehmen ein Führungsleitbild oder Managementgrundsätze schriftlich festgehalten sind, steht darin, welches Führungsverständnis vorhanden ist oder zumindest als Ziel angestrebt wird. Prüfen Sie in diesem Fall, ob dieses Papier auch umgesetzt wird. Grundsätzlich eignen sich am besten Gespräche mit dem Vorgesetzten und Ihren erfahrenen Führungskollegen dazu, die gelebte Führungskultur zu ergründen. Filtern Sie dabei heraus, welches Auftreten von Ihnen erwartet wird. Achten Sie auch darauf, welche Regeln sakrosankt sind und keinesfalls übertreten werden dürfen und welche Sie vielleicht sogar ungestraft ignorieren können. Wenn Sie sich ein Bild der gängigen Führungskultur gemacht haben, sollten Sie sich auch selbst fragen, was – vielleicht abweichend davon – Ihnen als Führungskraft besonders wichtig ist und wie Sie Führung leben wollen.

Interkulturelle und regionale Einflüsse

Je internationaler Ihr Unternehmen agiert, desto mehr sollten Sie interkulturelle und regionale Einflüsse beachten und unterscheiden können. Dieser Grundsatz für die Zusammenarbeit von Menschen aus verschiedenen Kulturkreisen wird leider immer noch von vielen Führungskräften zu wenig beachtet. Wenn Sie sich aber die Mühe machen, zu prüfen, welche interkulturellen Einflüsse in Ihrem Entscheidungs- und Verantwortungsbereich von Bedeutung sind, und diese in Ihr Handeln mit einbeziehen, werden Sie mit Menschen fremder Nationalität besser umgehen lernen und deren Unterschiedlichkeit als Bereicherung erleben können. Um die interkulturellen Unterschiede herauszuarbeiten, können Sie sich beispielsweise folgende Fragen stellen: Welche verschiedenen Nationalitäten gibt es in Ihrem Unternehmen? Was ist typisch, wenn bestimmte Kulturen aufeinandertreffen? Wann gelingt die Zusammenarbeit, wann ist sie eher schwierig? Auf welche kulturellen Eigenheiten wollen Sie in Zukunft auf jeden Fall Rücksicht nehmen?

Ziehen Sie ein Fazit aus Ihrer Analyse der Unternehmenskultur. Beantworten Sie dafür folgende Fragen:

- Welche kulturellen Aspekte beeinflussen Sie und Ihr Team am meisten?
- Welche Position beziehen Sie dazu?
- Auf was werde ich achten? Was werde ich berücksichtigen?

5.2.8 Beziehungsnetzwerke und Umfeld

Viele Führungskräfte unterschätzen den Einfluss des Umfelds, in das sie eingebunden sind. Sie glauben, sie könnten, in Abstimmung mit ihrem Vorgesetzten, relativ autonom handeln. Sie werden aber sehr schnell erfahren, dass der Erfolg Ihrer Abteilung nur zu einem Teil von Ihnen und Ihren Mitarbeitern beeinflusst werden kann.

Nehmen Sie sich deshalb ausreichend Zeit, das Beziehungsnetzwerk und Ihr Umfeld für sich positiv zu entwickeln. Beziehungen für sich positiv zu gestalten bedeutet, das für die jeweilige Beziehung passende Verhältnis von Bindung und Autonomie zu Ihrem Gegenüber zu finden, gegenseitiges Vertrauen aufzubauen und die Beziehungen an der richtigen Stelle „spielen zu lassen".

TIPP: Gehen Sie sorgfältig mit Netzwerkbeziehungen um

Lassen Sie Ihre informellen Kontakte nicht in den Vordergrund treten. Wenn Sie Beziehungen spielen lassen, tun Sie das nicht offensichtlich. Andernfalls könnte Ihnen Ihr Verhalten als Kungelei ausgelegt und damit zum Vorwurf gemacht werden.

Für die Beurteilung Ihres Umfeldes sollten Sie nacheinander sechs Handlungsfelder unter die Lupe nehmen: Kunden, Schnittstellenpartner und Führungskräfte auf der gleichen Ebene, Mentoren, Unterstützer und Berater, Verbündete, Widersacher und schließlich Wettbewerber. Die Analysefragen helfen, jeden dieser Bereiche näher zu definieren. Überlegen Sie dann, welche konkreten Schritte Sie in Ihrem Umfeld unternehmen können, um das Netzwerk zu stärken.

Kunden

- Analysefragen:
  - Was sind Ihre A-Kunden, B-Kunden und C-Kunden?
  - Welchen Einfluss haben diese auf Sie und Ihren Bereich/Ihre Unternehmung?
  - Welche der A-Kunden kennen Sie bereits, welche noch nicht?
  - Wie zufrieden sind Ihre Kunden bisher? (Differenzieren Sie zwischen A-Kunden, B-Kunden und C-Kunden.)
  - Welche Verbesserungen erwarten die Kunden?
  - Was erwarten die Kunden, dass Sie beibehalten?
  - Wie wollen Sie den Kontakt aufbauen und gestalten?
- Welchen Handlungsbedarf erkennen Sie?

Schnittstellenpartner und Führungskräfte auf der gleichen Ebene

- Analysefragen:
  - Wer sind Ihre wichtigsten Schnittstellenpartner?
  - Wen kennen Sie bisher persönlich, wen noch nicht?
  - Was sind die jeweils wichtigsten Erwartungen an Sie und Ihr Team?
  - Welcher Schnittstellenpartner ist Ihnen gut, welcher schlecht gesonnen?
  - Welche Schnittstellen sind für Sie überlebensnotwendig?
  - Welche Führungskräfte auf der gleichen Ebene gibt es?
  - Wen kennen Sie bereits, wen noch nicht?
  - Wie wollen Sie den Kontakt aufbauen und gestalten?
- Welchen Handlungsbedarf erkennen Sie?

Mentoren, Unterstützer und Berater

- Analysefragen:
  - Wer im Unternehmen hat bisher eine Art Mentorenfunktion für Sie übernommen?
  - Von wem können Sie was lernen? Wer interessiert Sie? Wie können Sie Kontakt zu ihm aufnehmen?
  - Welche Personen sind wichtige Informationsquellen?
  - Zu wem können Sie gehen, wenn Sie Fragen oder Probleme haben?
  - Wer fördert Ihre Karriere und wer nicht?
  - Mit welchen internen und externen Beratern haben Sie bisher gute Erfahrungen gemacht?
  - Welcher interne oder externe Berater kann Ihnen bei Ihrer neuen Aufgabe hilfreich sein?
  - Zu welchen Personen wollen Sie den Kontakt intensivieren und verbessern?
- Welchen Handlungsbedarf erkennen Sie?

Verbündete

- Analysefragen:
  - In welchen Bereichen brauchen Sie Verbündete, um erfolgreich zu sein, und welche Funktion sollten sie besitzen?
  - Wen haben Sie schon als hilfreichen Verbündeten? Wie können Sie den Kontakt halten?
  - Wen würden Sie gerne als Verbündeten gewinnen? Wie könnten Sie das erreichen?
  - Auf welche Art und Weise kann der Verbündete Sie und können Sie ihn unterstützen?
  - Wo sind die Grenzen des Verbündetseins? Wie wollen Sie sich davor schützen, „vor den Karren gespannt zu werden“?
- Welchen Handlungsbedarf erkennen Sie?

Gegenspieler

- Analysefragen:
  - Wen haben Sie als Gegenspieler und warum?
  - Wollen Sie ihn als Verbündeten gewinnen?
  - Welche Gemeinsamkeiten verbinden Sie eventuell mit dem Gegenspieler?
  - Welche unterschiedlichen Vorstellungen haben Sie und Ihr Gegenspieler?
  - Wie könnten Sie dessen Einfluss auf Sie und Ihren Erfolg minimieren?
  - Was kann Ihr Gegenspieler besser als Sie?
  - Wo hat Ihr Gegenspieler in seiner Kritik recht? Was sollten Sie deshalb verändern bzw. verbessern?
- Welchen Handlungsbedarf erkennen Sie?

Wettbewerber

- Analysefragen:
  - Mit wem stehen Sie intern und extern im Wettbewerb?
  - Kennen Sie Ihren Wettbewerber, dessen Stärken und Schwächen?
  - In welchen Punkten stehen Sie besser, in welchen schlechter da?
  - Was plant Ihr Wettbewerber?
  - Was können Sie von Ihrem Wettbewerber lernen?
  - Wie positionieren Sie sich gegenüber dem Wettbewerber?
  - Wie gestalten Sie den Kontakt mit Ihrem Wettbewerber?
  - Wo ist ein regelmäßiger Austausch für Sie hilfreich, wo sollten Sie dies nicht tun?
  - Wie gestalten Sie grundsätzlich den Kontakt zu Ihren Wettbewerbern?
- Welchen Handlungsbedarf erkennen Sie?

5.3 Zielsetzungsphase

Sie haben die Analyse durchgeführt und nun ein umfassendes Bild Ihrer Ausgangssituation bekommen. Damit kommen Sie nun in die Zielsetzungsphase (vgl. Bild 5.11). Je nach Lage kann es nun sein, dass Sie grundsätzlich viel ändern oder vielleicht auch nur kleine Anpassungen vornehmen müssen. Legen Sie nicht spontan los, sondern entwickeln Sie eine klare Zielsetzung. So werden Veränderungen für Ihren Vorgesetzten und Ihre Mitarbeiter nachvollziehbar. Erst die Orientierung an einem Zielsystem erklärt Ihre zukünftigen Vorhaben und ermöglicht es Ihren Mitarbeitern, in Ihrem Sinne zu handeln.

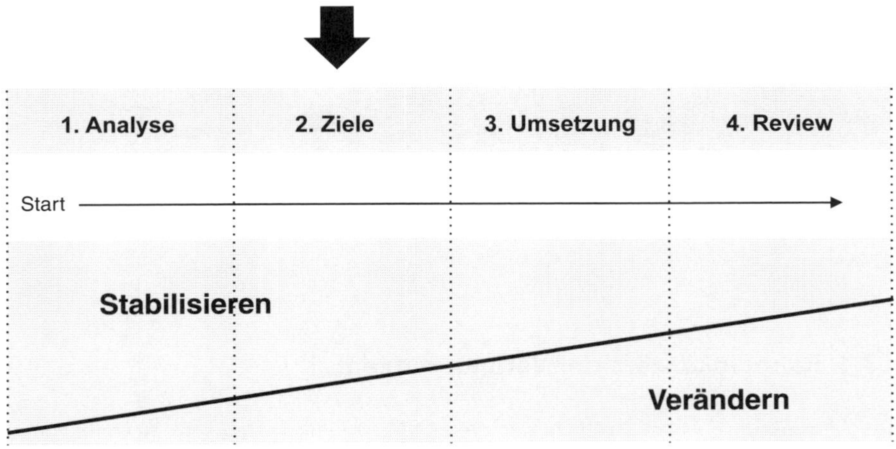

BILD 5.11 Zielsetzungsphase

Viele Veränderungen werden scheitern, wenn Sie sich nicht auf das Wesentliche konzentrieren, sondern versuchen, alles auf einmal zu ändern. Sie sollten eine Balance zwischen Stabilität und Veränderung finden, um weder sich noch das System zu überfordern. Veränderungen sind aber wichtig, um Ihre Erkenntnisse aus der Analysephase zu nutzen, und auch, um Ihrer Abteilung Ihren Stempel aufzudrücken. Die Strukturen und Prozesse müssen zu Ihrer Arbeitsweise passen, damit Sie erfolgreich sein können. Sie sollten aber beachten, dass Sie selbst noch nicht in dieser neuen Rolle fest im Sattel sitzen und sich in einer Lernkurve befinden, die Kraft und Zeit braucht. Ändern Sie also nicht zu viel auf einmal. Konzentrieren Sie sich stattdessen auf zentrale Punkte, die Ihnen entweder schnell positive Resonanz und Anerkennung verschaffen (Quick Wins) oder bei denen Sie sicher sind, dass Handlungsbedarf besteht.

Um die richtigen Ansatzpunkte für Veränderungen zu finden, sollten Sie Ihre Umgestaltungswünsche genauer unter die Lupe nehmen. Am einfachsten ist es, zuerst die Faktoren auszusortieren, die Sie aus guten Gründen (erst einmal) nicht ändern wollen oder können. Gründe für das Beibehalten bestehender Strukturen, Prozesse und Rahmenbedingungen in der Anfangszeit sind:

- **Hoher Qualitätsstandard:** Punkte dieser Kategorie haben bereits einen hohen Qualitätsstandard, der für Ihre aktuellen Ansprüche ausreicht.
- **Niedrige Priorität/später verändern:** Hier einsortierte Pläne können Sie nicht sofort ändern und haben nicht die oberste Priorität. (Hinweis: Legen Sie sich das Thema zu einem späteren Zeitpunkt wieder vor und entwickeln Sie dafür schon jetzt eine konkrete Planung.)
- **Ineffizienz:** Der Aufwand einer Veränderung ist größer als der Nutzen. Diese Dinge laufen zwar nicht besonders gut. Der Aufwand, sie zu verändern, wäre aber bedeutend höher als der zu erwartende Nutzen.

Überlegen Sie nun, was Sie beibehalten wollen und aus welchem Grund. Tragen Sie das Ergebnis in Tabelle 5.11 ein.

TABELLE 5.11 Was beibehalten werden soll und warum

Was möchten Sie in der nächsten Zeit beibehalten?	Gründe		
	a = hoher Qualitätsstandard	b = später verändern	c = vorerst laufen lassen; Aufwand größer als der Nutzen

5.3.1 Rahmenkonzept der Veränderungen

Was Sie verändern wollen, sollte in das größere Ganze eingebettet sein. Deshalb sollten Sie deutlich machen, wie Ihre Veränderungen dem Unternehmen nutzen. Was das Unternehmen will und wie es sich in Zukunft ausrichten will, ist meist in der Unternehmensstrategie beschrieben. Beziehen Sie sich auf sie. So können Sie sicherstellen, dass Sie mit Ihren Mitarbeitern einen Beitrag zum langfristigen Unternehmenserfolg leisten, und dies auch nach außen hin, gegenüber Ihrem Vorgesetzten und Ihren Schnittstellenpartnern, nachweisen.

Unternehmensstrategie

Die Unternehmensstrategie gibt den Rahmen und die Ausrichtung des Unternehmens vor. Sie beschreibt, wie sich das Unternehmen die nächsten Jahre weiterentwickeln soll und wie sich alle Kräfte des Unternehmens ausrichten sollen, damit langfristig das Überleben gesichert ist. Deshalb ist es wichtig, dass Sie Ihre Vision, Zielsetzung und Leitgedanken für die Zusammenarbeit an der Unternehmensstrategie orientieren. Überprüfen Sie anhand folgender Fragen, ob Ihre Pläne im Sinne der Unternehmensstrategie sind.

- Welche übergeordnete Strategie gibt es in Ihrem Unternehmen?
- Was wird im Unternehmen unternommen, um die Strategie umzusetzen?
- In welches Zielsystem müssen Sie Ihre Ziele integrieren? Wo wird es dokumentiert und überprüft?
- Welche Ziele sind Ihrem Vorgesetzten wichtig? Welchen Punkten fühlt er sich besonders verpflichtet?
- Was wird von Ihnen und Ihrer Abteilung bei der Umsetzung der Unternehmensstrategie erwartet?

Motivierende Vision für den eigenen Bereich

Entwickeln Sie eine neue Vision für Ihre Abteilung. Eine Vision ist ein Zustand, der in Zukunft erreicht werden soll. Für sie lohnt es sich zu arbeiten. Sie wirkt motivierend auf die Mitarbeiter. Ist sie richtig gewählt, ist sie die Richtschnur für alle Ihre Ziele und schafft mit wenigen Worten eine Orientierung für die Weiterentwicklung der Abteilung. Für eine HR-Abteilung könnte sie z. B. lauten: „Wir sind in der Pharmaindustrie die HR-

Abteilung mit dem größten Nutzen für den Unternehmenserfolg und setzen den höchsten Qualitätsstandard um."

TIPP: Formulieren Sie eine Vision

- Formulieren Sie die Vision zusammen mit Ihren Mitarbeitern.
- Treffen Sie verständliche, eindeutige und einfache Aussagen.
- Schaffen Sie eine Vision, die für die ganze Abteilung gültig ist und nicht nur für einzelne Mitarbeiter.
- Seien Sie in Ihren Inhalten verständlich, auch außerhalb der Abteilung.
- Formulieren Sie eine Vision, die zu Ihnen passt und Ihre persönliche Handschrift trägt.
- Schaffen Sie eine Vision, die die Mitarbeiter motiviert und die erreichbar, aber auch anspruchsvoll ist.

Grundsätze der Zusammenarbeit

Wie stellen Sie sich die Zusammenarbeit in Ihrem Bereich vor? Was ist Ihnen besonders wichtig und warum? Wie wollen Sie, dass die Mitarbeiter untereinander umgehen und wie mit Ihnen? Das sind Fragen, die Sie und Ihre Mitarbeiter sich selbst bewusst oder unbewusst stellen. In der täglichen Arbeit suchen Sie darauf eine Antwort. Nutzen Sie das. Formulieren Sie gemeinsam mit Ihren Mitarbeitern die Antworten und veröffentlichen Sie sie. So können die Grundsätze der Zusammenarbeit zu einer wertvollen Identifikation und Orientierung werden. Vergessen Sie aber nicht, die Grundsätze der Zusammenarbeit gemeinsam mit Ihren Mitarbeitern zu entwickeln. Tun Sie es nicht alleine, sonst werden diese Grundsätze moralisch und damit nutzlos. Der Prozess, sie zu erörtern und festzulegen, ist ein wichtiger Schritt, um gegenseitige Erwartungen und Vorstellung kennenzulernen.

Übung: Beispiele für Grundsätze der Zusammenarbeit aus der Industrie:

- Wir kennen die Prozesse, in die wir eingebunden sind, und halten uns an diese.
- Wir arbeiten gemeinsam mit den Schnittstellenpartnern kontinuierlich an der Verbesserung unserer Leistung.
- Wir sind Dienstleister und Gestalter, kennen die Bedürfnisse unserer Kunden und die Rahmenbedingungen unserer externen Kunden.
- Unser Arbeitsanspruch ist professionell, kundenorientiert, strukturiert und schafft ein optimales Kosten-Nutzen-Verhältnis.
- Wir arbeiten bei der Konzeptentwicklung, wenn möglich, im Tandem, innovativ und nutzen bestehende Konzepte.
- Wir kennen unsere Produkte und Dienstleistungen und die unserer Konkurrenz.

- Wir schaffen Synergien zwischen den Segmenten und den Bereichen der Abteilung.
- Wir lernen im Team voneinander, geben uns gegenseitig Feedback und unterstützen uns bei Schwierigkeiten und Engpässen.
- Wir bereiten Besprechungen vor, klären zu Beginn die Zielsetzung und moderieren diese systematisch. Das Ergebnis hält ein Protokoll fest. Maßnahmen werden konkret vereinbart und deren Durchführung wird überprüft.
- Wir geben uns gegenseitig Wertschätzung für die Dinge, die gut laufen, und üben konstruktive Kritik, wo wir etwas verbessern können.
- Wir achten unsere persönlichen und kapazitiven Grenzen und melden Handlungsbedarf an die Führungskraft.

5.3.2 Zielplanung

Auf Grundlage der Unternehmensstrategie und Ihrer Vision können Sie sich nun an die Zielplanung Ihrer Abteilung machen. Je klarer Sie Ihre Ziele bestimmt haben, desto stringenter können Sie diese verfolgen und desto größer sind Ihre Chancen, sie zu erreichen.

TIPP: Setzen Sie anspruchsvolle und realistische Ziele

- Achten Sie darauf, dass Ihre Ziele zur Unternehmens- und zu den übergeordneten Bereichsstrategien passen und deren Verbindung nachvollziehbar dokumentiert ist.
- Die Formulierung der Ziele muss klar, konkret und „messbar" sein.
- Setzen Sie anspruchsvolle, aber erreichbare Ziele.
- Konzentrieren Sie sich bei den Zielen auf das Wesentliche.
- Beachten Sie bei der Zielsetzung die Unternehmens- und Wettbewerbssituation.
- Stimmen Sie die Ziele mit Ihrem Vorgesetzten ab, bevor Sie sie Ihren Mitarbeitern vorstellen und mit ihnen diskutieren.
- Entscheiden Sie, welche Ziele Sie nach außen hin vorstellen und welche Sie nur für sich verfolgen und dokumentieren.
- Wenn Sie die Ziele Ihren Mitarbeitern vorstellen, lassen Sie diese auch von ihnen überprüfen und gegebenenfalls anpassen, wenn berechtigte Zweifel oder Anregungen zur Sprache kommen.
- Stellen Sie sicher, dass die mittel- und langfristigen Ziele in der täglichen Arbeit präsent bleiben und kontinuierlich verfolgt wird, inwieweit sie erreicht werden.

Um Ihre Zielplanung zu systematisieren, sollten Sie nun festlegen, in welchem Zeitrahmen Sie die einzelnen Ziele verwirklichen wollen. Bei einigen Themen haben Sie kurzfristig Handlungsbedarf. Das sind die Dinge, die offensichtlich neu justiert werden müssen und mit denen Sie Ihrem Umfeld zeigen können, dass Sie adäquat handeln und entscheiden können. Überlegen Sie danach, welche Entscheidungen mittel- und langfristig anstehen. Bei dieser Einteilung helfen Ihnen die nachstehenden Analysefragen. Fassen Sie die Ergebnisse mithilfe der Tabellen (vgl. Tabelle 5.12 und Tabelle 5.13) zusammen.

- **1. Schritt** – kurzfristigen Handlungsbedarf festlegen:
  - Welche kurzfristigen Ziele werden Sie verfolgen?
  - Wo ist es wichtig, schnell zu handeln?
  - Welche Veränderungen werden Sie sofort anpacken?
  - Welche Erfolgsfaktoren erkennen Sie schon heute, um dieses Ziel zu erreichen? Welche konkreten Maßnahmen zur Zielerreichung werden Sie anpacken?

TABELLE 5.12 Kurzfristiger Handlungsbedarf

Kurzfristiger Handlungsbedarf	Maßnahmen zur Zielerreichung
Beispiel: Erhöhung der Wirtschaftlichkeit der Abteilung/des Bereichs um 5 % bis zum 31. 03. Bewertungskriterien sind ...	Reduzierung der nicht wertschöpfenden Tätigkeiten im Bereich der Verwaltung

- **2. Schritt** – mittelfristige und langfristige Ziele definieren:
  - Welche mittel- und langfristigen Ziele werden Sie verfolgen?
  - Welche Erfolgsfaktoren erkennen Sie schon heute, um dieses Ziel zu erreichen? Welche konkreten Maßnahmen zur Zielerreichung werden Sie anpacken?

TABELLE 5.13 Mittel- und langfristige Ziele

Mittel- und langfristige Ziele	Maßnahmen zur Zielerreichung
Beispiel: Entwicklung und Aufbau einer neuen Produktpalette binnen zwei Jahren	Start eines Innovationsprojekts mit abteilungsübergreifender Besetzung

Einsatzplanung für Team und Mitarbeiter

Um Ihre Ziele erreichen zu können, brauchen Sie ausreichende Personalressourcen (Stellen) und den richtigen Mitarbeiter für jede Aufgabe. Sollten Sie dringend zusätzliche Stellen benötigen, wird es nicht einfach sein, diese zu bekommen. Der Weg, neue

Arbeitsplätze zu schaffen, ist oft mühsam. Er ist nur dann erfolggekrönt, wenn Sie für die Erreichung der Ziele nachweislich mehr Kapazität brauchen und Ihr Vorgesetzter Sie dabei unterstützt. Zusätzlicher Personalbedarf muss sehr gut begründet, der Bedarf belegt und der Nutzen für das Unternehmen ersichtlich sein.

TIPP: Pflegen Sie Kontakte zu potenziellen Mitarbeitern

Wenn Sie bei Ihrem bisherigen beruflichen Weg sehr gute Fachkräfte kennengelernt haben und diese potenziell in Ihrem Team haben möchten, sollten Sie mit ihnen in Kontakt bleiben, auch wenn es eher mittel- oder langfristig für eine Einstellung Möglichkeiten geben kann. ■

Überlegen Sie, ob jeder Mitarbeiter den für ihn richtigen Arbeitsplatz hat und kompetent und motiviert seiner Arbeit im Rahmen der neuen Zielsetzung nachgehen wird. Nutzen Sie dazu die Einteilung von Tabelle 5.14.

Es gibt Mitarbeiter, bei denen Sie sich schnell im Klaren sind, dass sie nicht in Ihr Team passen. Bei diesen Mitarbeitern können und sollten Sie eindeutig handeln. Vergessen Sie dabei aber nicht, dass es nicht einfach ist, einen Mitarbeiter zu versetzen oder zu entlassen, dass dies auch Unruhe ins Team bringen kann und dass dies für den Betroffenen auch persönlich tragische Auswirkungen haben kann. Prüfen Sie deshalb genau, ob der entsprechende Mitarbeiter anders eingesetzt bessere Leistungen erbringen könnte und deshalb eine Aufgabenveränderung im Team sinnvoll wäre.

TABELLE 5.14 Planung des Einsatzes der Mitarbeiter und von Stellen

Kategorie	Mitarbeitername	Weitere Aktivitäten
Mitarbeiter, die schon länger im Team sind		
Mitarbeiter ist richtig eingesetzt.		
Mitarbeiter ist richtig eingesetzt, muss aber gefördert und motiviert werden, um seine Aufgaben besser zu erfüllen.		
Mitarbeiter, bei denen Sie sich noch nicht im Klaren sind, ob Sie richtig eingesetzt sind.		
Mitarbeiter ist falsch eingesetzt und sollte im Team seine Aufgabe wechseln.		
Mitarbeiter ist falsch eingesetzt und sollte in eine andere Abteilung wechseln.		
Neue Mitarbeiter und Stellen		
Stellen, die Sie neu besetzen wollen:		
Neue Stellen, die Sie zur Erfüllung der Ziele und Aufgaben schaffen wollen:		

Bei der Beurteilung anderer Mitarbeiter werden Sie noch keinen abschließenden Eindruck gewonnen haben. Forcieren Sie hier keine Entscheidung, selbst wenn Sie eher die Einschätzung haben, Sie müssten sich von einem Mitarbeiter trennen. In Sachen Motivation können Sie als Führungskraft beispielsweise viel bewegen. Sie dürfen auch nicht vergessen, dass das aktuelle Leistungsniveau und die derzeitige Motivation und Identifikation des Mitarbeiters auch eine Vorgeschichte und Entwicklung besitzen. So könnte beispielsweise das Führungsverhalten Ihres Vorgängers sehr prägend gewesen sein. Sie sollten deshalb zunächst die Vorgeschichte recherchieren und sich bemühen, die Einstellung des Mitarbeiters zu verstehen. Erst danach können Sie redlich handeln.

Persönliche Zielplanung

Setzen Sie sich auch eigene Ziele. Nicht nur Ihre Abteilung soll erfolgreich sein, auch Sie sollen weiterkommen und zufrieden sein. Überlegen Sie deshalb, was Sie in der Karriere, in puncto Netzwerk, im Privatleben erreichen wollen und was Sie dazulernen wollen. Oberste Priorität sollte die Erfüllung der Aufgaben in Ihrer jetzigen Stelle haben. Sie werden Ihre mittel- und langfristigen Ziele als Führungskraft nur erreichen, wenn Sie aktuell Ihre Fähigkeiten nachweisen können.

TIPP: Setzen Sie Ziele für Ihre berufliche Entwicklung

Sie können sich auch jetzt schon darüber Gedanken machen, welche nächsten Stationen Sie in Ihrer Entwicklung ansteuern wollen. Veröffentlichen Sie diese aber auf keinen Fall, wenn Sie erst am Anfang Ihrer Führungslaufbahn stehen. Konzentrieren Sie sich aber zuerst auf Ihren erfolgreichen Start. Ohne diesen werden Sie die nächste Stufe nicht erreichen. ■

Beantworten Sie die folgenden Fragen, um Klarheit über Ihre weiteren Entwicklungsstationen zu erlangen. Achten Sie dabei darauf, ob sich Zielkonflikte abzeichnen, z. B. Konflikte betreffend der Work-Life-Balance, und versuchen Sie, diese aufzulösen. Das Ergebnis können Sie in Tabelle 5.15 zusammenfassen.

- Ziele Ihrer Entwicklung als Führungskraft:
  - Wie lange wollen Sie an der Einstiegsstelle bleiben?
  - Welche Stelle würde Sie als Nächstes interessieren?
  - Wie könnten Sie darauf hinarbeiten, sich für diese zu empfehlen, ohne die aktuelle Stelle zu vernachlässigen?
  - Wer könnte Sie in Ihrer Entwicklung unterstützen?
- Netzwerk- und Kooperationsziele:
  - Zu welchen Personen und Gruppen brauchen Sie ein gutes Netzwerk, um Ihre Abteilungsziele zu erreichen und auch persönlich weiterzukommen?
  - Welche Ziele verfolgen Sie mit Ihren direkten Schnittstellenpartnern?
  - Wie wollen Sie die Kooperation zu Ihren Führungskollegen gestalten?
  - Welche Ziele setzen Sie sich für den Kontakt zu Ihrem Vorgesetzten?

- Persönliche Ziele (Kontakte, Familie, körperliche Fitness ...):
  - Welche privaten Kontakte werden Sie in Zukunft halten?
  - Welche Ziele sind Ihnen familiär wichtig?
  - Wie erhalten Sie Ihre physische und psychische Gesundheit?
  - Welche Ziele haben Sie für sich selbst in der Lebensgestaltung?
- Ihre Lernziele:
  - Was wollen Sie kennenlernen und welche Kompetenzen wollen Sie erweitern?
  - Welche Ziele haben Sie im Umgang mit Ihren Schwächen?
  - Wo möchten Sie mittel- oder langfristig Know-how aufbauen?
  - Wie werden Sie die ersten Erfahrungen als Führungskraft reflektieren?

TABELLE 5.15 Persönliche Entwicklungsziele

Ziele Ihrer Entwicklung als Führungskraft	Private Ziele (Kontakte, Familie, körperliche Fitness ...)
Beispiel: Nach zwei bis drei Jahren Wechsel von der Teamleiterebene auf eine Abteilungsleiterposition	Beispiel: Eine Entspannungstechnik beherrschen
Netzwerk- und Kooperationsziele	**Lernziele**
Beispiel: Bei mindestens drei der fünf größten Mitbewerber Kontaktpersonen mit einer Bereitschaft für den gegenseitigen Erfahrungsaustausch kennen	Beispiel: Verhandlungen auf Englisch führen können

Zieleworkshop mit den Mitarbeitern

Der Zieleworkshop stellt einen elementaren Baustein in Ihrer Führungsarbeit dar. Führen Sie ihn nicht nur am Anfang durch, sondern setzen Sie nach Bedarf oder jedes Jahr einen auf den Terminplan Ihres Teams. So können Sie gemeinsam Klarheit über Ihre Ziele herstellen, den Erfolg des vergangenen Jahres einschätzen und für das neue Jahr planen. Mitarbeiter wollen sich gerade in diesem Prozess einbezogen fühlen und nicht Ziele vorgesetzt bekommen. Das bedeutet aber nicht, dass Sie unvorbereitet in diesen Zieleworkshop gehen sollten. Überlegen Sie, in welche Zielentwicklung Sie Ihre Mitarbeiter mit einbeziehen wollen und in welche nicht. Dabei hilft folgende Differenzierung:

- Die Führungskraft entwickelt und definiert das Ziel alleine.
- Die Führungskraft entwickelt und definiert das Ziel alleine und lässt sich Feedback von den Mitarbeitern geben.

- Die Führungskraft lässt sich bei der Zielentwicklung beraten, legt aber das Ziel alleine fest.
- Die Führungskraft gibt die Themenbereiche vor. Führungskraft und Mitarbeiter entwickeln und definieren die konkreten Ziele gemeinsam.
- Führungskraft und Mitarbeiter entwickeln und definieren gemeinsam die Ziele.

TIPP: Sie können auch einem externen Moderator die Leitung eines Workshops übertragen

Wenn Sie mit der Durchführung von Workshops wenig Erfahrung haben, könnte es hilfreich sein, einen externen Moderator hinzuzuziehen. Dann können Sie sich ganz auf Ihre Rolle als Führungskraft konzentrieren. ■

Mitarbeiter erwarten zu Recht, dass Sie selbst eine klare Vorstellung von der Zielsetzung der Abteilung haben. Diese sollten Sie im Zieleworkshop vorstellen und mit den Mitarbeitern diskutieren. Im Idealfall erhalten Sie so wertvolle Anregungen zu Ihrer Vorlage. Mit diesem Diskussionsprozess können Sie aber auch erreichen, dass die Ziele nicht nur Ihre Ziele sind, sondern auch von den Mitarbeitern als ihre eigenen Ziele angenommen und verfolgt werden. Der Ablaufvorschlag von Tabelle 5.16 zeigt, wie die Grundstruktur eines Workshops aufgebaut sein sollte, damit er zum Erfolg führt.

TABELLE 5.16 Zieleworkshop

Ablaufvorschlag		
Dauer	**Ziel**	**Inhalt**
1 bis 2 Tage (Die Dauer ist abhängig von der Vielfalt der Themen und den Anforderungen)	Zielsetzung der Abteilung	a. Begrüßung und Ziel des Workshops b. Vorstellung Ihrer Rahmenzielsetzung als Führungskraft, Aufzeigen ihrer Bedeutung und ihrer Verbindung mit der Unternehmensstrategie, Diskussion in Kleingruppen, um Fragen und Anregungen zu sammeln: Welche Ziele sind nachvollziehbar und wo haben die Mitarbeiter noch Klärungs- oder Ergänzungsbedarf? Sind die Ziele für das Team erreichbar und wirken sie motivierend? Welche Fragen haben die Mitarbeiter zu konkreten Zielsetzungen? c. Klärung der Fragen und Anregungen im Plenum und gegebenenfalls Überarbeitung einzelner Ziele d. Vereinbarung der Zielsetzung mit einem symbolischen Akt (z. B. alle unterschreiben die Zielsetzung und verpflichten sich symbolisch, diese zu unterstützen) e. Klärung der Umsetzungsschritte: „Was müssen wir kurz-, mittel- und langfristig tun, um die Zielsetzung zu erreichen?“ f. Vereinbaren von Maßnahmen (Wer macht was bis wann?) g. Abschied (vielleicht gibt es ein Symbol, damit die Zielsetzung in Erinnerung bleibt)

Zielvereinbarungen

Die Zielvereinbarungsgespräche im Unternehmen finden nacheinander von der obersten Führungsebene bis zu den Mitarbeitern statt. Wie viele Gespräche geführt werden, bis der einzelne Mitarbeiter weiß, was er zur Zielerreichung beitragen soll, hängt von der Größe des Unternehmens ab. In einem mittelständischen Betrieb beispielsweise finden – wie Bild 5.12 darstellt – die Absprachen nacheinander auf drei Ebenen statt: zwischen Geschäftsführung und Bereichsleitern, Bereichsleitern und Abteilungsleitern und dann zwischen Abteilungsleitern und Mitarbeitern.

Die Zielvereinbarung ist ein Führungsinstrument, das sich in vielen Unternehmen bewährt hat. Vor allem in der Anfangsphase ist die Erarbeitung und Vereinbarung von Zielen ein wichtiger und im wahrsten Sinne des Wortes richtungsweisender Teil Ihrer Tätigkeit. Je besser er gelingt, desto geschlossener stehen Ihr Vorgesetzter, Sie und auch Ihre Mitarbeiter hinter den Zielen Ihrer Abteilung. Dann erkennen alle Beteiligten selbst, wie sie diese Ziele unterstützen können. Der Nutzen der Zielvereinbarungen lässt sich mit folgenden Merkmalen erklären:

- Erhöhung der Zielorientierung,
- Fokussierung auf das Wesentliche,
- Belohnung von Leistung,
- Erhöhung der Selbstkontrolle der Mitarbeiter,
- Möglichkeit der Mitarbeiter, die Ziele aktiv mitzugestalten und damit den Sinn ihrer Tätigkeit und deren Beurteilungsmaßstab mitzubestimmen,
- Vergrößerung des Handlungsspielraums der Mitarbeiter im Arbeitsalltag.

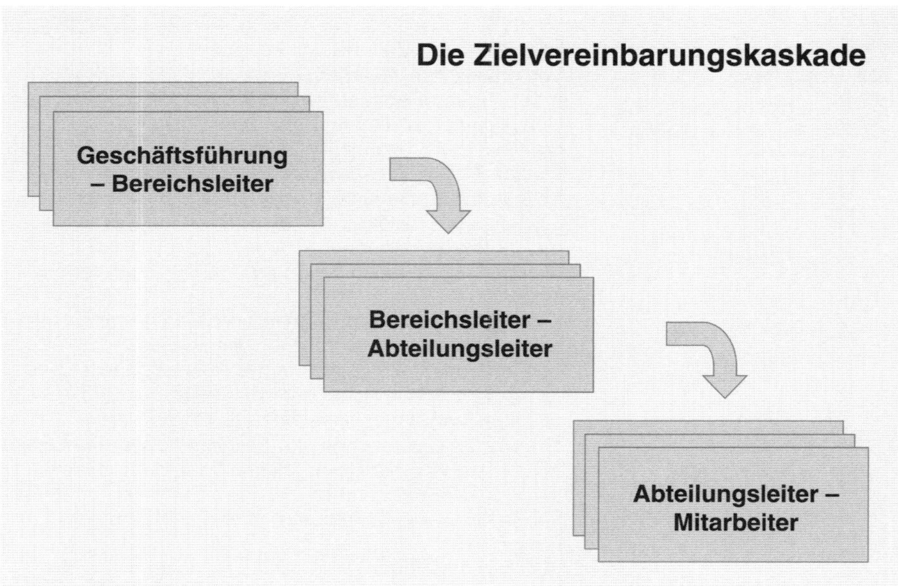

BILD 5.12 Zielvereinbarungskaskade

TIPP: Nutzen Sie die Zielvereinbarungen, um die eigenen Ziele mit festzulegen und Mitarbeiter zu motivieren

- Gestalten Sie Ihre Zielvereinbarung aktiv mit und notieren Sie bei der Vorbereitung des Gesprächs, welche Ziele Sie in der Zielvereinbarung beschrieben haben möchten.
- Stellen Sie sicher, dass die Ziele, die Sie vereinbaren wollen, erreichbar und zumutbar sind. Sie sollen auch nachzuvollziehen und eindeutig zu beschreiben sein.
- Achten Sie darauf, dass Ihre Ziele einen klaren Bezug zu den Zielen Ihres Vorgesetzten und zur Unternehmensstrategie aufweisen.
- Schaffen Sie einen vertrauensvollen Rahmen für die Zielvereinbarungsgespräche mit Ihren Mitarbeitern. Geben Sie die Ziele nicht vor, sondern entwickeln Sie diese zusammen mit Ihren Mitarbeitern.
- Denken Sie daran, dass man das Erreichen der Ziele messen und mit allgemein anerkannten Mitteln bewerten können muss. In der Zielvereinbarung sollte deshalb auch festgelegt sein, wie die Erfolgskontrolle erfolgt.

Zielvereinbarungen bestehen aus einem Aushandlungsprozess „nach oben“, zwischen Ihnen und Ihrem Vorgesetzten, und einem nachfolgenden Aushandlungsprozess „nach unten“, zwischen Ihnen und Ihren Mitarbeitern.

In diesem Prozess wird zuerst Ihr Vorgesetzter seine konkreten Erwartungen an Sie formulieren und werden Sie Ihre selbst gesteckten Ziele einbringen. Wenn sich die Vorstellungen beider Seiten decken, wird es nicht schwierig sein, die Zielvereinbarung zu fixieren. Sollten Sie aber äußerst unterschiedliche Erwartungen haben, müssen Sie herausfinden, woran das liegt, und dann so lange verhandeln, bis Sie eine gemeinsame Lösung gefunden haben. Haben Sie Ihre Zielvereinbarung mit Ihrem Vorgesetzten in der Tasche, können Sie daraus ableiten, welche Ziele Ihre Mitarbeiter erreichen sollen, und dann Zielvereinbarungsgespräche mit Ihren Mitarbeitern durchführen. Achten Sie dabei auf die Durchgängigkeit der Ziele. Das bedeutet: Die Ziele, die Sie mit Ihrem Vorgesetzten vereinbart haben, müssen sich auch in den Zielen Ihrer Mitarbeiter wiederfinden. Sicherlich können Sie nicht alle Ziele Ihres Vorgesetzten auf Ihre Mitarbeiter übertragen. Einige, beispielsweise die Interessenvertretung in wichtigen Führungsgremien, können nur Sie umsetzen. Eine Zielvereinbarung kann unterschiedliche Arten von Zielen beinhalten:

- aufgabenbezogene Ziele,
- Verhaltensziele,
- teambezogene Ziele,
- führungsbezogene Ziele,
- projektbezogene Ziele,
- Innovationsziele,
- individuelle Qualifizierungs- und Entwicklungsziele.

Stellen Sie nun zusammen, welche Ziele Sie innerhalb dieser Bereiche verfolgen wollen. Konkretisieren Sie Ihre Liste, indem Sie festlegen, nach welchen Kriterien Sie die einzelnen Punkte ausgewählt haben, wie wichtig Sie Ihnen sind, in welchem Zeitraum Sie sie verwirklichen wollen und wie Sie feststellen, wie erfolgreich Sie dabei sind. Verwenden Sie dafür Tabelle 5.17.

TABELLE 5.17 Systematik für ausgewählte Zielarten

Aufgabenbezogene Ziele				
Ziel	Kriterien	Priorität	Bis wann erfüllt?	Zielerreichungsgrad (Unterschied zwischen Ist und Soll)
Verhaltensziele				
Ziel	Kriterien	Priorität	Bis wann erfüllt?	Zielerreichungsgrad (Unterschied zwischen Ist und Soll)
Individuelle Qualifizierungs- und Entwicklungsziele				
Ziel	Kriterien	Priorität	Bis wann erfüllt?	Zielerreichungsgrad (Unterschied zwischen Ist und Soll)

TIPP: Überprüfen Sie Ihre Ziele von Zeit zu Zeit

Bedenken Sie: Ziele müssen immer wieder überprüft, modifiziert und erneuert werden. Nur so können Sie und Ihre Abteilung den von außen herangetragenen Veränderungen standhalten.

5.4 Umsetzungsphase

In der Umsetzungsphase (vgl. Bild 5.13) beginnt die schrittweise Umsetzung der Ziele. Deren Wirkung wird dort besonders sichtbar, wo die neuen Ziele spürbare und erlebbare Veränderungen nach sich ziehen.

Im Idealfall können Sie nun bald erste Erfolge feiern. Es kann aber auch sein, dass die Realisierung der Ziele Ihnen schwerer fällt als gedacht und Sie mit unerwarteten Widerständen zu kämpfen haben. Niemand kann von Ihnen erwarten, dass Ihnen alles auf Anhieb gelingt. In jedem Fall sollten Sie Ihre Mitarbeiter, Ihren Vorgesetzten und auch Ihr Umfeld in dieser Phase noch besser kennenlernen. Das hilft, falls Sie geplante Vorhaben korrigieren müssen.

Trotzdem sollten Sie auch die Umsetzung so gut wie möglich vorbereiten. Erstellen Sie deshalb einen Maßnahmenplan, in dem Sie alle wichtigen Veränderungsschritte näher definieren. Folgende Fragen können Ihnen bei der Gestaltung dieses Plans helfen:

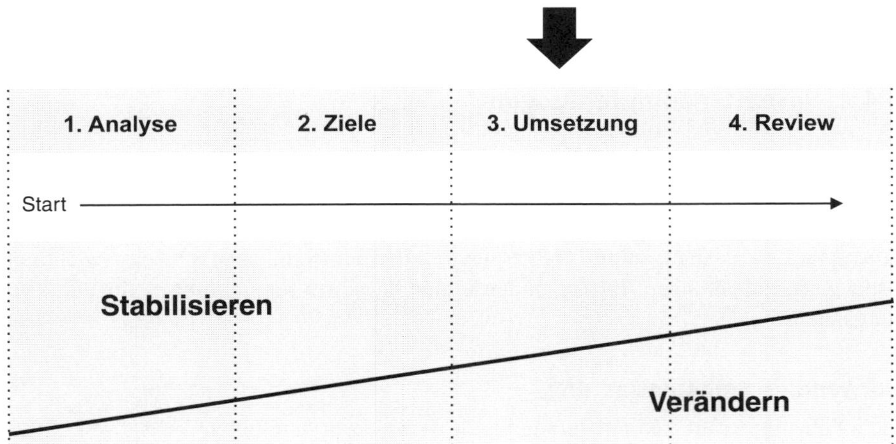

BILD 5.13 Umsetzungsphase

- Wann ist der richtige Zeitpunkt für die Maßnahme?
- Wem sollten Sie die Veränderungen mitteilen und in welcher Reihenfolge sollte das geschehen?
- Wie sieht eine realistische Zeitplanung aus?
- Mit welchem Aufwand ist für die Maßnahme zu rechnen?
- Mit welcher Symbolik und mit welchen Ritualen können Sie die Bedeutung der Neugestaltung unterstreichen?

Tragen Sie nun Ihre Ergebnisse in Tabelle 5.18 ein.

TABELLE 5.18 Maßnahmenplan für die Umsetzung

Maßnahmenplan für die Umsetzung				
Ziel	Maßnahme	Verantwortliche und Beteiligte	Bis wann umgesetzt?	Erfolgskontrolle

In der Umsetzungsphase wird sichtbar, was Sie vorher analysiert und in der Zielsetzung geplant haben. Sowohl Ihre Mitarbeiter als auch Ihr Umfeld werden diesen Schritt sehr genau verfolgen. Umso wichtiger ist, dass Ihnen hierbei das Wesentliche gelingt. Kleinere Rückschläge können und sollten Sie akzeptieren.

5.4.1 Verhaltensempfehlungen

Spätestens in dieser Phase erleben Sie alle Anforderungen, die die Position einer Führungskraft charakterisieren. Sie sind gleichzeitig von dem operativen Geschäft, der Mitarbeiterführung, Kontaktpflege, Planung, Verwaltung und zusätzlich von der Neugestaltung gefordert. Deshalb sollten Sie gerade jetzt sicherstellen, dass Sie keine wichtigen Aspekte vernachlässigen. Im Folgenden einige bewährte Empfehlungen für den Führungsalltag:

Notwendige Selbstentlastung

Viele Führungskräfte können gerade in der Anfangszeit den Rollenwechsel vom Mitarbeiter zur Führungskraft noch nicht sicher praktizieren und neigen zur Selbstüberlastung. Sie übernehmen zum einen Aufgaben, die nicht mehr zu ihrer Rolle passen, und zum anderen wollen sie ihre Führungsrolle besonders gut meistern. Das birgt die Gefahr, dass sie die Grenzen ihrer Belastbarkeit überschreiten.

Sorgen Sie deshalb konsequent dafür, dass Ihnen genügend Zeit und Aufmerksamkeit für die Führungsaufgaben und die Steuerung Ihrer Abteilung bleibt und Sie nicht in operativen Aufgaben versinken. Delegieren Sie Arbeiten, soweit das möglich ist, und entlasten Sie sich von Aufgaben, die nicht oberste Priorität haben. Ebenso wichtig ist aber, dass Sie sich von Anfang an nicht über die Maßen belasten. Viele Führungskräfte beklagen nach den ersten Monaten ihrer Führungstätigkeit, dass sie sich körperlich und geistig ausgepowert fühlen und darunter auch ihre Zufriedenheit mit dem Job und die Leistung leiden. Um dem vorzubeugen, sollten Sie übersteigerten Aktionismus vermeiden und für einen gesunden Ausgleich zwischen Beruf und Privatleben auch in der Anfangszeit sorgen.

Flexibel und offen für Anpassungen bleiben

Bleiben Sie flexibel und offen für Anpassungen, wenn Sie merken, dass Sie auf dem „Holzweg“ sind. Auch wenn Sie sich klare Veränderungsziele vorgenommen haben, können Sie, wenn Sie gute Gründe erkennen, diese ohne Gesichtsverlust stoppen oder gar nicht erst einführen. Auch Sie können irren und sollten aus Ihren Fehlern lernen. So fahren Sie wesentlich besser, als wenn Ihre Mitarbeiter und Ihr Umfeld merken, dass Sie nicht in der Lage sind, Fehler einzugestehen, und stattdessen stur an Ihrem Plan festhalten.

Andere unterstützen

Um Erfolg zu haben, benötigen Sie auf Dauer die Hilfe Ihrer Führungskollegen und deren Abteilungen. Deshalb sollten auch Sie Anfragen um Unterstützung nicht ablehnen, wenn Sie die Möglichkeit haben, weiterzuhelfen. Das gilt selbst dann, wenn Sie gerade alle Hände voll zu tun haben, um Ihre Veränderungen voranzutreiben und das operative Geschäft zu stützen.

Übergangene Mitbewerber wertschätzen

Neue Führungskräfte können davon ausgehen, dass mindestens ein Mitarbeiter glaubt, dass eigentlich er die Führungsposition verdient hätte. Gerade diese Mitarbeiter begegnen dem Neuen skeptisch. Bleibt dieser Zündstoff unbeachtet, kann hier die Lunte für spätere Konflikte gelegt werden. Reden Sie mit dem Kollegen. Sagen Sie ihm, dass Sie um seine Bewerbung auf Ihre Stelle wissen. Zeigen Sie Verständnis für seine Enttäuschung, weil die Entscheider sich für Sie entschieden haben. Aber entschuldigen Sie sich nicht dafür, dass Sie jetzt der neue Chef sind. Bitten Sie ihn um seine Unterstützung und Loyalität und fragen Sie nach seinen konkreten Erwartungen an Sie. Drücken Sie ihm die Wertschätzung aus, die er für seine bisherige Leistung verdient.

Wenn Sie mit dem übergangenen Mitbewerber umsichtig umgehen, kann er einer Ihrer wichtigsten Verbündeten werden. Nutzen Sie seine Fähigkeiten und Kompetenzen für wichtige Aufgaben in der Abteilung. Sollte sich das Verhältnis verbessern und sollten sich seine Leistungen bestätigen, können Sie ihn auch zu Ihrem Stellvertreter machen oder ihm Unterstützung für Empfehlungen im Unternehmen anbieten. Prüfen Sie unvoreingenommen, ob seine Loyalität und seine Leistungen das auch rechtfertigen.

Keine voreiligen Versprechungen machen

Neue Führungskräfte mit geringer eigener Standfestigkeit neigen dazu, viele Vorschläge der Mitarbeiter aufzunehmen und nach oben zu vertreten. Kehren Sie dann mehrmals ohne erkennbaren Erfolg zurück, kann das zu Akzeptanzproblemen führen. Erklären diese Führungskräfte noch dazu: „Ich würde ja gerne, aber die Leitung akzeptiert die Vorschläge nicht“, können Sie damit keine Sympathiepunkte sammeln. Auf Dauer besteht aber die Gefahr, damit die Mitarbeiter zunehmend zu enttäuschen. Sie glauben, dass sich durch den neuen Chef nicht viel ändern wird. Machen Sie deshalb keine voreiligen Versprechungen. Sondieren Sie die Verbesserungsmöglichkeiten und die Haltung des Vorgesetzten, bevor Sie ihm einen Veränderungsvorschlag präsentieren.

Wappnen Sie sich dann mit Argumenten und gehen Sie gut informiert in das Gespräch. Sollte der Vorgesetzte Ihren Vorschlägen nicht zustimmen, so erfragen Sie seine Gründe. Versuchen Sie so mit Ihrem Vorgesetzten zu einer gemeinsamen Entscheidung zu kommen. Auf diese Weise können Sie den Mitarbeitern eine Antwort übermitteln, die gemeinsam von Ihrem Chef und Ihnen getragen wird.

Nicht der beste Mitarbeiter sein wollen

Manche neuen Chefs versuchen, der fleißigste und fachlich kompetenteste Mitarbeiter zu sein. Damit wollen Sie Akzeptanz gewinnen und mit gutem Beispiel vorangehen. Das kann nicht nur zu Arbeitsüberlastung führen, sondern hält Sie auch davon ab, Ihre eigentlichen Führungsaufgaben wahrzunehmen. Damit wird die gute Absicht zur Gefahr: Wenn Sie Aufgaben der Mitarbeiter mit lösen wollen, beschneiden Sie die Handlungskompetenz Ihrer Mitarbeiter. Das frustriert. Wenn Sie nicht delegieren und somit Eigenständigkeit zulassen, gibt es für das Team keine Möglichkeit, seine Kreativität zu entfalten.

Lassen Sie sich deshalb nicht verführen, fachliche Aufgaben Ihrer Mitarbeiter mitzubearbeiten. Delegieren Sie vielmehr von Anfang an Aufgaben und Verantwortlichkeiten. Vermitteln Sie Ihre Vorstellung von einer fruchtbaren Zusammenarbeit. Die Ausführung der übertragenen Aufgaben können Sie durch regelmäßige Standortbestimmungen überprüfen. Sollten Sie Fehler oder Probleme feststellen, so machen Sie Ihren Mitarbeiter darauf aufmerksam und suchen Sie gemeinsam mit ihm nach Lösungen. Delegieren Sie ihm jedoch klar die Verbesserung des Auftrages wieder zurück. Nur in Fällen, wo Ihr Eingreifen unumgänglich ist, sollten Sie sich in die Aufgabengebiete Ihrer Mitarbeiter einmischen und sie unterstützen. Das wäre z. B. der Fall, wenn nicht genügend Ressourcen, Geld und Zeit für die Aufgabenbeendigung zur Verfügung stehen und eine Nichterledigung weitreichende negative Folgerungen hat.

Autoritätsgehabe vermeiden

Einige neue Vorgesetzte versuchen, ihre anfängliche Unsicherheit durch besonders markiges und bestimmtes Auftreten zu kaschieren. Diese Überkompensation verschreckt die Mitarbeiter. Sie gehen auf Distanz. Die Bereitschaft zur Kooperation sinkt. Verhalten Sie sich deshalb natürlich und vermeiden Sie es, den neuen Status als Führungskraft übermäßig hervorzuheben. Schon zu Beginn ist authentisches Auftreten angesagt und effektiv. Schließlich geht es darum, Ihnen einen möglichst reibungslosen und guten Einstieg zu verschaffen.

Eigenen Erwartungsdruck reduzieren

Wenn Sie die Messlatte für einen erfolgreichen Start sehr hoch legen, setzen Sie sich selbst unter extremen Erwartungsdruck. Das kann zur Überbelastung und zur Überbetonung der Sachaufgaben führen. Ihr Bedürfnis, die neue Situation zu übersehen und zu kontrollieren, kann Sie dazu verleiten, alles planen, lenken und steuern zu wollen. So verlieren Sie die Flexibilität, die Sie brauchen, um auf unvorhergesehene Ereignisse zu reagieren. Setzen Sie sich also nicht unter zu hohen Erfolgsdruck. Jedem passieren gerade am Anfang Fehler – auch Ihnen.

5.4.2 Erfolgsfaktoren für Veränderungen

Jede Neugestaltung birgt Chancen und Risiken. Bedenken Sie: Viele Veränderungsprojekte verlaufen im Sande oder erreichen nicht die gewünschte Wirkung, wenn die Mitarbeiter nicht mit einbezogen werden. Sie können Ihre Ziele also nur erfüllen und Veränderungen nachhaltig initiieren, wenn zumindest ein Großteil des Teams Sie dabei unterstützt. Sie sind auf die Mitarbeiter angewiesen, weil diese praktikable und konkrete Lösungen für die Umsetzung der Veränderungen entwickeln und umsetzen müssen. Das werden sie aber nur tun, wenn Sie sie ernst nehmen, Ihre Absichten deutlich und klar formulieren, dialogbereit sind und direkt mit den Mitarbeitern sprechen. Darüber hinaus gibt es noch eine Reihe weiterer Faktoren, die Ihre Erfolgschancen wesentlich erhöhen können. Im Einzelnen sind das:

Klima für Veränderungen

Um Erfolg zu haben, brauchen Sie ein positives Klima für Veränderungen in Ihrem Team und in Ihrem Umfeld. Dazu müssen Sie deutlich herausstreichen, welche Vorteile die Veränderung im Vergleich zu früher bringt, schnell erste (Teil-)Erfolge erzielen und genügend Unterstützer für die Veränderung gewinnen. Dann haben Sie gute Voraussetzungen geschaffen, damit die Neuerungen nachhaltig greifen können. Sanktionieren Sie Ihre Mitarbeiter nicht, wenn in der Anfangsphase der Neugestaltung Fehler passieren. Neues muss sich einspielen. Schaffen Sie Möglichkeiten, offen über die entstandenen Fehler zu reden, und helfen Sie, dass diese nicht wieder vorkommen. Respektieren Sie Skepsis, versuchen Sie die Gründe dahinter herauszuarbeiten. Lenken Sie die Diskussion auf Ihre Vision und Ihre Ziele. So entwickeln Sie mit und für Ihre Mitarbeiter einen lösungsorientierten Blick in die Zukunft.

Anreize schaffen

Schaffen Sie Anreize, sich für die Neugestaltung zu engagieren. Sie sind darauf angewiesen, dass sich die Mitarbeiter neben dem Tagesgeschäft auch für die Veränderungen einsetzen. Sprechen Sie offen an, dass dies eine Belastung für alle bedeuten wird. Beschönigen Sie nicht den Aufwand. Wichtig ist auch, dass Sie das Ziel immer wieder herausstreichen und erklären, warum es für alle notwendig ist, dieses Ziel zu erreichen. Wertschätzen Sie besonders die Mitarbeiter, die aktiv von sich aus mehr tun, als von ihnen zu erwarten ist. Würdigen Sie aber auch kleine Erfolge. So bestärken Sie Ihre Mitarbeiter, weiterzumachen.

Mitarbeiter unterstützen

Während der Neugestaltung stehen Ihre Mitarbeiter unter großen Belastungen. Sie sorgen dafür, dass die geplanten Veränderungen auch umgesetzt werden. Das kostet Energie und Durchhaltevermögen. Unterstützen Sie Ihre Mitarbeiter besonders, wenn es schwierig wird. Suchen Sie aktiv Kontakt. Kümmern Sie sich auch selbst um die Integration von neuen Mitarbeitern. Sie sollen sich schnell einleben und ihren Platz im Team finden.

Widerstand positiv nutzen

Jede Veränderung verursacht auch Widerstand. Diese Tatsache ist zwar einleuchtend, aber manchmal schwer zu akzeptieren. Es liegt nun an Ihnen, wie Sie mit diesem Widerstand umgehen. Bemühen Sie sich zunächst, die Bedenken und die Kritik nachzuvollziehen. Vielleicht finden Sie darin wertvolle Hinweise, um die Veränderungen zu optimieren. Diese können Sie aber nicht nutzen, wenn Sie sofort dagegenargumentieren. Versuchen Sie das Anliegen hinter dem Widerstand zu ergründen.

Änderungen mit Signalwirkung umsetzen

Manchmal setzen schon einfache Veränderungen positive Signale. Oft gibt es z. B. Dinge, die Ihrem Vorgänger wichtig waren, aber für die Mitarbeiter schon immer unverständlich sind. Für Sie gibt es keinen Grund, so etwas fortzuführen. So könnten Sie beispielsweise ein aufwendiges Berichtswesen abschaffen, dessen Ergebnis keinen wirklichen Nutzen gestiftet hat. Ähnlich sinnvoll wäre auch die Anschaffung einer Ausstattung, deren Fehlen seit längerer Zeit von den Mitarbeitern bemängelt wurde. Solche Quick Wins zeigen, dass Sie effektiv arbeiten und den Mitarbeitern möglichst gute Voraussetzungen dafür verschaffen wollen.

Pilotprojekt starten

Wenn Sie eine größere Veränderung vorhaben, kann es taktisch klug sein, diese mit einem Pilotprojekt zu beginnen. Das sichert Ihrem Veränderungsvorhaben besondere Aufmerksamkeit. Während der Strukturierung und Steuerung der Projekte haben Sie zudem Möglichkeiten, den Verlauf in die Hände der Mitarbeiter zu legen. Achten Sie aber bei Pilotprojekten in Ihrer Anfangszeit darauf, dass Sie sich zwar ein oder mehrere Veränderungsziele setzen, die von Bedeutung sind, aber deren Umsetzung nicht sehr risikoreich ist. Das Scheitern eines Pilotprojekts bringt oft nicht nur das dabei angegangene Thema ins Wanken, sondern hat auch negative Auswirkungen darüber hinaus.

5.5 Review des Einstiegs

Nach einiger Zeit werden die ersten größeren Ergebnisse der Veränderungen sichtbar, die Sie initiiert haben. Es ist nun an der Zeit, Zwischenbilanz zu ziehen. Reflektieren Sie in einem Reviewprozess (vgl. Bild 5.14) die erreichten Ergebnisse. So können Sie nötige Anpassungen identifizieren und vornehmen, erreichte Erfolge würdigen und weitere Veränderungen in Angriff nehmen. Damit sichern Sie Ihre ersten Erfolge nachhaltig ab.

In einem Reviewprozess analysieren Sie für sich und mithilfe des Feedbacks von Mitarbeitern und Umfeld, was Ihnen und Ihrem Team bisher gut gelungen ist und wo noch Verbesserungsbedarf besteht. Auf Basis dieser Erfahrungen und Anregungen können Sie Ihre Ziele und deren Umsetzung nachjustieren und zukünftigen Handlungsbedarf feststellen.

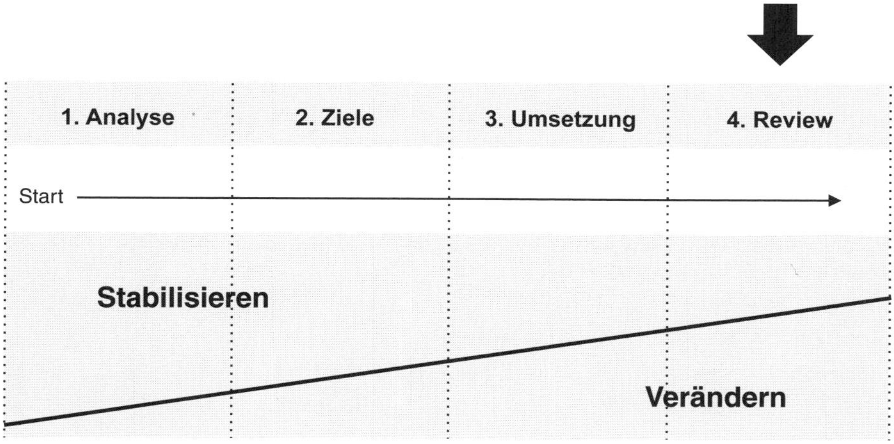

BILD 5.14 Review

TIPP: Ziehen Sie nach 100 Tagen eine Zwischenbilanz

Nutzen Sie einen Reviewprozess, um Lern- und Entwicklungsmöglichkeiten zu identifizieren. Diese frühzeitige Zwischenbilanz macht deutlich, dass Sie flexibel sind und nicht stur einen Weg verfolgen. Außerdem bringt sie Ihnen weitere Ideen für den Erfolg Ihrer Abteilung.

Stellen Sie zunächst zusammen, welche Erfahrungen Sie mit der Führungsarbeit gemacht haben, und überlegen Sie dann, was Sie verbessern können. Nutzen Sie dazu die Checkliste von Tabelle 5.19.

TABELLE 5.19 Bilanz der Führungsarbeit

	Erfolge +	(Teilweise) Misserfolge –	Anpassungsmaßnahmen
Bisherige Erfahrungen als Führungskraft z. B: ▪ bei Entscheidungen ▪ im Führen von einzelnen Mitarbeitern und des Teams ▪ in der Zusammenarbeit mit anderen Führungskräften ▪ im Umgang mit den eigenen Ressourcen ▪ mit der eigenen fachlichen Kompetenz			
Ergebnisstand der Abteilung in der Zielerreichung			
Erfahrungen mit Ihren Mitarbeitern			
Erfahrungen mit dem Vorgesetzten und dem Umfeld			

Nach den ersten 100 Tagen können Sie auch eine Zwischenbilanz Ihrer Führungskompetenz ziehen und herausarbeiten, an welchen Aspekten Ihrer Führungskompetenz Handlungsbedarf besteht. Füllen Sie dazu Tabelle 5.20 aus.

TABELLE 5.20 Handlungsbedarf bei Führungskompetenzen

Aspekte	Qualitäten, Kompetenzen und Ressourcen	Handlungsbedarfe
Was sind Ihre Stärken? Welche wollen Sie noch gezielter einsetzen?		
Welche Schwächen haben Sie im Griff?		
An welchen Schwächen Ihrer Führungskompetenz müssen Sie noch arbeiten?		
In welchen Situationen verlieren Sie bisher noch Ihre Sicherheit und Souveränität?		
Wie verschaffen Sie sich den notwendigen Abstand zum Beruf?		
Was tut Ihnen gut, baut Sie auf, gibt Ihnen Kraft?		

Sie werden sicherlich nicht alle Fragen aus dem Stegreif beantworten können. Gehen Sie ihnen deshalb weiter nach, legen Sie sich die Checkliste in regelmäßigen Abständen wieder vor. So werden Sie Schritt für Schritt Ihre Führungskompetenzen verbessern.

Absichern von Erfolgen

Sie haben nun erstmals bewiesen, dass Sie etwas bewegen können. Ihr Umfeld weiß, wie Sie vorgehen. Die Anfangsunsicherheiten haben sich weitgehend gelegt. Das zeigt, dass Sie am richtigen Platz sitzen und das Potenzial haben, Ihre neuen Aufgaben gut zu meistern.

Sichern Sie jetzt diese ersten Erfolge ab. Machen Sie sie bekannt. Sorgen Sie dafür, dass Veränderungen auch auf Dauer ihre Wirkung nicht verlieren und Sie weiterhin Verbesserungsmöglichkeiten nutzen. Orientieren Sie sich dabei an folgenden Aspekten:

- Tue Gutes und rede darüber

Machen Sie die Erfolge der Veränderungen für sich, Ihre Mitarbeiter und das Umfeld mit einem Zwischenbericht oder einer Präsentation sichtbar. Tragen Sie dabei nicht zu dick auf. Das wirkt unseriös. Stellen Sie aber nachdrücklich dar, was die Veränderungen gebracht haben und inwieweit sie beitragen, die Ziele Ihrer Abteilung und des Unternehmens zu fördern. Nur so bekommt Ihre und die Arbeit Ihres Teams die notwendige Anerkennung und Unterstützung von außen für weitere Anstrengungen.

- 100-Tage-Feier

Würdigen Sie die bestandenen 100 Tage mit einer Art Richtfest. So zeigen Sie Ihren Mitarbeitern und dem Umfeld, dass die Zeit der Orientierung vorbei ist, Sie die bisherige Kooperation schätzen und intensivieren wollen und diese als gute Ausgangsbasis sehen, weitere Erfolge zu erzielen. Danken Sie in einer kleinen Ansprache den Mitarbeitern und Ihrem Vorgesetzten für ihren Einsatz. Blicken Sie zurück und streichen Sie dabei heraus, was Sie gemeinsam erreicht haben. Diese Rede ist auch ein guter Anlass, bevorstehende Herausforderungen anzusprechen und die Mitarbeiter zu motivieren, diese anzugehen.

- Selbststeuerung aktivieren

Initiieren Sie nun noch mehr Selbststeuerung Ihrer Mitarbeiter. Sie können z. B. bei Projekten, die Sie bisher eng geführt haben, mehr Verantwortung delegieren und die Abstände der Rückmeldeschleifen vergrößern. So bekommen Sie den Kopf für weitere Veränderungen frei und stabilisieren Fortschritte. Erfolgreiche Neuerungen werden umso selbstverständlicher, je mehr Sie sie in die Verantwortung der Mitarbeiter legen.

- Zieltreue

Verlieren Sie trotz der operativen Arbeit jedes Tages Ihre Ziele nicht aus den Augen. Helfen Sie auch immer wieder Ihren Mitarbeitern, die vereinbarten Ziele in den Fokus Ihres Handelns zu rücken. Sorgen Sie dafür, dass es weder Überforderungen noch Unterforderung in Ihrer Abteilung gibt und sich eine gesunde Spannung zwischen Stabilität und Veränderung einstellt.

- Selbstdisziplin

Um Ihre Ziele langfristig zu verfolgen, brauchen Sie Selbstdisziplin. Planen Sie sich regelmäßig Zeit ein, um Ihre Aktivitäten und Maßnahmen vorzubereiten, umzusetzen und zu kontrollieren. Reservieren Sie sich Termine, um Ihre Zielverfolgung und Neugestaltung zu überprüfen und zu reflektieren. So stellen Sie sicher, dass Sie sich auf die wirklich wichtigen Aufgaben konzentrieren.

5.6 Kompakt

Während der ersten 100 Tage treffen Sie grundlegende Weichenstellungen für sich und Ihre Abteilung. In dieser Zeit gilt es, immer wieder eine neue Balance zwischen den Dingen, die Sie beibehalten, und solchen, die Sie verändern wollen, herzustellen. Am Anfang sollten Sie möglichst viel so lassen, wie es ist. Sie haben bereits durch Ihr Auftauchen für Unruhe gesorgt. So kann sich die Situation erst einmal beruhigen. Gleichzeitig sollten Sie aber beginnen, die Abteilung Schritt für Schritt kennenzulernen und nach Ihren Vorstellungen umzuformen. Damit wird sich das Verhältnis von stabilisierenden und verändernden Maßnahmen zunehmend in Richtung Neuerungen verschieben. Basis dieser Entwicklung ist ein Plan, der aus den vier Phasen Analyse, Zielsetzung, Umsetzung und Review besteht. Wenn Sie sich an ihn halten, werden Sie die Komplexität Ihrer Anfangssituation leichter in den Griff bekommen und typische Anfängerfehler vermeiden.

Bevor Sie etwas verändern können, müssen Sie wissen, wie es bisher gehandhabt wurde. So können Sie analysieren, wo Sie stehen. In der ersten Phase Ihres Umgestaltungsplans müssen Sie sich über die Komplexität Ihrer Aufgaben klar werden und wie diese zusammenspielen. Beginnen Sie mit Ihrer Analyse mit der Ausgangsposition. Stellen Sie fest, in welchem Zustand Sie die Abteilung übernommen haben. Ist sie in der Krise, Mittelmaß, beim Neustart oder auf dem Höhepunkt ihres bisherigen Erfolgs? Überlegen Sie dann, welche Chancen und Risiken das birgt. Gehen Sie nun dem Existenzgrund und den Zielen Ihrer Abteilung nach. Erfragen Sie, was Ihr Vorgesetzter, die Mitarbeiter und das Umfeld in diesem Punkt von Ihnen erwarten. Wie setzte die Abteilung unter Ihrem Vorgänger die Ziele um? Gibt es Kritik oder Anregungen? Haben sich die Ziele in den letzten Jahren verändert? Sprechen Sie die Mitarbeiter darauf an, ob sie mit Ihrem Vorgänger Zielvereinbarungen getroffen haben und welchen Inhalt sie hatten. Eine weitere Informationsquelle für diesen Analysepunkt können unternehmensinterne Papiere sein, die Aufschluss über die Strategie der Abteilung, des Bereichs oder des Unternehmens geben.

Wenden Sie sich dann den Aufgaben der Abteilung und den Verantwortungsbereichen Ihrer Mitarbeiter zu. Stellen Sie zuerst fest, was die zentralen Tätigkeiten Ihrer Abteilung sind und was zusätzliche. Prüfen Sie den Nutzen der Zusatzaufgaben. Stellen Sie für jeden einzelnen Tätigkeitsbereich fest, wie wichtig er für die Abteilung ist, ob dort etwas verbessert werden kann, mit welchen Stellen er kooperiert, welche(r) Mitarbeiter für ihn zuständig sind/ist und wie viel Zeit dafür investiert wird. Dann sollten Sie prüfen, welchen Entscheidungsspielraum Sie haben. Sprechen Sie sich in diesem Punkt detailliert mit Ihrem Vorgesetzten ab. Halten Sie schriftlich fest, wo Sie wie eigenständig handeln dürfen, wo nicht und in welchen Bereichen Sie sich mit wem absprechen müssen. Informieren Sie sich dann, auf welche Ressourcen Sie zurückgreifen können. Fixieren Sie hier Zusagen schriftlich. Der nächste Untersuchungsgegenstand sind die institutionalisierten Formen der Zusammenarbeit. Stellen Sie zusammen, welche Informationsveranstaltungen, Meetings, Arbeitskreise, Berichte und Lernformen es gibt, wie und durch wen sie wahrgenommen werden und inwieweit die bisherige Regelung sinnvoll ist. Wenden Sie sich dann Prozessen und Strukturen zu. Klären Sie, ob es aktuelle Prozessbeschreibungen für die Kernaufgaben gibt. Wenn nicht, müssen Sie diese zumindest bezüglich der Kernprozesse erstellen. Überlegen Sie dann, wo es Verbesserungspotenzial gibt. Bei den Strukturen ist für Sie besonders interessant, wo Ihre Abteilung in der Unternehmenshierarchie angesiedelt ist und was die Funktion Ihres Teams sicherstellt. Prüfen Sie, welche Konsequenzen die Position Ihrer Abteilung im Unternehmen hat und inwieweit sich diese positiv oder negativ auf die Entscheidungsfindung auswirken. Machen Sie dann eine Teamanalyse und ziehen Sie daraus Ihre Schlüsse.

Richten Sie Ihre Aufmerksamkeit auf die Unternehmenskultur. Sie prägt die Werte und das Handeln Ihres Berufsalltags. Wenn Sie sie gut kennen und sich weitgehend daran halten, können Sie viele unnötige Konflikte vermeiden. Zum Abschluss sollten Sie nun noch die Beziehungsnetzwerke unter die Lupe nehmen, innerhalb derer Sie sich bewegen. Analysieren Sie Ihre Kontakte zu Kunden, Schnittstellenpartnern und Führungskräften auf gleicher Ebene, Unterstützern und Beratern, Verbündeten und Widersachern und stellen Sie fest, mit wem Sie im Unternehmen im Wettbewerb stehen.

Mit dieser Analyse Ihrer Ausgangssituation haben Sie bereits festgestellt, wo sich etwas ändern sollte. Wichtig ist jetzt, nicht überstürzt zu handeln, sondern Ziele zu formulieren. Sie helfen, die Verbesserungsmöglichkeiten zu strukturieren und Prioritäten zu setzen. So können Sie auch später leichter vermitteln, warum Sie eine bestimmte Maßnahme planen und deren Umsetzung zum von Ihnen festgesetzten Zeitpunkt geschehen soll bzw. muss. Wollen Sie zu diesem Zeitpunkt Ihren Veränderungswillen unterstreichen, können Sie bereits kleinere, aber offensichtliche Missstände abstellen und damit für Quick Wins sorgen. Für die tiefer greifenden Vorhaben sollten Sie währenddessen die Prioritäten festlegen. Sortieren Sie zunächst alle Ideen aus, die Sie für Bereiche mit bereits jetzt hohem Qualitätsstandard planen, die man auch gut auf später vertagen kann oder die mehr Aufwand als Ertrag bringen. Für die Dinge, die Sie verändern wollen, müssen Sie einen Bezug zu den Unternehmens- und Abteilungszielen herausarbeiten. Entwickeln Sie dann gemeinsam mit den Mitarbeitern eine motivierende Vision und einigen Sie sich mit ihnen auf Grundsätze für die Zusammenarbeit. Legen Sie danach fest, welche Ziele Sie in Kürze angehen wollen und welche Sie mittel- bis langfristig verfolgen. Überprüfen Sie dann, ob jeder Mitarbeiter an dem Platz arbeitet, wo er am meisten bewegen kann, und ob bzw. welchen Entwicklungsbedarf er hat. Danach sollten Sie auch für sich persönlich festlegen, was Sie kurz-, mittel- oder langfristig bewegen wollen. Dann können Sie die von Ihnen gesetzten Ziele dem Team präsentieren. Achten Sie dabei darauf, dass die Ziele anspruchsvoll sind, aber erreichbar. Sonst demotivieren Sie die Mitarbeiter nachhaltig. Ein Weg, Ihre Ziele vorzustellen, ist ein ein- bis zweitägiger Zieleworkshop. So eine Veranstaltung hat den Vorteil, dass die Mitarbeiter die Ziele mit Ihnen diskutieren. Damit erhalten Sie frühzeitig ein erstes Feedback und können wertvolle Anregungen in die weitere Planung einfließen lassen. Im nächsten Schritt kommt es darauf an, Ihre Ziele in die Zielvereinbarungen aufzunehmen. Das betrifft zwei Ebenen: die Absprachen von Ihnen mit Ihrem direkten Vorgesetzten und Ihre Zielvereinbarungsgespräche mit den Mitarbeitern.

Damit haben Sie alle nötigen Voraussetzungen geschaffen, um die Umgestaltung der Abteilung anzugehen. In dieser dritten Phase werden erstmals die von Ihnen entwickelten Ziele sichtbar. Entwickeln Sie einen Maßnahmenplan, der zeigt, was nacheinander umgesetzt werden soll und von wem. Legen Sie für jede einzelne Maßnahme einen Zeitrahmen fest und wie Sie deren erfolgreiche Erledigung überprüfen wollen. Bedenken Sie bei den Projekten: Ohne die Unterstützung der Mitarbeiter werden Sie nur wenig erreichen. Bemühen Sie sich deshalb, sie für die Verbesserungen zu gewinnen. Gehen Sie auf sie zu, schaffen Sie Anreizsysteme, ein positives Klima für Veränderung, helfen Sie ihnen, wenn es schwierig wird. In dieser Neugestaltungsphase haben Sie auch erstmals mit allen Facetten Ihrer neuen Position zu tun. Überprüfen Sie deshalb jetzt, ob Sie Ihr Verhalten adäquat umgestellt haben, um der neuen Rolle gerecht zu werden. Wenn nötig, korrigieren Sie es.

Mit Abschluss der Umsetzungsphase sollten Sie eine erste Zwischenbilanz ziehen. Was lief gut? Was weniger? Wo können Sie wie nachjustieren? Holen Sie dazu auch das Feedback der Mitarbeiter und des direkten Vorgesetzten ein. Mit diesem Reviewprozess zeigen Sie, dass Sie Ihre Arbeit immer wieder flexibel an die Gegebenheiten anpassen. Im Anschluss können Sie auch erfolgreich durchgeführte Neuerungen in die „Normalität“

entlassen. Das geschieht z. B., indem Sie die Verantwortung von Projekten, die bislang Chefsache waren, teilweise an die Mitarbeiter übertragen. So können Sie sich neuen Änderungsvorhaben widmen. Sinnvoll ist es auch, die Zwischenbilanz öffentlich zu präsentieren. Denn nur wenn Ihr Umfeld weiß, welche Erfolge Sie mit Ihrem Team errungen haben, kann es diese auch würdigen und anerkennen. Bewährt hat sich auch, wenn sich der Chef mit einer kleinen 100-Tage-Feier bei Mitarbeitern und direktem Vorgesetzten für die Unterstützung während seiner Einarbeitungszeit bedankt.

Sie haben nun in vier Schritten die ersten 100 Tage (manchmal dauert es auch nachvollziehbar länger als 100 Tage, diese vier Schritte zu leisten) Ihrer Führungsarbeit erfolgreich gemeistert und dadurch sicherlich eine Art Reifeprüfung erlangt. Ein Neuanfang ist anstrengend und fordernd, aber Sie konnten auch viel Neues erfahren und sich weiterentwickeln. Meist gelingt nicht alles. Damit haben Sie Gelegenheit, an den Fehlern, die Sie sich eingestanden haben, zu wachsen.

6 Laterale Führung: Führen ohne formale Macht

„Das sind die besten Führenden, von denen
– wenn sie ihre Aufgabe vollendet haben –
alle Menschen sagen: ‚Wir haben es selbst getan.'"
Laotse, chinesischer Philosoph

Worum es geht ...

Aufgrund der zunehmenden Vielschichtigkeit und Komplexität der Aufgabenstellungen in den Organisationen werden die Funktionen der Mitarbeiter in vielen Unternehmen immer differenzierter und anspruchsvoller. Dadurch entstehen neue (Führungs-)Rollen, deren Inhaber ganz spezielle Anforderungen erfüllen: beispielsweise Teamleiter, Projektleiter oder Teamkoordinator. Wichtig dabei ist, wie die Verantwortungen und die Befugnisse des Führenden definiert sind: Oft handelt es sich bei diesen neuen Funktionen um laterale Führungspositionen, Positionen, in denen der Führende keine Weisungsbefugnis besitzt.

Dieses Kapitel beschreibt, was laterale Führung ausmacht. Es behandelt folgende Themen:

- warum laterale Führung immer wichtiger wird,
- welche besonderen Anforderungen sie an Führende stellt,
- wie der Einstieg in die Rolle einer lateralen Führungskraft gelingen kann,
- welche Kernkompetenzen Sie besitzen sollten, um trotz fehlender Weisungsbefugnis erfolgreich führen zu können,
- welche Führungsinstrumente Ihnen für laterale Führungsaufgaben zur Verfügung stehen.

Aus den Interviews, die die Autoren für dieses Buch geführt haben, geht hervor, dass laterale Führung oft unterschätzt wird. Sie gilt auch als „Übungsfeld" für angehende Führungskräfte. Ein Interviewpartner hält seine Leistungen bei einer Projektleitung für mit ausschlaggebend, dass er heute Leiter des Privatkundenservice ist (Interview 5).

Über die Möglichkeiten bzw. Vor- und Nachteile lateraler Führung äußert sich keiner der Interviewten eingehender.

Einer der befragten Personalentwickler (Interview 2) stellt demgegenüber heraus, dass in seinem Unternehmen bei angehenden Führungskräften Training on the Job eine herausragende Rolle spiele. Ausdrücklich nennt er Projektleitungen als wichtige Vorbereitung für „klassische" Führungsaufgaben. Hierbei lernten die zukünftigen Führungskräfte, effektiv Einfluss zu nehmen und mit Widerständen umzugehen.

6.1 Was ist laterale Führung?

Die neu entstandenen Führungsaufgaben entsprechen nicht dem, was man im engeren Sinn unter Führung versteht. Führung im klassischen Sinne ist ein richtungweisendes und steuerndes Beeinflussen des Verhaltens und der Einstellungen von Menschen mit dem Ziel, bestimmte Ergebnisse zu erreichen.

Um dieser Aufgabe gerecht zu werden, muss der Führende Verantwortung übernehmen – für das Erreichen von Unternehmens- oder Abteilungszielen und für die Mitarbeiter. Dies gestaltet er in der Regel nicht nur über die direkte Kommunikation mit den Mitarbeitern, sondern auch mithilfe seiner disziplinarischen Weisungsbefugnis über die Mitarbeiter. Eine Führungskraft kann belohnen und Ressourcen zuteilen oder, wenn ein Mitarbeiter sich aus ihrer Sicht kooperativ verhält, diesem Prämien, Zeit und Verantwortung zuweisen.

Führungsfunktionen ohne formale Macht erfordern eine andere Art und Weise des Führens. Hier steht die Führungskraft vor der Aufgabe, eine Zielerreichung bzw. Ergebniserzielung herzustellen mit Personen, die *nicht* in hierarchischer Beziehung zu ihr stehen. Für diese Art der Führung hat sich ein neuer Begriff eingebürgert: laterale Führung, wörtlich übersetzt: Führen von der Seite.

Laterale Führungskräfte sind grundsätzlich nicht mit der gleichen offiziellen Machtfülle wie disziplinarische Führungskräfte ausgestattet. Das bedeutet nicht, dass sie machtlos sind (manchmal ganz im Gegenteil) oder den Machtaspekt ganz außer Acht lassen können. Sie müssen vielmehr ihre Einflussnahme so organisieren, dass sie nicht durch Anweisung Wirkung erzielen, sondern durch Vernetzung, Überzeugung und politisches Geschick. Ausschlaggebend für die laterale Führungskraft ist, wie die Verantwortungen und die Befugnisse definiert und aufgeteilt sind: Die Personen bzw. Mitarbeiter, die von diesen Führungskräften geführt bzw. gesteuert werden sollen, sind diesen nämlich nicht direkt unterstellt.

Damit manifestiert sich diese Führungsbeziehung nicht – wie bei der hierarchisch orientierten Führung – in einer Einflussnahme von oben nach unten, vom Vorgesetzten zum Mitarbeiter. Laterale Führung ist als eine zielorientierte Beeinflussung von in etwa Gleichgestellten zu verstehen. Im Unterschied zu hierarchischen Strukturen werden Konflikte hier nicht durch Weisungen entschieden. Es wird ein Konsens, ein gemeinsam entwickeltes Ergebnis, angestrebt.

Aufgrund von Veränderungen in der Arbeitswelt erhält laterale Führung einen immer größeren Stellenwert. Insbesondere folgende Entwicklungen erfordern die Veränderung der klassischen Steuerung und Einwirkung auf die Mitarbeiter:

- Auf den unteren Führungsebenen in Unternehmen wird die Führungsverantwortung zunehmend in disziplinarische und fachliche Weisungsbefugnis differenziert. Dadurch können flexibel und schnell Strukturen gebildet werden, die vernetztes Arbeiten auf der fachlichen Ebene ermöglichen. Zudem kann für potenzielle Nachwuchsführungskräfte eine laterale Führungsfunktion ein hilfreiches Lernfeld sein. Sie erhalten eine spezifische Führungsverantwortung und können so schrittweise weitere Kompetenzen aufbauen.
- Kooperationsbereitschaft zwischen den Beteiligten ist oft Voraussetzung für eine Lösung, besonders bei der Zusammenarbeit innerhalb einer Prozesskette.
- Aufgrund der voranschreitenden Internationalisierung ist der Bedarf an Vernetzung und Zusammenarbeit gewachsen. Die Leistungsfähigkeit der klassischen hierarchischen Zuordnung stößt an ihre Grenzen, sobald die Zentrale die Kooperation vor Ort beeinflusst und steuert. Nur wenn die Vernetzung den Beteiligten am jeweiligen Standort überlassen wird, lassen sich landesübergreifende Standards sichern und Prozesse reibungslos steuern.
- Die Forderung nach Einbeziehung, Eigenverantwortung und Mitentscheidung der Mitarbeiter erhält immer größere Bedeutung.
- Die Flexibilisierung der Arbeitszeiten (z. B. Teilzeit und Telearbeit) und der Arbeitsorte (Außendienst, Dienstreisen etc.) reduziert die direkte Kontrollmöglichkeit der Führungskraft.
- Projektbezogenes Arbeiten bekommt in den Unternehmen einen immer größeren Stellenwert.
- Freiberufliche Spezialisten und zeitlich befristet beschäftigte Mitarbeiter ergänzen die Belegschaft im Unternehmen.
- Der Wechsel von Aufgaben und Auftraggebern an den verschiedenen Standorten erfordert selbständiges und flexibles Handeln von den Mitarbeitern.

Tabelle 6.1 liefert anhand eines Beispiels einen Überblick über die unterschiedlichen Anforderungen lateraler Führung und Führung mit formaler Macht.

TABELLE 6.1 Gegenüberstellung der Aufgaben einer Teamleitung mit und ohne Weisungsbefugnis

Funktion	Teamleitung/fachlich, ohne disziplinarische Weisungsbefugnis	Teamleitung mit disziplinarischer Weisungsbefugnis
Führung des Teams	▪ fachliches Anleiten der Mitarbeiter ▪ Achten auf Teamklima	▪ Weiterentwicklung des Teams ▪ Verantwortung für das Team und die Ergebnisse
Führung des einzelnen Mitarbeiters	▪ Unterstützung des Mitarbeiters beim Erreichen der fachlichen Ziele ▪ Feedback an die disziplinarische Führungskraft zum Mitarbeiter über fachliche Kompetenz, Potenziale, fachliche Weiterentwicklung, fachliche Beurteilung ▪ Anregungen bzw. Vorschläge an die disziplinarische Führungskraft: unter anderem über mögliche fachliche Ziele und Entwicklungsmaßnahmen ▪ Mitwirkung (teilweise) im Mitarbeitergespräch	▪ Bewertung der Leistung und des Verhaltens ▪ Verantwortung für die fachlichen und persönlichen Ziele des Mitarbeiters ▪ ganzheitliche Kompetenzentwicklung des Mitarbeiters ▪ Personalförderung ▪ Durchführung der Mitarbeitergespräche ▪ Entscheidung über Qualifizierung
Aufgabensteuerung/ Delegation	▪ Einbringen von Vorschlägen zur Aufgabenerledigung ▪ im übertragenen Umfang bzw. zu bestimmten Themen Aufgaben delegieren	▪ Delegation von Aufgaben und Verantwortung ▪ Monitoring und Kontrolle
Fachverantwortung	▪ Aufbau und Erhalt von Wissen ▪ fachliche Anleitung ▪ Ausbau der fachlichen Kompetenz ▪ Erkennen von Kompetenzlücken ▪ Herbeiführung von Entscheidungen ▪ Vorschläge zu zukünftigen Entwicklungen	▪ Entwicklung von Strategien ▪ Setzen von Prioritäten ▪ Treffen von Entscheidungen ▪ Genehmigung von Ressourcen ▪ Verzahnung mit der Gesamtorganisation
Einstellung von Mitarbeitern	▪ Mitwirkung im Vorstellungsgespräch ▪ Vorschläge zu Personalentscheidungen ▪ Vorschläge zum fachlichen Anforderungsprofil	▪ Durchführung des Vorstellungsgesprächs ▪ Definition des Anforderungsprofils ▪ Entscheidung
Sonstiges	▪ in Abhängigkeit von der Funktion und den Aufgaben z. B. Übertragung von dispositiver Weisungsbefugnis wie die Genehmigung von Urlaub	▪ Gehalt ▪ Anreize, Incentives ▪ Urlaub, Arbeitszeit ▪ Abmahnung ▪ Veränderungen des Anforderungs- und Stellenprofils

Diese unterschiedlichen Rahmenbedingungen der Führung wirken sich direkt auf den Charakter und die Art und Weise des Führens aus. Hauptziel lateraler Führung ist es, ein effektives Zusammenspiel derer zu erreichen, die in dieser Führungsstruktur zusammenarbeiten. Dafür ist es unerlässlich, Verantwortungsbereiche und Aufgaben im Vorfeld eindeutig zu definieren. Nur auf dieser Grundlage lässt sich eine wirksame Zusammenarbeit ermöglichen. Widersprüche können auf diese Weise so weit wie möglich reduziert und Konflikte vermieden werden.

6.2 Arten lateraler Führung und ihre Einarbeitungsschritte

Laterale Führungsfunktionen können äußerst unterschiedlich ausgestaltet sein. Ausschlaggebend für ihre Charakterisierung sind jeweils das Ausmaß der Führungsverantwortung, die Anzahl der Personen, die kooperieren sollen, und auf welcher Ebene diese Zusammenarbeit stattfindet. Bild 6.1 zeigt beispielhaft, an welchem Führungs- bzw. Vernetzungsgrad typische laterale Führungspositionen zu verorten sind.

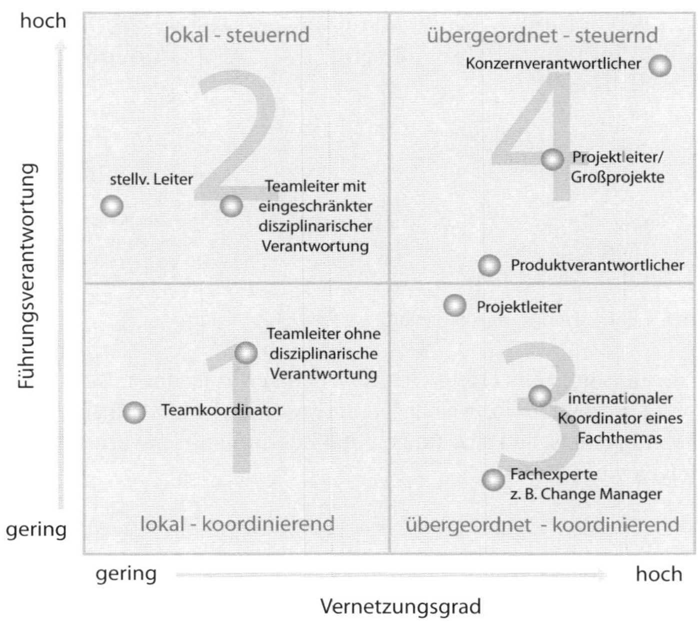

BILD 6.1 Matrix von Beispielen verschiedener Formen lateraler Führung

Die Zuordnung in dieser Matrix ist beispielhaft durchgeführt, da es für die jeweiligen Bezeichnungen der Führungsrollen in den Unternehmen unterschiedliche Verantwortungs- und Aufgabenzuordnung geben kann.

So kann die Funktion „Produktmanager" in einem Unternehmen mit viel Befugnissen und Verantwortung ausgestattet sein, während in einer anderen Organisation diese nur eine Zielsetzung erhält, aber mit geringen Befugnissen ausgestattet ist. Sie ist dann um so mehr auf Überzeugungsfähigkeit und Verhandlungsgeschick angewiesen.

Die Anforderungen an diese verschiedenen Rollen sind unterschiedlich. Man kann sie in Führungsfunktionen erster und zweiter Ordnung differenzieren:

- Die Funktionen in den Quadranten 1 bis 3 können als Vorbereitung auf eine spätere Führungsaufgabe dienen. Sie könnten somit als weniger herausfordernd angesehen werden als die klassische disziplinarische Führung. Hier handelt es sich um eine laterale Führungsfunktion erster Ordnung.
- Dem gegenüber stehen die Funktionen im Quadranten 4, die hohe Anforderungen an eine Führungskraft stellen und Führungserfahrung in der Linie oft voraussetzen, um diese bewältigen zu können. Hier handelt es sich um laterale Führungsfunktionen zweiter Ordnung.

Aus dieser Einteilung ergibt sich, gerade in Großunternehmen, eine Führungslaufbahn wie in Bild 6.2. Sie setzt sich in immer mehr Unternehmen durch, um den geänderten Anforderungen international agierender Unternehmen Rechnung zu tragen.

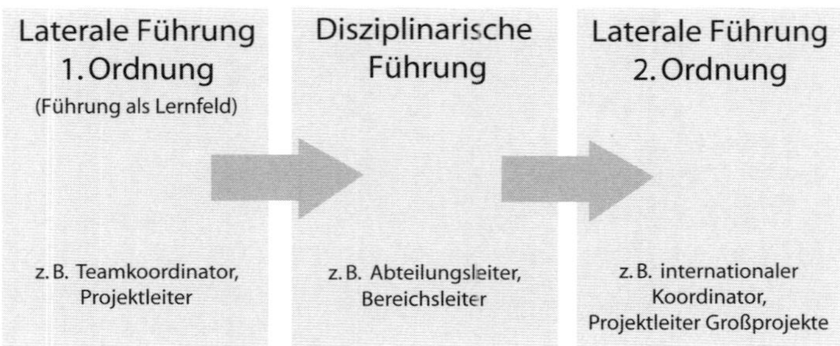

BILD 6.2 Möglicher Entwicklungsweg einer Führungskraft in Großunternehmen

Um eine laterale Führungsrolle erfolgreich wahrnehmen zu können, ist es deshalb notwendig, eindeutig zu definieren, welche Verantwortungen und Aufgaben zugeordnet sind. Nur so kann man falsche Erwartungen und Zuschreibungen vermeiden. Zur Konkretisierung folgen vier Beispiele:

6.2.1 Teamkoordinator

Bild 6.3 zeigt modellhaft einige Verantwortlichkeiten, Aufgaben und die Beziehungsstruktur einer bekannten Form der lateralen Führung erster Ordnung: des Teamkoordinators. Der disziplinarische Vorgesetzte des Teams delegiert einen Teil der Führungsverantwortung an den Teamkoordinator, der diese stellvertretend für ihn wahrnimmt.

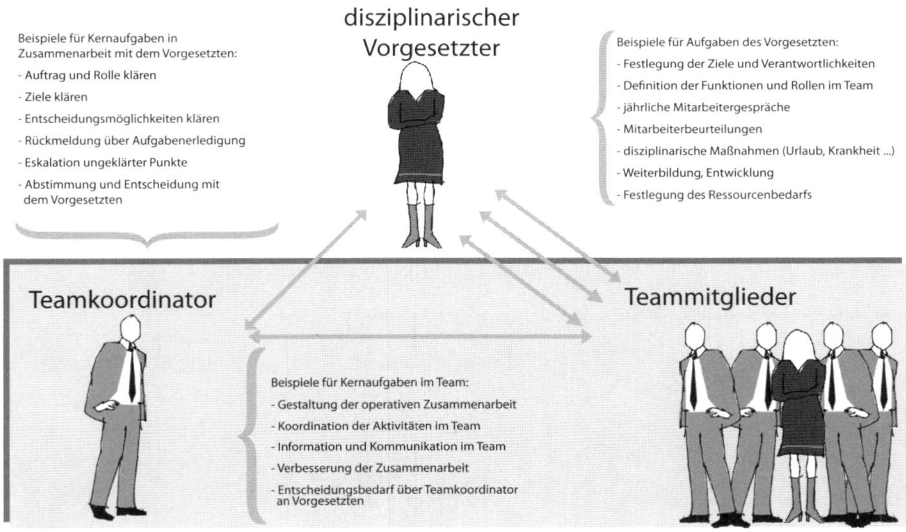

BILD 6.3 Verantwortlichkeiten, Aufgaben und Beziehungsstruktur eines Teamkoordinators (Beispiel)

Wenn Sie die Rolle des Teamkoordinators übernehmen, sollten Sie unter anderem folgende Fragen klären:

1. Rollen- und Aufgabenklärung als Teamkoordinator:
   - Was sind die Aufgaben eines Teamkoordinators?
   - Wie wurde diese Rolle von Ihrem Vorgänger ausgefüllt?
   - Welche besonderen Anforderungen und Erwartungen hat Ihr disziplinarischer Vorgesetzter an Sie? Wie eng oder weit ist Ihr Gestaltungsspielraum?
2. Teamanalyse:
   - Wer sind die Teammitglieder? Was zeichnet sie aus?
   - Was ist das Bemerkenswerte an diesem Team bezüglich Zusammensetzung, Zusammenarbeit, Kompetenzen, Klima und Konflikten?
   - Wie hat das Team reagiert, als es erfahren hat, dass Sie zukünftig die Führungsrolle wahrnehmen werden?
   - Was wird Sie besonders fordern, um dieses Team zu koordinieren? Worauf können Sie aufbauen und sich verlassen (u.a. Stärken, Qualitäten, Kompetenzen)?
3. Teamumfeld und -leistung:
   - Wer sind die Dienstleister? Wer die Kunden des Teams?
   - Wie ist das Verhältnis zu diesen und wie gut läuft die Zusammenarbeit?
   - Welches Image hat das Team nach außen?
   - Welche Kennzahlen muss das Team erfüllen? Wie gut leistet das Team aktuell seine Arbeit?

6.2.2 Projektleiter

Ein Projektleiter bzw. Projektmanager, dargestellt in Bild 6.4, gehört ebenfalls zu den lateralen Führungsrollen erster Ordnung. Er hat sein Kernwirkungsfeld im grau unterlegten Bereich, in der Koordination des Projektteams. Da der Projektleiter nicht der disziplinarische Vorgesetzte der Projektmitarbeiter ist, gilt es hier, die Mechanismen der lateralen Führung anzuwenden.

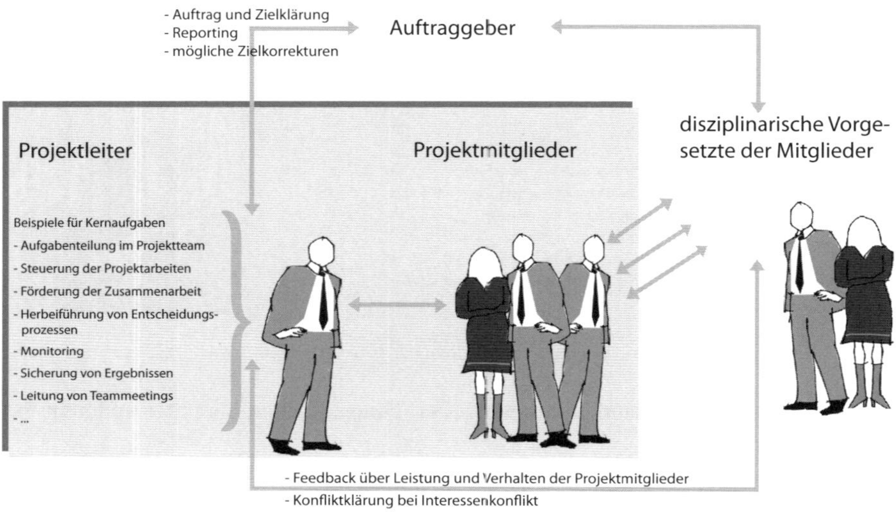

BILD 6.4 Verantwortlichkeiten, Aufgaben und Beziehungsstruktur eines Projektleiters (Beispiel)

Wenn Sie vor dem Einstieg in eine Projektleiterrolle stehen, sollten Sie unter anderem folgende Punkte klären:

1. Rollen- und Aufgabenklärung als Projektleiter:
   - Finden Sie heraus, was unter der Projektleiterrolle in diesem Projekt verstanden wird und warum Sie als Projektleiter ausgewählt wurden.
   - Ergründen Sie, was von Ihnen konkret erwartet wird und wie Ihr Entscheidungsspielraum (Projektbudget etc.) aussieht.
2. Projektanalyse:
   - Wie sieht der konkrete Projektauftrag aus?
   - Was ist das Besondere an diesem Projekt?
   - Wie wahrscheinlich ist der Erfolg des Projekts?
   - Welche Risiken gibt es?
3. Projektbeteiligte:
   - Wer ist der Auftraggeber? Welches Interesse verfolgt er mit diesem Projekt?
   - Wer sind die Projektmitglieder? Warum wurden diese ausgewählt? Welche Interessen vertreten sie?

- Welchen Einfluss nehmen die Vorgesetzten der Projektmitglieder? Wie wird sich dies auf das Projekt auswirken?

6.2.3 Internationaler Koordinator

Wenn Sie die in Bild 6.5 illustrierte internationale Koordination zu einem Thema übernommen haben, dann müssen Sie eine Vernetzung und Zusammenarbeit mit allen fachlichen Ansprechpartnern in den Auslandsstandorten aufbauen und deren disziplinarische Vorgesetzte effektiv mit einbinden, ohne zumindest direkt disziplinarische Macht ausüben zu können. Aufgrund dieser hohen Führungsanforderungen gehört diese Position zu einer lateralen Führungsrolle zweiter Ordnung.

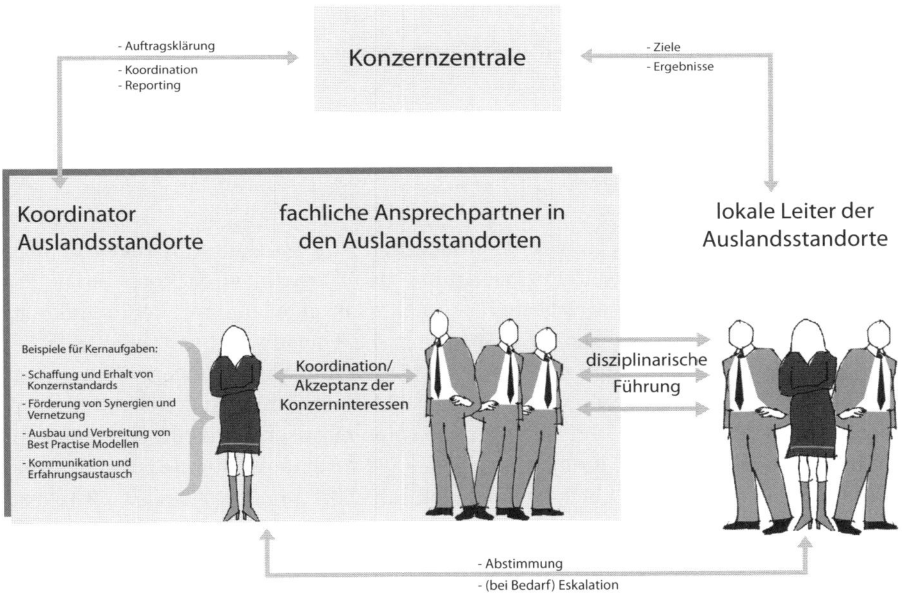

BILD 6.5 Verantwortlichkeiten, Aufgaben und Beziehungsstruktur eines internationalen Koordinators (Beispiel)

Bereiten Sie sich in diesem Fall anhand folgender Fragen vor:

1. Rollen- und Aufgabenklärung als internationaler Koordinator:
   - Warum gibt es diese Rolle? Was wird von ihr erwartet? Wie wurde diese Aufgabe vorher wahrgenommen?
   - Warum wurden Sie dafür ausgewählt? Was bringen Sie an Fähigkeiten, Netzwerk und Erfahrung mit?
   - Welche hierarchische Eskalation können Sie im Zweifelsfall nutzen? Wer unterstützt Ihre Ziele und Aufgaben?

2. Analyse der Ausgangssituation und der Ziele:
   - Was sind die Ziele der Koordination? Was soll dadurch erreicht werden, verbessert werden?
   - Welche hintergründigen informellen Ziele sollten mit erreicht werden?
   - Wie ist die aktuelle Situation zu Ihrem Koordinationsthema? Wo ist Handlungsbedarf?
3. Einflussfaktoren und Umfeldbedingungen:
   - Welchen Handlungsspielraum hat jeder Auslandsstandort? Was sind zentrale Vorgaben?
   - Welche Unterschiede gibt es in den einzelnen Standorten?
   - Wie sehen diese die Zentrale und welchen Nutzen/Preis haben diese von einer Zusammenarbeit?
   - Wie sollte die Zusammenarbeit organisiert werden, damit Sie diese koordinieren können?

6.2.4 Produktmanager

Ein weiteres Beispiel ist das eines Produktmanagers, der ein neues Produkt zu einem bestimmten Termin auf den Markt bringen muss. Dafür benötigt er die Kooperation und Mitarbeit unterschiedlicher Bereiche des Unternehmens, unter anderem der Produktentwicklung, des Vertriebs, der Marketingabteilung, der Logistik und der Qualitätssicherung. Diese Bereiche haben jeweils eigene Interessen und Vorstellungen, die nur zum Teil übereinstimmen. Der Produktmanager muss hier, um Erfolg zu erzielen, für Überzeugung und Akzeptanz für sein Anliegen und seine Ziele sorgen, damit eine Kooperation für eine erfolgreiche Produkteinführung gelingt. Auch diese laterale Führungsposition setzt Erfahrung und Geschick bei Führungsaufgaben voraus und gehört deshalb zu einer lateralen Führungsrolle zweiter Ordnung.

Was Sie vor dem Einstieg in eine Produktmanagerrolle besonders beachten sollten:

1. Rollen- und Aufgabenklärung als Produktmanager:
   - Was konkret wird von Ihnen erwartet? Welche Aufgaben und Verantwortung haben Sie?
   - Mit welchen Beteiligten an welchen Standorten müssen Sie zu welchem Zeitpunkt zusammenarbeiten, damit das Produkt erfolgreich werden kann?
2. Analyse des Produkts und der Prozesse:
   - Wie sieht der grundlegende Produktentwicklungs- und -erstellungsprozess aus?
   - Mit welchen Besonderheiten müssen Sie bei dem Produkt rechnen?
   - Wann muss Ihr Produkt auf den Markt kommen?

- Wie wird es sich gegenüber den Wettbewerbern behaupten können? Was erwarten die Kunden von dem Produkt und wie können Sie dies in den Mittelpunkt Ihrer Arbeit stellen?

3. Erfolgsfaktoren:
   - Welche Faktoren sind für den Erfolg des Produkts ausschlaggebend?
   - Welche konkreten Kennzahlen sind dabei zu beachten?
   - Wie und wo kommen Entscheidungen zustande? Welche Gremien sind für Sie relevant und welche Entscheidungsträger sitzen dort?
   - Wie können Sie so viel Aufmerksamkeit für das Produkt schaffen, dass Ihnen die nötigen Ressourcen und Rahmenbedingungen zur Verfügung gestellt werden?

6.3 Anforderungen an das laterale Führen bzw. das Führen ohne formale Macht

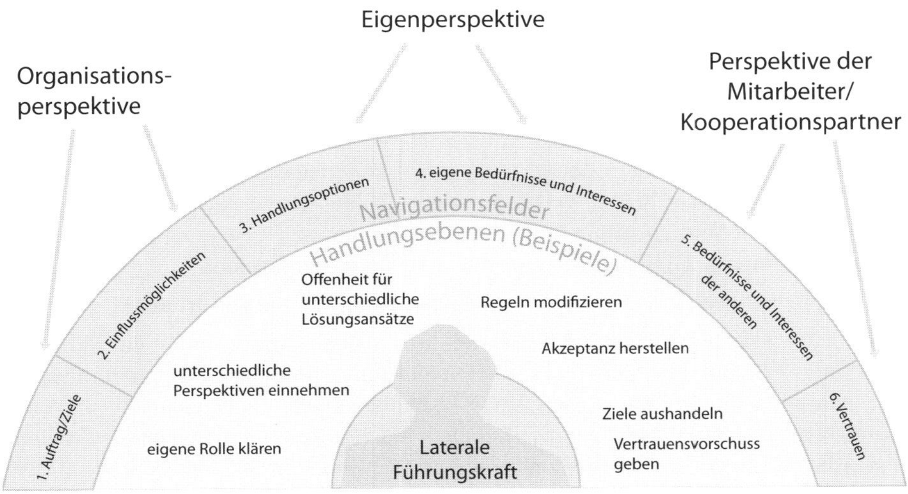

BILD 6.6 „Cockpit" der lateralen Führung

Um seine Verantwortung erfolgreich wahrzunehmen, ist es wichtig, dass der lateral Führende sowohl die Organisation, sich selbst in der Führungsrolle als auch die Mitarbeiter bzw. Schnittstellenpartner im Fokus hat. Er muss also für einen eindeutigen Auftrag und klare Ziele sorgen und sich seiner Einflussmöglichkeiten bewusst werden. Dies ist die Voraussetzung, um die eigenen Interessen und Bedürfnisse mit denen der Mitarbeiter bzw. Kooperationspartner zu verknüpfen und die Handlungsoptionen zu wählen, die die notwendige Akzeptanz bei den Beteiligten herstellen. So erreicht er bei diesen die Identifikation mit der zu bewältigenden Aufgabe und das Engagement, das es ermöglicht, die gemeinsamen Ziele zu erreichen. Ein hilfreicher Vergleich hierzu ist der eines Cockpits wie in Bild 6.6, in dem die wesentlichen Navigationsfelder für den lateral Führenden stets präsent sind und er diese dadurch bei den notwendigen Handlungen berücksichtigen kann.

Im Führungsalltag bedeuten diese Anforderungen, dass Sie Ihren Kollegen bzw. Mitarbeitern Informationen und Analysen vorstellen sowie Vorschläge und Ideen unterbreiten. Der Sachverhalt wird Gegenstand der gemeinsamen Beratung und der gemeinsamen Suche nach Lösung. Sie bringen in die Absprachen Ihr Wissen ein und weisen auf Ziel- und Aufgabenstellungen sowie auf Rahmenbedingungen der Organisation hin.

Im Einzelnen kommt es darauf an,

- ... die eigene Rolle zu klären.

  Da es unterschiedliche Formen lateraler Führung gibt, deren Charakter sich jeweils erst durch ihre differenzierten Beziehungen im Hierarchiegefüge des Unternehmens erschließen, muss man in lateralen Führungspositionen auch mit fein abgestuften Rollenerwartungen rechnen. Deshalb gilt es zuallererst, sich Klarheit über die Rolle zu verschaffen. Bezeichnungen wie z. B. „Teamleiter“ können unterschiedlich interpretiert werden und in einem Unternehmen sogar parallel für eine laterale Führungsrolle und eine disziplinarische Führungsfunktion gebräuchlich sein. Nur die Klärung der Verantwortlichkeiten, Aufgaben und Erwartungen mit den relevanten Beteiligten kann deshalb Rollenklarheit und damit Handlungsfähigkeit schaffen.

- ... Akzeptanz herzustellen.

  Wer nicht befehlen kann, ist auf deutlich größere Akzeptanz angewiesen. Um Zustimmung für die eigenen Ideen herzustellen, muss man in dieser Situation darauf achten, dass der Mitarbeiter die Aufgabenstellung und Zielsetzung deutlich annimmt und auch innerlich mitträgt. Wenn etwas nicht angeordnet werden kann, ist das Akzeptieren die Voraussetzung für Engagement und Leistungsbereitschaft.

- ... unterschiedliche Interessenlagen zusammenzuführen und zu verbinden.

  Wenn der Einzelne seine individuellen Bedürfnisse und Interessen mit der Aufgabenstellung verknüpft sieht, erhöht dies seine Motivation und Identifikation. Im Idealfall möchte er das unternehmerische Anliegen realisiert sehen, weil es auch sein Anliegen, sein Interesse unterstützt. Es gilt daher, ein gemeinsames Verständnis der übergeordneten Ziele und der dafür notwendigen Zusammenarbeit zu erreichen. Durch den gemeinsamen Verhandlungs- und Einigungsprozess werden zudem die Ideen aller Beteiligten mit einbezogen. Ein gemeinsam entwickeltes Ziel besitzt deshalb viel eher Akzeptanz und wird folglich engagierter realisiert als ein von der Führungskraft angeordnetes.

- ... unterschiedliche Perspektiven einzunehmen.

  Die Mitarbeiter haben – entsprechend ihrer Aufgabenstellung im Unternehmen und ihrer individuellen Persönlichkeitsstruktur – unterschiedliche Denkweisen und Ziele, die alle rational begründbar sind. Das Verständnis für die Bedürfnisse und Interessen der Mitarbeiter und Kooperationspartner setzt die Fähigkeit voraus, die Sichtweisen der beteiligten Personen und deren Denkstrukturen nachzuvollziehen. Das kann nur gelingen, wenn die Führungskraft auch bereit ist, die eigenen Überzeugungen zu überdenken.

- ... für unterschiedliche Lösungsansätze offen zu sein.

  Aufgrund der unterschiedlichen Denkweisen und Perspektiven der beteiligten Menschen gibt es nicht nur eine Sichtweise, sondern viele. Demzufolge kann es für ein Problem mehrere Lösungsansätze geben. In dieser Situation kommt es darauf an, die einzelnen Möglichkeiten auf ihre Qualität hin zu überprüfen und zusammenzuführen. Nur so können sich die Beteiligten mit der Lösung identifizieren.

- ... einen Vertrauensvorschuss zu geben.

  Im Arbeitsprozess sind mangelnde Kooperationsbereitschaft oder Ablehnung Normalität. Gehen Sie davon aus, dass Ihre Kollegen bzw. Mitarbeiter auch berechtigte und nachvollziehbare Gründe für dieses Verhalten haben. Nur wenige Menschen blockieren eine konstruktive Zusammenarbeit aus purer „Lust" an der Abwehr. Vielleicht hat Ihr Kollege negative Erfahrungen mit dem aktuellen Thema gemacht oder Ängste bzw. Unsicherheiten. In diesen Fällen kommt es darauf an, seinem Gegenüber zu zeigen, dass man versucht, es zu verstehen, von seiner Kooperationsbereitschaft ausgeht und sich bemüht, seine Bedenken zu entkräften. Erlebt Ihr Umfeld bei Ihnen eine unvoreingenommene Haltung, wird es auch offener auf Sie reagieren. Dann spürt es, dass Sie seine Anliegen erkennen und bereit sind, diese zu integrieren.

- ... vertrauensvolle Beziehungen aufzubauen.

  Je mehr alle Beteiligten Ihnen vertrauen, desto größer ist Ihr Einfluss. Um Vertrauen aufzubauen, ist es wichtig, dass Ihre Mitarbeiter sich auf Sie verlassen können und Ihr Verhalten möglichst berechenbar ist. Eine laterale Führungskraft kann sich nicht, wie eine Führungskraft mit Weisungsbefugnis, auf die Einhaltung von Abläufen und Strukturen verlassen. Sie ist auf das Vertrauen der Kooperationspartner untereinander als Partner in gemeinsamer Sache angewiesen. Vertrauen reduziert so Komplexität und Kontrolle. Je mehr sich die Beteiligten vertrauen, desto weniger sind Sie auf Kontrollen oder ein Regelwerk zur Absicherung angewiesen.

- ... Ziele auszuhandeln.

  Der lateral Führende sollte zwar seine Ziele klar vor Augen haben, aber gleichzeitig die Argumente der anderen verarbeiten und bei der Zieldefinition berücksichtigen. Dies setzt voraus, dass die Teammitglieder bzw. die Kooperationspartner die angestrebten Ziele nicht nur kennen, sondern auch für sich persönlich als erstrebenswert anerkennen.

- ... Vereinbarungen anzupassen.

  Wenn es bei der Zusammenarbeit zu Schwierigkeiten kommt, kann die Modifikation von Vereinbarungen und Regeln die Kooperationsbereitschaft aller Beteiligten nachhaltig stärken. Das gilt für kleine Streitpunkte wie Terminabsprachen, aber auch für das Lösen von großen, festgefahrenen Konflikten. Sie schaffen auf diese Weise Rahmenbedingungen, die den Beteiligten ein Mitwirken erleichtern.

- ... Machtstrukturen zu kennen und zu berücksichtigen.

  Je besser Sie die formellen und informellen Machtstrukturen kennen, desto leichter fällt es Ihnen, darin zu agieren. Wenn Sie sich in der Hierarchie gut zurechtfinden, wissen Sie, wen Sie bei bestimmten Themen fragen müssen, welche Regeln Sie einhalten müssen und welche Sie auch übertreten können, woher Sie Unterstützung erhalten können etc. Wie gut Ihr Informationsstand ist, erkennen Sie z. B. anhand folgender Fragen: Was sagt mein Vorgesetzter dazu? Welcher Mitarbeiter besitzt aufgrund seiner Kompetenz und Erfahrung großen Einfluss? Wie kann ich in diesem machtpolitischen Umfeld wirksame Entscheidungen herbeiführen?

- ... Unterstützung zu mobilisieren.

  Eine laterale Führungskraft ist darauf angewiesen, Personen ansprechen zu können und diese dazu zu bringen, für ihre Interessen zu handeln. So kann z. B. die Sekretärin des Vorstandes für sie ebenso große Bedeutung haben wie der Vorstand selbst. Sie ist die beste Kontaktperson, um schnell und auf informellem Weg einen Termin beim Vorstand zu erhalten. Ebenso kann Ihnen der direkte und persönliche Kontakt zu einer Schnittstellenabteilung schneller und unkomplizierter eine Zustimmung verschaffen als der offizielle Dienstweg.

- ... Abläufe und Prozesse in der Organisation zu kennen und zu begreifen.

  Wenn Sie vor- und nachgelagerte Bereiche innerhalb eines für Sie relevanten Geschäftsprozesses bzw. Ihres Bereichs kennen, können Sie Kontakt zu deren Entscheidungsträgern herstellen und Ihren Einfluss geltend machen. Das erleichtert es, sich mit diesen Bereichen abzustimmen und zu verständigen. Müssen Sie dagegen die Führungsebene einschalten, um sich durchzusetzen, ist das im Konfliktfall häufig kontraproduktiv. Diese ist oft zu wenig vertraut mit fachlichen Details, um richtig entscheiden zu können. Außerdem wirkt sich diese Intervention von oben negativ auf eine weitere vertrauensvolle Zusammenarbeit mit den vor- und nachgelagerten Bereichen aus.

- ... taktisch und strategisch vorgehen zu können.

  Nur wer es vermag, die Stakeholder und Mitarbeiter zu identifizieren, die sein eigenes Anliegen voranbringen können, klug mit diesen zu kooperieren, deren Interessen zusammenzufügen und wichtige Informationen zum angemessenen Zeitpunkt zu platzieren und diese zielführend in das geplante Vorgehen einzubinden, verschafft sich eine effektive Unterstützung und hat gute Voraussetzungen, seine Ziele auch zu erreichen.

TIPP: Ziehen Sie auch in Betracht, Ihrem Gegenüber Sachzwänge offenzulegen.

Das erweitert zwar nicht Ihren eigenen Spielraum, kann aber Ihr Verhalten für den anderen nachvollziehbarer machen. Weiß Ihr Gesprächspartner beispielsweise, dass Sie in einem Punkt zur „Geheimhaltung" verpflichtet wurden und daran nicht zu rütteln ist, ist offensichtlich, dass Ihre Weigerung, zusätzliche Informationen preiszugeben, nicht in mangelnder Kooperationsbereitschaft wurzelt.

ÜBUNG: Stellen Sie sich folgende Fragen. Sie helfen Ihnen, die an Sie als laterale Führungskraft gestellten Anforderungen zu klären und ein Ihrer Rolle entsprechendes Führungsverhalten zu entwickeln.

- Was ist genau mein Auftrag, meine Rolle und meine Funktion?
- Für was bin ich genau verantwortlich, bei welchen Punkten muss bzw. sollte ich Rücksprache halten und mit wem?
- Welche Interessen und Bedürfnisse haben meine Kollegen, Mitarbeiter bzw. Kooperationspartner in Beziehung zur Aufgabe, zum Anliegen, zur Zielsetzung etc.?
- Welchen Nutzen könnten sie daraus ziehen, wenn sie kooperieren? Was befürchten sie und wie kann ich diese Befürchtungen entkräften?
- Wie kann ich gemeinsame übergeordnete Ziele etablieren und die Interessen der anderen Beteiligten mit diesen unternehmerischen Anliegen und Zielen verknüpfen?
- Mit welchen Argumenten und Informationen kann ich die Kollegen, Mitarbeiter etc., gegenüber denen ich keine Weisungsbefugnis habe, für die von mir favorisierte Richtung überzeugen?

TIPP: Nutzen Sie die Mechanismen des lateralen Führens auch in der disziplinarischen Führungsfunktion.

Sie können zwar aufgrund formaler Macht ein Gespräch anordnen, auf einen gemeinsamen Lösungsprozess lässt sich Ihr Kollege bzw. Mitarbeiter grundsätzlich aber viel eher ein, wenn er vom Anliegen und von der Zielrichtung des Austausches überzeugt ist.

Formale Macht kann die Suche nach der richtigen Lösung auch erschweren oder gar verhindern. So beenden manche weisungsbefugte Führungskräfte auch Diskussionen, sobald sie ihre Ziele und Interessen bedroht sehen.

Mitarbeiter werden, trotz Kompetenz, seltener in Problemlösungen einbezogen, wenn sie aus einer unteren Hierarchieebene kommen bzw. einen niedrigeren Status besitzen. Auch neigen Personen, im betrieblichen Kontext, bei abweichender Meinung dazu, diese der nächsthöheren Führungsebene anzupassen.

Empfehlungen für laterales Führen

Sorgen Sie dafür, dass Ihre Aufgaben, Verantwortungen und Befugnisse klar definiert sind. Je tragfähiger Ihre Ausgangsbasis ist, desto sicherer können Sie sich bewegen bzw. agieren und desto realistischer sind die Erwartungen des Umfelds.

1. Im Vorfeld, bevor Sie die Funktion übernehmen, sollten Sie sich vor allem eingehend informieren und die gewonnenen Fakten analysieren:
   - Machen Sie sich klar, warum es diese laterale Führungsrolle gibt und worin Ihr Auftrag besteht.
   - Erkundigen Sie sich, wie andere im Unternehmen vergleichbare Rollen ausfüllen, welche Erfahrungen diese gemacht haben und worauf Sie achten müssen.
   - Klären Sie die Erwartungen der Stakeholder an Ihre Rolle.
   - Finden Sie die Macht- und Kontextzusammenhänge Ihrer Rolle heraus und analysieren Sie klar und realistisch, ob Sie unter diesen Bedingungen erfolgreich sein können.
   - Klären Sie, welche Einflussmöglichkeiten Sie haben. Lassen Sie sich informell keine disziplinarischen Führungsaufgaben übertragen, die Sie formal nicht ausfüllen dürfen.
2. Beim Start sollten Sie sich klar positionieren:
   - Holen Sie alle Ihnen zugewiesenen Kollegen bzw. Mitarbeiter zu einem Gespräch zusammen.
   - Stellen Sie sich und Ihre neue Funktion vor (Ziele, Auftrag, Erwartungen, Rahmenbedingungen etc.).
   - Verständigen Sie sich darüber, wie Sie und die anderen Beteiligten unter den gegebenen Rahmenbedingungen zusammenarbeiten wollen und können.
   - Geben Sie Vertrauensvorschuss und zeigen Sie Offenheit.
   - Betonen Sie, gemeinsam Lösungen finden zu wollen.
   - Treffen Sie Vereinbarungen für die bevorstehende Zusammenarbeit.
   - Beginnen Sie sich zu vernetzen.
3. Im Führungsalltag sollten Sie besonderes Augenmerk auf die Moderation der Gruppe lenken:
   - Sorgen Sie für die Fokussierung auf das gemeinsame Ziel.
   - Beachten Sie Interessen Einzelner, ohne den Gesamtauftrag aus den Augen zu lassen.
   - Leiten Sie disziplinarische Führungsfragen an den zuständigen Vorgesetzten weiter.
   - Sorgen Sie für die Transparenz der Entscheidungsprozesse.
   - Zeigen Sie auf, warum die von Ihnen gewählte Form der Zusammenarbeit und Ihre Funktion sinnvoll sind.
   - Helfen Sie bei der gegenseitigen Verständigung und sorgen Sie für Akzeptanz zwischen den Beteiligten.
   - Fokussieren Sie auf die gemeinsame Ausarbeitung von Lösungen.
   - Eskalieren Sie Konflikte, wenn es notwendig ist, aber lassen Sie dabei nicht zu, dass einzelne Beteiligte ihr Gesicht verlieren.
   - Setzen Sie sich für regelmäßige Reviewsitzungen ein mit dem Ziel, die Zusammenarbeit weiterzuentwickeln.

- Sichern Sie die gemeinsamen Ergebnisse und kommunizieren Sie diese mit Ihrem Team nach außen.
- Schaffen Sie Möglichkeiten, die Wertschätzung für die gemeinsame Arbeit auszudrücken.
- Reflektieren Sie mit allen Beteiligten zusammen die gemeinsame Zusammenarbeit.

TIPP: Je klarer Sie sich der eigenen Macht und deren Grenzen bewusst sind, desto mehr laterale Machtkompetenz können Sie aufbauen und desto wirksamer können Sie sie wahrnehmen.

6.4 Grenzen und Schwierigkeiten lateralen Führens

Laterales Führen benötigt spezifische Rahmenbedingungen. Stimmen diese nicht, gelangt die laterale Führungskraft an ihre Grenzen, ohne dies selbst verschuldet zu haben. Laterale Führung kann nur dann ein Erfolg versprechendes Führungsmodell sein, wenn das Unternehmen auf partizipative Unternehmens- und Führungskultur Wert legt, über klare und trotzdem durchlässige Strukturen und Prozesse verfügt sowie Aufgaben und Verantwortung eindeutig bestimmten Mitarbeitern und Führungskräften zugeordnet hat. Die folgende Auflistung dient der Sensibilisierung für Situationen, in denen laterale Führung an ihre Grenzen stößt.

- Laterale Führung ist darauf angewiesen, dass die nächsthöhere Führungsebene ihre jeweilige Führungsverantwortung wahrnimmt. Im Führungsalltag kommt es immer wieder vor, dass – trotz hoher kommunikativer Kompetenz der Führungskraft – Kooperationen nicht funktionieren, beispielsweise eine Zusammenarbeit verweigert oder eine Ressource nicht zur Verfügung gestellt wird. Wenn bei der darauffolgenden sogenannten „Eskalation nach oben“, also der Einbeziehung des Vorgesetzten, dieser seine Verantwortung nicht wahrnimmt, sondern das Anliegen zurückdelegiert *(„Arbeiten Sie doch noch besser daran, Ihr Gegenüber zu überzeugen“)*, beginnt das Problem unlösbar zu werden, wenn Ihr Gegenüber sich weiterhin verweigert. Hier kommen Sie an die Grenzen Ihrer Kompetenzen und Verantwortung.
- Einige lateral Führende werden auch von einer höheren Führungsebene mit Aufgaben betraut, die diese ihrerseits nicht in der Lage war, durchzusetzen. Damit wird laterale Führung als Ersatz für mangelnde hierarchische Führung missbraucht. Wird die Delegation solcher Aufgaben und Verantwortung dann auch noch intransparent gestaltet, führt das zu Misstrauen und Ablehnung derer, mit denen man zusammenarbeiten müsste. Damit ist die übertragene Aufgabe extrem schwer, wenn nicht unmöglich zu bewältigen.

- Laterale Führung geht von einer partizipativen, kooperativen Grundhaltung und der Einbindung aller Beteiligten aus. Eine Unternehmenskultur, die eher direktiv ausgerichtet ist, die eine Diskussion über Hierarchieebenen hinweg kaum zulässt und Kommunikationswege einfordert, die sich eng an formale Strukturen halten, erschwert das offene Gespräch, das Ansprechen von Schwierigkeiten und vertrauensbildende Aktivitäten. Ohne diese ist aber die Einigung der Beteiligten auf gemeinsame Vereinbarungen und Ergebnisse kaum möglich.
- Laterale Führung benötigt auch die Bereitschaft, im Sinne des Gesamtunternehmens zu denken. In Organisationen und Unternehmensbereichen, in denen Einzel- oder Bereichsinteressen im Vordergrund stehen und kooperatives Verhalten im „Heimatbereich“ bzw. in der „Heimatabteilung“ negative Konsequenzen nach sich zieht, wird eine Einigung über Teams und Abteilungen hinweg an ihre Grenzen stoßen.
- Wenn Sie die Unterstützung mehrerer Kooperationspartner zur Erreichung Ihrer Ziele benötigen, dann ist es notwendig, dass die Organisation Aufgaben und Verantwortung klar zugeordnet hat. Sind die Beteiligten jedoch unsicher über das Ausmaß ihrer Verantwortung und ihre Entscheidungskompetenz oder sind die Zuständigkeiten nicht klar geregelt, entstehen Unsicherheit und Zurückhaltung in der Zusammenarbeit, da die Beteiligten nicht wissen, was sie selbst entscheiden können bzw. wen sie in bestimmten Punkten einbeziehen müssen.

6.5 Kompakt

Im Zuge der Internationalisierung und zunehmenden Differenzierung von Aufgabenbereichen hat sich eine neue, auf gegenseitiger Kooperation basierende Form der Führung herausgebildet: laterale Führung. Im Unterschied zur klassisch-hierarchischen Form des Führens kann die Führungskraft dabei jedoch nicht auf ihre Weisungsbefugnis zurückgreifen oder bei Verweigerung disziplinarische Maßnahmen anordnen. Sie ist den Mitarbeitern und Kollegen nicht übergeordnet, sondern verkehrt mit ihnen auf der gleichen Ebene. Will sie etwas durchsetzen, ist sie darauf angewiesen, die anderen Beteiligten mit Argumenten zu überzeugen und bei ihnen Akzeptanz zu erreichen. Entscheidungen kommen durch Konsens zustande.

Die Aufgaben lateraler Führungskräfte können unterschiedlich gestaltet sein. Sie sind abhängig vom Ausmaß der Führungsverantwortung, der Größe der anzuleitenden Gruppe und der Hierarchieebene, auf der die Kooperation stattfindet. Sind die Führungsverantwortung und der Vernetzungsgrad der Position vergleichsweise gering, spricht man von Führungsfunktionen erster Ordnung. Diese eignen sich auch für erste Karriereschritte angehender Führungskräfte. Führungsfunktionen zweiter Ordnung besitzen hohe Führungsverantwortung und einen hohen Vernetzungsgrad. Sie sind in der Regel nicht ohne Führungserfahrung und Einbindung in die Führungshierarchie zu meistern.

Wer in einer lateralen Führungsposition erfolgreich sein will, darf nicht nur seine Ziele verfolgen, sondern muss auch Rücksicht auf die Bedürfnisse und Interessen des gesamten Unternehmens sowie seiner Mitarbeiter bzw. Kooperationspartner nehmen. Kontakte, Netzwerke, Erfahrungen und Wissen stehen Ihnen dazu zur Verfügung. Voraussetzung ist jedoch, dass Sie Ihre eigenen Ziele eindeutig definieren und möglichst genau ausloten, wie Sie auf die anderen Beteiligten und die Organisation Einfluss ausüben können. Es gilt, sich seiner Möglichkeiten der Machtausübung bewusst zu werden und diese zielführend anzuwenden. Für das Erreichen von Akzeptanz und Übereinstimmung ist es auch wichtig, Vertrauen zwischen allen Kooperationspartnern aufzubauen bzw. zu bewahren und geschickt zu kommunizieren.

Die Kunst lateralen Führens besteht darin, seine Macht sinnvoll für die Durchsetzung der eigenen Interessen und Vorstellungen zu nutzen, aber ohne das Vertrauen der anderen Beteiligten oder die gegenseitige Verständigung zu gefährden.

Laterale Führungsstrukturen können nur funktionieren, wenn die Aufgaben und Verantwortlichkeiten der Führungskraft eindeutig definiert sind und seitens des Unternehmens die notwendigen Rahmenbedingungen geschaffen sind. Zu Letzteren gehören eine partizipative Unternehmens- und Führungskultur, klare und gleichzeitig durchlässige Strukturen und Prozesse sowie eindeutig bestimmte Aufgaben und Verantwortlichkeiten der Mitarbeiter und Führungskräfte.

7 Führen im Generationenkontext am Beispiel der Generation Y

„Dies ist die anspruchsvollste und selbstbewussteste Generation seit Langem. Sie wird die Arbeitskultur in den Unternehmen radikal umkrempeln.“
Anders Parment, University School of Business, Stockholm

Worum es geht ...

Ein struktureller Wandel vollzieht sich in der Arbeitswelt. Eine neue Generation von Mitarbeitern, die Generation Y, rückt auf dem Arbeitsmarkt nach. Diese nach 1980 Geborenen haben andere Wertvorstellungen und verhalten sich anders als vorherige Generationen. Damit verändern sie die Anforderungen an den Arbeitsplatz und speziell die Erwartungen an Führende. Das bringt „frischen Wind“ ins Team; kann aber auch zu einer Quelle von Konflikten werden. Als Führungskraft stehen Sie vor der Aufgabe, diese „Newcomer“ bestmöglich zu integrieren.

Dieses Kapitel beschreibt, unter welchen Bedingungen dies gelingen kann. Es zeigt auf,

- wer die sogenannte Generation Y ist,
- was sie von ihrer Arbeit und Führungskräften erwartet,
- welche neuen Anforderungen das an den Führungsstil stellt,
- wie Sie einen Generationenkonflikt im Team verhindern können,
- wie Sie Mitglieder dieser Generation fördern und entwickeln können,
- wie Sie sie am ehesten an das Unternehmen binden können.

Der Anteil der Digital Natives oder Millennials, wie die Angehörigen der Generation Y auch genannt werden, an der Belegschaft wächst in deutschen Firmen. In großen Unternehmen stammen oft über zwei Drittel der neu eingestellten Arbeitnehmer aus dieser Altersgruppe. Sie bringen eine bisher ungekannte Vielfalt in den Arbeitsalltag, der sich auf diese neue Situation einstellen muss. 2006 verabschiedeten mehrere Unternehmen und Organisationen eine „Charta der Vielfalt“. In ihr heißt es: *„Wir können wirtschaftlich nur erfolgreich sein, wenn wir die vorhandene Vielfalt erkennen und nutzen. ... Die Vielfalt der Mitarbeiterinnen und Mitarbeiter mit ihren unterschiedlichen Fähigkeiten und Talenten eröffnet Chancen für innovative und kreative Möglichkeiten“* [Charta der Vielfalt, S. 6].

Diese neuen jungen Mitarbeiter bzw. Nachwuchskräfte der Generation Y bringen „frisches“ Wissen und oft auch grundlegend andere Vorstellungen vom Arbeitsleben und ihrer Karriere mit: Sie werden durch ihre anderen Werte, Ziele und Einstellungen die Unternehmen grundlegend ändern und der Arbeit ein neues Gesicht verleihen. Will ein Unternehmen diese Mitarbeiter binden und dafür sorgen, dass sie sich optimal engagieren, müssen sich die Verantwortlichen den spezifischen Herausforderungen des Führens im Generationenkontext stellen.

7.1 Generation Y

Eine Gruppe Menschen mit gemeinsamen Erfahrungen gilt als Generation. Sie besitzen ein ähnliches Alter und haben deshalb dieselben bedeutenden gesellschaftlichen und historischen Ereignisse und Entwicklungen erlebt. Das hat die Wertvorstellung und Weltanschauung dieser Jahrgänge geprägt.

Unter Generation Y fasst man im Allgemeinen die Altersgruppe der zwischen 1980 und 1995 Geborenen zusammen. Manche Definitionen setzen den Beginn etwas früher, manche ein paar Jahre später an. Exakte Jahresangaben sind für die Charakteristika einer Generation jedoch weniger entscheidend als die gemeinsame Werte- und Denkhaltung, was auch für die Vorgängergenerationen (Babyboomer und Generation X) gilt.

Dies gilt aber nicht grundsätzlich für alle Menschen einer bestimmten Altersgruppe. Das wäre eine unzulässige Vereinfachung. Allerdings kann man gewisse Tendenzen feststellen. Wissenschaftliche, soziologische Merkmale einer Generation können Einstellungen, Werte und Verhaltensweisen, die sich in der Arbeitswelt auswirken, erklären helfen. Ziel der für dieses Buch herangezogenen Modelle ist, die Potenziale dieser Generation für die Weiterentwicklung der Arbeitswelt und die Führungsaufgabe sichtbar und nutzbar zu machen. Welche spezifische Wirkung die Generation Y auf die Arbeitswelt tatsächlich hat, wird sich aber erst in der Zukunft zeigen. Typisch für die Mitglieder der Generation Y ist, dass sie vieles nicht als gegeben hinnehmen, sondern hinterfragen. Der letzte Buchstabe des Wortes „why“ wurde so zum „Namensgeber“.

Der Berliner Professor Thorn Kring nennt folgende politische Ereignisse bzw. gesellschaftliche Entwicklungen, die für die Generation prägend waren:

- die Wiedervereinigung Deutschlands 1989/1990,
- die Terroranschläge auf das World Trade Center in New York am 11. September 2001,
- die Irak-/Afghanistan-Kriege,
- die Umweltkrise und die Diskussion um den Klimawandel,
- die Innovationen im Internet und die Verbreitung des Internets,
- das Aufkommen sozialer Netzwerke wie MySpace (2003), Facebook (2004), XING (2003) oder studiVZ (2005) und

- die Verbreitung von Instant-Messenger-Diensten wie MSN (1995), ISQ (1996), AIM (1997) oder Skype (2003).

Die Globalisierung sowie die Digitalisierung und Virtualisierung der Arbeitswelt sind für diese Altersgruppe eine Selbstverständlichkeit. Sie ist in Zeiten wachsender gesellschaftlicher und wirtschaftlicher Unsicherheiten groß geworden. Auf dem Arbeitsmarkt ist diese Generation mit einem Trend zu immer höherer Qualifizierung und der Arbeitgeberforderung nach großer Flexibilität konfrontiert. Ein permanenter, immer schnellerer Wandel, zunehmende Komplexität und globale Vernetzung kennzeichnen die Zeit der Jugend und den Einstieg in das Berufsleben. Technologische Entwicklungen wirken sowohl in das Arbeits- wie in das Privatleben der Generation Y hinein. Die Generation Y wächst in einer Konsumgesellschaft auf, die ihr mehr Wahlmöglichkeiten bietet als anderen Generationen zuvor. Dies verstärkt den bereits für die Generation X charakteristischen Individualismus weiter. Die Generation X bezieht sich auf die Geburtenjahrgänge die in etwa zwischen 1965 und 1979 liegen.

Um mit den gestiegenen Leistungsanforderungen, den gesellschaftlichen Veränderungen und der wachsenden Geschwindigkeit leben und arbeiten zu können, hat die Generation Y neue Denk- und Verhaltensweisen entwickelt.

Charakteristisch für die Generation Y sind:

- ein **ausgeprägter Individualismus** und eine geringe Bereitschaft, die Interessen der Gesamtgesellschaft den eigenen überzuordnen, das „Ich“ steht im Vordergrund, von einem „Wir“ spricht diese Altersgruppe viel seltener, sie will das eigene Leben genießen und selbst gestalten,
- ein großes Bedürfnis nach **emotionalen Erlebnissen** und infolgedessen auch nach emotional geprägten Produkten und Marken,
- ein oft **hoher Lebensstandard**, ohne dafür selbst hart gearbeitet zu haben,
- der **Konsum** wird **als Möglichkeit** gesehen, **die eigene Person gezielt zu profilieren**, daher ist die Bedeutung von Markenprodukten für diese Generation vergleichsweise sehr hoch, sie dienen dazu, die eigene Individualität zu unterstreichen,
- die **Nutzung der** in unserer Gesellschaft entstandenen **zahlreichen Wahlmöglichkeiten, insbesondere der weltweit zugänglichen beruflichen und persönlichen Perspektiven** für die eigene, individuelle Lebensgestaltung,
- der Aufbau und die kontinuierliche Pflege **sozialer Netzwerke und Kontakte** via Internet,
- die Wahrnehmung des Informationsüberflusses des **Internets als Möglichkeit der gezielten Informationsgewinnung** anstatt als Belastung,
- **die Forderung nach hoher persönlicher, politischer und wirtschaftlicher Transparenz**, wie diese Generation es durch die Möglichkeiten der globalen Vernetzung und der zahlreichen Informationsquellen im Internet gewohnt ist.

Auch wenn diese Aufstellung verallgemeinert und nicht jedem Mitglied der Generation Y gerecht wird, gibt sie nachweisliche Tendenzen wieder, auf die sich Unternehmen und Führungskräfte einstellen und auf die sie reagieren müssen, um auch in Zukunft erfolgreich sein zu können.

7.2 Auswirkungen der Generation Y auf Unternehmen

Das Ausmaß der Veränderungen, die die Generation Y in Unternehmen bewirkt, lassen Studien erahnen, die diese Altersgruppe mit den vorhergehenden Generationen vergleichen. Bild 7.1 fasst zusammen, wie stark sich demnach die prägenden gesellschaftlichen Erfahrungen und Werte, die Denkweise und die Einstellung zur Arbeit dieser drei Gruppen unterscheiden.

	Babyboomer 1946 – 1964	**Generation X** 1965 – 1979	**Generation Y** 1980 – 1995
Bezeichnung	Der Name „Babyboomer" bezieht sich auf die geburtenstarken Jahrgänge der Nachkriegszeit	Der Name „Generation X" bezieht sich auf den Titel eines Romans des kanadischen Schriftstellers D. Coupland	Der Name „Generation Y" bezieht sich auf deren Tendenz, alles zu hinterfragen: „Why?"
Gesellschaft	Nachkriegsjahre und wirtschaftlicher Aufschwung	Wirtschaftliche, gesellschaftliche und ökologische Unsicherheit	Konsumgesellschaft, hohe technologische Veränderungsgeschwindigkeit, virtuelle Vernetzung
Familie	Aufgewachsen mit traditionellen Familienwerten	Aufgewachsen in Familien, in denen oftmals beide Elternteile berufstätig sind, Patchworkfamilien oder bei alleinerziehenden Elternteilen	Aufgewachsen in Familien mit einem hohen Maß an Aufmerksamkeit, Fürsorge und Förderung für die Kinder
Werte/ Denkweise	Optimistisch, idealistisch, diszipliniert, pflichtbewusst, sicherheitsbedürftig, offen für Neuerungen	Pessimistisch, ungeduldig, eigenverantwortlich, unabhängig, ungezwungen, kreativ	Individualistisch, flexibel, spaßorientiert, global orientiert, technikaffin
Arbeit	Workaholics – „leben, um zu arbeiten"	Abwechslung, „arbeiten, um zu leben", misstrauisch gegenüber großen Institutionen und Autoritäten	Arbeit soll Sinn machen, karriereorientiert, Trend zur Höherqualifizierung, geringe Loyalität zum Arbeitgeber, hohe Flexibilität, Freiraum für Privates

BILD 7.1 Generationenvergleich

Betrachtet man die Einstellung der Generation Y zur Arbeit genauer, kann man folgende Veränderungen feststellen:

- Bei der Wahl des Arbeitgebers legen die Mitglieder der Generation Y großen Wert auf dessen **Arbeitgeberimage** und Arbeitgebermarke. Jedes Unternehmen, das talentierte

Mitarbeiter sucht, muss folglich eine attraktive und klare Unternehmensidentität vermitteln können. Nicht nur harte Faktoren, wie Gehalt und Zusatzleistungen, spielen dabei eine Rolle, sondern auch emotionale Faktoren, wie Arbeitszeitflexibilität, Arbeitsklima und -kultur. Die Generation Y bevorzugt auch Unternehmen, die ihre gesellschaftliche Verantwortung aktiv wahrnehmen, eine Corporate Social Responsibility zeigen. Will ein Unternehmen bei der – auch weltweiten – „Jagd" nach Talenten attraktiv sein, muss es sich diesen Herausforderungen stellen.

- Die **Loyalität** dieser Mitarbeiter zum Unternehmen ist nicht so hoch wie in vorherigen Generationen. In ihren Augen kann es dem persönlichen Lebenslauf und der Karriere schaden, (zu) lange in einem Unternehmen zu bleiben. Internationale Erfahrungen und Tätigkeiten in verschiedenen Unternehmen und Branchen gelten dagegen als Grundstein für den beruflichen Erfolg und das persönliche Image. Der Wechsel von einem Unternehmen zum anderen wird von dieser Generation daher eher als Selbstverständlichkeit betrachtet.
- Die jungen Mitarbeiter schätzen ihre **eigenen Fähigkeiten** sehr hoch ein und gehen selbstbewusst damit um. Die Erfahrung älterer Mitarbeiter wertschätzen sie eher weniger. Sie haben vergleichsweise geringe Hemmungen, diesen zu widersprechen oder sie zu kritisieren.
- Die Vertreter der Generation Y besitzen ein hohes Bedürfnis an kontinuierlichem und qualitativ hochwertigem **Feedback**. Sie sind durch ihre Erziehung und die Feedbackmöglichkeiten in den sozialen Medien gewohnt, Rückmeldung zu erhalten und natürlich auch zu geben. Zudem neigen sie dazu, sich mit anderen immer wieder vergleichen zu wollen. Daraus können sie für sich den eigenen Stellenwert ableiten und abschätzen, wie sie noch erfolgreicher werden können.
- Der **Einfluss von Autoritäten** aufgrund von Hierarchien nimmt ab. Die Generation Y beschafft sich ihre Informationen quer über die Hierarchie hinweg. Rücksichten, insbesondere Fragen wie „Was darf ich an internen Informationen an wen weitergeben?" bzw. „Was behandle ich besser als vertrauliche Mitteilung und behalte es für mich?", sind ihr weitgehend fremd.
- Für die Mitglieder der Generation Y ist **Selbstverwirklichung die zentrale Antriebskraft** für die Arbeit. Werte wie Pflichterfüllung, die z. B. bei den Babyboomern zentrale Bedeutung hat, werden mehr und mehr von Werten, wie sinnvoller Arbeit, Spaß und Freude bei der Arbeit und Entwicklungsmöglichkeiten abgelöst.
- Die Generation Y erwartet in Unternehmen eine **Kultur der Transparenz**. Da Informationen auch innerhalb von Unternehmen durch die Kommunikationstechnologien leichter zugänglich sind und soziale Netzwerke entstehen, lassen sich Informationen nicht leicht zurückhalten. Die Bedeutung von informellen Informationsquellen nimmt deutlich zu.
- **Kompetenz und Wissen werden auch außerhalb des Unternehmens gesucht** und gefunden. Der Austausch über die sozialen Netzwerke ist für diese Generation selbstverständlich. Unternehmensinterne Daten und Geheimnisse sind so schwerer von der Öffentlichkeit fernzuhalten. Die jungen Arbeitnehmer sind aber auch durch die Vielzahl und zum Teil widersprüchlichen Informationen der sozialen Netzwerke gewohnt,

zu hinterfragen, was sie erfahren. Sie bringen folglich die Fähigkeit, kritisch zu denken, mit und bauen sie beständig weiter aus.

- Die **sozialen Kontakte der Generation Y reichen weit über den Arbeitsplatz und ihr unmittelbares Umfeld hinaus**. Über z. B. SMS, Facebook oder Twitter ist es möglich, ständig auch über große Entfernungen hinweg mit anderen in Kontakt zu bleiben.
- Da Vertreter der Generation Y in einer Konsumgesellschaft groß geworden und daher von klein auf gewohnt sind, aus mehreren Angeboten auswählen zu können, erwarten sie dies auch bei der **Gestaltung der Arbeit**. Wann, wie lange und wo sie arbeiten, möchten sie möglichst selbst gestalten und definieren.
- Die Generation Y stellt hohe Erwartungen an die eigenen **Entwicklungs- und Karrieremöglichkeiten** im Unternehmen. Karriere ist in ihren Augen ausschließlich Resultat ihrer direkten Leistung und Ergebniserreichung. Aufstiegskriterien wie lange Karrierewege, lange Betriebszugehörigkeit oder Erfahrung besitzen geringe Akzeptanz und frustrieren sie eher. Damit geht die Entwicklung hin zu flexiblen und individuellen Laufbahnen.
- Nach 1980 Geborene besitzen eine **höhere Fehlerfreundlichkeit** als frühere Generationen. Wenn „mal was schiefgeht", werten sie das nicht unbedingt als persönliche Niederlage, sondern stecken den Misserfolg weg und beginnen noch mal von vorne.
- Diese Mitarbeiter besitzen häufig schon nach dem Studium zahlreiche **internationale Erfahrungen** und sprechen mehrere Sprachen. Es ist mittlerweile selbstverständlich, einige Zeit während Schule und Studium im Ausland verbracht zu haben. Internationalität und globales Agieren besitzen deshalb für sie eine hohe Attraktivität.

Diese Aspekte, die Bild 7.2 im Überblick zusammenfasst, spielen mittlerweile nicht nur für die jetzt in die Arbeit nachrückende Generation eine Rolle, sondern geben grundsätzliche Trends wieder, die mehr und mehr für alle Mitarbeiter gelten. Der anhaltende Fachkräftemangel und die damit verbundene Macht und Durchsetzungsfähigkeit der qualifizierten Mitglieder der Generation Y führten jedoch dazu, dass sich dieser Wandel in der Arbeitseinstellung beschleunigt vollzog.

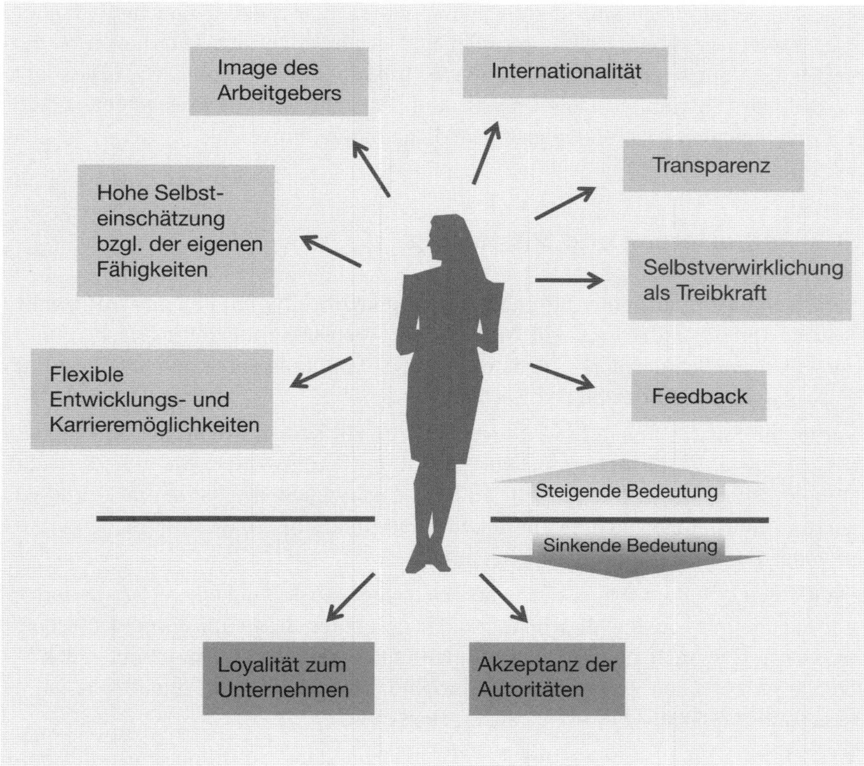

BILD 7.2 Einstellung der Generation Y zur Arbeit

7.3 Führung von Mitarbeitern der Generation Y

Egal, wie man zu den Veränderungen steht, die die Generation Y im Arbeitsleben bewirkt: Diese Generation rückt momentan ins Arbeitsleben nach, und die Führungskräfte haben die Aufgabe, sie zu integrieren. Außerdem sind sie maßgeblich dafür verantwortlich, ob es gelingt, diese jungen Mitarbeiter an das Unternehmen zu binden.

Es ist folglich an ihnen, sich Gedanken über die typischen Eigenschaften der Neuen zu machen und wie man diese so mit Aufgaben betrauen kann, dass das Unternehmen davon profitiert, also sich mit generationsspezifischer Führung auseinanderzusetzen.

Keine Generation zuvor war ehrgeiziger, weltoffener, vernetzter und individueller als diese. Damit birgt sie ein großes Potenzial, und es lohnt sich, sich das Know-how und die Kompetenzen anzueignen, um so auf die Vertreter der Generation Y einwirken zu können, dass eine Bindung an die Organisation entsteht und ihr Engagement gefördert wird. Im Folgenden dazu einige grundsätzliche Empfehlungen.

7.3.1 Rekrutierung und Einstellung

- Sorgen Sie dafür, dass Ihr Unternehmen schon frühzeitig mit den zukünftigen Mitarbeitern Kontakt aufnimmt. Mit Messen und Vortragsveranstaltungen an Unis oder auch über ein Schülermarketing kann eine erste Bindung entstehen und die zukünftige Arbeitgeberwahl beeinflusst werden.
- Verbinden Sie das Image Ihres Unternehmens mit seinen Produkten und Dienstleistungen sowie der Firmen- und Führungskultur. So entwickeln Sie eine durchdachte „Employer-Branding-Strategie“, die eine Durchgängigkeit der Werte und Grundhaltungen im Unternehmen sicherstellt und für Identifikation sorgt. Kommunizieren Sie diese konsequent nach innen und nach außen.
- Sie können sich darauf einstellen, dass es bei der Einstellung eines Mitarbeiters nicht nur darum geht, ob der Mitarbeiter zu der gesuchten Stelle und Ihrem Unternehmen passt, sondern auch, ob das Unternehmen und die Stelle den Erwartungen des Mitarbeiters entsprechen. Je höher der Mitarbeiter, den Sie suchen, qualifiziert ist, desto mehr entscheidet der Bewerber, wo er arbeiten will.
- Wenn Sie ein Einstellungsgespräch mit gut ausgebildeten Y-Mitarbeitern führen, sollten Sie sich mit folgenden Fragen auseinandergesetzt haben:
  - Für was steht Ihr Unternehmen, welche Identität hat es und welchen Werten und welcher Kultur ist es verpflichtet? Was unterscheidet es von anderen Unternehmen? Was sind seine besonderen Kennzeichen?
  - Inwieweit geht Ihr Unternehmen auf typische Erwartungen und Anforderungen eines Bewerbers aus der Generation Y (z. B. Internationalität, Transparenz) ein?
  - Berücksichtigt Ihr Unternehmen, dass die Generation Y flexible Arbeitsbedingungen und gute Entwicklungsmöglichkeiten wünscht?
  - Passt die Unternehmenskultur zu den Erwartungen der Generation Y und haben Sie emotional attraktive Arbeitsbedingungen?
  - Welche Gehaltsentwicklungsmöglichkeiten hat Ihr Unternehmen für jemanden, der sehr gute Ergebnisse bringt?
  - Wie können Arbeits- und Freizeitanforderungen miteinander vereinbart werden? Gibt es eine strikte Trennung dieser beiden Welten oder kann hier der Mitarbeiter zum Teil selbst wählen, wann er was erledigen will?
  - Welche Modelle der Familienfreundlichkeit, beispielsweise Maßnahmen, um die Vereinbarkeit von Familie und Beruf zu erleichtern, gibt es in Ihrem Unternehmen? Ist es möglich, sich Auszeiten zu nehmen, ohne die Karriere zu gefährden?

- Welche attraktiven Kulturangebote und Freizeitmöglichkeiten gibt es in und um Ihr Unternehmen herum?
- Gehen Sie davon aus, dass sich der Mitarbeiter intensiv im Internet über die Firma erkundigt hat, und das nicht nur auf Ihrer Homepage, sondern in den sozialen Netzwerken, die ihm zur Verfügung stehen. Besonders gerne wird auch in Plattformen recherchiert, in denen Mitarbeiter Ihre Firma bewerten.

7.3.2 Mitarbeiterführung

Laut der Studie „Gen Y and the World of Work“ [Hays 2013] wünschen sich 51 Prozent einen Mentor bzw. einen Coach als Vorgesetzten. Führung, die nur Arbeit diktiert und verteilt, lehnen diese Mitarbeiter mehr als andere ab. Sie möchten unterstützt und motiviert werden. Der perfekte Chef ist für sie zudem fair und ein Experte in dem jeweiligen Geschäftsfeld, sodass der Mitarbeiter sein Wissen erweitern kann.

Führungskräfte, die diese Erwartungen erfüllen, können im Gegenzug mit einem motivierten Mitarbeiter rechnen. Das zeigt auch folgender Blogbeitrag:

> *„Warum wollen wir ‚optimal‘ geführt werden? Schlicht um unser Potential voll ausschöpfen zu können, um in der Lage zu sein, die Aufgaben unseres Jobs bestmöglich auszuführen. Gelingt uns dies im Sinne des Unternehmens, sind wir stolz auf unsere Leistung, freuen uns über (hoffentlich erteiltes) Lob und starten motiviert und voller Energie mit den Folgeaufgaben“* [aus: http://leading-different.blogspot.de/].

„Optimale Führung“ bedeutet aus Sicht dieser Generation:

- Sie wollen möglichst wenig direkte Führung spüren, sondern möglichst viel Eigenverantwortung übertragen bekommen, oder erwarten, dass Entscheidungen gemeinschaftlich getroffen werden. Führung akzeptieren sie nur dann wirklich, wenn sie notwendig ist und der Arbeit Sinn gibt.
- Sie erwarten Führungspersönlichkeiten, denen sie folgen wollen und nicht folgen müssen.
- Sorgen Sie so weit wie möglich für Wahlmöglichkeiten und Flexibilität in der Gestaltung der Arbeitszeit. Legen Sie aber auch fest, wo die freie Gestaltung der Arbeit ihre Grenzen hat und wann Freizeitelemente in der Arbeit unangebracht sind.
- Legen Sie besonderen Wert auf die Gestaltung der Zusammenarbeit und der Atmosphäre in Ihrem Team. Achten Sie darauf, dass es verlässliche Werte gibt, die für alle Mitarbeiter transparent und motivierend wirken.
- Erfragen Sie aktiv die Wünsche und Anregungen Ihrer Mitarbeiter, um die Qualität der Arbeit zu verbessern, und nehmen Sie auch als Führungskraft Feedback an. Werten Sie die Direktheit der Kommunikation der Mitarbeiter aus der Generation Y nicht als Respektlosigkeit, sondern haben Sie Verständnis für deren Sozialisierung in einer Kultur der offenen, medialen Kommunikation.
- Achten Sie darauf, dass das Bedürfnis des Mitarbeiters nach Selbstverwirklichung nicht auf Kosten des Unternehmens geht. Verbinden Sie dieses Bedürfnis des

Mitarbeiters mit den Interessen des Unternehmens, um beispielsweise Innovationen und Verbesserungen im Unternehmen voranzutreiben.

- Schaffen Sie dort Freiräume, wo dies sinnvoll und möglich ist, ohne die Effizienz der Abteilung zu gefährden.
- Delegieren Sie „bedeutende" Aufgaben. Diese Generation will schnell Verantwortung übernehmen. Nutzen Sie Instrumente wie Job Enlargement, Job Enrichement oder Jobrotation.
- Für Mitarbeiter, die nach 1980 geboren sind, ist es noch wichtiger als für Vertreter anderer Generationen, den Sinn der Arbeit zu verstehen. Nur so können sie motiviert an die Aufgaben herangehen. Dies bedeutet für Sie, sich die Zeit zu nehmen, den Sinn und die Zusammenhänge einer Aufgabe zu verdeutlichen.
- Geben Sie kontinuierliches und substanzielles Feedback. Dadurch fühlen sich Mitarbeiter der Generation Y gesehen und gefördert. Sie können beständig Selbst- und Fremdbild abgleichen und so an ihren Fähigkeiten arbeiten.
- Unterstützen Sie die Zusammenarbeit zwischen den Generationen in Ihrem Team, um die jeweiligen Stärken und Qualitäten zur Geltung kommen zu lassen. Sorgen Sie für die entsprechende Wertschätzung der Unterschiedlichkeit.
- Für Mitarbeiter der Generation Y sind Sie nur dann glaubwürdig, wenn Sie nicht nur die Verantwortung gegenüber Ihren Mitarbeitern tragen, sondern auch gegenüber Ihrer Familie, Ihren Freunden und der Community. Da sie kontinuierlich mit den sozialen Communitys vernetzt sind, hat die dort geäußerte Meinung über das Unternehmen große Bedeutung. Sie beeinflusst, wie die Mitarbeiter der Generation Y das Unternehmen sehen und bewerten.
- Feiern Sie Erfolge im Team angemessen und schaffen Sie positive Routinen, um den Spaß am Arbeitsplatz zu fördern und die Wertschätzung einzelner Mitarbeiter auszudrücken (z. B. Sonderteamsitzung bei größeren Erfolgen mit Essen und Getränken, gemeinsame Geburtstagsfeiern, Dank-E-Mails bei guter Leistung). Mitarbeiter der Generation Y erwarten auch am Arbeitsplatz emotionale Momente bzw. Events.

7.3.3 Zusammenarbeit mehrerer Generationen im Team

Es scheint auf den ersten Blick nicht einfach, für eine gute Zusammenarbeit der verschiedenen Generationen zu sorgen. Auf der einen Seite stehen die verstandesorientierten und vernünftigen Babyboomer und Mitarbeiter der Generation X, die durch harte Arbeit und Pflichterfüllung viel erreicht haben und diesen Besitzstand und die dadurch erworbene Position in der Firma sichern wollen. Auf der anderen Seite sind die „jungen Wilden" der Generation Y, die oft so gut wie alles hinterfragen und selbstbewusst für ihre eigenen Bedürfnisse eintreten. Wenn Sie es aber schaffen, die Qualitäten und die Stärken der verschiedenen Generationen in Ihrem Team positiv zu nutzen, verschafft Ihnen diese Vielfalt (aber auch die verschiedener Ausbildungshintergründe, Nationalitäten etc.) einen Wettbewerbsvorteil. Während die Jungen noch keine Erfahrung haben, hinterfragen die Älteren zu wenig bestehende Strukturen und Prozesse oder können nicht ähnlich unbefangen mit neue Technologien umgehen wie die Generation Y. Nur durch einen konstruktiven Dialog der Generationen im Team werden alle Potenziale ausgeschöpft und wird Vielfalt zu einem Teil des Erfolgsrezepts.

7.3.4 Mitarbeiterentwicklung

Entwicklungswege müssen für Y-Mitarbeiter nachvollziehbar, motivierend und transparent gestaltet sein. Eine Entwicklung zur Führungskraft, die zehn Jahre in Anspruch nimmt, ist für einen Mitarbeiter der Generation Y genauso wenig attraktiv wie eine jährliche Gehaltserhöhung um einen Betrag X. Schnelle und flexible Karrierewege, die auf der Basis von Leistung und Ergebnissen beruhen, sprechen diese Zielgruppe bedeutend besser an. Das bringt aber Unternehmen in eine Zwickmühle. Zum einen wollen sie möglichst alle gleich behandeln, auf der anderen Seite die talentierten jungen Mitarbeiter nicht verlieren. In dieser Situation gibt es drei mögliche Lösungen:

- Nicht alle Mitarbeiter wollen Führungskraft werden. Über alternative Karrierewege in der Fach- oder Projektebene lassen sich Mitarbeiter der Generation Y ebenso motivieren und binden.
- Mitarbeiter der Generation Y wollen international tätig sein. So können sie ihre Kompetenzen erweitern und noch wettbewerbsfähiger für den Arbeitsmarkt werden. Wenn Sie die Arbeit der Mitarbeiter so aufteilen können, dass auch internationale Aspekte in der Zusammenarbeit enthalten sind, ist Ihr Unternehmen attraktiver als andere Arbeitgeber.
- Essenziell für Mitarbeiter der Generation Y sind punktgenaue und umfangreiche Qualifizierungsmöglichkeiten im Unternehmen. In einer sich schnell wandelnden Welt mit ständig neuen technologischen Errungenschaften und wirtschaftlichen Innovationen will daher jeder Y-Mitarbeiter am Puls der Zeit bleiben und den Anschluss nicht verlieren.

7.3.5 Unternehmenswechsel

Mitarbeiter der Generation Y sind grundsätzlich eher gewillt, den Arbeitsplatz zu wechseln. Das muss nicht unbedingt bedeuten, dass sie unzufrieden mit dem aktuellen Job sind. In vielen Fällen suchen sie sich einen neuen Arbeitgeber, weil sich so das Gehalt schneller steigern lässt, die Karrierechancen sich verbessern oder das Aufgabenportfolio reizvoller ist.

Manche Führungskräfte reagieren verärgert oder gekränkt, wenn Mitarbeiter das Team oder das Unternehmen verlassen. Wenn Sie es aber als Führungskraft schaffen, den Weggang nicht als persönliche Niederlage zu sehen, sondern als Chance, dann werden Sie diese Situation anders gestalten können. Vielleicht wird der Mitarbeiter, der Ihr Team verlässt, zurückkommen und dann aufgrund gewachsener Erfahrung noch mehr für Ihr Unternehmen leisten als zuvor.

TIPP: Steigern Sie die Attraktivität Ihres Unternehmens durch die Pflege seiner Marke und Work-Life-Blending.

Wenn sich ein Unternehmen als Marke auf dem Arbeitsmarkt etabliert, steigt seine Attraktivität für Mitarbeiter der Generation Y. Der Mitarbeiter identifiziert sich mehr mit dem Unternehmen und die Chancen für einen Verbleib werden größer.

Die Mitarbeiter der Generation Y wollen ein „Work-Life-Blending" – einen fließenden Übergang von Beruf und Freizeit. Der Arbeitgeber, der ihnen diese Möglichkeit eröffnet, ist gegenüber anderen deutlich im Vorteil. ■

Um dafür die Voraussetzungen zu schaffen, sollten Sie einen positiven und wertschätzenden Abschied gestalten. Seien Sie am Ende nicht kleinlich und bleiben Sie fair.

Um dieser generationenspezifischen Führungsherausforderung professionell zu begegnen, sind folgende Grundsätze hilfreich:

- Machen Sie sich Ihr Wertesystem, Ihren Bezugsrahmen bewusst.
- Fragen Sie nach den Gründen für den Wechsel, um die Bedürfnisse, Erwartungen und den Bezugsrahmen dieser Generation besser zu verstehen.
- Akzeptieren und respektieren Sie das Anderssein und nehmen Sie die Unterschiede als Bereicherung wahr.
- Begegnen Sie dem Mitarbeiter offen und aufgeschlossen.

7.4 Führungskraft aus der Generation Y

Wenn Sie selbst aus der Generation Y stammen und Führungskraft sind, sollten Sie darauf achten, dass Sie allen Mitarbeitern im Team gerecht werden, egal, welcher Generation diese angehören.

Um Ihre Führungsrolle und die Besonderheiten des generationenspezifischen Führens zu durchdenken, sind folgende Fragen hilfreich:

- Welche Mitarbeiter in Ihrem Team entsprechen eher der Beschreibung Babyboomer oder Generation X und welche eher der Generation Y?
- Wie wollen Sie als Führungskraft mit dieser Unterschiedlichkeit umgehen?
- Was ist an Ihrer Art zu führen typisch für die Generation Y, was nicht?
- Wie können Sie mit Werten in Ihrem Team umgehen, die nicht Ihren eigenen entsprechen?
- Wie können Sie trotz der unterschiedlichen Förderung einzelner Mitarbeiter das Team als Kollektiv stärken und nutzen?

- Wie können Sie die älteren, erfahrenen Mitarbeiter in Ihrem Team wertschätzen und proaktiv nutzen?
- Wie können Sie die Vielfalt in Ihrem Team sichtbar machen, deren Vorteile aufzeigen und produktiv zusammenführen?
- Wie können Sie Ihren Mitarbeitern besser vermitteln, was Ihnen als Führungskraft wichtig ist und was dies für die Zusammenarbeit mit Ihnen bedeutet?

7.5 Kompakt

Unter Generation Y fasst man Menschen zusammen, die in etwa zwischen 1980 und 1995 geboren sind. Sie rückt jetzt auf den Arbeitsmarkt nach und verfügt über Werte und Verhaltensweisen, die neu sind und auch die Arbeitswelt verändern.

Diese Generation ist durch einschneidende Ereignisse wie die Irak- und Afghanistan-Kriege, die deutsche Wiedervereinigung und die Anschläge auf das World Trade Center geprägt. Sie wurde in einer Zeit groß, in der die Diskussion über den Klimawandel an der Tagesordnung war und ist mit schnellem Wandel in der Gesellschaft und einer globalisierten Wirtschaft aufgewachsen. Durch die Konsumgesellschaft ist sie zahlreiche Wahlmöglichkeiten gewohnt.

Diese Bedingungen haben die Denk- und Verhaltensweisen beeinflusst: Die Generation Y besitzt einen ausgeprägten Individualismus sowie ein großes Bedürfnis nach emotionalen Erlebnissen. Da die Vertreter dieser Generation in der Regel in finanziell gesicherten Verhältnissen aufgewachsen sind, spielen Konsum, Image und zahlreiche Wahlmöglichkeiten eine große Rolle. Das Internet ist für sie eine alltägliche Möglichkeit, Informationen zu recherchieren. Soziale Netzwerke ermöglichen zahlreiche und kontinuierliche Kontakte. Aufgrund der vielfältigen und leicht zugänglichen Informationsmöglichkeiten ist die Generation Y an Transparenz gewohnt und fordert diese auch ein.

Diese Verhaltensmerkmale wirken sich auch auf ihre Einstellung zur Arbeit und auf ihr Verhalten am Arbeitsplatz aus. Aufgrund ihrer guten Ausbildung und oft auch Auslandserfahrung schätzen die jetzt nachrückenden Arbeitnehmer ihre eigenen Fähigkeiten sehr hoch ein. Mit eigenen Fehlern gehen sie unbefangen um. Autoritäten verlieren an Einfluss.

In der Arbeit treibt sie der Wunsch nach Selbstverwirklichung an. Sie wollen etwas erreichen und fordern deshalb gute Karriere- und Weiterbildungsmöglichkeiten im Unternehmen. Allerdings sind sie dabei nicht auf die Firma fixiert. Um die Karriere voranzutreiben, sind die Vertreter der Generation Y schnell bereit, den Arbeitgeber zu wechseln. Bei der Wahl des Arbeitgebers spielen dessen Image und die Möglichkeit, den Arbeitsplatz selbst gestalten zu können, eine große Rolle.

Führungskräfte, die Mitarbeiter aus der Generation Y im Team haben, sind folglich mit einer selbstbewussten, leistungsorientierten und gut ausgebildeten, aber auch anspruchsvollen und unabhängigen Altersgruppe konfrontiert. Das erfordert ein Umdenken und Verhaltensänderungen.

Vor allem in der Mitarbeiterführung wird es zu einer Umstellung kommen. Die Generation Y wünscht sich möglichst viele Freiräume, eine Führungspersönlichkeit und möchte direkte Führung so wenig wie möglich spüren. Sie erwartet ausführliches Feedback und die Erklärung des Sinns einzelner Arbeitsschritte bzw. -prozesse. Sinnvoll ist es auch, die jungen Mitarbeiter nach Anregungen zu fragen. Das erleichtert den Umgang mit der neuen Situation. Führungskräfte sollten Freiräume eindeutig formulieren und festlegen, inwieweit Arbeitsbedingungen frei gestaltet werden können. Wichtig ist es aber auch, eine Atmosphäre zu schaffen, in der alle Generationen und die ihnen spezifische Art zu arbeiten wertgeschätzt werden. So kann eventuellen Generationskonflikten im Team von vornherein vorgebeugt werden.

Auf die gesteigerten Erwartungen der Generation Y an ihre Entwicklungsmöglichkeiten sollte ebenfalls reagiert werden. Unternehmenswechsel haben für Vertreter der Generation Y eine weit höhere Attraktivität als für frühere Generationen. Führungskräfte, die Mitarbeiter dieser Altersgruppe im Team haben, sollten nach den Gründen fragen, einen wertschätzenden Abschied gestalten und Kontakt halten. So bleibt die Chance, den ehemaligen Mitarbeiter zurückzugewinnen.

Mittlerweile haben die ersten Vertreter der Generation Y ihrerseits Führungspositionen erreicht. Auch sie stehen vor der Aufgabe, mit unterschiedlichen Denk- und Verhaltensweisen im Team zurechtzukommen. Für sie empfiehlt sich zunächst die Selbstanalyse. Erst wenn ihnen bewusst ist, wie stark sie in typischen Denk- und Verhaltensmustern der Generation Y verwurzelt sind, können sie überlegen, welche besonderen Fähigkeiten andere Generationen für den Erfolg des Teams beisteuern, wie man mit diesen wertschätzend umgehen kann und wie die Vielfalt der Stärken und Qualitäten der verschiedenen Generationen sinnvoll zusammengeführt und genutzt werden kann.

Es wird sich zeigen, ob sich die Potenziale dieser Generation Y entfalten werden. Unternehmen können aber nicht mehr daran vorbei, sich mit dieser Generation und ihren Ansprüchen auseinanderzusetzen.

8 In der Führungswerkstatt

„Es ist nicht genug, zu wissen,
man muss auch anwenden!
Es ist nicht genug, zu wollen,
man muss auch tun!“
Johann Wolfgang von Goethe, deutscher Dichter

Worum es geht …

In den vorangegangenen Kapiteln haben Sie zahlreiche Tipps und Anregungen erhalten, wie Sie den Wechsel in eine Führungsposition erfolgreich gestalten können. Vieles davon wird Ihnen leichtfallen, umzusetzen. Andere Punkte zielen dagegen auf eine Verhaltensänderung. Sie setzen einen langwierigen Prozess des Umdenkens voraus. Gleichzeitig erwartet Ihr Umfeld aber, dass Sie schnell ins Tagesgeschäft einsteigen. Sie stehen damit unter dem Druck, die Eingewöhnungsphase möglichst kurz und effektiv zu gestalten. In dieser Situation können professionelle Entwicklungs- und Unterstützungsangebote wertvolle Hilfe leisten.

Das Kapitel beschreibt, wie Sie sich professionelle Unterstützung holen können. Es behandelt folgende Themen:

- wie Erwachsene am besten lernen,
- welche Fortbildungen beim Wechsel in eine Führungsposition besonders effektiv sind,
- was Sie von Mentoring, Coaching und Führungsseminaren erwarten können,
- welche Vor- und Nachteile einzelne Lernformen haben,
- wie Sie das für Sie passende Angebot finden.

In den Interviews für dieses Buch gibt keiner der befragten Führungskräfte an, in den Genuss einer systematischen Förderung seitens des Unternehmens gekommen zu sein. Im Rückblick empfiehlt einer von ihnen, frühzeitig ein Führungsseminar zu besuchen (Interview 6). Es könne helfen, Grenzen zu ziehen und die Absprachen mit dem direkten Vorgesetzten effektiver zu gestalten. Die meisten Interviewpartner berichten, sie hätten sich selbst Sparringspartner (Interview 6) oder mit Glück in einem Kollegen einen Coach gefunden (Interview 4).

Die befragten Personalentwickler zeichnen dagegen ein ganz anderes Bild (Interview 1, 2 und 3): Für sie gehören Beratungsgespräche oder zumindest die Möglichkeit, einen erfahrenen Kollegen um Rat zu fragen, zu den wichtigen Elementen des Einstiegs in die Führungsrolle. Wo das Knüpfen dieser Kontakte nicht Teil der institutionalisierten Vorbereitung auf die neue Stelle ist, geben sie an, jederzeit dabei behilflich zu sein.

Ein langjähriger Personalentwickler beschreibt, warum diese Beratungsgespräche so wichtig sind. Ausgangspunkt seiner Darstellung ist der Stoßseufzer einer neuen Führungskraft: „Das habe ich zwar theoretisch verstanden, aber ich kann davon emotional wenig umsetzen“ (Interview 1). Diese Reaktion erlebe er häufig. Angesichte der großen Herausforderungen, denen eine neue Führungskraft gegenübersteht, sei sie zwar nachvollziehbar, aber nicht zielführend. Seine Diagnose: Die Betreffenden können nicht von lieb gewordenen Gewohnheiten lassen. In solchen Fällen können erst bohrenden Fragen bloßlegen, was den neuen Chef hindert, etwas umzusetzen, das er als sinnvoll erkannt hat. Erst wenn die persönlichen Hemmschwellen offenliegen, ist es möglich, Lösungen für die Schwierigkeiten in der Führungsarbeit zu finden.

Eine andere Personalentwicklerin rät auch über die Beratungsgespräche hinaus, sich so viel wie möglich mit anderen Führungskräften auszutauschen. Das helfe neuen Chefs, im eigenen Bereich Knackpunkte zu erkennen und ihren eigenen Führungsstil zu entwickeln (Interview 3).

Auch in puncto Fortbildung und Unterstützung in der Anfangsphase müssen Sie selbst für Ihre Belange eintreten. Aus diesem Grund sollten Sie wissen, welche Lernformen sich für den Wechsel in eine Führungsposition bewährt haben, wo Sie diese Angebote finden und nach welchen Kriterien Sie entscheiden können, ob diese für Sie richtig sind.

8.1 Entwicklungs- und Unterstützungsmöglichkeiten

Der Schritt in eine Führungsrolle hat größere Auswirkungen und weiter reichende Folgen als die zurückliegenden Stufen Ihres beruflichen Aufstiegs. Mit ihm verändern sich nicht nur die Aufgaben, sondern auch die Rahmenbedingungen Ihrer Arbeit. Das, was Sie bis heute erfolgreich gemacht hat, ist dadurch nur zum Teil nützlich. Die Anforderungen an eine Führungskraft sind andere. Daher müssen Sie viel dazulernen, um in Ihrer neuen Position zu bestehen. Bei einigen der neuen Herausforderungen werden Sie zwar auf Ihre bisherigen Erfahrungen zurückgreifen können, indem Sie Schlüsse aus Bekanntem ziehen. In vielen Fällen werden Sie aber mit Ihrem bisherigen Latein schnell am Ende sein. Das liegt daran, dass Führungssituationen komplex und häufig auch in sich widersprüchlich sind. Es gibt dann keine befriedigende Lösung des Problems für alle Beteiligten, sondern Gewinner und Verlierer. Sie können beispielsweise nur einem Mitarbeiter die Stellvertretung anbieten. Die anderen gehen leer aus. Außerdem ist Ihr Rollenwechsel vom Mitarbeiter zur Führungskraft kein Vorgang, bei dem Sie den Schalter umlegen können. Betrachten Sie diese fundamentale Umstellung als Entwicklungschance und lassen Sie sich dabei unterstützen. Alleine werden Sie wesentlich länger brauchen, um die Erkenntnisse zu gewinnen, die Sie als Führungskraft für Ihre Entwicklung brauchen.

TIPP: Lernen Sie aus Ihren Anfangsfehlern

Wo man am Anfang Fehler macht, realisiert man oft erst sehr spät. Durch gezielte Vorbereitung können Sie viele Fehler vermeiden, aber sicherlich gelingt nur selten alles perfekt. Machen Sie sich deshalb keine Vorwürfe. Das hält Sie davon ab, für die Zukunft bessere Lösungen zu finden. Nutzen Sie Ihre Fehler stattdessen als konkrete Entwicklungs- und Lernchance. ■

Wie gut Sie lernen können, hängt davon ab, wie wichtig für Sie der Lerngegenstand in Ihrer aktuellen Situation ist. Wenn Sie z. B. wenigen Dingen so große Bedeutung zumessen, dass Sie sie hinterfragen, werden Sie auch wenig dazulernen. Letztendlich entscheiden also Sie, was bedeutend und wichtig ist, und damit, in welchen Bereichen Sie bereit sind, Neues aufzunehmen und somit zu lernen. Gehen Sie also aufmerksam durch Ihre neue Umgebung. Sonst ergeht es Ihnen wie zahlreichen Führungskräften, die beispielsweise bei den sozialen Kompetenzen deutliche Schwächen aufweisen, aber trotz vieler Schwierigkeiten mit Mitarbeitern erst nach Jahren erkennen, wie wesentlich diese Kompetenz für Führungskräfte ist.

Lernen im Erwachsenenalter wird auch als „Anknüpfungslernen" beschrieben. Das heißt: Ein Erwachsener lernt vor allem bzw. besonders gut, wenn er mit den Inhalten eines neuen Lerngegenstandes auf bereits gesammelte Erfahrungen aufbauen kann. Um also Ihre Führungskompetenzen in der aktuellen Situation weiterzuentwickeln, sollten Sie sich erinnern, wo Sie bereits mit Führung Erfahrungen sammeln konnten – sei es in der Freizeit, durch bisherige Vorgesetzte oder durch eigene Führungsverantwortung. Diese Anknüpfungspunkte werden Ihren weiteren Lernprozess prägen. Bild 8.1 zeigt einige Möglichkeiten. In welchen Bereichen fühlen Sie sich bestätigt und festigen Ihr Verhalten und wo suchen Sie nach Handlungsalternativen?

Jede Firma oder Institution entwickelt eine spezifische Lernkultur. Sie beeinflusst, wie leicht oder schwer es Ihnen gemacht wird, Ihre Fähigkeiten zu verbessern, wie offen und klar Sie diese Lernanliegen formulieren können und wie viele Angebote Ihnen geboten werden, um an Schwächen zu arbeiten. Um zu erkennen, wie das Unternehmen, in dem Sie arbeiten, Lernen bewertet, sollten Sie sich folgende Fragen vorlegen:

- Wie offen oder verdeckt geht man mit Unzulänglichkeiten und Fehlern um?
- Wird die Teilnahme an Weiterbildungsmaßnahmen als Schwäche oder als lobenswertes Engagement gesehen?

TIPP: Erkennen Sie die Lernkultur in Ihrem Unternehmen

Beobachten Sie Ihre Führungskollegen. Ihre Aussagen und Ihr Handeln sind weit stichhaltigere Indizien für die Lernkultur eines Unternehmens als Hochglanzbroschüren der Weiterbildungsabteilung. Befinden sich beispielsweise sogar erfahrene Führungskräfte in Lernschleifen (z. B. Seminare oder Coachings) und zeigen damit, dass Lernen und Weiterentwicklung eine Priorität im Unternehmen haben, oder tun sie das nicht? ■

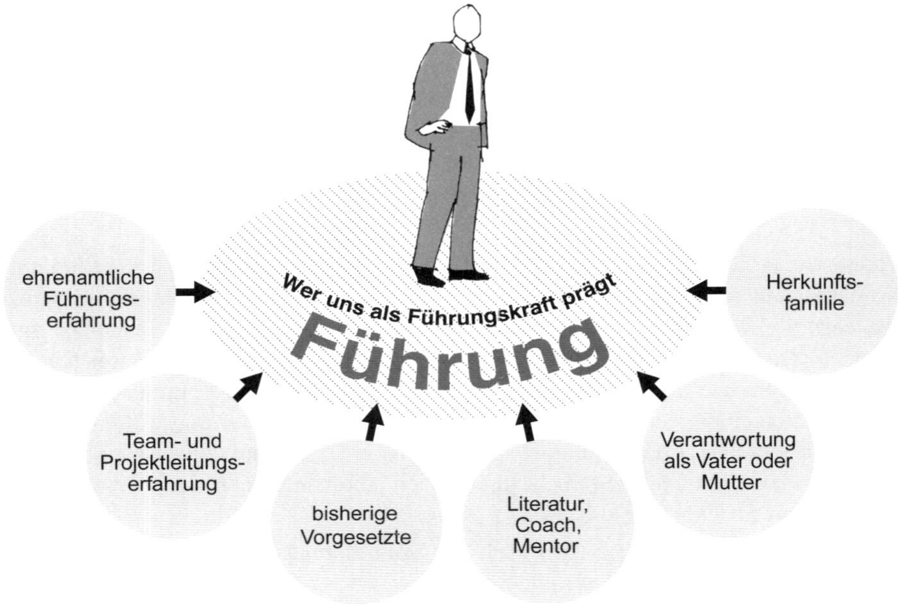

BILD 8.1 Anknüpfungspunkte für Lernen von Führung im Erwachsenenalter

Die Personalplanung von vielen mittelständischen und großen Unternehmen sieht oft einen Förder- und Entwicklungsplan für Nachwuchsführungskräfte vor. Dieses Instrument dient zum einen der Potenzialanalyse und zum anderen soll es den künftigen und unerfahrenen Führungskräften dabei helfen, sich weiterzuentwickeln. Es umfasst die Vorbereitung und anschließende Unterstützung und Begleitung in der neuen Position. Dies kann „on the job" wie z. B. beim Projektlernen und in der Jobrotation oder „off the job" wie bei externen Führungsseminaren oder Mentoring geschehen. Dabei gibt es zwei Ansätze. Mentoring und Coaching beispielsweise dienen dazu, den „Klienten" bei Entscheidungen zu unterstützen und ihm einen Ansprechpartner zur Seite zu stellen. Projektlernen hat dagegen das aktive „Learning by Doing" zum Ziel.

TIPP: Kümmern Sie sich aktiv um Ihre Fortbildung

Angehende Führungskräfte können nicht immer davon ausgehen, dass die Personalabteilung mit Angeboten auf sie zukommt. Sie sollten deshalb selbst aktiv werden und sich informieren, was möglich ist. Sprechen Sie auch mit Ihrem Vorgesetzten über Ihren Wunsch, sich fortzubilden. Oft ist er der Schlüssel zu Weiterbildungsmaßnahmen.

Wie Tabelle 8.1 zeigt, sind in der Anfangszeit die wichtigsten Lernformen Mentoring, Coaching und Führungsseminare. Sie bringen unmittelbaren Nutzen. E-Learning und Bücher eignen sich, das dort erworbene Wissen zu vertiefen.

TABELLE 8.1 Was Sie als Nachwuchsführungskraft wie lernen können

Lerninhalte für Nachwuchsführungskräfte	Pate/Mentor	Führungsseminare	Coaching	E-Learning	Literatur
Unternehmenskultur	X	X			
Auftritt und Wirkung	X	X	X		
emotionale Kompetenzen		X	X		
Netzwerk	X	X	X		
Führungsinstrumente		X	X		X
Mitarbeiterführung	X	X	X		
Marktkenntnisse	X			X	X
Strategie	X		X	X	X
Politik	X		X		
fachliche Kompetenzen		X		X	X
Erkennen der eigenen Potenziale	X	X	X		

8.2 Mentoring

Der Begriff Mentor stammt aus der Antike. Als Odysseus in den Kampf um Troja zog, vertraute er die Erziehung seines Sohnes Telemach einem guten Freund namens Mentor an. Dieser war Lehrer und enger Vertrauter. Er unterrichtete Telemach nicht nur in den damals üblichen Disziplinen, sondern lehrte ihn auch die Lebensweisheiten der Antike. Diese zwei Ebenen des Lernens sind das charakteristische Merkmal des Mentorings. Die Beziehung zwischen Mentor und Mentee ist durch den Unterschied an Wissen und Erfahrung geprägt. Der Mentor verfügt über mehr Lebenserfahrung und detaillierte Kenntnisse, nicht nur in wichtigen Fachgebieten, sondern auch über die Organisation des Unternehmens. Er hilft seinem Schützling, Talente und Potenziale zu entwickeln, sich einzuarbeiten und sich schnell in der neuen Umgebung zu orientieren.

Mentoring erleichtert es neuen Führungskräften, mit der Unternehmenskultur, ihren Spielregeln und Gepflogenheiten vertraut zu werden. Die Vermittlung informellen Wissens hilft diesen, ihrer Rolle gerecht zu werden. Der Mentor steht dem Mentee als Berater und Vertrauensperson bei schwierigen Entscheidungen zur Seite, ohne ihm die Verantwortung abzunehmen. Mentoring verfolgt somit folgende Ziele:

- Es institutionalisiert die Kontakte zwischen erfahrenen Managern und Nachwuchsführungskräften.
- Mentoren geben den Mentees Sicherheit im Handeln, helfen ihnen, sich schneller zu orientieren, und beschleunigen die Entscheidungsfindung der noch unerfahrenen Führungskräfte in Situationen, die diesen neu sind.

- Mentoring dient als effektive Form des Wissensmanagements im Unternehmen. Neulinge profitieren von den Unternehmenskenntnissen und dem Management-Knowhow erfahrener Kollegen. Informelles Wissen z. B. zu Fragen der Unternehmenskultur kann durch Mentoring leichter als mit anderen Lernformen weitergegeben werden.

Wahl des Mentors

Wichtig für den Erfolg des Mentorings ist, dass die Beziehung zwischen Mentor und Mentee stimmt. Deshalb sollten Sie auf die Wahl des Mentors Einfluss nehmen. In der Regel finden sich Mentor und Mentee durch Empfehlung der Personalabteilung bzw. des Vorgesetzten oder auf sogenannten Mentoring Workshops. Auf diesen Veranstaltungen lernen sich beide Seiten kennen und werden auf Ihre Rolle vorbereitet.

TIPP: Wählen Sie sich einen geeigneten Mentor

Im Idealfall sollte der Mentor zwei Hierarchiestufen über dem Mentee stehen (bei kleinen Unternehmen ist oftmals nur eine Hierarchiestufe möglich) und aus einem anderen Unternehmensbereich kommen. Da Kollegen oder der direkte Vorgesetzte durch ihre eigenen Interessen geleitet und in Konkurrenz zu Ihnen stehen können, ist eine Beratung durch diese nicht empfehlenswert. Als Mentee würden Sie solchen Mentoren einige Themen, beispielsweise eigene Schwachpunkte oder Konflikte mit Kollegen, nicht anvertrauen.

Achten Sie darauf, dass Sie einen Mentor finden, dem Sie sich anvertrauen können und wollen. Das kann sowohl ein Mensch sein, der ihnen sehr ähnlich ist, oder aber auch jemand, den Sie als gegensätzlich zu sich empfinden. Manchmal erweisen sich gerade sehr unterschiedliche und gegensätzliche Haltungen als gute Voraussetzung, um der frischgebackenen Führungskraft neue Horizonte zu eröffnen. Sie können als Lernanreiz dienen und zusätzliche Blickwinkel und Herangehensweisen erschließen.

Folgende Voraussetzungen sollte ein Mentor aber auf jeden Fall erfüllen, damit er seine Aufgabe erfolgreich wahrnehmen kann:

- Die Chemie zwischen Mentor und Ihnen stimmt. Sie sind sich nicht nur sympathisch, sondern zeigen auch gegenseitig Interesse, Respekt und Wertschätzung.
- Der Mentor ist bereit und in der Lage, Wissen und Erfahrung weiterzugeben.
- Der Mentor arbeitet seit längerer Zeit im Unternehmen und kennt dessen Umfeld und Kultur.
- Der Mentor verfügt über langjährige Managementerfahrungen und kann diese reflektieren.
- Der Mentor nimmt sich für Sie bzw. Ihre Beratung Zeit.
- Der Mentor verfügt über ein Netzwerk im Unternehmen.
- Der Mentor ist bereit, Ihre Anliegen vertraulich zu behandeln und Sie verantwortungsvoll zu unterstützen.

- Der Mentor gerät durch das Mentoring in keinen Interessenkonflikt. Seine Position sollte z. B. organisatorisch so weit entfernt von Ihnen angesiedelt sein, dass er nicht in die Versuchung kommt, Ihre Entscheidungen so zu beeinflussen, dass sie ihm nützen.

TIPP: Suchen Sie sich selbst einen Mentor, wenn Mentoring nicht institutionalisiert sein sollte

Wenn Sie in einer Firma arbeiten, die das Mentoring nicht institutionell fördert und unterstützt, können Sie sich auch selbst einen Mentor suchen. Fragen Sie eine erfahrene Führungskraft, ob sie für ein Mentoriat zur Verfügung steht.

8.3 Coaching

Coaching ist die professionelle Beratung und Begleitung von Mitarbeitern mit dem Ziel, deren persönliche und organisatorische Arbeits- und Lernprozesse weiterzuentwickeln. Es geht dabei gleichermaßen um zwischenmenschliche Beziehungen wie berufliche Ziele. Damit unterscheidet es sich einerseits von einer rein fachlichen Beratung und andererseits von einer Psychotherapie. Es hilft bei individuellen beruflichen Problemen und unterstützt die persönliche Entwicklung. Es kann Potenziale des Gecoachten freisetzen, dessen Einarbeitung und Professionalisierung als Führungskraft erleichtern und somit die Performance nachhaltig unterstützen. Coaching kann damit auf vier Ebenen wirken:

- Es unterstützt, Verhalten zu überdenken und zusätzliche Handlungsmöglichkeiten zu erschließen.
- Es hilft, sich über eigene Fähigkeiten bewusster zu werden und diese zu stärken.
- Es verdeutlicht, welche Werte und Überzeugungen eigenem Denken und Handeln zugrunde liegen, und hilft damit, eine eigene Identität in der Rolle als Führungskraft zu entwickeln.
- Es zeigt Wege auf, Sinn in der Arbeit zu finden.

Coaching ist deshalb besonders bei komplizierten und problembehafteten Startbedingungen zu empfehlen. Denn bei ihm steht der Lösungsprozess im Mittelpunkt. Ziel ist es, dem Gecoachten zu helfen, auftretende Schwierigkeiten aus eigener Kraft zu lösen. Der Coach erreicht dies, indem er gezielt Verantwortungsfähigkeit, Selbstbewusstsein und Selbstreflexionsvermögen des Coachees fördert. Dabei analysiert er zunächst die Problemlage und erarbeitet dann mit seinem Klienten Lösungsstrategien. Ausschlaggebend für den Erfolg ist eine partnerschaftliche und vertrauensvolle Beziehung zwischen dem Coach und dem Gecoachten. Folgende Punkte sind charakteristisch für Coaching:

- Es findet auf einer tragfähigen Beziehungsbasis statt. Freiwilligkeit, gegenseitiger Respekt und Vertrauen ermöglichen eine Zusammenarbeit zwischen Coach und Coachee auf gleicher Ebene.

- Das Gespräch fördert die Selbstreflexion und -wahrnehmung sowie das Selbstbewusstsein und die Verantwortung. Sein Ziel ist die Hilfe zur Selbsthilfe.
- Coaching ist ein interaktiver, personenzentrierter Beratungs- und Begleitungsprozess. Er kann berufliche und private Inhalte umfassen. Im Vordergrund stehen die berufliche Rolle und damit zusammenhängende aktuelle Anliegen des Klienten.
- Es ist individuelle Beratung auf der Prozessebene. Das bedeutet: Der Coach liefert keine Lösungsvorschläge, sondern begleitet den Klienten und regt dabei an, wie dieser eigene Lösungen entwickeln kann.
- Berater mit psychologischen und betriebswirtschaftlichen Kenntnissen bieten Coachings an. Sie verfügen zusätzlich über praktische Führungserfahrung und grundlegende Branchenkenntnisse. So können sie die Situation fundiert einschätzen und ihre Klienten qualifiziert beraten.

Nach der Herkunft des Coachs unterscheidet man grundsätzlich zwei relevante Arten des Coachings:

- Coaching durch einen unternehmensinternen Coach,
- Coaching durch einen externen Coach.

Coaching durch einen unternehmensinternen Coach

Beim internen Coaching ist der Coach entweder Vorgesetzter oder – was sich immer mehr in größeren Unternehmen etabliert – ein eigens angestellter Coach (Coaching-Stab). Letzterer unterstützt die schon vorhandenen Personalentwicklungsmaßnahmen z. B. mit Einzelcoachings für Führungskräfte im Rahmen der Qualifizierungsangebote der Personalentwicklung. Die Zielgruppe beschränkt sich meistens auf Führungskräfte des unteren und mittleren Managements. Mitglieder des Topmanagements lassen sich, wenn überhaupt, durch externe Coachs unterstützen. Die Vor- und Nachteile dieser unternehmensinternen Unterstützungsmöglichkeit (vgl. Tabelle 8.2) sollten Sie genau abwägen, bevor Sie sich für oder gegen diese Form des Coachings entscheiden.

TABELLE 8.2 Vor- und Nachteile unternehmensinternen Coachings

Vorteile	Nachteile
▪ Der Coach kennt die Umstände im Unternehmen. ▪ Der Coach kann innerhalb kurzer Zeit „vertraglich“ beauftragt werden. ▪ Aufgrund „kurzer Wege“ finden Sie schnell einen Coach. ▪ Interne Coachs können interne Coachingerfahrungen zu unternehmenskulturellen Aspekten nutzen. ▪ Der Coach kann Führungsleitlinien und -grundsätze durch das Coaching fördern, da er diese kennt und einschätzen kann.	▪ Die Offenheit und Vertraulichkeit zwischen Coach und Coachee kann beeinträchtigt werden, da man sich im Unternehmen auch in anderen Zusammenhängen trifft und die Gefahr besteht, dass besprochene Inhalte und Themen weitergegeben werden. ▪ Neutralität des Coachs ist schwieriger zu wahren, da auch er ein Teil des Unternehmens ist. Die Sicht von „außen“ und der Vergleich mit anderen Unternehmen ist nicht möglich. ▪ Die Auswahl an Coachs ist begrenzt. Das kann es dem angehenden Coachee erschweren, einen für sich passenden Coach zu finden.

Coaching durch einen externen Coach

Beim externen Coaching beraten Fachkräfte, die nicht zum Unternehmen gehören, die Führungskräfte. Den Kontakt zu externen Coachs kann in vielen Fällen die Personalabteilung vermitteln. Sie hat in größeren Unternehmen meist Verbindung zu Beratern, die grundsätzlichen Qualitätsanforderungen genügen.

Im Regelfall ist es empfehlenswert, sich für einen externen Coach zu entscheiden. Dieser bietet mehr Vorteile als ein unternehmensinterner Coach (vgl. Tabelle 8.3).

TABELLE 8.3 Vor- und Nachteile externen Coachings

Vorteile	Nachteile
▪ Der Coach kann neutral handeln, da er nicht an das Unternehmen gebunden ist. ▪ Intimität und Vertraulichkeit sind leichter herzustellen. ▪ Der Coach kann aus seiner Tätigkeit in mehreren Firmen Wissen schöpfen und kennt die Bedingungen in verschiedensten Organisationen.	▪ Oftmals schwierige Suche nach einem passenden Coach, da es trotz zahlreicher Coachingverbände keine einheitlichen Qualitätskriterien gibt. ▪ Ein externer Coach verlangt ein nicht unerhebliches Honorar. Oft sind interne Coachs deutlich günstiger. ▪ Geringe Unternehmenskenntnis führt manchmal zu praxisfernen, nicht umsetzbaren Ergebnissen.

Einzel- und Gruppencoaching

Der Begriff Coaching wird oft mit der speziellen Form des Einzelcoachings gleichgesetzt. Das liegt unter anderem daran, dass die individuelle Beratung einer Führungskraft die verbreitetste und daher bekannteste Variante des Coachings ist.

Darüber hinaus gibt es aber auch das Gruppencoaching. Hierbei treffen sich bis zu sechs Teilnehmer mit einem Berater, um die anstehenden Probleme zu besprechen. In dieser Runde spielen vertrauliche und persönliche Themen eine untergeordnete Rolle. Dafür können die Kollegen in Führungsfragen zusätzliche Sichtweisen beisteuern und neue bzw. andere Aspekte einbringen.

Ablauf

Wichtig für den Erfolg des Coachings ist, dass Sie sich immer wieder klarmachen, dass diese Form der Beratung von einer gleichberechtigten Rolle von Coach und Coachee ausgeht. Das bedeutet: Sie haben ebenso viel dazu beizutragen, dass die Sitzungen zielgerichtet ablaufen, wie Ihr Coach. Ihre Belange und Bedürfnisse definieren die Vorgehensweise. Ihre Aufgabe ist es dementsprechend, in allen Phasen der Beratung zu prüfen, ob Sie sich auf dem richtigen Weg befinden. Keinesfalls sollten Sie sich blindlings Ihrem Berater „überantworten". Denn auch er kann einmal irren und allein Sie können ihn wieder in die richtige Richtung führen. Voraussetzung dazu sind allerdings Grundkenntnisse über den Ablauf des Coachings und Ihre Rechte und Pflichten. Die Beratung durchläuft in der Regel vier Phasen (vgl. Bild 8.2):

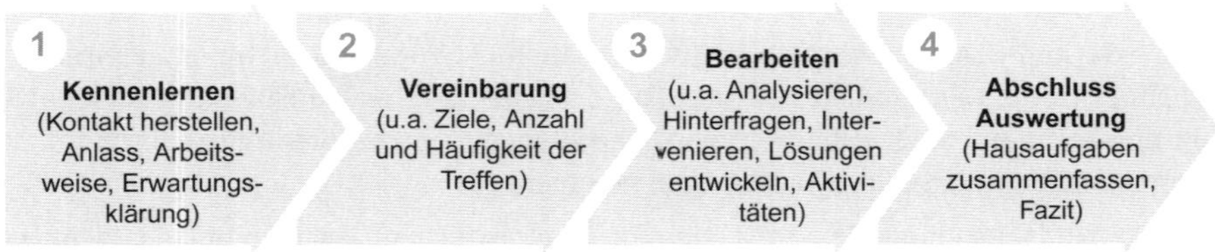

BILD 8.2 Phasen des Coachings

- Wahl des Coachs bzw. Kennenlernen,
- Vereinbarung,
- Bearbeitung,
- Abschluss und Auswertung.

Kennenlernen und Wahl des Coachs

Führungskräftecoachs gibt es wie Sand am Meer. Deshalb sollten Sie sich für Ihre Wahl Zeit nehmen. Sie müssen nicht nur prüfen, ob ein Coach professionell arbeitet und grundlegende Qualitätsansprüche erfüllt. Ebenso wichtig ist, einen Berater zu finden, dem Sie vertrauen können und mit dem die Chemie stimmt.

TIPP: Wählen Sie den Coach sorgfältig aus

In größeren Firmen ist die Personalabteilung häufig bei der Auswahl des passenden Coachs behilflich. Sie können sich auch innerhalb und außerhalb des Unternehmens umhören, um qualifizierte Empfehlungen zu erhalten. Eine weitere Anlaufstelle sind Coachingverbände. ■

Für die fachliche Bewertung eines Coachs gibt es Kriterien, die Sie beim ersten Gespräch klären sollten. Fragen Sie ihn zunächst nach seinem beruflichen Werdegang und Referenzen. Wichtig ist hierbei nicht nur, dass Ihr Gesprächspartner für eine Beratung qualifiziert ist, sondern auch, dass er eigene Erfahrungen einbringen kann, die in Ihrer Situation weiterhelfen können. Beobachten Sie bei diesem ersten Treffen, wie der Berater auf Sie eingeht. Er sollte Ihnen nicht nur verständnisvoll zuhören, sondern auch mit der notwendigen Vehemenz Positionen vertreten können, die Sie eigentlich nicht hören wollen. Achten Sie deshalb darauf, dass Ihr zukünftiger Coach folgende Kriterien in puncto beruflichen Hintergrunds und Beraterkompetenzen weitgehend erfüllt:

Beruflicher Hintergrund:

- ausreichende Selbst- und Lebenserfahrung,
- eigene, reflektierte Führungserfahrung,
- grundlegende Kenntnisse der Branche und von deren Umfeldbedingungen,
- umfassende und nachweisbare Beratungserfahrung als Führungskräftecoach,
- spezifische Ausbildung in Beratung und Coaching,

- keine Interessenkonflikte durch Ihr Coaching oder Kontakte mit Ihrem Arbeitgeber (z. B. sollte das Coaching ihn nicht in Loyalitätskonflikte mit dem Unternehmen und einzelnen Entscheidern bringen).

Kompetenzen als Coach:

- soziale Kompetenzen (Kontaktvermögen, zuhören können, Einfühlungsvermögen etc.),
- respektvolle und wertschätzende Haltung gegenüber der Arbeit mit Menschen,
- Vertrauenswürdigkeit, Diskretion und Verschwiegenheit,
- Konfrontationsbereitschaft und Standfestigkeit.

Vereinbarung

Wenn sich beim ersten Kennenlernen abzeichnet, dass Sie und der Coach sich eine gewinnbringende Zusammenarbeit vorstellen können, sollten Sie gemeinsam die Zielsetzung, das weitere Vorgehen und die Verfahrensregeln der Sitzungen festlegen. Vergessen Sie dabei nicht: Der Coach ist für Sie da. Die Beratung muss deshalb auf Ihre Bedürfnisse zugeschnitten sein.

TIPP: Legen Sie gemeinsam mit Ihrem Coach die Vereinbarung fest

- Bereiten Sie sich auf das Kennenlerngespräch vor. Überlegen Sie, wo Ihre Schwächen liegen und was Sie gerne verbessern möchten. Legen Sie fest, welche Themen Ihnen am drängendsten erscheinen. Auf diese Weise erhalten Sie eine Aufstellung der wichtigsten Ziele.
- Vertrauen Sie auf Ihre innere Stimme. Sprechen Sie Bedenken offen an und fragen Sie gezielt nach. So lernen Sie Ihren Coach und seine Arbeitsweise kennen.
- Klären Sie, ob und wie das Coaching Ihre Erwartungen erfüllen kann.
- Entscheiden Sie sich nur für eine Zusammenarbeit, wenn Sie sich dessen sicher sind.
- Klären Sie, wer was zu den Sitzungen beizutragen hat.

Die Vereinbarung sollte alle wichtigen Aspekte der Beratungen klären, insbesondere aber folgende Punkte enthalten:

- klares und verständliches Coaching-Konzept,
- nachvollziehbaren Ablauf in den Coachingsitzungen aufgrund des zugrunde liegenden Konzeptes,
- transparente Zielsetzung und Nutzenorientierung der Coachingsitzungen,
- eindeutige Rahmenbedingungen der Coachingsitzungen (Ort, Dauer, Honorar, Verschwiegenheit, Erreichbarkeit etc.),
- Möglichkeit des Ausstiegs im laufenden Coachingprozess, falls Sie damit nicht weiter zufrieden sind,

- klare Regelung, welche Informationen wer erhält, falls eine Abwicklung über Ihren Arbeitgeber erfolgt.

TIPP: Legen Sie die Dauer der Sitzungen fest

Je nach Themenstellung kann eine Coachingsitzung zwischen ein und drei Stunden dauern. Coachingsitzungen, die kürzer als eine Stunde sind, können in der Regel keine hohe Intensität entwickeln und bringen dadurch keinen größeren Nutzen. Die Gefahr längerer Coachingsitzungen ist dagegen, dass Sie die erarbeiteten Ergebnisse nicht im Detail erinnern und dadurch weniger als erarbeitet umsetzen können. ■

In vielen Fällen wird das Unternehmen, in dem Sie die Führungsposition antreten, die Bezahlung des Coachs übernehmen. Ihr Vorgesetzter tritt dann offiziell als Auftraggeber auf. Das bedeutet aber nicht, dass er über die konkreten Inhalte oder Ergebnisse der Sitzungen informiert wird. Er muss nur wissen, was für die Auftragserteilung und die Abrechnung wichtig ist: Das sind in der Regel die Rahmenbedingungen, d. h. die Vereinbarungen über Häufigkeit, Dauer und Kosten des Coachings und die wesentliche Kernzielsetzung (z. B. „Unterstützung bei der Klärung der eigenen Rolle"). Zusätzlich sollten Sie die Beauftragungsmodalitäten genau klären. Eine stärkere Einbindung des eigenen Vorgesetzten, z. B. über die konkreten Ergebnisse jeder Sitzung, ist weder nötig noch empfehlenswert. Ihr Vorgesetzter ist damit wie in Bild 8.3 dargestellt in das Coaching eingebunden.

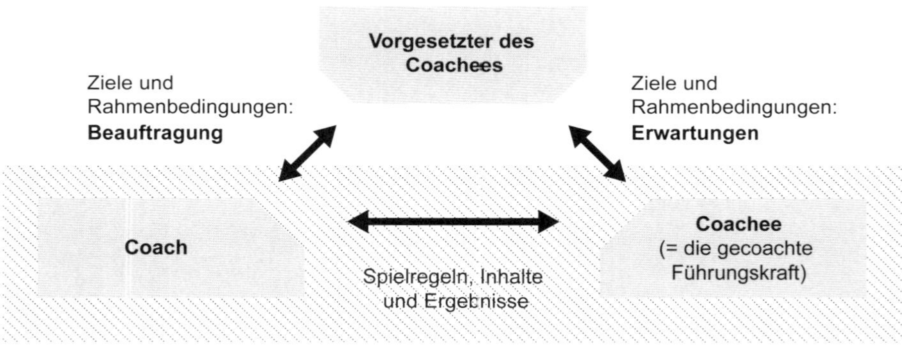

BILD 8.3 Einbindung des Vorgesetzten beim Coaching

Bearbeitung

In dieser Phase geht es um Ihre Coachinganliegen und wie Sie Lösungen für Ihre Fragestellungen finden. Denken Sie während der Sitzungen daran, dass Sie aus diesem Coaching größtmöglichen Nutzen ziehen sollen. Bringen Sie Ihre Fragen und Bedenken deshalb umfassend zur Sprache. Nur so können Sie eine passende Lösung erarbeiten. Wenn Sie Bedenken zurückhalten, besteht die Gefahr, dass Sie nach dem Coaching am Sinn der Ergebnisse zweifeln.

Beharren Sie bei der Lösungssuche nicht auf Ihre bisherigen Sichtweisen des Problems und den daraus begrenzten Lösungsmöglichkeiten, sondern lassen Sie sich auf neue Herangehensweisen ein. So werden Sie Ihre Handlungsmöglichkeiten erweitern können und vielleicht zusammen mit Ihrem Coach deutlich passendere Lösungen finden. Dabei kann das Coaching auch manchmal in eine nicht geplante Richtung verlaufen, die Sie vorher nicht als Kern Ihres Problems erachtet haben. Viele denken z. B. bei der Lösung Ihrer Probleme zuerst daran, wie Sie Ihr Gegenüber verändern können. Das ist aber mit Sicherheit wesentlich schwerer, als sich selbst zu verändern. Das Verhalten anderer können Sie nur sehr begrenzt beeinflussen, Ihr eigenes haben Sie aber selbst in der Hand und tragen dafür die Verantwortung. So kann eine Richtungsänderung in Coachingsitzungen wichtig sein. Diese Richtungsänderung gelingt aber nur, wenn Sie genügend Vertrauen gegenüber Ihrem Coach aufgebaut haben.

Vereinbaren Sie auch am Ende der Coachingsitzung konkrete Maßnahmen, die Sie umsetzen werden. Damit Ihre Erkenntnisse im Trubel des Alltags nicht verloren gehen, sollten die Maßnahmen schriftlich fixiert und so konkret wie möglich beschrieben sein. Warten Sie nicht zu lange mit der Umsetzung. Erst die konkrete Realisierung der Maßnahme schafft die notwendigen Veränderungen.

Abschluss und Auswertung

Am Ende jeder Coachingsitzung sollten Sie und der Coach sich gegenseitig Feedback zum Verlauf geben und feststellen, ob Sie mit dem erzielten Ergebnis zufrieden sind. Durch diesen Abschluss wissen beide, Coach und Coachee, wie sie die Coachingsitzung einzuordnen haben und was eventuell beim nächsten Mal anders laufen sollte. Sagen Sie deshalb offen, was für Sie in der Coachingsitzung hilfreich war und was nicht. Nur so lässt sich diese Form des Lernens weiterentwickeln und optimieren. Für den Abschluss sollte ausreichend Zeit eingeplant sein. Denn durch das Resümee und die Rückschau können Sie zusätzliche Erkenntnisse gewinnen, die durch ein schnelles Abhaken und Verabschieden verloren gehen würden.

Wenn Sie aus der Coachingsitzung gehen, sollten Sie nicht gleich in den nächsten Termin hasten. Lassen Sie das Besprochene nachwirken und sich festigen. Nehmen Sie sich die Zeit, die vereinbarten Maßnahmen in Ihren Arbeitsalltag einzuplanen. Das kann z. B. bedeuten, dass Sie Gespräche mit Kollegen oder Vorgesetzten einplanen, weil die Coachingsitzung ergeben hat, dass Sie so eine Schwierigkeit überwinden können.

8.4 Führungsseminare

In Führungsseminaren können Sie Kontakte zu Gleichgesinnten aufbauen und auf die Unterstützung eines erfahrenen Trainers bauen. Beides erleichtert Ihnen den Einstieg in die Führungsarbeit. Typische Inhalte dieser Seminare sind:

- grundlegende Theorien über Führung,
- Aufgaben und Funktionen einer Führungskraft,
- Vorbereitung und Start,
- Anforderungen in den ersten 100 Tagen,
- typische Herausforderungen/Problemstellungen für den Start,
- Arten des Wechsels und deren Auswirkungen,
- erfolgreiches Verhalten als Führungskraft in der Anfangsphase.

Da die Anzahl der Teilnehmer bei Seminaren in der Regel größer ist als beim Coaching, kann ein Seminarleiter nicht intensiv auf Ihre individuellen Anliegen eingehen und Sie nur bei einigen Aspekten auf Ihre persönlichen Stärken und Schwächen hinweisen. Dafür ermöglicht Ihnen diese Lernform, Ihre Führungskollegen zu beobachten und Feedback von Trainern und anderen Teilnehmern zu bekommen. Auf diese Weise können Sie lernen, welche Verhaltensweisen in der neuen Führungssituationen Erfolg versprechend sind. Rollenspiele gehören zum festen Bestandteil der Seminare. Sie helfen Ihnen, in Ihre neue Position hineinzuwachsen, bislang unbekannte Sichtweisen einzunehmen oder Verhaltensoptionen auszuprobieren. Sie können auch wieder in die Rolle als Mitarbeiter schlüpfen und so wertvolle Erkenntnisse aus den unterschiedlichen Blickwinkeln von Mitarbeiter und Führungskraft erkennen. Darüber hinaus ist es hilfreich, die grundlegenden Theorien über Führung zu kennen, auch wenn bislang keine Theorie alle Aspekte des Themas allgemeingültig beschreiben kann. Dafür bieten sie Denkmodelle, die Kernbereiche strukturieren und Ihnen somit helfen können, auf bislang unbekanntem Terrain voranzukommen.

Grundsätzlich kann man bei Führungsseminaren zum Thema „Start als Führungskraft" zwischen folgenden Seminararten unterscheiden:

- Inhouse-Führungsseminare,
- externe Angebote für Einzelteilnehmer.

Inhouse-Seminare

Hierunter versteht man Maßnahmen, an denen ausschließlich Mitarbeiter eines Unternehmens teilnehmen. Sie finden in Seminarräumen des Unternehmens oder in angemieteten Hotels statt. Da solche Trainings eine bestimmte Zahl an Teilnehmern aus dem eigenen Unternehmen erfordern, sind sie nur in großen Unternehmen durchführbar. Bevor Sie sich für diese Lernform entscheiden, sollten Sie Vor- und Nachteil abwägen (vgl. Tabelle 8.4).

TABELLE 8.4 Vor- und Nachteil von Inhouse-Seminaren

Vorteil	Nachteil
Unternehmensspezifische Belange und Aspekte können intensiv behandelt werden. Jede Organisation hat bestimmte Führungsleitlinien, Empfehlungen, Rituale und Unterstützungsmechanismen. Sie können hier dargestellt und vermittelt werden.	Es besteht die Gefahr, dass die Beteiligten nicht offen über Ihre Anliegen reden. Gegenüber direkten Kollegen und dem engeren Arbeitsumfeld besteht oft Scheu, seine Unsicherheit zu zeigen.

Externe Führungsseminare

Hierbei handelt es sich um Seminare, die bei Weiterbildungsveranstaltern außerhalb von Unternehmen stattfinden und die Teilnehmer aus verschiedenen Firmen und unterschiedlichen Branchen besuchen. In diesem Fall überwiegen die Vorteile (vgl. Tabelle 8.5).

TABELLE 8.5 Vor- und Nachteile von externen Führungsseminaren

Vorteile	Nachteil
▪ Wenn Sie bereit sind, über Ihre Unsicherheiten und offenen Punkte zu reden, nützt Ihnen die externe Veranstaltung mehr. Die Anonymität erleichtert Offenheit und Vertrauen. ▪ Wenn Sie feststellen, dass einige Probleme, wie z. B. der „übergangene Mitbewerber", nicht typisch sind für die eigene Organisation, sondern Teil der normalen Realität, machen Sie nicht die Organisation für die Situation verantwortlich. Die Bewertung der typischen Anfangsprobleme als Normalität erleichtert deren Akzeptanz und damit den Umgang mit ihnen. In der Regel nimmt man eine proaktive Haltung ein, d. h. erkennt, dass man die Probleme selbst lösen muss und das nicht die Aufgabe des Unternehmens ist.	Die Inhalte umfassen nicht unternehmens- und branchenspezifische Anforderungen. Diese Aspekte müssen Sie selbst vor Ort recherchieren.

Wahl des Seminars

Inhouse-Seminare für den Führungswechsel gibt es in der Regel nur bei größeren Unternehmen. Sie sind sinnvoll, wenn sie helfen, die Führungsleitlinien der Unternehmung zu verstehen, und ein Erfahrungsaustausch mit Kollegen stattfindet. Die Teilnahme an Inhouse-Führungsseminaren ist oft verpflichtend.

Daneben schicken Unternehmen, auch Großunternehmen, angehende Führungskräfte auch auf externe Seminare. Das ermöglicht den Blick von außen, einen vertrauensvollen Austausch und unternehmensübergreifende Kontakte. Wenn Sie selbst ein externes Führungsseminar suchen, sollten Sie zunächst prüfen, ob das Seminar grundsätzlichen Qualitätsanforderungen genügt. Stellen Sie sich dazu folgende Fragen:

- Gibt es jemanden, der an diesem Angebot schon einmal teilgenommen hat und Ihnen von seinen Erfahrungen berichten kann?
- Nennt der Veranstalter Referenzen, die Sie nach deren Eindruck fragen können?
- Werden die Seminare von erfahrenen Trainern durchgeführt und haben diese selbst Führungserfahrung gesammelt?
- Stimmen die Inhalte des Seminars mit Ihren Lernzielen überein?
- Hat der Anbieter Erfahrung mit Teilnehmern aus Ihrer Branche?
- Sind die beschriebenen Ziele und Inhalte in der vorgegebenen Zeit erreichbar? In der Regel dauern die Seminare zwei bis drei Tage aufgrund ihres umfassenden Programms.

TIPP: Wählen Sie die Führungsseminare sorgfältig aus

- Lassen Sie sich von der Personal- oder Weiterbildungsabteilung über Angebote für Nachwuchsführungskräfte beraten. Die dortigen Mitarbeiter kennen auch externe Veranstalter, deren Seminare inhaltlich tiefschürfend und effektiv sind.
- Telefonieren Sie mit dem Veranstalter und/oder Trainer, wenn Sie sich unsicher sind, und befragen diesen zum Seminar.
- Achten Sie darauf, zeitnah zu Ihrem Wechsel ein Führungsseminar zu besuchen. Im Idealfall sollten Sie sich zwischen der Ernennung (bzw. zwei bis drei Monate vor dem Wechsel, sofern die Bekanntgabe so langfristig vorher geschehen ist) und spätestens acht Wochen nach dem Start für diese Art der Weiterbildung entscheiden. ■

Im nächsten Schritt sollten Sie nun prüfen, inwieweit die angebotenen Inhalte für Sie relevant sind. Einige Veranstalter bieten Seminare zum Thema Führungsstart an, behandeln unter diesem Titel jedoch auch allgemeine Themen wie Kommunikation, Gesprächsführung oder Zusammenarbeit. Diese sind zwar wichtig und generell für die Führungsarbeit relevant, treffen aber nur selten die Bedürfnisse, die jemand hat, der von der Rolle des Mitarbeiters in die des Chefs schlüpfen soll. Überzeugen Sie sich deshalb, dass die Ziele und Inhalte eines „Start-Seminars" auch genau auf die Anforderungen für den Wechsel ausgerichtet sind. Ein wirksames Seminar zu diesem Thema leistet Folgendes:

- Es arbeitet heraus, wo der Unterschied zwischen der Rolle eines Mitarbeiters und der einer Führungskraft liegt.
- Es hilft, ein Bewusstsein für die neue Rolle zu entwickeln.
- Es zeigt auf, welche Erwartungen an die Führungskraft im Unternehmen gestellt werden, verdeutlicht die Widersprüche im Spannungsfeld der Erwartungen und erarbeitet Handlungs- und Lösungsalternativen.
- Es gibt Empfehlungen für die persönliche Vorbereitung und den Start.
- Es unterstützt bei der Erarbeitung eines individuellen Plans für die ersten 100 Tage.
- Es macht bewusst, was Mitarbeiterverhalten von Führungsverhalten unterscheidet.
- Es zeigt Stärken und Schwächen der Führungsperson zu verschiedenen Aspekten der Führung, insbesondere in Anfangssituationen.
- Es unterstützt bei den typischen Anfangsanforderungen.
- Es stärkt für die kommenden Herausforderungen.
- Es ermöglicht kollegialen Austausch unter gleichgesinnten Führungsnachwuchskollegen.
- Es vermittelt Methoden und relevante Instrumente der Führungsarbeit.

8.5 Kompakt

Der Wechsel in eine Führungsposition bringt eklatante Veränderungen mit sich. Mechanismen, die Ihnen bisher weitergeholfen haben, funktionieren nur mehr bedingt. Die Herausforderungen, vor denen Sie stehen, sind komplexer als bisher, manchmal sogar in sich widersprüchlich. Die geforderten Entscheidungen lassen nicht mehr eine sachlich richtige Lösung zu, sondern sind grundsätzlicherer Natur. Sie müssen von nun an auch die Richtung für Ihr Arbeitsumfeld festlegen. Aus diesem Grund müssen Sie sich mit dem Schritt in eine Führungsposition nicht nur fachlich weiterentwickeln, sondern auch Führungskompetenzen neu lernen. Das ist oft eine harte Schule. Sie sollten deshalb professionelle Entwicklungs- und Unterstützungsmöglichkeiten nutzen. Damit können Sie die Umstellung schneller und sicherer bewältigen als im Alleingang.

Wichtig ist zunächst, dass Sie sich bewusst sind, was auf Sie zukommt. Nur so sind Sie bereit, festzustellen, in welchen Punkten Sie dazulernen müssen. Um sich einen ersten Überblick zu verschaffen, sollten Sie überlegen, in welchen Lebenssituationen Sie bisher eine Führungsposition eingenommen haben und was dabei gelungen ist und was nicht. Denn Lernen im Erwachsenenalter bedeutet „Anknüpfungslernen“. Sie werden also in jedem Fall auf Erfahrungen und Bekanntes zurückgreifen und darauf aufbauen. Gleichzeitig finden Sie auf diese Weise heraus, welche Situationen Ihnen wiederholt Probleme bereitet haben und wo Ihre Schwachstellen sind.

Bevor Sie etwas unternehmen, sollten Sie prüfen, welche Lernkultur es in Ihrem Umfeld gibt. Werden Fortbildungsmaßnahmen als Zeichen von Engagement oder als Eingeständnis von Unzulänglichkeiten bewertet? Beobachten Sie Ihre Kollegen. Zeigen auch Chefs, dass sie Unterstützungsbedarf haben? Sollte in Ihrem Unternehmen die Meinung vorherrschen, dass Wissenslücken mit Inkompetenz zu tun haben, investieren Sie privat in Ihre Weiterentwicklung. Sie sollten dies dann nicht an „die große Glocke hängen“, aber wenn Sie danach gefragt werden, brauchen Sie - schon aus Loyalität Ihnen selbst gegenüber - auch keinen Hehl daraus zu machen.

In zahlreichen Mittel- und Großbetrieben geht die Personal- oder Fortbildungsabteilung davon aus, dass angehende Führungskräfte am Anfang Unterstützung brauchen. Sie haben einen Förder- und Entwicklungsplan erarbeitet, in dessen Rahmen diese Zielgruppe auf ihre neue Position vorbereitet und anfangs auch begleitet wird. Die gängigen Lernformen für diesen Zweck sind Mentoring, Coaching und Führungsseminare. Eigenständiger Wissenserwerb durch Bücher oder E-Learning eignet sich in dieser Situation als Ergänzung.

Beim Mentoring steht Ihnen ein Lehrer und Berater, der Mentor, zur Seite. Er vermittelt Informationen und ist gleichzeitig ein vertrauenswürdiger Ansprechpartner und Ratgeber. Seine Aufgabe ist es, Ihnen weiterzuhelfen, wenn Sie in neuen Situationen nicht wissen, wie Sie diese einschätzen oder sich verhalten sollen. Aus diesem Grund sollte der Mentor ein älterer, erfahrener Kollege sein, der die geschriebenen und ungeschriebenen Regeln des Unternehmens bis ins Kleinste aus eigener Erfahrung kennt. Ein angehender Chef erhält so Feedback und kann dadurch vergleichsweise schnell Sicherheit in seiner Rolle gewinnen und informelles Wissen bzw. die Feinheiten der Unternehmenskultur erlernen.

Wenn das Unternehmen diese Lernform von sich aus anbietet, vermittelt die Personalabteilung einen Mentor oder veranstaltet Workshops, auf denen sich Mentoren und Mentees finden können. Andernfalls können Sie aber auch selbst einen erfahrenen Kollegen ansprechen, ob er für Sie die Rolle eines Mentors übernimmt. Wichtig für die Wahl des Mentors ist, dass Sie zu diesem Vertrauen haben. Sonst werden Sie nicht offen über Ihre Anfangsprobleme sprechen. Gleichzeitig sollte der Mentor aber auch fachliche Autorität und möglichst langjährige Erfahrung als Führungskraft mitbringen. Darüber hinaus sollte ihm etwas an dieser Aufgabe liegen. Denn er muss, um sie auszufüllen, bereit sein, sein Wissen weiterzugeben, sich für Sie Zeit zu nehmen oder sein Netzwerk zu aktivieren. Aus diesem Grund sollten Sie auch darauf achten, dass der Mentor durch seine Lehrer- und Beratertätigkeit nicht in Loyalitäts- oder Interessenkonflikte gerät. Das könnte z. B. der Fall sein, wenn er mit Ihnen eng zusammenarbeitet und Ihre Entscheidungen für ihn Vor- bzw. Nachteile bringen. Bemühen Sie sich deshalb, einen Mentor zu finden, der nicht nur in der Hierarchie über Ihnen steht, sondern auch in einem anderen Bereich arbeitet.

Beim Coaching geht es dagegen nicht nur um fachliche Beratung, sondern auch um persönliche Belange, soweit diese Auswirkungen auf die Arbeitssituation haben. Grundsätzlich begegnen sich Coach und Coachee auf Augenhöhe. Aufgabe des Coachs ist es, Problemsituationen zu diagnostizieren bzw. zu analysieren und den angehenden Chef anzuleiten, Lösungsmöglichkeiten zu erarbeiten. Er fördert dabei die Selbstwahrnehmung und -reflexion und das Verantwortungsbewusstsein des Coachees. Auch für diese Lernform ist gegenseitiges Vertrauen unverzichtbar. Der Coach sollte eine betriebswirtschaftliche bzw. psychologische Ausbildung vorweisen können und eigene Erfahrungen als Führungskraft gesammelt haben.

Man unterscheidet je nach Herkunft des Coachs zwei Arten: unternehmensinterne Beratungen und Coachings, bei denen der Berater von außerhalb des Unternehmens stammt. Beide Arten haben Vor- und Nachteile. Kommt der Coach aus dem Unternehmen, kennt er nicht nur die internen Verhältnisse und Leitlinien, sondern ist auch schnell zu erreichen und mit der Beratung zu beauftragen. Sie können aber nur unter einer begrenzten Anzahl möglicher Coachs wählen und müssen darauf vertrauen, dass der Berater Inhalte der Gespräche nicht in der Firma weitergibt. Da der Coach auch eigene Interessen hat, kann es für ihn in dieser Konstellation schwierig werden, neutral zu bleiben. Außerdem kann er Ihnen nicht den Blick von außen bieten.

Lassen Sie sich dagegen von einem externen Coach unterstützen, wird dieser automatisch sein Wissen aus mehreren Unternehmen einbringen. Da er nicht weisungsgebunden ist, können Sie davon ausgehen, dass er sich neutral verhält. Aus diesem Grund dürfte es Ihnen leichter fallen, ihm zu vertrauen. Auf der anderen Seite kann der externe Berater die Arbeitsbedingungen und Richtlinien Ihres Unternehmens nicht so gut kennen und Sie damit nicht so detailliert unterstützen. Im schlimmsten Fall können seine Anregungen für die Führungsarbeit an der Realität vorbeigehen.

Außerdem kann man nach der Anzahl der zur gleichen Zeit beratenen Personen auch zwischen Einzel- und Gruppencoaching unterscheiden. Die Regel ist allerdings, dass ein Coach sich jeweils auf die Belange eines Klienten konzentriert. Beim Gruppencoaching kann diese Zahl bis auf sechs Personen ansteigen. Das ermöglicht zwar einerseits Anfangsschwierigkeiten aus mehreren Perspektiven zu analysieren; erschwert es aber andererseits, private und persönliche Themen zu behandeln.

Für die Suche nach einem Coach sollten Sie sich Zeit nehmen. Sie müssen nicht nur jemanden finden, der fachlich fundierte Beraterkenntnisse hat, sich in Ihrem Metier auskennt und eigene Erfahrung in der Führungsarbeit hat. Auch die Chemie muss stimmen. Sonst werden Sie ihm nicht das notwendige Vertrauen entgegenbringen. Erste Anlaufstellen Ihrer Recherchen können die Personalabteilung sein, die oft Kontakte zu versierten Coachs hat, Coachingverbände oder Empfehlungen von Kollegen. Wenn Sie meinen, einen Coach gefunden zu haben, sollten Sie in einem Kennenlerngespräch seinen beruflichen Werdegang überprüfen und sich Referenzen vorlegen lassen. Achten Sie darauf, wie der Coach sich Ihnen gegenüber verhält. Das lässt Rückschlüsse auf seine sozialen Kompetenzen und den grundsätzlichen Umgang mit Menschen zu. Außerdem sollten Sie genau besprechen, wie die Sitzungen ablaufen sollen. Um welche Themen geht es? Wie oft, wann und wie lange werden Sie sich treffen? Wer hat welche Aufgaben? Nach welchem Konzept werden die Sitzungen verlaufen? Was erwarten Sie als Ergebnis? Inwieweit kann es erreicht werden? Das Resultat dieses Gesprächs und Details, die besonders wichtig sind, fixieren Sie dann vertraglich. Am Ende jeder Sitzung sollten Sie mit dem Coach Bilanz ziehen und sich gegenseitig über den Verlauf Feedback geben. Halten Sie dabei fest, was sie besprochen haben und wie Sie es in die Praxis umsetzen können.

Eine weitere Möglichkeit, sich auf die Führungsrolle vorzubereiten, ist der Besuch von Führungsseminaren. Zu ihren typischen Themen gehören: Führungstheorien, Vorbereitung auf die neue Position, die ersten 100 Tage, typische Herausforderungen der Anfangsphase und Führungsverhalten. Da hier in einer größeren Gruppe gearbeitet wird, kann der Trainer nicht so individuell auf Ihre Belange eingehen wie im Mentoring oder Coaching. Dafür haben Sie aber die Möglichkeit, Kontakte zu den anderen Teilnehmern zu knüpfen und von deren Seminarbeiträgen zu profitieren.

Nach dem Veranstalter unterscheidet man zwei Arten: Inhouse-Seminare und externe Seminare, die außerhalb des Unternehmens stattfinden. Auch hier gilt es wieder Vor- und Nachteile abzuwägen. In internen Veranstaltungen ist es schwerer, eigene Schwachstellen anzusprechen, da die anderen Teilnehmer später auch Konkurrenten sein können. Dafür kennt jedoch ein hauseigener Trainer die Unternehmenskultur und andere ungeschriebene Gesetze und kann diese vermitteln. Externe Seminare bieten Ihnen den Blick von außen und eine höhere Anonymität, die es erleichtert, eigene Schwächen einzugestehen. Die unternehmensspezifischen Aspekte einzelner Inhalte werden Sie sich im Anschluss allerdings selbst erarbeiten müssen.

Bevor Sie sich für ein Seminar entscheiden, sollten Sie prüfen, ob es thematisch Ihren Bedürfnissen entspricht und grundsätzliche Qualitätskriterien erfüllt. Allgemeine Veranstaltungen über Führungskompetenzen helfen Ihnen beim Wechsel in eine Führungsposition nicht weiter. Erkundigen Sie sich deshalb, ob z. B. die Vorbereitung auf die neue Position oder Anfangsschwierigkeiten dezidiert zur Sprache kommen. Auch sollten Sie ehemalige Teilnehmer nach deren Erfahrungen mit dem Angebot fragen bzw. Referenzen fordern. Ein gutes Seminar macht Ihnen bewusst, was Ihre neue Rolle ausmacht, und bietet Lösungsstrategien, die ihnen helfen, erfolgreich als Chef zu agieren.

9 Boxenstopp

„Von dem, was du erkennen und
messen willst, musst du Abschied nehmen,
wenigstens auf eine Zeit.
Erst wenn du die Stadt verlassen hast,
siehst du, wie hoch sich die Türme
über die Häuser erheben."
Friedrich Nietzsche, deutscher Philosoph

Worum es geht ...

Nach einem Jahr Führungserfahrung ist es erneut an der Zeit, Bilanz zu ziehen. Zum einen wissen Sie nun aus dem konkreten eigenen Erleben, was es heißt, Führungskraft zu sein. Sie kennen die täglichen Anforderungen und haben eine gewisse Sicherheit in Ihrer Rolle erlangt. Zum anderen ist jetzt noch vieles veränderbar und Sie haben vielfältige Chancen, sich weiterzuentwickeln. Ihr Umfeld wird Ihnen zugestehen, dass Sie dort nachjustieren, wo Ihnen am Anfang etwas nicht optimal gelungen ist. Allerdings gelten Sie nun nicht mehr als Anfänger. Die Erwartungen, dass Sie jetzt Erfolg haben, sind höher als beim Start.

Das Kapitel beschreibt, wie Sie Bilanz ziehen und erkennen, in welchen Bereichen Sie noch Entwicklungsbedarf haben. Es behandelt folgende Themen:

- nach welchen Kriterien Sie Ihr erstes Jahr als Führungskraft bewerten können,
- wie Sie ein 360-Grad-Feedback einholen,
- wie Sie feststellen, welches Potenzial noch in Ihnen steckt,
- wie Sie Ihr eigenes „Führungsleitbild" entwerfen,
- welche Chancen es Ihnen eröffnet, wenn Sie regelmäßig Bilanz ziehen.

Die Erfahrung zeigt, dass viele Führungskräfte ihr Führungsverhalten nicht mehr oder nur wenig weiterentwickeln, sobald sie sich in ihre Position hineingefunden haben. Ändern sich die Umfeldbedingungen, fällt es ihnen schwer, darauf adäquat zu reagieren. Die geringe Flexibilität ist oft darauf zurückzuführen, dass sie schwierige Führungserfahrungen nicht wirklich verarbeitet haben und sie folglich nicht zur Weiterentwicklung nutzen konnten. Sie erklären sich problematische Situationen oft monokausal, anstatt deren Komplexität Rechnung zu tragen und die Vielzahl möglicher Ursachen zu analysieren. Auf diese Weise laufen sie Gefahr, Führungssituationen auf einfache, bekannte Erfahrungszusammenhänge zu reduzieren, auf die sie weitgehend unreflektiert zurückgreifen.

Man kann Ihre Situation als Führungskraft gut mit der eines Reisenden auf einer Expedition vergleichen. Sie haben sich auf Ihre Reise vorbereitet, haben alles getan, um im Vorfeld möglichst viel über die Menschen und das Land herauszufinden, das Sie besuchen wollten, und haben Ihre Ziele und Etappen geplant. Nun sind Sie ein gutes Stück unterwegs und kennen „Land und Leute" schon etwas, wenn auch in unterschiedlicher Tiefe. Sie haben zwar schon viel gelernt; offene Fragen gibt es aber noch immer. Kurz: Sie sind noch nicht am Ende Ihres Weges angekommen.

Führung ist, ähnlich wie eine Expedition, eine komplexe, häufig auch mit widersprüchlichen Anforderungen verbundene Aufgabe. Sie kommen oft nicht umhin, schmerzhafte Kompromisse einzugehen, Entscheidungen nach unten durchzusetzen, hinter denen Sie nicht oder nur teilweise stehen, oder Abstriche an dem zu machen, was Sie unter guter Führung verstehen. Selbstzweifel sind in solchen Situationen völlig normal. Danach sollten Sie aber wieder nach vorne schauen und auch diese ernüchternden Erfahrungen nutzen. Eine der wesentlichen und ständig wiederkehrenden Anforderungen an Führungskräfte ist, das eigene Handeln zu reflektieren und Bilanz zu ziehen. Machen Sie sich bewusst, inwieweit die Ursachen Ihrer Schwierigkeiten persönlicher Natur oder auf Aspekte der Organisation, für die Sie arbeiten, zurückzuführen sind und welche Ressourcen und Qualitäten Sie haben, diese in Zukunft besser zu lösen. Eine optimistische und positive Grundhaltung zu Ihrer Führungsrolle ist die Voraussetzung für Ihre persönliche Zufriedenheit und die Ihres Umfeldes.

9.1 Lessons Learned nach einem Jahr Führungserfahrung

Jeder Mensch nimmt Informationen und Erlebnisse anders wahr. Er verarbeitet sie entsprechend seinen individuellen Erfahrungen, Annahmen und Werten. Deshalb nimmt er verstärkt das wahr, was in seine Vorstellungswelt passt. Was ihn bestätigt, kommt eher an. Was sein Handeln infrage stellt, nimmt er eher widerwillig zur Kenntnis.

Doch gerade in den unangenehmen Erfahrungen liegt ein hohes Potenzial. Sie können Ihnen vermitteln, wo Sie Entwicklungsbedarf haben. Deshalb sollten Sie Ihr erstes Jahr als Führungskraft und die Inhalte dieses Lernweges nochmals möglichst unvoreingenommen reflektieren. Dazu brauchen Sie – neben der eigenen Analyse – auch die Rückmeldung Ihres Umfeldes. Diese Art der Reflexion fasst man in den Begriff „Lessons Learned".

TIPP: Reflektieren Sie Ihre Erfahrungen

Es geht bei den Lessons Learned nicht nur um das, was Sie wann und wie falsch gemacht haben. Sie sollten sich auch die grundsätzliche Frage beantworten, was Ihnen gut gelungen ist.

Lessons Learned basieren auf einer einfachen Struktur. Diese Art der Reflexion geschieht entlang folgender Leitfragen:

- Was wollten Sie erreichen?
- Was haben Sie erreicht?
- Welche Abweichungen gab es?
- Was waren die Gründe und Ursachen für die Abweichungen?
- Was können Sie aus dieser Analyse erkennen und lernen?
- Was tun Sie konkret?

Lessons Learned bezeichnen damit das systematische Sammeln, Bewerten und Verdichten von Erfahrungen, Kennzahlen, Rückmeldungen, Fehlern etc. mit dem Ziel, daraus Schlussfolgerungen zu ziehen, die für Ihr zukünftiges Handeln hilfreich sind, in Zukunft die Wahrscheinlichkeit von Erfolgen erhöhen und die von Fehlern oder Misserfolgen senken.

Dieses Vorgehen ermöglicht Zukunftsperspektiven in folgenden sechs Bereichen:

- **Führungsstil:** Sie erkennen, wie Sie Führung leben, inwieweit dies von der Vorstellung von Führung abweicht, die Sie hatten, bevor Sie in der Führungsverantwortung standen, und wie Ihre Erfahrungen Sie formen und verändern.
- **Führungserfolge:** Sie festigen Ihre bisherigen Erfolge als Führungskraft, indem Sie sich bewusst werden, welche Aspekte Ihres Verhaltens zu diesen Erfolgen geführt haben und wie Sie dies wiederholen können.
- **Entwicklungsfelder:** Sie erkennen Ihre Entwicklungsfelder und Schwächen als Führungskraft und finden heraus, wie Sie sich darin verbessern können.
- **Beziehungen im Umfeld:** Sie reflektieren Ihr berufliches Umfeld und Ihre Beziehungen darin und werden sich der Erfolgsfaktoren in der Zusammenarbeit mit Ihrem Vorgesetzten, Ihren Führungskollegen, Kunden und Mitarbeitern bewusster.
- **Organisation/Unternehmenskultur:** Sie erkennen die ungeschriebenen Gesetzmäßigkeiten Ihrer Organisation und wie sie wirken. Damit werden Ihnen die Machtstrukturen klarer und Sie erfassen, welche Kräfte auf Ihren Verantwortungsbereich in der Organisation wirken.
- **Persönliche Weiterentwicklung:** Sie richten auf der Grundlage dieser Erkenntnisse Ihr eigenes Handeln neu aus und verbessern dadurch die eigene Zufriedenheit als Führungskraft und Ihren beruflichen Erfolg.

Bevor Sie nun an die Reflexion Ihres ersten Führungsjahres gehen, sollten Sie ein grobes Resümee ziehen. Wie schätzen Sie alles in allem Ihren Führungserfolg ein? Mit welcher der drei folgenden Aussagen decken sich Ihre Erfahrungen während des ersten Jahres in der Führungsrolle?

„Das erste Jahr als Führungskraft verlief sehr gut."

Bei diesem Resümee haben Sie den Wechsel vom Mitarbeiter zur Führungskraft aus Ihrer Sicht sehr gut gemeistert. Sie fühlen sich in der Rolle als Führungskraft wohl und blicken auf viele positive Erfahrungen und Erfolge zurück. Finden Sie heraus, ob auch

Ihr Umfeld Ihre Arbeit als Führungskraft so bewertet. Damit Sie sich weiter so positiv entwickeln, sollten Sie sich aber nicht auf Ihren Erfolgen ausruhen. Finden Sie heraus, was Sie erfolgreich macht und wo Sie trotz Ihrer Erfolge noch Verbesserungsbedarf haben.

„Das erste Jahr als Führungskraft verlief sehr unterschiedlich."

Sicherlich werden die meisten Nachwuchsführungskräfte sich in diese Kategorie einordnen. Der Einstieg in die Führungsrolle ist keine leichte Aufgabe, selbst wenn man sich gut vorbereitet hat. Es liegt in der Natur der Sache, dass nicht alles auf Anhieb gelingen kann. Blicken Sie realistisch auf Ihre Erfolge und Misserfolge zurück und finden Sie heraus, wie Sie den Erfolg etablieren können und sich auf der anderen Seite verbessern können.

„Das erste Jahr als Führungskraft verlief eher mäßig bis schlecht."

Wenn Sie Ihr erstes Jahr in der Führungsrolle so bewerten, kann es dafür verschiedene Gründe geben. Es muss nicht zwangsweise allein an Ihren Fähigkeiten liegen. Manche Führungsstarts stehen unter keinem guten Stern, da die Nachwuchskraft sich nicht nur in die neue Rolle hineinfinden muss, sondern zusätzlich sehr schwierige Rahmenbedingungen zu meistern hat. Dazu gehört zum Beispiel die Aufgabe, ehemalige Kollegen zu führen, die sich übergangen fühlen, Abteilungen durch einschneidende Umstrukturierungsprozesse zu lotsen, Ihr Vorgesetzter, der zu stark Einfluss in die Unterabteilungen nimmt, oder der Fakt, dass das Führungsumfeld vor Ihrem Start die Chance genutzt hat, fähige Mitarbeiter Ihrer Abteilung abzuwerben und Ihnen „missliebige" Kollegen „unterzuschieben".

Umso wichtiger ist es nun für Sie, herausfinden, warum Ihr Start nicht glückte. Nur so können Sie Ihre Perspektiven erkennen und gestärkt die weitere Arbeit als Führungskraft angehen.

Sollten Sie nach diesem Jahr zu der Einschätzung gekommen sein, die Rolle als Führungskraft sei wider Erwarten doch nichts für Sie und Sie täten besser daran, z. B. eine Expertenlaufbahn einzuschlagen, sollten Sie dennoch nicht auf diese Bilanz verzichten. Vergewissern Sie sich nochmals, ob diese Entscheidung wirklich die richtige Schlussfolgerung aus Ihren Erfahrungen ist.

TIPP: Überprüfen Sie Ihre eigene Bewertung des ersten Jahres als Führungskraft

Egal, wie Ihr eigenes Resümee ausfällt, nutzen Sie es als Ausgangslage, dieses zu überprüfen und Schlussfolgerungen aus Ihren Erfahrungen zu ziehen. Vielleicht gewinnen Sie nach der detaillierten Reflexion, dem Selbst- und Fremdbildabgleich, eine andere Einschätzung. ■

9.2 Blick zurück

In die Analyse und Reflexion Ihres ersten Führungsjahres sollten Sie mehrere, unterschiedliche Aspekte des Führens einbeziehen. So erhalten Sie ein möglichst umfassendes Bild Ihrer bisherigen Tätigkeit und laufen nicht Gefahr, einseitige oder vorschnelle Schlüsse zu ziehen. Wichtig sind sowohl die detaillierte Selbstbewertung als auch eine Fremdbewertung.

9.2.1 Selbstbewertung

Die Selbstbewertung sollte aus folgenden Einzelanalysen bestehen:

- Analyse der zum Start selbst gesetzten Ziele und Vorsätze,
- Selbsteinschätzung zu eigenen Hypothesen zur Führungstätigkeit,
- Selbstbewertung nach Kennzahlen,
- Analyse des Führungsstils in Ihrer Organisation,
- Analyse der Ressourcen und Qualitäten in schwierigen Situationen.

Analyse der zum Start selbst gesetzten Ziele und Vorsätze

Suchen Sie Ihre Aufzeichnungen aus der Anfangszeit heraus und gehen Sie nochmals durch, was Sie sich in der Vorbereitung auf Ihre Führungsaufgabe vorgenommen hatten. Tabelle 9.1 hilft Ihnen einzuschätzen, wie gut das gelungen ist:

TABELLE 9.1 Analysefragen zu selbst gesetzten Zielen und Vorsätzen

Analysefragen	Antworten
Was waren Ihre persönlichen Ziele und Vorsätze für den Führungsstart?	
Was haben Sie davon erreicht?	
Was haben Sie davon nur zum Teil oder nicht erreicht?	
Welchen persönlichen Qualitäten, Ressourcen und Fähigkeiten haben Sie den Erfolg zu verdanken?	
Wie können Sie diese Qualitäten etc. zukünftig noch besser einsetzen?	
Liegen die Gründe für Misserfolge - an Ihrer Person? - am Umfeld?	

Kriterien zur Bewertung der Führungstätigkeit/Hypothesen

Nach der systematischen Betrachtung, was Sie von dem realisieren konnten, was Sie sich vorgenommen hatten, sollten Sie nun Hypothesen, also Annahmen, aufstellen, warum Sie erfolgreich waren oder nicht. Suchen Sie Kriterien, die in konkreten Situationen über Gelingen und Scheitern entschieden haben. Achten Sie dabei darauf, dass Sie möglichst viele relevante Führungsanforderungen berücksichtigen. Tabelle 9.2 zeigt, wie das Ergebnis dieser Analyse aussehen könnte.

TABELLE 9.2 Analyse der Erfolgskriterien mit Beispielen

Bereich	Ich war als Führungskraft erfolgreich, weil	Ich war als Führungskraft nicht erfolgreich, weil
Führen des Teams		... ich das Team in die Entwicklung von Lösungen zu wenig mit einbezogen habe.
Führen von einzelnen Mitarbeitern	... ich auf meine Mitarbeiter zugegangen bin und eine intensive und offene Kommunikation pflege.	
Zusammenarbeit mit dem Vorgesetzten		... mein Vorgesetzter meine Erfolge zu wenig erkennen konnte und es zu wenig Austausch gab.
Selbstmanagement und Work-Life-Balance	... ich trotz großer Arbeitsbelastung Zeit für Familie und Sport gefunden habe.	
Kooperation mit der gleichen Führungsebene		... ich mich zu wenig in den Budgetverhandlungen mit meinem Vorgesetzten durchsetzen konnte.
Networking	... ich mir schnell ein verzweigtes Netzwerk im Unternehmen aufbauen konnte und das auch kontinuierlich pflege.	
Unternehmerisches Denken und Handeln	... ich gegenüber der Unternehmensleitung mit übergreifenden Ideen und Initiativen gezeigt habe, dass mir das Gesamtunternehmen am Herzen liegt.	
Zielerreichung		... die Ziele für das erste Jahr zu hoch gesteckt waren und ich sie trotzdem akzeptiert habe.
Kundenorientierung	... ich einen guten und tragfähigen persönlichen Kontakt zu allen wichtigen Kunden aufbauen konnte.	
Verhandlungsführung		... ich noch zu wenig Erfahrung in den Verhandlungen mit Kunden hatte und mir keine zusätzliche Unterstützung eingeholt habe.
Realisierung von Veränderungen	... ich naheliegende Veränderungsbedarfe sofort eingeleitet habe (Quick Wins).	
Innovationen und Verbesserungen		... zu wenig Aufmerksamkeit in die kontinuierliche Verbesserung der Arbeitsprozesse gelegt habe.

Lassen Sie nun Ihre Schlussfolgerungen auf sich wirken. Fassen Sie dann zusammen, wo Ihre Stärken liegen und wo Sie Verbesserungsbedarf haben. Nutzen Sie dafür Tabelle 9.3:

TABELLE 9.3 Analyse der Stärken und Schwächen

Stärken	
z. B. Kommunikation mit den Mitarbeitern	
Handlungsbedarf	**Konkrete Aktivitäten zur Verbesserung**
z. B. Überzeugen meines Vorgesetzten von Zielen für meinen Bereich und dem dazu notwendigen Budget	z. B. bessere Vorbereitung mit fundierteren Fakten und Benchmarks

Selbstbewertung nach Kennzahlen

Ökonomische Kennzahlen geben Auskunft, wie Ihr Bereich sich entwickelt hat und ob Sie die gesetzten Ziele erreicht haben. Diese Kennzahlen stellen einen zentralen Gradmesser Ihres Führungserfolgs dar. An ihnen lässt sich sehr leicht ablesen, wie Sie – gemessen an den harten Zahlen, Daten und Fakten – gewirtschaftet haben und ob Sie auf dem richtigen Kurs sind. Diese ZDF (Zahlen, Daten, Fakten) werden in der Regel vom Vorgesetzten und anderen Hierarchieebenen zur Bewertung von Ihnen und Ihrer Abteilung/Ihrem Team herangezogen und sind allein schon deshalb von hoher Relevanz. Füllen Sie dazu Tabelle 9.4 aus und vervollständigen Sie sie.

Nutzen Sie diese Analyse auch dazu, herauszufinden, wo und wie Sie Ihre Abteilung effektiver organisieren können. Gibt es z. B. Bereiche, in denen effizienter mit Ressourcen umgegangen werden könnte? Sehen Sie Möglichkeiten, Prozesse zu verbessern? Je klarer Sie erkennen, wo Potenziale noch nicht ausgeschöpft sind, desto leichter können Sie in Zukunft die Ihnen gesetzten Ziele erreichen.

Ziehen Sie nun die Schlussfolgerungen aus Ihrer Analyse:

- Warum haben Sie angestrebte Ergebnisse bzw. Kennzahlen nicht erreicht?
- Welche Ursachen davon sind besonders wichtig?
- Auf welche davon können Sie relativ leicht einwirken?

TABELLE 9.4 Selbstbewertung nach Kennzahlen

Bereich	Sollwert (angestrebtes Ergebnis)	Istwert (tatsächliches Ergebnis)	Grund der Abweichung
Deckungsbeitrag			
Marktanteil			
Absatzzahlen			
Reklamationen			
Gesundheitsstand			
Kompetenzniveau			
Projektabschluss			

Da Sie, wie jede Führungskraft, nur begrenzte Ressourcen zur Verfügung haben, empfiehlt es sich, herauszufiltern, auf welche Faktoren Sie den meisten Einfluss haben. Wenn Sie an diesen Stellen ansetzen, können Sie mit möglichst geringem Aufwand die größtmögliche Verbesserung erzielen. Wie Bild 9.1 veranschaulicht, gibt es grundsätzlich vier Möglichkeiten zu reagieren:

- **Ignorieren:** Diese Vorgehensweise ist nur sinnvoll, wenn Sie kaum Chancen sehen, etwas zu verbessern, und es daher ineffektiv wäre, etwas zu unternehmen, oder das Verbesserungspotenzial gering ist. Ändern werden Sie so allerdings kaum etwas.
- **Beobachten:** Wenn Sie einer Sache große Aufmerksamkeit schenken, bewirken Sie zwar noch nichts, überlegen aber bereits, wie Sie eingreifen möchten. Ist dann der richtige Zeitpunkt gekommen, können Sie schnell und effektiv handeln.
- **Einfluss optimieren:** Diese Vorgehensweise dient dazu, die Effektivität eines etwaigen Eingreifens zu steigern. Sie ist aber langfristig angelegt und kann auch bedeuten, viel Zeit und Aufwand zu investieren, um eine Erfolg versprechende Zukunftsstrategie zu entwickeln, und sich den Rat von Fachleuten zu holen. Um diesen Weg einzuschlagen, brauchen Sie daher einen langen Atem.
- **Sofort handeln:** Mit dieser Vorgehensweise können Sie schnell große Wirkung erzielen. Sie läuft in der Regel auf Quick Wins hinaus.

BILD 9.1 Vier Vorgehensweisen, um Kennzahlen zu verbessern

Fragen Sie sich nun, welche Konsequenzen Sie aus dem Kennzahlenvergleich für Ihre weitere Führungsarbeit ziehen wollen. Überlegen Sie dabei auch, wo Sie Ihre Schwerpunkte setzen und wie Sie dort konkret und effektiv Verbesserungen einleiten können.

Analyse des Führungsstils in Ihrer Organisation

Über die Anforderungen, die an Ihre Führungstätigkeit gestellt werden, und wie Ihr Führungsstil bewertet wird, entscheidet zu einem Großteil Ihr Umfeld, d. h. die Organisation, in der Sie arbeiten. Welche Beurteilungskriterien für Ihren Erfolg als Führungskraft gelten, hängt folglich von folgenden Faktoren ab:

- **Branche:** In einem Krankenhaus wird anders geführt als in einem Handwerksbetrieb, in der Automobilindustrie anders als in der Pharmabranche.
- **Standort:** Jedes Land hat spezielle Umgangsformen und seine eigene Kultur. Ob Ihr Arbeitsplatz bzw. der Unternehmenshauptsitz in Deutschland, Frankreich oder den USA liegt, entscheidet folglich über die Führungskultur und die im Unternehmen gültigen ungeschriebenen Gesetze.

- **Bereich:** Selbst innerhalb eines Unternehmens gibt es unterschiedliche Führungskulturen, je nach Bereich (Entwicklungsbereich, Personalbereich, Produktion, Buchhaltung etc.) und Führungsverständnis des Bereichsleiters.

Spiegel der Führungskultur ist die Rollenerwartung der Organisation an ihre Führungskräfte. Es wird von Ihnen also eine gewisse Anpassungsleistung erwartet, dass Sie dieser Rollenerwartung in gewissem Maße entsprechen. Das bedeutet nicht, dass Sie in allen Dingen konform gehen. Sie sollten aber genau wissen, wie Führung in ihrer Organisation gelebt wird. Nur so können Sie souverän mit der Rollenerwartung umgehen und erkennen, welche Regeln unbedingt befolgt werden müssen und über welche man im Zweifelsfall auch „hinwegsehen" kann. Die Fragen in Tabelle 9.5 helfen Ihnen zu analysieren, wie Ihre Organisation die Rolle der Führungskräfte definiert.

TABELLE 9.5 Analyse der Erwartung Ihrer Organisation an Führungskräfte

Frage	Antwort
Welchen Handlungsspielraum lässt die Organisation den Führungskräften?	
Welche Regeln müssen unbedingt eingehalten werden?	
Welche Regeln können Sie „übersehen"?	
Welche Regelverletzung müssen Sie gut begründen?	
Wie wird mit den Führungskräften grundsätzlich kommuniziert und welche Inhalte werden dort vermittelt (z. B. in Managementkonferenzen)?	
Welche Art von Führungskräften macht in Ihrer Organisation Karriere?	
Welche Art von Führung wird von der Organisation belohnt und gerne gesehen, welche nicht?	
Wer ist meinungsbildend bei den Führungskräften in Ihrer Organisation und was sind seine Erwartungen an Führungsarbeit?	
Wer und welche Hierarchieebene werden bei strategischen Entscheidungen mit einbezogen?	
Wie wird mit Fehlern umgegangen?	
Welche Bedeutung haben Hierarchie und der Titel einer Führungskraft?	
Welche Geschichten von Führungskräften werden immer wieder erzählt und was sagen diese über das Führungsverständnis in Ihrer Organisation aus?	

Analyse der Ressourcen und Qualitäten in schwierigen Situationen

Sie haben in den letzten Monaten einige Herausforderungen gemeistert und Schwierigkeiten überstanden. Um gegen die nächsten noch besser gewappnet zu sein, sollten Sie analysieren, wie Ihnen dies gelungen ist. Welche Ihrer Qualitäten und Ressourcen waren hilfreich? Was genau hat Ihnen geholfen, die Schwierigkeit zu meistern?

Je klarer und bewusster Ihnen ist, was Ihre besonderen Qualitäten sind, desto schneller können Sie sich auf diese besinnen und auf sie zugreifen. Vergegenwärtigen Sie sich deshalb drei schwierige Situationen, die erst kurz zurückliegen, und analysieren Sie sie mithilfe der Fragen in Tabelle 9.6.

TABELLE 9.6 Analyse schwieriger Situationen

Analysefrage	Beispiel	Ihre Antwort
Was kennzeichnete die Situation?	Ein Konflikt zwischen zwei Mitarbeitern eskaliert in einem Teammeeting derart, dass ich merkte, ich muss eingreifen.	
Was genau stellte für Sie die Schwierigkeit dar?	Ich befürchtete, einen der beiden Mitarbeiter zu bevorzugen, und wusste nicht, wie ich das Thema des Konflikts so ansprechen soll, dass keiner der Kontrahenten abwehrend reagiert.	
Was hat Ihnen geholfen, diese zu meistern? (Welche persönlichen Qualitäten, Kompetenzen und Fähigkeiten, welche Unterstützung von außen war hilfreich?)	Ich bin dem Impuls, sofort zu reagieren, bewusst nicht gefolgt und habe mir klargemacht, dass eine Lösungssuche Zeit benötigt und eine genaue Kenntnis der Situation. Ich habe mir Rat beim Führungskollegen X geholt und mir Zeit für Einzelgespräche mit Mitarbeitern genommen, um den Konflikt zu analysieren.	
Welche dieser unterstützenden Qualitäten usw. sind grundlegende, die auch in anderen Situationen hilfreich sein können?	☐ Innehalten und die Situation aus der Metaperspektive, d. h. aus der Distanz, betrachten, ☐ mir Hilfe und Rat bei einer Person meines Vertrauens holen, ☐ durch Zuhören die Perspektive der Beteiligten verstehen, ☐ mir Distanz zur Stresssituation verschaffen.	

Analysefrage	Beispiel	Ihre Antwort
Was können Sie tun, damit dies Ihnen auch in ähnlichen Situationen zur Verfügung steht? Was könnten Sie tun, um sich diese wieder ins Bewusstsein zu rufen?	☐ In Stresssituation eine kleine Pause einlegen, um Abstand zu gewinnen, und die Situation auf sich wirken lassen (z. B. durch zwei bis drei tiefe Atemzüge oder den Gang zur Toilette, um dort in Ruhe nachzudenken), ☐ mir erlauben, den Rat anderer einzuholen, ☐ es mir zum Prinzip machen, erst in Konfliktsituationen einzugreifen, wenn ich die Situation auch aus der Perspektive der Beteiligten verstanden habe, ☐ mir die Empfehlungen in einem Notizbuch festhalten.	
Was ist Ihr wichtigster Tipp für den „Krisen-Notfallkoffer"?	Erst zweimal durchatmen, bevor ich meinem Handlungsimpuls nachgebe.	

Sie haben sich nun vor Augen gehalten, auf welche Fähigkeiten Sie gerade in schwierigen Situationen bauen können. Doch gerade am Anfang Ihrer Laufbahn gelingt es nicht immer, Ihre Potenziale genau dann abzurufen, wenn Sie sie benötigen. Verzagen Sie deshalb nicht. Es braucht Zeit, bis manche neue Verhaltensmuster in Fleisch und Blut übergegangen sind und Teil Ihres erfolgreichen Führungsalltags werden. Wenn Sie aber in schwierigen Situationen folgende Ratschläge beherzigen, können Sie diesen Prozess wesentlich beschleunigen:

- Machen Sie sich gerade in schwierigen Situationen Ihre Erfolge der letzten Zeit bewusst und was Sie dazu beigetragen haben.
- Halten Sie inne. Nehmen Sie sich eine kleine Auszeit, um die Sachlage „von oben" zu betrachten.
- Führen Sie ein kleines Tage- oder Notizbuch. Darin können Sie festhalten, was Ihnen in brenzligen Situationen weiterhilft. Bei Bedarf haben Sie diese Informationen dann immer griffbereit zum Nachlesen.
- Führen Sie Gespräche mit Kollegen, denen Sie vertrauen. So können Sie die Situation reflektieren.
- Nutzen Sie auch Coachings, in denen schwierige Situationen durchgesprochen werden. So können Sie erarbeiten, welche Ihrer Kompetenzen für Sie besonders wichtig sind.
- Sprechen Sie mit Kollegen, die in einer ähnlichen Situation sind.

9.2.2 Fremdbewertung mit dem 360-Grad-Feedback

Die Beurteilung anhand des 360-Grad-Feedbacks hat den entscheidenden Vorteil gegenüber anderen Feedbacksystemen, dass Sie damit von allen relevanten Ebenen zu gleichen Bedingungen Feedback einfordern können und so ein umfassendes Bild Ihrer Führungsleistung erhalten. Dieses Instrument gibt es in vielen größeren Unternehmen als standardisiertes und fest verankertes Instrument für alle Führungskräfte einer Organisation. Sie können dieses Prinzip aber auch für sich selbst adaptieren und auf sich anwenden. Die Intensität der Befragung und auch die Qualität der Antworten hängen von Ihrem Umfeld, der Kultur und der Interessenlage ab. Wie Bild 9.2 zeigt, fließt in das 360-Grad-Feedback die Beurteilung von vier Personen(gruppen) ein:

- der Vorgesetzten,
- der Mitarbeiter,
- der Kunden und
- der Führungskollegen.

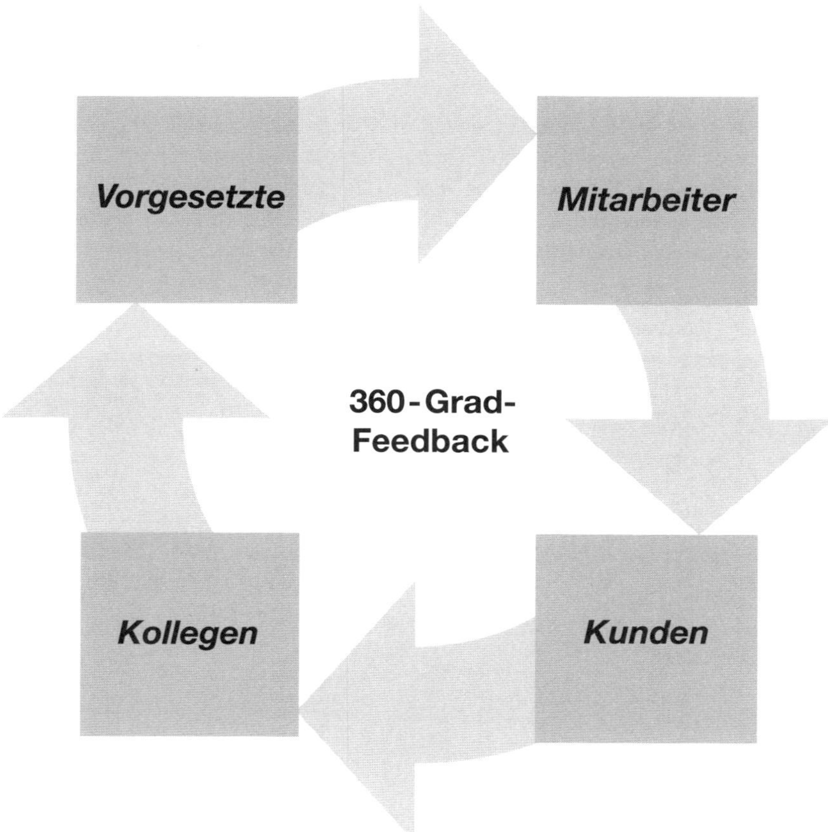

BILD 9.2 360-Grad-Feedback

Gehen Sie beim 360-Grad-Feedback in vier Schritten vor:

- **Vorbereitung:** Zunächst sollten Sie überlegen, wer Ihnen Feedback geben soll, und fragen, ob diese Personen auch dazu bereit sind. Erst danach drucken Sie die Feedbackbögen aus und verteilen sie. Schließlich organisieren Sie den (anonymen) Rücklauf der Bögen, legen den Abgabetermin fest und wie die Papiere wieder in Ihren Besitz kommen.
- **Durchführung:** Hier geht es darum, die Fragenkataloge auch tatsächlich zu verteilen und danach wieder einzusammeln. Beantworten Sie auch selbst einen der Fragebögen. Dann können Sie später feststellen, ob und inwieweit Ihre Selbsteinschätzung von dem Feedback abweicht. Um Ihre Selbsteinschätzung mit der Fremdeinschätzung abzugleichen, ist es wichtig, die Selbstbewertung vor dem Sichten der Fremdeinschätzung durchzuführen, da Sie sonst schon von dem Bild der anderen über sich geprägt sind.
- **Analyse:** In diesem Schritt fassen Sie die Antworten zusammen. Vergleichen Sie die Ergebnisse mit Ihrer Selbsteinschätzung.
- **Agieren:** Schließlich geht es darum, aus der Analyse Schlüsse zu ziehen. Welche Erkenntnisse haben Sie gewonnen? Können Sie bei sich Handlungsmuster erkennen und wie wirken diese sich aus?

TIPP: Fragen Sie in der Personalabteilung nach den Fragen für das 360-Grad-Feedback

In vielen größeren Unternehmen hat die Personalabteilung die Fragen für die 360-Grad-Beurteilung bereits ausgearbeitet und stellt den Fragebogen den Führungskräften als Online-Tool zur Verfügung. Sollte das nicht der Fall sein, können Sie den hier in Tabelle 9.7 abgedruckten Fragenkatalog als Anregung nutzen und ihn für sich und Ihre Situation anpassen.

TABELLE 9.7 360-Grad-Feedbackbogen für Führungskräfte

360-Grad-Feedbackbogen für Führungskräfte									
Feedbackperspektive: o Vorgesetzter o Kollege o Mitarbeiter o Kunde									
Fragen	**Bewertung**								
	Nicht / wenig / sehr zutreffend								
	0	1	2	3	4	5	6	7	8
Führungsverhalten									
Er lebt als Führungskraft vorbildlich vor, was er von anderen erwartet.									
Er agiert sicher und klar in seiner Rolle als Führungskraft.									
Er gibt Anerkennung bei positiven Leistungen und begründet diese.									

360-Grad-Feedbackbogen für Führungskräfte									
Feedbackperspektive: o Vorgesetzter o Kollege o Mitarbeiter o Kunde									
Fragen	Bewertung								
	Nicht / wenig / sehr zutreffend								
	0	1	2	3	4	5	6	7	8
Kooperation									
Er geht kooperative Beziehungen mit den Menschen, mit denen er arbeitet, ein.									
Innovation und Weiterentwicklung									
Er fördert andere, neue und innovative Wege.									
Er achtet darauf, dass Menschen an ihren Aufgaben wachsen und ihre Fähigkeiten weiterentwickeln.									
Unternehmertum									
Er vertritt das Unternehmen und seine Leistungen positiv – intern und nach außen.									
Er sorgt dafür, dass auch übergeordnete Ziele außerhalb seines Bereichs erreicht werden.									
Persönlichkeit									
Er sucht nach Herausforderungen, um seine Fähigkeiten weiterzuentwickeln.									
Er geht Konflikten nicht aus dem Weg, sondern sorgt aktiv für deren Klärung.									
Er ist auch in schwierigen Situationen ruhig und belastbar.									
Er kann aufmerksam zuhören und Empathie zeigen.									
Er kann seine Gedanken und Anliegen klar und strukturiert vermitteln.									
Er ist flexibel im Denken und Handeln.									
Er besitzt Verhandlungsgeschick und Durchsetzungsvermögen.									
Er besitzt ein gutes Zeitmanagement und trennt konsequent Wichtiges von Unwichtigem.									
Er hinterfragt sein Handeln und entwickelt sich kontinuierlich weiter.									
Fachkompetenz									
Er besitzt ein fundiertes Fachwissen in den wichtigsten Aspekten seines Bereichs.									
Offene Fragen									
Wo liegen seine drei größten Stärken?									
Wo liegen seine drei größten Verbesserungspotenziale?									

TIPP: Überlegen Sie, ob Sie die Befragung anonym durchführen

In vielen Fällen fallen die Antworten offener aus, wenn der Feedbackgeber anonym bleiben kann, Sie also nicht zurückverfolgen können, wer den Fragebogen ausgefüllt hat. Denken Sie dann aber auch daran, den Rücklauf so zu organisieren, dass der Autor tatsächlich anonym bleibt.

Folgende Fragen dienen dazu, zusammenzufassen, was das 360-Grad-Feedback für Sie ergeben hat:

- Welche Beurteilungen waren Ihnen neu?
- Welche Beurteilungen haben Sie überrascht?
- Welche Einschätzungen haben Sie irritiert?
- In welchen Punkten sehen Sie sich bestätigt?

9.3 Zukunftsplanung

Sie haben aus Ihrer Selbstanalyse und aus dem 360-Grad-Feedback ein umfassendes Bild Ihres ersten Führungsjahres gewonnen und mit der Analyse Ihrer Potenziale herausgefunden, wo Ihre besonderen Fähigkeiten liegen. Erkennen Sie Ihre Leistungen und Erfolge an und wertschätzen Sie, was Sie im ersten Jahr in der neuen Rolle als Führungskraft geleistet und auch gelernt haben. Sie sollten sich aber nicht mit dem Erreichten zufriedengeben. Fordern Sie von sich, Ihre Entwicklungsfelder zu erkennen und konkret daran zu arbeiten. So werden Sie sich weiterentwickeln und mehr und mehr mit sich als Person und in der Rolle als Führungskraft zufrieden sein.

9.3.1 Wesentliche Erkenntnisse und Handlungsbedarfe

Um jetzt herauszuarbeiten, wie Sie Ihren Weg weitergehen wollen, fassen Sie die wesentlichen Ergebnisse der Analysen zusammen. Nutzen Sie dafür folgende Checkliste:

- Was sind Ihre wesentlichen Erkenntnisse?
- Womit sind Sie zufrieden?
- Wo sehen Sie Handlungsbedarf?
- Was sind konkret Ihre nächsten Schritte für Ihre Weiterentwicklung in der Rolle als Führungskraft?
- Wer kann Sie wie unterstützen?

9.3.2 „Mein persönlicher Nachruf" – Eine kraftvolle Vision entwickeln

Nachdem Sie Bilanz gezogen und die nächsten Schritte festgelegt haben, sollten Sie den Blick noch weiter in die Zukunft richten. Entwickeln Sie eine kraftvolle Vision, die Sie in Ihrer Rolle als Führungskraft leitet.

Die Erfahrung lehrt, dass Führungskräfte, die sich ein persönliches „Leit-Bild" entworfen haben, damit eine Richtschnur für die Ausgestaltung ihrer Führungsrolle und ihre innere Einstellung zu ihrem Berufsleben besitzen. Auch in schwierigen Situationen dient dieser Zukunftsentwurf als Orientierung. Er hilft, Prioritäten zu setzen und – selbst unter Stress – Entscheidungen zu treffen, zu denen man auch später noch stehen kann. Folglich sind Führungskräfte mit eigenen Visionen meist mehr mit sich „im Reinen" als solche ohne Leitbild. Das wirkt auch nach außen. Mitarbeiter beispielsweise erleben einen Vorgesetzten, der einem persönlichen Leitbild folgt, oft als glaubwürdiger und berechenbarer.

Überlegen Sie daher, wie Ihr Idealbild von Führung aussieht, wie Sie die Führungsrolle leben wollen. Diese Vorstellung sollte so kraftvoll sein, dass sie Sie gleichermaßen inspiriert und ein Gefühl von innerer Befriedigung erzeugt. Ein bewährter Weg dazu ist, sich vorzustellen, wie es wäre, wenn Sie Ihre Vorstellung von Führung bereits erfolgreich umgesetzt hätten und nun voll Stolz auf diese Führungs- und Lebensleistung zurückblicken. Fragen Sie sich deshalb: Wie möchte ich, dass meine Mitarbeiter und mein Vorgesetzter auf mich zurückschauen, wenn ich irgendwann in der Zukunft das Team bzw. die Abteilung verlasse?

Die folgende Übung hilft Ihnen, sich diese Situation vorzustellen. Sie kann Sie unterstützen, Ihre Vision von sich als Führungskraft zu erkennen, wird Ihnen aber sicherlich die Grundzüge Ihres Leitbilds vor Augen führen.

ÜBUNG: Ihre jetzige Führungstätigkeit im Rückblick

Lesen Sie die Geschichte in Ruhe durch und lassen Sie dann Ihrer Fantasie freien Lauf. Schließen Sie die Augen und stellen Sie sich die beschriebene Situation genau vor. Welche Gefühle spüren Sie? Welche Gedanken kommen Ihnen in den Sinn?

Versuchen Sie sich vorzustellen, dass Sie in die Zukunft sehen können: Sie haben Ihre jetzige Abteilung und Ihr Team verlassen. Stellen Sie sich vor, Sie gehen aus Ihrer Wohnung und fahren zu Ihrer früheren Arbeitsstätte. Dort werden Sie die früheren Mitarbeiter sehen. Ihre Gedanken wenden sich immer mehr Ihrer damaligen Tätigkeit zu. Sie verspüren Stolz. Sie haben damals einiges geleistet und erreicht. Sie sind sehr zufrieden – mit Ihrer damaligen Tätigkeit und der Art, wie Sie Führung gelebt haben.

Fühlen Sie sich in diese Situation hinein und fragen Sie sich dann:

- Was genau an meinem Handeln macht mich stolz?
- Wie habe ich geführt?

Sie sind mittlerweile an Ihrer alten Arbeitsstätte angekommen. Sie treten durch die Eingangstür und sehen sich um. Sie sehen die alten Flure wieder, machen sich auf den Weg zu Ihrem ehemaligen Büro. Offenbar tragen Sie so etwas wie eine Tarnkappe. Niemand reagiert auf Sie. Sie sehen ehemalige Mitarbeiter, die mit anderen reden. Im Vorbeigehen fangen Sie zufällig einige Gesprächsfetzen auf. Es geht um eine frühere Führungskraft: Sie.

Sie bleiben stehen und hören fasziniert zu. Was Sie hören, stellt Sie sehr zufrieden. Es entspricht genau dem, auf was Sie Wert legten, was Ihnen in der Zusammenarbeit wichtig war und wie Sie die Ziele in Ihrem Bereich erreichten. Auf Ihrem Rundgang sehen Sie auch frühere Führungskollegen und Ihren ehemaligen Vorgesetzten. Sie finden es hochinteressant zu erfahren, wie positiv sie im Rückblick Ihre Arbeit einschätzen. Ihr Vorgesetzter erzählt voll Respekt von Ihrer Entwicklung, Ihrem Führungsverhalten und den Erfolgen, die Sie erzielten, und wie Sie diese mit Ihren Mitarbeitern erreichten. Ihre (Führungs-)Kollegen erinnern sich ebenfalls sehr positiv an Sie. Sie erwähnen dabei einige Dinge, die auch Sie noch in lebendiger Erinnerung haben.

Nach dieser Gedankenreise in die Zukunft sollten Sie deren wesentliche Aspekte festhalten. Das sind die ersten Schritte zur Entwicklung des Modells oder Führungsleitbilds, das Sie in Zukunft leiten kann. Beantworten Sie dabei auch folgende Fragen:

- Welche Art von Führung streben Sie an?
- Was zeichnet Sie aus?
- Wofür stehen Sie? Was wollen Sie anstreben?
- Was ist Ihnen an diesem Zukunftsbild, an dieser Vision von sich wichtig?

Finden Sie nun anhand der folgenden Fragen heraus, welche einzelnen Aspekte in Ihrer Vision für die Führungstätigkeit wichtig sind:

- Was sind in der Vision Ihre hervorstechendsten persönlichen Eigenschaften und Führungsfähigkeiten?
- Warum arbeiteten die Mitarbeiter gerne bei Ihnen?
- Was schätzten andere Führungskräfte und Ihr Vorgesetzter an Ihnen?
- Mit welcher Einstellung haben Sie geführt?
- Welche Werte waren Ihnen wichtig?
- Wie haben Sie die Entscheidungen getroffen?
- Wie war die Zusammenarbeit untereinander im Team, auf was wurde Wert gelegt?
- Wie war meine Beziehung zu meinen Mitarbeitern?
- Welche Erfolge habe ich erzielt?

- Was haben Sie als Führungskraft getan, damit Sie erfolgreich die Ziele erreichten und Veränderungen realisierten?
- Welchen Ruf hatte das Team, die Abteilung in der Organisation?
- Wie haben sich die Mitarbeiter während Ihrer Zeit als Vorgesetzter entwickelt?
- Mit welcher Einstellung sind die Mitarbeiter an die Arbeit gegangen?
- Wie sind Sie mit sich selbst umgegangen?
- Fragen Sie sich nun, welche Rückschlüsse Sie aus diesen Antworten ziehen können:
- Auf was wollen Sie in Zukunft achten, um Ihrem Bild von sich in der Vision deutlich näher zu kommen?
- Was gilt es dafür zu tun?
- Was leben Sie bereits, wollen es beibehalten und darauf achten?

Legen Sie nun die ersten Schritte auf diesem Weg fest. Setzen Sie sich für deren Umsetzung Termine. Planen Sie in regelmäßigen Abständen Zeit ein, um Zwischenbilanz zu ziehen. Bewährt hat sich dafür ein Zeitraum von vier bis sechs Monaten. Fragen Sie sich dabei immer wieder, ob Sie der Führungskraft, die Sie sein wollen, näher gekommen sind und was Sie als Nächstes für dieses Ziel tun wollen. ■

Mit Ihrer Vision haben Sie sich ein ehrgeiziges Ziel gesetzt. Seien Sie sich dessen bewusst und lassen Sie sich von kurzzeitigen Rückschlägen nicht davon abhalten, Ihren Weg weiterzugehen. Einige Enttäuschungen können Sie vermeiden, wenn Sie bereits jetzt überlegen, mit welchen Hindernissen Sie rechnen müssen und wie Sie ihnen begegnen wollen. Stellen Sie sich deshalb folgende Fragen:

- Was kann es Ihnen erschweren, Ihr Leitbild zu realisieren? Prüfen Sie hierbei sowohl äußere Faktoren als auch Ihre typischen Verhaltensmuster.
- Was können Sie dagegen unternehmen?

TIPP: Holen Sie sich Rat und belohnen Sie sich für Zwischenerfolge

Der Weg zu der Führungskraft, die Sie werden wollen, kann lang und beschwerlich sein. Nutzen Sie deshalb mögliche Hilfen und motivieren Sie sich immer wieder aufs Neue, durchzuhalten. Das heißt vor allem:

- Holen Sie sich die Unterstützung von Kollegen und ausgewählten Mitarbeitern. Bitten Sie sie um Feedback.
- Gönnen Sie sich etwas, wenn Sie einen wichtigen Zwischenschritt erreicht haben. Das hilft Ihnen, Ihren Weg erfolgreich weiterzuverfolgen. ■

9.3.3 Standortbestimmung als regelmäßiges Ritual

Die Erfahrung lehrt, dass Führungskräfte meist auf zwei absolut unterschiedliche Arten den gestellten Herausforderungen begegnen. Die einen reagieren in erster Linie auf die tagtäglichen Anforderungen, die an sie gestellt werden. Sie nehmen sich kaum Zeit, innezuhalten und ihre Situation zu überdenken. Deshalb neigen sie dazu, zu reproduzieren, was sie einmal gelernt bzw. verstanden haben, egal, was sich um sie herum verändert.

Die anderen Führungskräfte hinterfragen und reflektieren dagegen in regelmäßigen Abständen ihr Handeln. So arbeiten sie an ihrer Wirksamkeit als Verantwortlicher und richten ihr Verhalten immer wieder neu aus.

Erfahrungsgemäß hat letztere Gruppe größere Chancen, erfolgreich zu sein. Darüber hinaus sind diese Führungskräfte trotz der Herausforderungen und Schwierigkeiten ihres Berufsalltags zufriedener. Aus diesem Grund lohnt es sich, ihrem Vorbild zu folgen und regelmäßig persönlich Bilanz zu ziehen.

Dabei geht es nicht in erster Linie um Kennzahlen, Auswertungen, Checklisten und Listen. Ausschlaggebend ist vielmehr, dass Sie sich die Zeit für eine Innenschau nehmen und sich bewusst machen, welche Fragen Sie auch persönlich bewegen, was Sie beunruhigt und was Sie verändern wollen. Daraus können Sie ableiten, in welchen Bereichen Sie Ihre bisherige Einstellung revidieren oder modifizieren sollten und wie Sie Aspekte Ihrer Person noch mehr in den beruflichen Alltag einbringen können. Wichtig ist hier, Abstand und Distanz zu gewinnen. Nur so können Sie sich einen klaren Überblick verschaffen.

Suchen Sie sich deshalb einen Ort, an den Sie sich zurückziehen und wo Sie besonders gut über Ihre aktuelle Situation nachdenken können. Das kann Ihr Lieblingscafé sein, ein nahe gelegener Berg, ein besonders schöner Wanderweg, ein inspirierendes Museum oder ein Raum bei Ihnen zu Hause. Wenn Sie immer wieder diesen Ort für die aktuelle Bestandsaufnahme aufsuchen, hilft das, die Reflexion als festen Bestandteil Ihrer Entwicklung durch ein Ritual zu verankern.

TIPP: Legen Sie schon jetzt einen Termin für die nächste persönliche Bilanz fest

Planen Sie die nächste Bilanz schon mit Abschluss der aktuellen Standortbestimmung. In welchem Abstand Sie Ihr Handeln überprüfen und neu ausrichten, hängt von Ihnen ab. Nehmen Sie sich aber spätestens einmal im Jahr vor, Ihre Situation zu reflektieren.

9.4 Kompakt

Nach einem Jahr Erfahrung als Führungskraft ist es Zeit für eine Bilanz. Als Vorgehen dazu bietet sich das Konzept der „Lessons Learned" an. Es analysiert schwierige und daher meist unangenehme Führungserfahrungen. Dadurch werden schlechte Erfahrungen nicht verdrängt und vergessen, sondern für den zukünftigen Weg nutzbar gemacht. Diese Bilanz sollten Sie aber deshalb nicht als Fehlersuche missverstehen.

Das Vorgehen Lessons Learned basiert auf sechs Leitfragen: Was wollten Sie erreichen? Was haben Sie erreicht? Welche Abweichungen gab es? Was waren die Gründe dafür? Was können Sie aus dieser Analyse erkennen? Wie wollen Sie diese Erkenntnisse für die Zukunft nutzen? Die Antworten liefern Ihnen Ergebnisse in folgenden Bereichen: Führungsstil, Führungserfolge, Entwicklungsfelder, Beziehungen im Umfeld, Regeln und ungeschriebene Gesetze der Organisation, für die Sie arbeiten, und persönliche Entwicklungsfelder.

Grundlegende Bestandteile des Rückblicks auf ein Jahr Führungstätigkeit sind die Selbst- und die Fremdreflexion. Mit der Selbstreflexion beginnen Sie am besten, indem Sie überlegen, was Sie von dem, was Sie sich bei Ihrem Start als Führungskraft vorgenommen hatten, erreicht haben. Fragen Sie sich dann, was Sie besser machen können. Soweit Sie Misserfolge zu verzeichnen haben, gehen Sie diesen auf den Grund. Was war für sie ausschlaggebend? Das Umfeld und die Rahmenbedingungen oder hätten Sie den Ausgang positiv beeinflussen können?

Betrachten Sie nun Ihre Führungstätigkeit im Detail. Unterteilen Sie sie in die wichtigsten Führungsaufgaben, von der Zusammenarbeit mit Kollegen und Vorgesetztem über die Führung der Mitarbeiter, Ihr unternehmerisches Handeln bis hin zur Kundenzufriedenheit. Fragen Sie sich nun, wo Sie Erfolg hatten, wo nicht und warum. Am Ende können Sie zusammenstellen, wo Ihre Stärken und wo Ihre Schwächen liegen. Überlegen Sie nun, was Sie ändern sollten und wie Sie das tun werden.

Im dritten Schritt der Selbstanalyse wenden Sie sich ausschließlich den harten Faktoren Ihrer Führungstätigkeit zu. Überprüfen Sie Ihre Kennzahlen. Wo stimmen Ist- und Sollwerte nicht überein und warum? Nachdem Sie herausgearbeitet haben, warum Sie einige Ziele nicht oder nur teilweise erreicht haben, sollten Sie überlegen, in welchen Punkten Sie genügend Einfluss haben, um Abhilfe zu schaffen. Berücksichtigen Sie dabei aber auch, ob Aufwand und Ertrag in einem vernünftigen Verhältnis stehen. Der nächste Teil Ihrer Selbstanalyse dient dazu, das Führungsverständnis der Organisation, in der Sie arbeiten, zu definieren und auszuloten, welchen Handlungsspielraum Sie dort haben. Rufen Sie sich dazu die ungeschriebenen Gesetze und Verhaltensregeln in Ihrer Arbeitsstätte ins Gedächtnis.

Zum Abschluss sollten Sie Ihre Ressourcen und Qualitäten analysieren. Rufen Sie sich dazu schwierige Situationen ins Gedächtnis und halten Sie fest, warum Sie sich wie verhalten haben. Notieren Sie dann, was Sie daraus lernen können und wo Sie Potenziale sehen, die es auszubauen gilt.

Nach der Selbstanalyse sollten Sie auch Ihr Umfeld, also Mitarbeiter, Vorgesetzten, Kollegen und Kunden, um eine Beurteilung bitten. Das objektiviert Ihre bisherigen Ergebnisse. Nutzen Sie dazu das Instrument des 360-Grad-Feedbacks. Es besteht aus einem Fragebogen, in dem die Befragten angeben, ob eine vorgegebene Aussage zu wichtigen Führungseigenschaften sehr, wenig oder nicht zutrifft. Damit können Sie analysieren, wie andere Sie sehen und inwieweit sich diese Beurteilung mit der Ihrigen deckt. Fassen Sie am Ende die wichtigsten Ergebnisse zusammen. Notieren Sie auch, was Sie überrascht oder irritiert hat. So erhalten Sie wichtige Anhaltspunkte für Ihr weiteres Vorgehen.

Nachdem Sie nun umfassende Informationen gesammelt haben, können Sie Ihre Zukunft planen. Fassen Sie die Ergebnisse der Analysen zusammen. So erhalten Sie eine Aufstellung, die angibt, was schon gut funktioniert und wo Handlungsbedarf besteht. Darüber hinaus sollten Sie aus den Analysen ersehen können, wie Sie möglichst effektiv Verbesserungen erzielen.

Um Ihre Zukunftsplanung abzurunden, sollten Sie sich zum Abschluss die Zeit nehmen, eine Vision für sich als Führenden zu entwerfen. Damit schaffen Sie sich nicht nur ein lebendiges Idealbild, das Ihnen vor Augen führt, wohin Sie wollen, sondern auch eine zukünftige Motivationsquelle. Außerdem kann Ihnen die grundsätzliche Klärung Ihres Standpunktes in Zukunft wichtige Entscheidungen erleichtern. Der beste Weg, diese Vision zu entwickeln, ist, sich vorzustellen, wie Sie sich wünschen, gesehen zu werden, wenn Sie Ihren jetzigen Arbeitsplatz verlassen werden. Berücksichtigen Sie aber auch, dass es nicht immer leicht sein wird, Ihrer Vision zu folgen. Machen Sie sich von Anfang an bewusst, was Ihnen diesen Weg erschweren wird, und überlegen Sie, wie Sie diese Hindernisse umschiffen können.

Mit diesen Analysen und Plänen sind Sie nun gerüstet, die nächste Zeit als Führungskraft erfolgreich zu meistern und sich weiterzuentwickeln. Lassen Sie es aber nicht bei dieser einmaligen Bilanz Ihrer Führungstätigkeit bewenden. Machen Sie Standortbestimmungen zu einem regelmäßig wiederkehrenden Ritual. Suchen Sie sich dazu einen ruhigen Ort, an dem Sie innehalten, nachdenken und Zukunftspläne schmieden können.

10 Aus dem Nähkästchen

„Erfahrung ist nicht das, was einem zustößt.
Erfahrung ist das, was man aus dem macht, was einem zustößt."
Aldous Leonard Huxley, angloamerikanischer Schriftsteller

Worum es geht ...

Auf den vorhergehenden Seiten haben Sie viel gelesen, wie Sie die ersten 100 Tage meistern oder Unterstützung holen können. Wie ein roter Faden wiederholte sich der Rat, Personen zu suchen, die Ihnen Feedback geben oder Ihnen mit ihrer Erfahrung zur Seite stehen können. Für dieses abschließende Kapitel wurden mehrere Führungskräfte über ihre Erfahrungen in den ersten 100 Tage befragt. Auch Personalentwickler waren bereit, über ihr Fazit aus der Begleitung und Beratung von neuen Chefs zu berichten und Empfehlungen für den Start zu geben.

Dieses Kapitel dokumentiert diese Interviews. Sie erfahren darin:

- was Personalentwickler als ideale Vorbereitung ansehen,
- was den neuen Chefs beim Einstieg in die Führungsrolle am schwersten fiel,
- wer ihnen wie am meisten geholfen hat,
- was sie mit heutigem Wissensstand anders machen würden,
- was Personalentwickler neuen Führungskräften empfehlen.

Drei Interviews beschreiben, wie es Führungskräften in ihrer Anfangszeit ergangen ist. Sie erfahren, wo die Knackpunkte lagen und wie sie jeder auf seine Art in den Griff bekommen hat. Ihre Aussagen decken relativ viele mögliche Anfangskonstellationen ab. Weitgehend standardisierte Fragen und die Einteilung der Interviews in Vorbereitung, Start, erste Monate und Fazit helfen Ihnen bei der thematischen Orientierung.

Weitere drei Interviews zeigen die Perspektive erfahrener Personalentwickler aus mittelständischen und großen Unternehmen. Sie wissen, wo die typischen Anfängerfehler zu suchen sind und welches Verhalten sich bewährt hat. In ihren Antworten finden Sie zahlreiche nützliche Empfehlungen und Tipps.

Diese Interviews erheben nicht den Anspruch einer wissenschaftlichen Studie. Sie sind genauso Einzelbeispiele, wie es die Gespräche sein werden, in denen Sie Vertrauenspersonen nach Erfahrungen aus der Anfangszeit als Führungskraft fragen. Lassen Sie sich von den folgenden Interviews anregen, inspirieren und beraten.

Interview 1: Personalentwickler in einem Produktionsunternehmen

Elias Ett (52, Name geändert) arbeitet seit 16 Jahren als Verantwortlicher der Führungskräfteentwicklung in einem Produktionsunternehmen. In dieser Zeit hat er zahlreiche Führungskräfte bei ihren ersten Schritten in die neue Position begleitet und unterstützt.

Vorbereitung

Wie werden bei Ihnen angehende Führungskräfte auf die neue Führungsfunktion vorbereitet?

Angehende Führungskräfte durchlaufen einen Selektionsprozess. Das heißt: Zunächst prüft das Personalmanagement, ob der Kandidat das Potenzial für eine Führungsposition hat. Fällt diese Beurteilung positiv aus, durchläuft der Mitarbeiter unsere Führungstrainings für neue und angehende Führungskräfte respektive danach unser Standardprogramm für Führungskräfte. Darin erhält er eine formalisierte Form der Vorbereitung.

Was sind die wesentlichen Erfolgsfaktoren einer professionellen Vorbereitung auf eine neue Funktion für Sie? Was empfehlen Sie?

Ich denke, dass das, was wir mit unserem Führungskräfteprogramm durchführen, große Aussagekraft bzw. hohe Relevanz hat. Ziel dabei ist, dass die Kandidaten beweisen, dass sie sowohl vom Kopf als auch von der psychischen Seite fähig sind, beispielsweise von einer Spezialistenlaufbahn und -rolle in eine Führungsfunktion zu wechseln oder eine eher operativ zugeschnittene Funktion zu einer strategischen zu machen. Sie geben also ihr rationales und emotionales Commitment ab. Das heißt, sie zeigen, ob sie persönlich sozusagen das „Mindset" für den Aufstieg haben. Gleichzeitig sollen sich die angehenden Führungskräfte auch überlegen, in welche Subkultur sie einsteigen. Dabei geht es um die klassische Fragen: Wie sind sie drauf? Was sind die Rechte und Pflichten? Neben dem reinen Wissensspektrum müssen sie aber auch klären: Welche Managementfähigkeiten bzw. Führungsfähigkeiten besitzen sie? Welche müssen oder wollen sie ausarbeiten, erweitern, erwerben, um eine passende, gute Führungskraft zu werden? Das sind die wichtigsten Punkte. Darüber hinaus gehören für mich auch Kenntnisse von symbolischem Management dazu, also der Umgang mit „Ritualen".

> Angehende Führungskräfte durchlaufen einen Selektionsprozess.

Andere Fragen sind: Wie steuern sie sich selbst in Richtung ihres eigenen Führungsverständnisses? Was ist ihre Vorstellung von z. B. Mitarbeiterführung, Personalführungsthemen? Und können sie das auch adäquat kommunizieren?

Was ist Ihnen bei der Vorbereitung einer angehenden Führungskraft auf die neue Funktion durch Vorgesetzte und Vorgänger wichtig?

Von den Vorgesetzten erwarte ich Transparenz im Erwartungsmanagement. Das heißt: Sie entscheiden, welche Person sie sich in einer Führungsrolle vorstellen können. Diese Beurteilung sollte begründbar und ihre Kriterien sollten transparent sein. Jeder muss wissen, was für den Aufstieg erwartet wird.

Und in puncto Vorgänger ist mir wichtig, dass bei der Übergabe ausreichend Zeit und Raum bleibt, um nicht nur die offiziellen Dinge zu klären, sondern auch informelle. Also: Wo sind Fallen? Wo Fettnäpfchen? Man sollte auch das mikropolitische Feld sondieren. Der Vorgänger ist dafür verantwortlich, seinen Nachfolger auf das vorzubereiten, was auf ihn zukommt. Er sollte, beispielsweise in einem Vieraugengespräch, die Situation so transparent wie möglich machen und den Nachfolger nicht „gegen die Wand" laufen lassen. Um das zu verhindern, gibt es allerdings auch noch ein sogenanntes „100-Tage-Programm", das den neuen Führungskräften hilft, die ersten 100 Tage gut zu steuern und schnell in den Aufgabenbereich hineinzuwachsen.

Haben Sie eine Führungskraft in Erinnerung, die sich „vorbildhaft" vorbereitet hat? Was genau hat sie getan?

Ich habe sogar zwei Beispiele im Kopf. Einer von ihnen ist mein Chef geworden. Beide sind systematisch vorgegangen. Erst haben sie überlegt: Was sind die Aufgaben? Was sind die Ziele? Welche Rahmenbedingungen gibt es, vom Budget über die Mitarbeiterstruktur bis zu den Kompetenzen, die in diesem Team vorhanden waren. Das fand ich sehr gut. Dadurch konnten sie später die Aufgaben in den Teamprozessen gut verteilen und die Mitarbeiter gut steuern. Zum Zweiten haben sie sich eine eigene „Entwicklungslandkarte" gemalt oder kreiert. Das heißt, sie haben sich gefragt: Was ist meine eigene Rolle? Wo liegen meine Entwicklungspfade? Wo muss ich aufpassen, beispielsweise weil der Vorgänger ungelöste Probleme, „Altlasten", hinterlassen hat? Diese metaphorische, analogische Aufarbeitung mit der Erlebnis- und Erwartungslandkarte hat sich ausgezahlt. Ich fand das damals eine sehr pfiffige Lösung. Sie waren auf diese Weise mental und psychisch vorbereitet, wussten, was in der neuen Aufgabe auf sie zukommen konnte.

Und in puncto Vorgänger ist mir wichtig, dass bei der Übergabe ausreichend Zeit und Raum bleibt, um nicht nur die offiziellen Dinge zu klären, sondern auch informelle.

Sie haben sich auch Rechenschaft darüber abgelegt, was sie aus der Funktion machen wollen, sich gefragt: Übernehme ich einen bestimmten Bereich? Baue ich ein neues Führungsteam auf? Und so weiter. Je nachdem, wie man sich in diesem Punkt entscheidet, startet man von unterschiedlichen Ausgangssituationen. Und man wird dann auch anders mit den vielen Erwartungen und Fragen umgehen, die an einen neuen Chef gestellt werden. Wie gibt er sich? Wie führt er? Was ist sein Credo? Diese beiden haben es für mich geschafft, sich sehr klar zu positionieren, zu sagen, was sie vom Team und von den einzelnen Mitarbeitern erwarten. In dieser Vorbereitung steckt aber auch eine hohe Bereitschaft zu lernen, vom Zusammenspiel im Team und mit anderen Abteilungen, von den Rahmenbedingungen und von der aktuellen Konstellation, die sich ergeben hat.

Start

Was sind typische Schwierigkeiten in der ersten Woche beim Start?

Das geht oft mit ganz handfesten, operativen Themen los. Also: Ist der Schreibtisch da? Funktioniert der Computer? Geht das Telefon? Ist das alles schon vorbereitet? Häufig hat die jeweilige Abteilung oder der Vorgänger nicht alle operativen Fragen bereits geklärt. Als ich kam, gab es z. B. keinen Schreibtisch für mich. Dafür wurde ich aber bereits in den Besprechungslisten als cc geführt. Das war positiv.

Ich bekam die wichtigsten Informationen zwei, drei Monate vorab. Das war für mich eine gute Vorbereitung. Häufig erlebe ich aber, dass die operative, administrative Umstellung erst in der ersten Arbeitswoche beginnt, obwohl man eine Vorlaufzeit hätte nutzen können.

Schwierigkeiten bereiten auch die Anfangs- und Eintrittsrituale. Hier geht es um Fragen wie: Wie stellt sich der Betreffende vor? In welchem Kontext wird er eingeführt? Gibt es jemanden von der höheren Hierarchieebene, der ihn vorstellt? Wichtig ist dabei, dass diese Prozesse, die für die Mitarbeiter Symbolwert haben, angemessen gestaltet werden. Ideal ist z. B., wenn sich ein angehender Chef in einer vertraulichen Runde, in einem Meeting, einer Abteilungsbesprechung zwei, drei Wochen vorher vorstellt. So kann er das Eis brechen und sich den ersten Eindruck von seinem Team verschaffen. Oft springen die neuen Führungskräfte aber auch ins kalte Wasser und müssen sich dann mühsam alles erarbeiten oder Einzelgespräche mit den Mitarbeitern führen. Das vermittelt den Eindruck, sie seien nicht gut vorbereitet, als seien sie regelrecht von dem Neuen, das sie erwartet, überrascht worden. Ich habe aber auch erlebt, dass sich eine neue Führungskraft mit einer Liste die Mitarbeiterinformationen aufbereitet hatte und dann ein Vieraugengespräch mit jedem Einzelnen führen konnte. Für die ersten ein bis zwei Wochen ist das eine reife Leistung.

> Schwierigkeiten bereiten auch die Anfangs- und Eintrittsrituale.

Was sind Ihre wesentlichen Empfehlungen für den ersten Tag bzw. die ersten Tage?

Wichtig ist zunächst, dass die offiziellen Punkte geklärt sind. Also beispielsweise: In welchen Gremien, in welchen standardisierten Meetings muss man aufgrund der neuen Führungsrolle präsent sein? Es gibt einige frischgebackene Führungskräfte, die ganz überrascht sind, wie verplant sie von Anfang an sind – und zwar unabhängig von ihrer Person, allein aufgrund ihrer Funktion. Unter diesen Bedingungen ist es nicht immer einfach, sein Zeitbudget gut einzuteilen und den Überblick über den eigenen Terminkalender zu behalten.

Dann sollte eine neue Führungskraft herausfinden, in welchem Bezugssystem sie aktiv werden muss. Hier geht es um systemisches Denken und Handeln, also Fragen wie: In welchen Vernetzungskonstellationen bin ich in dieser Funktion? Mit welchen Prozesspartnern sollte ich Gespräche führen? Wie muss ich Analysen durchführen, um den Status quo festzustellen oder den Wert dieser Funktion einzuschätzen? Wie wird meine Position von außen, beispielsweise von internen und externen Kunden, betrachtet? Man sollte also eine Art Kundenreport erstellen, den Ausgangspunkt für diese Aufgabe feststellen und sich überlegen, wie man sich in diese Rahmenbedingungen hineinentwickeln kann. Dazu gehört auch, die persönliche Lernkurve festzulegen und so die Anlernphase selbst zu gestalten. Viele Dinge werden dem Betreffenden nicht bekannt sein, ungewohnt sein oder einen ganz anderen Ablauf haben. Protokolle haben ein anderes Format. Die Sitzungsrituale sind ihm neu und, und, und ... Ich denke, darauf sollte man sich von vornherein mental einstellen.

Sie haben gerade von der persönlichen Lernkurve gesprochen. Haben Sie Empfehlungen? Wie sollte man diese Lernkurve gestalten, um sich möglichst schnell in der neuen Situation zu bewähren?

Das Wichtigste dabei ist, offen für die Umwelt zu sein und sich seiner eigenen Fähigkeiten bewusst zu sein. Nur so kann man ein „Trendradar" entwickeln und lernen, Dinge aufzunehmen und Impulse wahrzunehmen. Wenn man mit offenen Augen und Ohren durch die Räumlichkeiten geht, wird man etwas spüren, eine Grundatmosphäre feststellen.

Und dann gibt es noch die kognitiven, intellektuellen Lernkurven. Sie sollte man erstellen, wenn man feststellt, man befindet sich in einem ganz neuen Funktionsumfeld und muss sich entwickeln und dazulernen. Dies bedeutet, eine Phase des Einarbeitens oder sogar der persönlichen Qualifizierung einzuleiten. Dabei muss man entscheiden, was man alleine lernen kann und wozu man Ansprechpartner braucht. Damit kann man Mitarbeiter, die einem zugeordnet sind, als Sparringspartner nutzen.

Erste Monate

Wie sollte eine optimale Zusammenarbeit mit dem direkten Vorgesetzten stattfinden und was kann die neue Führungskraft dazu beitragen?

Voraussetzung für eine gute Zusammenarbeit sind Zielvereinbarungen, Service- oder Leistungsvereinbarungen. Denn mit der Neubesetzung verknüpft der direkte Vorgesetzte der neuen Führungskraft bestimmte Erwartungen.

Es geht um die Frage, wie diese neue Führungskraft es gut macht. Viel hängt davon ab, ob sich Erwartungen des Vorgesetzten mit den Vorstellungen der Führungskraft decken, es also einen Abgleich zwischen der neu ernannten Führungskraft und dem direkten Vorgesetzten gibt. Dazu braucht es ein bilaterales Prozedere. Und dann lohnt es sich auch, sich das Umfeld des Chefs näher anzusehen. Wie reagieren dessen Kollegen auf die Neubesetzung? Es gibt Situationen, in denen verhalten sie sich wohlwollend, und es gibt andere Fälle, in denen sie die Veränderung mit Argusaugen betrachten. Das sind unterschiedliche Ausgangslagen, die in den Kontrakt zwischen neuer Führungskraft und direktem Vorgesetzten mit einfließen. Manchmal besetzt eine neue Führungskraft wirklich nur eine Funktion neu und übernimmt ein Team. Es gibt aber auch Situationen, in denen jemand nach Krisensitzungen, Turbulenzen, Leistungsabfall im Rahmen eines Troubleshootings in den Job befördert wird. Je nach Ausgangssituationen gibt es andere Erwartungen und damit auch andere Kontrakte, die man schließt. Deshalb sollte man die aktuelle Lage besprechen und dann aushandeln, was zu tun ist. Andernfalls besteht die Gefahr, dass die neue Führungskraft im Alltagsgeschäft nicht so gefördert wird, wie es optimal wäre.

Es geht um die Frage, wie diese neue Führungskraft es gut macht.

Was sind die größten Herausforderungen bzw. Schwierigkeiten in den ersten Monaten für neue Führungskräfte?

Erfahrungsgemäß fällt es neuen Führungskräften schwer, zu überlegen, wie sie sich Meilensteine setzen. Das hat einerseits mit dem Thema Ziele und Erwartungsmanagement zu tun. Also: Gibt es bestimmte Zieleckpunkte, Meilensteine oder Gateways, die die neue Führungskraft erreichen muss? Andererseits geht es aber auch darum, welche Feedbackkultur aufgebaut wird. Das betrifft nicht nur die Rückmeldungen vom direkten Chef, sondern auch von den Mitarbeitern, von Nahestehenden oder Außenstehenden, die von außen auf das System bzw. auf die neue Führungskraft sehen können, die also in das System nur wenig Einblick haben, aber sagen können, wie sie die ersten zwei, drei Monate der neuen Führungskraft erlebt haben. So eine Rückmeldung hilft, das weitere Vorgehen zu steuern. Sie dient dazu, die jeweilige Ausrichtung fein zu justieren. Die neue Führungskraft kann so z. B. merken, dass sie mit ihrer Art von Führung in die falsche Richtung läuft oder gegen die Wand oder dabei die Mitarbeiter nicht mitziehen, weil sie das Gefühl haben, das ist nicht ihre Richtung. So erhält man Feedbackschleifen für die Anfangsmonate, eine Rückkopplung mit System.

Wie schaffen es neue Führungskräfte, das Erwartungssandwich (Mitarbeiter, Team, Geschäftsleitung, Führungskollegen, Kunden) gut zu bewältigen?

Zunächst sollten neue Führungskräfte die unterschiedlichen Erwartungen, Hoffnungen, Wünsche oder auch Ängste diagnostizieren. Häufig stochern sie dabei erst einmal im Nebel. Schließlich werden sie mit vielen unausgesprochenen oder halb wahrgenommenen Wahrheiten konfrontiert.

> Zunächst sollten neue Führungskräfte die unterschiedlichen Erwartungen, Hoffnungen, Wünsche oder auch Ängste diagnostizieren.

Wie schnell man sich Klarheit verschaffen kann, hängt von der Persönlichkeitsstruktur und dem Auftreten dieser neu ernannten Führungskraft ab. Was diese aber nicht beeinflussen kann, sind die Vorerfahrungen der Mitarbeiter. Wenn die Führungskraft wie beim Fußball innerhalb kürzester Zeit dreimal ausgewechselt wird, bleibt das z. B. nicht ohne Folgen. In solchen Situationen sollten sich die Führungskräfte überlegen, wie sie die aktuelle Lage kommunizieren können. Sie könnten beispielsweise Mitarbeitergespräche führen oder einen Workshop veranstalten, um für Transparenz zu sorgen. Sie müssen entscheiden, welche Methoden sie einsetzen und wie viel Zeit sie sich dafür nehmen. Wenn wichtige Punkte nicht ausgesprochen werden und sich die neue Führungskraft stattdessen sofort ins Tagesgeschäft stürzt und sich auf ihren Job konzentriert, merkt sie möglicherweise nicht, dass es zu Verhaltensweisen kommt wie beispielsweise Sabotage oder ins Leere laufen lassen. Das kostet sie sehr viel Energie und vergeudet Ressourcen im Gesamtsystem. Um diesen Prozess in Gang zu setzen, genügt es schon, dass sich jemand bei der Ernennung übergangen fühlt. Ich glaube, in solchen Situationen sollte man eine schnelle Klärung herbeiführen, auch mithilfe von Menschen, die nicht Teil dieses Systems sind und damit Sparringspartner sein können. Oft hilft es, die Gesamtsituation vom sogenannten „Helicopter View", also von oben, zu betrachten.

Was sollten neue Führungskräfte tun, damit der Zuwachs an anfallenden Aufgaben und Tätigkeiten bewältigbar bleibt?

Dafür gibt es aus dem klassischen Managementbereich, nämlich aus dem Arbeits- und Zeitmanagement stammende Programme, Regeln wie „Wichtigkeit vor Dringlichkeit", die „ABC-Analysen" oder die „Alpen-Methode". Häufig erlebe ich aber, dass die Führungskräfte dazu sagen: „Das habe ich zwar theoretisch verstanden, aber ich kann davon wenig – auch emotional – umsetzen." Diese Reaktion ist zum Teil verständlich. Es ist nicht einfach, wenn man ein lieb gewordenes Steckenpferd hatte und sich im „Spezialistentum" getummelt hat, und plötzlich lernen muss, loszulassen, die Details anderen zu überlassen. In diesem Fall kann ich nur empfehlen, sich immer wieder zu fragen: Wie definiert sich die neue Rolle? Was sind die neuen Aufgaben? Oft brauchen frischgebackene Führungskräfte dafür einen Sparringspartner, jemanden, der ihnen einfach mal so zum Gespräch zur Verfügung steht. So können sie erkennen, wo sie noch gebunden sind und aus emotionalen oder intellektuellen Gründen noch nicht loslassen können.

Sie müssen auch lernen, zu delegieren und zu erkennen, wo sie zu detailverliebt sind, um ihr Pensum zu schaffen, oder aus Effektivitätsgründen Aufgaben nicht übernehmen können. Dieses Festlegen der Eckpunkte der neuen Position ist für die Gestaltung der persönlichen Lernkurve extrem wichtig.

Dieses Festlegen der Eckpunkte der neuen Position ist für die Gestaltung der persönlichen Lernkurve extrem wichtig.

Es gehört zu dieser Lernkurve, festzulegen, was wirklich die Eckpunkte sind. Die neue Führungskraft muss sich klarmachen, dass sie jetzt in der Entscheiderrolle ist und zu ihr die Mitarbeiter kommen in der Erwartung, dass sie in die Entscheidung einbezogen werden oder die Führungskraft eine Entscheidung trifft.

Aus meiner Erfahrung weiß ich, dass eine eingehende Selbstanalyse unverzichtbar ist. Manchmal empfehle ich auch den neuen Führungskräften, sich für die ersten Monate Zeitfahrpläne zu machen. Dadurch merken sie, welchen Ballast sie noch mitschleifen und eigentlich loslassen sollten. Dann können sie sich fragen: Warum halte ich mich daran fest? Wie kann ich lernen, dass ich vieles auch ganz gut anderen übertragen kann und was für mich eine überflüssige Tätigkeit ist?

Welche wesentlichen Verhaltens- und Handlungsweisen sind wichtig, um Sicherheit in der neuen Rolle zu erlangen?

Für die meisten ist es wichtig, sich Rechenschaft abzulegen, warum sie sich dieser neuen Rolle bzw. Aufgabe verschrieben haben. Also: Sie haben ihre neue Position freiwillig angenommen. Es wird selten jemand zur Unterschrift gezwungen. Häufig kommt es zu dem Karriereschritt, weil man sich davon mehr Geld oder mehr Privilegien verspricht. Das ist aber noch kein „Commitment“. Damit hat man noch nicht ausdrücklich Ja gesagt, Ja dazu, die neue Rolle auch auszufüllen. Diese Entscheidung ist ähnlich schwerwiegend wie die, ob man Vater oder Mutter werden will und Kinder in die Welt setzt oder ob man von der Volksschule ins Gymnasium wechselt. Das sind alles Übertritte und die setzen eine persönliche Auseinandersetzung voraus. Man muss sich über die Konsequenzen, Rechte und Pflichten, Fürsorgepflicht und so weiter bewusst sein. Der Wechsel in eine Führungsposition löst einen persönlichen, mentalen und psychologischen Prozess aus.

Der zweite wichtige Prozess ist, sich klar zu werden, dass Mitarbeiter ein feines Gespür für Echtheit, Authentizität und Glaubwürdigkeit besitzen und genau beobachten, ob jemand das, was er sagt, was er verbal oder auch nonverbal vermittelt, auch lebt. Üblicherweise fasst man dies unter dem Begriff „Role Model“ zusammen. Eine Führungskraft muss sich bewusst machen, dass alles, was sie tut, in Feinheiten und allen Nuancen von den Mitarbeitern wahrgenommen wird. Das unterstreicht noch einmal die Notwendigkeit, gerade in der Anfangsphase sich so zu geben, wie man ist, mit allen Facetten. Alles andere führt zu einer exorbitanten Glaubwürdigkeitslücke und letztendlich dazu, dass eine vertrauensvolle Zusammenarbeit unmöglich wird. Ich glaube, dass Mitarbeiter es ertragen, wenn jemand vom Naturell, von der Persönlichkeit her einmal ausrastet, schreit oder wütend ist. Denn sie wollen wissen, woran sie sind. Mit Schwächen können sie leichter umgehen als mit dem Gefühl, ihr Gegenüber ist nicht greifbar oder auf eine andere Weise nicht einsortierbar. Noch dramatischer fällt die Desorientierung aus, wenn eine Führungskraft etwas sagt, aber unterschwellig entgegen diesen eigenen Botschaften oder Ansprüchen handelt und es damit zu einer unterschwelligen ambivalenten Beziehung kommt.

Was empfehlen Sie neuen Führungskräften, die aus dem Team heraus kommen, wie sie sich den ehemaligen Kollegen gegenüber verhalten sollen?

> Eine Führungskraft muss sich bewusst machen, dass alles, was sie tut, in Feinheiten und allen Nuancen von den Mitarbeitern wahrgenommen wird.

In dem Fall kommt es darauf an, ob es der nächsthöhere Vorgesetzte versteht, dem Team und der Gesamtkonstellation klarzumachen, warum man diesen Kandidaten gewählt hat. Mitarbeiter wollen das Gefühl haben, dass die Beförderung berechtigt ist und nicht „gemauschelt" wurde.

Der zweite Punkt ist, wie die neue Führungskraft die Umstellung meistert, ob sie sich selbst sagt, früher war ich Kollege, jetzt bin ich Chef. Dazu gehört, dass sie weiß, was sie in der Beziehung zu den Mitarbeitern ändern möchte und was beibehalten. Das geht in manchen Abteilungen schon beim Thema „Du" los. Da habe ich sowohl Menschen erlebt, die diese Anrede beibehalten haben, als auch andere, die entschieden: „Nein, jetzt habe ich eine andere Rolle, jetzt gehe ich wieder auf das ‚Sie' zurück." Beide Varianten haben sich bewährt.

Wichtig ist aber, dass eine Führungskraft die Gründe für die Entscheidung offenlegt und auch in die Führungsrolle geht. Sie kann sagen: „Ich habe jetzt den Wunsch nach mehr Distanz." Oder: „Ich muss mich abschotten." Genauso kann sie aber die Nähe zu den Mitarbeitern beibehalten, ohne ihre Autorität oder ihre Führungsaufgabe unglaubwürdig zu machen. Jeder sollte einsehen können, dass mit dieser neuen Aufgabe neue Verantwortlichkeiten anstehen, die man als Teammitglied in dieser Form nicht tragen musste. Das kann ein neuer Chef auch sagen bzw. mit dieser Begründung kann er sein Verhalten ändern.

Sobald er durch seinen Rollenwechsel in einer neuen Konstellation auftritt, erfordert das Veränderungen, von der Führungskraft genauso wie von den Teammitgliedern. Das muss nicht heißen, dass die Atmosphäre schlechter wird oder der Teamgeist darunter leiden muss. Um beides zu erhalten, muss man aber auch genau beobachten, besonders diejenigen Mitarbeiter, die der Wechsel belastet, weil sie sich z. B. eine Chance ausgerechnet haben und nicht zum Zuge gekommen sind. Bei ihnen ist die Gefahr groß, dass sie entweder demotiviert sind oder weggehen wollen. In diesem Punkt spielt auch das Thema Wertschätzung eine Rolle.

Was sollte eine neue Führungskraft tun, um die Ressource Personalabteilung sinnvoll zu nutzen?

Also empfehlenswert ist, sich mit einem Kollegen im Personalmanagement oder in der Personalbetreuung, der einen guten Einblick in diese Funktion hat, zu beraten. Dann kann man erfahren, ob es Vorgänger in diesem Team oder in der Abteilung gab, unter denen es zu personalpolitischen Unstimmigkeiten oder Problemen kam, von denen man noch nichts weiß. Da kann es z. B. Abmahnungen gegeben haben oder verdeckten Alkoholismus. Die Personalabteilung kann auch nützliche Hinweise bei Strukturveränderungen geben. Aber man kann das vorhandene Personalmanagement auch einfach als Sparringspartner nutzen. Wenn z. B. eine Abteilung oder ein Bereich mehrfach durch Tiefs gegangen ist und sich am eigenen Schopf wieder hochgezogen

> Also empfehlenswert ist, sich mit einem Kollegen im Personalmanagement oder in der Personalbetreuung, der einen guten Einblick in diese Funktion hat, zu beraten.

hat, kann eine neue Führungskraft nicht unvorbereitet auftreten, sondern sollte diese Vorgeschichte kennen und aufarbeiten. In solchen Fällen können, je nach Kenntnisstand und Kompetenz, der Personalmanager, der Change-Manager oder der Change-Management-Berater wichtige Anlaufstellen sein. Es gibt aber auch Situationen, in denen es hilfreich ist, wenn jemand aus der Personalabteilung in die Abteilung kommt. In krisengeschüttelten Abteilungen oder Bereichen könnte das z. B. ein sinnvolles Eintrittsritual sein, jedenfalls wenn man das Gefühl hat, der Personaler hat hier einen guten Stand und besitzt hohe Glaubwürdigkeit. Dann kann er der neuen Führungskraft helfen und ihr in diesem Einpassungsprozess eine Stütze sein.

Interview 2: Personalentwickler eines Versicherungsunternehmens

Ernst Erikson (48, Name geändert) leitet das Team Managemententwicklung eines großen Versicherungsunternehmens. Damit ist er für strategische Führungskräfteentwicklung, Talentmanagement, Managementdiagnostik sowie Führungskräftequalifizierung verantwortlich und berät Führungskräfte, wie sie ihre weitere Karriere planen sollten. Dabei kann er auf 15 Jahre Erfahrung als Personalentwickler zurückgreifen.

Vorbereitung

Wie werden bei Ihnen angehende Führungskräfte auf die neue Funktion vorbereitet?

Für die Vorbereitung angehender Führungskräfte haben wir ein internes Verfahren, unseren Talent-Management-Prozess. Dieser verläuft nicht nach einem fest umrissenen Plan, sondern jeder Kandidat wird individuell nach seinem Lernbedarf gefördert. Bei diesem hausweiten Prozess trifft sich die Personalabteilung regelmäßig, alle ein bis zwei Jahre, mit allen Vorgesetzten. Gemeinsam bestimmen wir das Potenzial jedes einzelnen Kandidaten und legen fest, an welchen Themen er in den nächsten drei Jahren arbeiten soll. Dabei legen wir großen Wert auf Führungs- und Sozialkompetenz bei angehenden Führungskräften. Dazu bieten wir zahlreiche interne und externe Seminare an. Zusätzlich gibt es auch Seminare im Bereich Persönlichkeitsentwicklung. Bei Managementthemen setzen wir in der Regel auf eine Ausbildung „on the job". Wir wollen sehen, dass sich der Kandidat in Projektleitungen und hervorgehobenen Jobs bewährt und dort lernt, im Unternehmen wirksam zu werden. Das lässt sich an konkreten Situationen im Arbeitsalltag am besten lernen. Die genannten Lernbausteine, also Seminare, Projekte etc. lassen sich alle flexibel und bedarfsgerecht in unseren Talent-Management-Prozess einfügen.

Wir wollen sehen, dass sich der Kandidat in Projektleitungen und hervorgehobenen Jobs bewährt und dort lernt, im Unternehmen wirksam zu werden. Das lässt sich an konkreten Situationen im Arbeitsalltag am besten lernen.

Nach etwa drei Jahren wird gemeinsam Bilanz gezogen. Danach entscheiden Vorgesetzte und Personalabteilung, ob der jeweilige Kandidat bereits reif für eine Führungsposition ist. Erfüllt er die Anforderungen, bleibt er im Talentpool und wird bei zukünftigen Stellenbesetzungen berücksichtigt. „Ewige Talente“ dagegen haben im Talentpool keinen Platz. Diese Talentpools gibt es bei uns auf allen Ebenen, für die erste Führungsaufgabe, weiterführende Führungsaufgaben und sogar Topführungsaufgaben.

Die konkrete Vorbereitung auf den Führungsjob beginnt erst, wenn der Kandidat unser internes Auswahlverfahren erfolgreich durchlaufen hat, d. h., wenn seine erste Führungsposition definitiv feststeht. Der erste Schritt ist bei uns immer das Startgespräch. Das bedeutet: Der zuständige Personalreferent gibt eine eineinhalbstündige Einführung zu Rolle und Aufgaben der Führungskraft, erläutert die Personalsituation und die Historie der neu übernommenen Abteilung und erklärt, wie das Zusammenspiel mit der Personalabteilung funktioniert. Der nächste Schritt ist ein Seminar zu Personalinstrumenten und Arbeitsrecht. Dieses dauert zweimal einen halben Tag. Dort erfahren die Neuen, wie unser Beurteilungssystem funktioniert, wie unsere Incentivesysteme ausgerichtet sind oder welche arbeitsrechtlichen Vorschriften sie unbedingt kennen und berücksichtigen müssen, um nicht ins Fettnäpfchen zu treten.

Dann beginnt unsere Kernausbildung zum Thema „Führung“. Sie besteht aus vier Teilen à drei Tagen und erstreckt sich über ein Jahr. Unsere neuen Führungskräfte werden dort intensiv ausgebildet und bilden ein Lernnetzwerk. Wenn jemand konkrete Probleme in seinem Führungsjob hat, kann er sich daher immer vertrauensvoll an seine Lernpartner oder seine Trainer wenden. Bei uns hat sich dieses Prinzip sehr bewährt. Diese Führungsausbildung kann man auf Englisch machen oder auf Deutsch, je nachdem, ob man für eine Führungsaufgabe im Inland oder im Ausland vorgesehen ist.

Darüber hinaus muss sich die neue Führungskraft auf jeden Fall mit Management- und betriebswirtschaftlichen Themen auseinandersetzen und sich in diesen Bereichen zusätzliches Wissen aneignen. Dafür gibt es unser Schulungsprogramm mit einer Vielzahl von internen und externen Seminarangeboten.

Was sind die wesentlichen Erfolgsfaktoren einer professionellen Vorbereitung auf eine neue Funktion, für Sie bzw. was empfehlen Sie?

Es ist sehr wichtig, dass sich die potenzielle Führungskraft frühzeitig damit auseinandersetzt, was das Unternehmen von ihr will. Dazu gehört, sich unternehmensintern ein Bild zu machen, was das Unternehmen von einer Führungskraft erwartet. Also: Was schreibt das Unternehmen über das Thema Führung? Bei uns gibt es z. B. sogenannte „Führungsleitlinien“. Darin kann man nachlesen, wie sich unser Unternehmen eine ideale Führungskraft vorstellt, welche Haltungen sie vorlebt, wie sie handelt. Des Weiteren haben wir ein „Kompetenzmodell“. Dieses klärt, welche persönliche, soziale bzw. methodisch-fachliche Kompetenzen eine Führungskraft besitzen oder entwickeln muss. Die einzelnen Kompetenzen werden durch konkretes Verhalten beschrieben und sind daher sehr anschaulich.

> Wesentlicher Erfolgsfaktor bei der Vorbereitung ist, Führung vorher “on the job” zu trainieren.

Wesentlicher Erfolgsfaktor bei der Vorbereitung ist, Führung vorher „on the job“ zu trainieren. Dazu gibt es zahlreiche Übungsmöglichkeiten im Arbeitsalltag. Potenzielle Führungskräfte sollten bereits im Vorfeld gelernt haben, wie sie am effektivsten Einfluss nehmen können. Einfluss zu nehmen muss man regelrecht üben. Auch sollten sie bereits Situationen erlebt haben, in denen sie auf Widerstand gestoßen sind. Das kann z. B. bei der Moderation eines Teams oder der Leitung eines Teilprojekts gewesen sein. Dann haben sie nämlich auch erfahren, inwieweit sich ihre Art der Einflussnahme bewährt oder auch nicht. An realen Aufgaben können die Kandidaten ihr Geschick und ihr Können nachhaltig unter Beweis stellen. Seminare können beim Lernen helfen, aber entscheidend ist das Ausprobieren in der Praxis.

Haben Sie eine Führungskraft in Erinnerung, die sich „vorbildhaft“ vorbereitet hat? Was genau hat Sie getan?

Ich habe z. B. erlebt, dass angehende Führungskräfte, noch bevor sie ihre neue Stelle angetreten sind, mit jedem Mitarbeiter Einzelgespräche und zum Teil auch schon Teamgespräche geführt haben. Ihnen ging es dabei ums Kennenlernen. Sie haben die zukünftigen Mitarbeiter gefragt, wo sie stehen, für welche Aufgaben sie genau zuständig sind, welche Erwartungen sie haben und wie sie sich ihre weitere Entwicklung vorstellen. Das ist sehr gut angekommen. Die Mitarbeiter fühlten sich ernst genommen und die ersten Befürchtungen rund um die Frage „Wer ist der Neue?“ wurden so auch schnell abgebaut.

Oft ergibt sich, dass der neue den früheren Chef kennenlernt. Das bietet die Gelegenheit, sich mit seinem Vorgänger auszutauschen und wertvolle Informationen zu sammeln. Manchmal wird die Übergangsphase sogar in enger Kooperation gestaltet. Ich habe auch schon erlebt, dass der neue und der frühere Chef gemeinsam eine Kick-off-Veranstaltung für die ganze Abteilung durchgeführt haben, quasi eine öffentliche „Staffelstab-Übergabe“.

Start

Was sind typische Schwierigkeiten in der ersten Woche beim Start?

Typisch für die Startphase ist, dass auf beiden Seiten relativ große Befürchtungen existieren. „Wer ist der Neue?“, fragen sich die Mitarbeiter. „Wie tickt er?“ Und die Führungskraft weiß ebenso wenig, was sie erwartet. Sie überlegt: „Komme ich bei den Mitarbeitern an? Gibt es womöglich eine Vorgeschichte, die ich nicht kenne? Gibt es Untiefen?“

In der ersten Woche geht es also grundsätzlich darum, Vertrauen aufzubauen. Vertrauen als Grundlage für die zukünftige Zusammenarbeit. Die Herausforderung ist dabei, dieses Aufeinanderzugehen so zu gestalten, dass auch Vertrauen entstehen kann. Die Mitarbeiter sollen sich nicht überfahren fühlen, aber auch die Führungskraft darf sich nicht zu exponiert vorkommen. Genau genommen geht es um ein Herantasten an die andere Seite, einen vorsichtigen Beziehungsaufbau.

Entscheidend ist für mich jedoch, beim Einstieg das eigene Innenleben gut zu managen: Eine Führungskraft erlebt den Start in die neue Führungsaufgabe häufig als eine Phase des „Nicht-Könnens“. Sie kommt neu in ein Team. Vielleicht tritt sie sogar ihre erste Führungsaufgabe an. Das heißt: Sie soll eine Rolle beherrschen, die sie aber im Moment bei ehrlicher Betrachtung noch nicht beherrscht. Das birgt Unsicherheit. Sie muss sich eingestehen: „Eigentlich kann ich den Job noch nicht.“ Dies kann eine missliche Lage sein. Wie offensiv die neue Führungskraft dieser Situation begegnen kann, ist meist eine Frage der Persönlichkeit.

Wichtig ist deshalb, dass sich die neuen Chefs in dieser Situation selbst gut führen können. Das ist das A und O. Das heißt, sie müssen mit ihren Gefühlen gut umgehen können. Denn jetzt melden sich z. B. vermehrt schwächere und verletzliche Persönlichkeitsanteile. Gefühle von Druck, Stress oder Unterlegenheit tauchen plötzlich auf. Daher ist Selbstführung gefragt. Die größte Herausforderung ist, sich nicht selbst abzuwerten und sich so selbst zusätzlichen Stress zu machen. Also die Haltung einzunehmen: „Ich bin noch in gewissen Punkten Lernender." „Jetzt kann ich es noch nicht, aber ich versichere euch, in einem halben Jahr habe ich das drauf. Gebt mir den dafür notwendigen Vertrauensvorschuss."

Wichtig ist deshalb, dass sich die neuen Chefs in dieser Situation selbst gut führen können.

Damit kommt ein Neuer in der Lage, sich zu sagen: „Diese Anfangsphase kann ich überstehen, obwohl ich vielleicht im Moment weniger weiß als meine Mitarbeiter." Im Gegenteil: „Ich gehe in eine fragende Rolle. Denn auch ich habe das Recht, hier zu lernen. Deshalb höre ich jetzt erst einmal zu, wie es bei euch läuft." In dieser Haltung gelingt es leichter, sich den Druck zu nehmen und eine authentische Beziehung zu den Mitarbeitern aufzubauen.

Was sind Ihre wesentlichen Empfehlungen für die ersten Tage?

In der Startphase ist zunächst einmal wichtig, in alle Richtungen zu klären, wer was von einem erwartet. In der Regel hat der Vorgesetzte ganz klare Erwartungen. Er hat eine neue Führungskraft eingesetzt, damit diese etwas auf die Beine stellt. Was das genau bedeutet, muss der Neue abholen. Er muss dezidiert fragen: Welche Ziele hat der Vorgesetzte? Was soll sich innerhalb des nächsten Jahres ändern? Welchen Führungsstil erwartet er dabei von mir? Das muss jeder angehende Chef unbedingt in Erfahrung bringen. Danach sollte er sich die Kollegen auf der gleichen Ebene vornehmen: Wie funktionieren sie als Managementteam? Wer hat eine herausragende Rolle? Welche Rolle könnte man selbst dort einnehmen? Darüber hinaus sollte er natürlich auch die Erwartungen der Mitarbeiter abfragen.

Dabei sollte man sich klarmachen, dass man kein Wunschkonzert veranstaltet. Eine neue Führungskraft darf also nicht fragen, wie sie idealerweise sein sollte, damit sie es allen recht macht, sondern sie sollte die geäußerten Wünsche und Erwartungen zu den Leistungsanforderungen des Unternehmens in Beziehung setzen. Sie will mit der Erwartungsabfrage hauptsächlich herausfinden, welche Leistungsbeiträge von ihrer Einheit erwartet bzw. gefordert werden und woran das Unternehmen den Erfolg dieser Einheit festmacht. Die Frage ist also nie: „Was kann ich tun, damit mich die Mitarbeiter mögen?", sondern: „Wie muss ich meine Einheit führen, damit sie einen wertvollen Beitrag zum Unternehmenserfolg bringt und meine Mitarbeiter ihre Arbeit auch weiterhin hoch produktiv und motiviert erledigen?" Ebenso wichtig ist, zu prüfen, ob die an die neue Führungskraft gestellten Erwartungen überhaupt erfüllt werden können. Es gibt z. B. Vorgesetzte, die hoffen, wenn sie sich einen

Die Frage ist also nie: Was kann ich tun, damit mich die Mitarbeiter mögen?, sondern: Wie muss ich meine Einheit führen, damit sie einen wertvollen Beitrag zum Unternehmenserfolg bringt und meine Mitarbeiter ihre Arbeit auch weiterhin hoch produktiv und motiviert erledigen?

Neuen holen, krempelt der für sie den ganzen Laden um. Das geht auf die Schnelle nicht. Das ist einfach unrealistisch.

Welche Fehler sollten vermieden werden?

Ich erinnere mich an ein besonders eklatantes Beispiel. Die neue Führungskraft hat an ihrem ersten Tag nur „Guten Morgen“ gesagt und ist dann in ihrem Büro verschwunden. Sie hat den ganzen Tag die Türe zugelassen und die E-Mails abgearbeitet, die bereits aufgelaufen waren. Ich denke, das ist genau das, was man nicht tun sollte.

Am Anfang geht es darum, Beziehungen zu den Menschen des näheren Umfelds aufzubauen. Man muss die Mitarbeiter, die Kollegen, die Abteilung und so weiter kennenlernen. Das ist die Hauptaufgabe in der ersten Woche. Konkret heißt das: Viele Fragen stellen, gut zuhören, versuchen, zu verstehen und Dialoge initiieren.

Gleichzeitig muss man entscheiden, welche Themen greift man sofort auf und über welche redet man später. Das ist am Anfang nicht leicht. Wenn jemand sofort in die „Ansage“ geht, nach dem Muster: „Ich bin neu und neue Besen kehren gut“, oder von vornherein sagt: „So machen wir es ab jetzt nicht mehr“, kommt er nicht gut an. Ich rate stattdessen, die Mitarbeiter dort abzuholen, wo sie stehen. Man sollte ihnen zeigen, dass man schätzt, was sie bislang getan haben, und die bisherigen Erfolge würdigen. Das läuft darauf hinaus, ihnen zu vermitteln: „Ihr werdet schon einen Grund haben, warum ihr es so macht und nicht anders. Ich werde mir das ansehen, und wenn ich es genau verstanden habe, werden wir gemeinsam unser Geschäft und unsere Abteilung weiterentwickeln.“ Diese Zukunftssignale sind wichtig, müssen aber entsprechend sensibel gesetzt werden. Für die ersten Wochen kommt es also darauf an, eine offene, eher neugierig-fragende Haltung einzunehmen, anstatt gleich zu sagen, wo es langgeht.

Erste Monate

Wie sollte eine optimale Zusammenarbeit mit dem direkten Vorgesetzten stattfinden und was kann die neue Führungskraft dazu beitragen?

Ich stelle immer wieder fest, dass jeder Vorgesetzte seine eigenen Vorstellungen hat, wie das Zusammenspiel mit den ihm zugeordneten Führungskräften funktionieren soll. Deshalb sollte eine neue Führungskraft dezidiert nachfragen: „Wie viel Spielraum gibst du mir? Wo liegen die Grenzen des Korridors, in dem ich mich bewege? In welchen Situationen willst du dabei sein und wann nicht?“ Man sollte also am Anfang so gut wie möglich klären, nach welchen Regeln die Zusammenarbeit zwischen Führungskraft und Vorgesetztem ablaufen soll. Im Prinzip geht es auch um die Organisation dieser Beziehung. Da muss man festlegen, wann man miteinander redet, über welche Themen und was kritische Anlässe sind. Sinnvoll kann auch sein, die Fragerichtung umzudrehen. Nämlich zu fragen: „Was darf auf keinen Fall passieren?“ oder „Welche positiven oder negativen Erfahrungen hat der Vorgesetzte bereits mit dem Vorgänger gemacht?“

> Ich stelle immer wieder fest, dass jeder Vorgesetzte seine eigenen Vorstellungen hat, wie das Zusammenspiel mit den ihm zugeordneten Führungskräften funktionieren soll.

Ebenfalls sollte die neue Führungskraft auch abklären, inwieweit sie mit der Unterstützung des Vorgesetzten rechnen kann. Da gibt es große Unterschiede. Ich habe sowohl erlebt, dass Vorgesetzte die Neuen vom ersten Tag an sozusagen „ins Feuer schicken“, als auch, dass Vorgesetzte sich um ihre neuen Führungskräfte wie Mentoren kümmern.

Was sind die größten Herausforderungen bzw. Schwierigkeiten in den ersten Monaten für neue Führungskräfte?

Wichtig ist, seine eigene Haltung zur Führungsrolle zu finden. Dies ist für Anfänger oft nicht so leicht. Es ist Teil des Lernvorgangs, in diese Rolle hineinzuwachsen. Manche neuen Führungskräfte stolpern dabei über verquere Machtvorstellungen. Sie meinen, weil sie jetzt eine Führungsposition haben, arbeiten die Leute für sie persönlich. Das ist in Wahrheit nicht der Fall. Tatsächlich arbeiten sie für das Unternehmen und es wäre ein fataler Fehler, die Mitarbeiter als Eigentum zu betrachten. Die Führungskraft hat lediglich die Rolle eines Übersetzers. Das heißt: Der neue Chef muss Leistungen für das Unternehmen in seiner Rolle als Teamleiter erbringen. Sein Job ist es, dieses Arbeitspensum in Teilleistungen zu übersetzen, die er seinen Mitarbeitern überträgt, und er steuert die ordnungsgemäße Erledigung und kontrolliert die Ergebnisse. Das ist ein wesentlicher Unterschied im Rollenverständnis. Nicht jeder Führungskraft gelingt es, die Zusammenarbeit so zu betrachten.

Wenn Führungskräfte unter sich sind, habe ich manchmal das Gefühl, es unterhalten sich Indianerhäuptlinge. Das hört sich oft an wie: „Ich habe 15 Indianer.“ „Und ich habe 50 Indianer oder so etwas und die arbeiten alle für mich.“ Da würde ich am liebsten dazwischengehen. Da lässt sich so mancher von Machtfantasien fehlleiten. Jeder Mitarbeiter hat seine Funktion zu erfüllen. Der Mitarbeiter hat Fachaufgaben zu bewältigen; die Führungskraft hingegen Führungsaufgaben. Der Chef koordiniert, steuert und unterstützt die Teammitglieder; der Mitarbeiter liefert seine fachliche Expertise. Das ist einfach ein anderer Job, und nicht eine Frage von besser oder schlechter. Mit dieser Einstellung z. B. gelingt es auch leichter, eine Beziehung auf gleicher Augenhöhe anzubieten. Diesen Unterschied merken die Mitarbeiter sofort.

Auf welche Themenfelder sollte eine neue Führungskraft besonders achten?

Führung bedeutet nicht allein, Mitarbeiter und Teams zu führen. Das ist zwar enorm wichtig, aber ist nur ein Teil des Führungsjobs. Vielmehr muss jede Führungskraft das Unternehmen insgesamt erfolgreich machen. Das sollte sie nie vergessen.

> Die Führungskraft muss sich zwangsläufig auch als Manager ihres Geschäftsfeldes verstehen.

Führen bedeutet deshalb, dass man mehrere Felder beherrschen muss. Die personalisierte Führung ist nur eine Facette davon. Unternehmensführung ist der andere Teil des Jobs. Das erfordert z. B., sich auch immer mit Strategie und der möglichen Zukunftsentwicklung des Unternehmens auseinanderzusetzen und daraus ein erfolgreiches Marktmodell abzuleiten. Letztendlich wird der Abteilungserfolg und damit der eigene Erfolg immer davon abhängen, ob man interne oder externe Kunden zufriedenstellen kann. Gleichzeitig muss die neue Führungskraft die finanzielle Sphäre des Unternehmens verstehen und genau wissen, wo Wertbeitrage für das Unternehmen entstehen, und muss lernen, mit knappen Ressourcen umzugehen. Wesentlich ist auch, den Unternehmenskontext insgesamt zu verstehen und zu wissen, wie sie ihre eigene Einheit im Unternehmen positioniert und weiterentwickelt. Das heißt: Die Führungskraft muss sich zwangsläufig auch als Manager ihres Geschäftsfeldes verstehen. Personalisierte Führung allein reicht ab einer bestimmten Führungsebene einfach nicht mehr aus.

Wie sollten die neuen Führungskräfte mit den Anfangsherausforderungen umgehen?

Da muss man unterscheiden: Führungstechniken kann man ebenso lernen wie fachliche Inhalte. Dies kann durch entsprechende Seminare geschehen. Die richtige Grundhaltung und ein angemessenes Auftreten zu entwickeln dagegen ist ein längerer individueller Prozess, bei dem Selbstreflexion eine wichtige Rolle spielt. In diesem Prozess kann beispielsweise das Vorbild eines Vorgesetzten sehr hilfreich sein. Von den klassischen Stereotypen oder Schemata, wie eine starke Führungskraft zu sein hat, halte ich dagegen wenig. Jeder muss seinen eigenen Stil finden und auch den Mut dazu haben. Dabei können ihn jedoch andere Menschen unterstützen.

Gute Erfahrungen habe ich mit kollegialer Unterstützung gemacht, also mit dem Austausch mit Personen, mit denen man über Führungsthemen vertraulich sprechen kann. Das kann z. B. der nächsthöhere Vorgesetzte sein, eine Führungskraft aus einem ganz anderen Bereich oder die vertrauten Kollegen aus der Führungsausbildung. Da bei uns die Teilnehmer die einjährige Führungsausbildung selbst organisiert fortführen dürfen, ergibt sich oft eine sehr tragfähige Unterstützungsstruktur. Die Teilnehmer lernen dann allmählich, sich gegenseitig bei Führungsproblemen zu beraten. Manche Gruppen machen das jetzt schon das dritte Jahr selbst organisiert.

Was sollten neue Führungskräfte tun, damit der Zuwachs an anfallenden Aufgaben und Tätigkeiten zu bewältigen bleibt?

Deswegen ist auch hier wieder wichtig, dass sich eine Führungskraft bewusst macht, was ihr eigentlicher Job ist.

Viele neue Führungskräfte sehen ihre neue Position am Anfang noch zu sehr als Fachjob und wollen die Fachaufgaben zu 100 % fortführen. Nebenbei – denken sie sich – können sie dann auch ein bisschen führen, so ungefähr 30 bis 50 % der Zeit. Damit laden sie sich schnell eine Arbeitsbelastung von 150 % auf und haben damit das Problem, sich zu überfordern. Sie müssen lernen, loszulassen, was oft nicht leicht ist. Das Klammern an der Fachaufgabe ist gut erklärbar. Wer als neue Führungskraft unsicher ist, was sie genau tun soll, macht oft seine bekannten Fachaufgaben weiter. Die andere Aufgabe, nämlichein Team zu führen und zu managen, ist ihr nicht vertraut und fällt – wie alles Neue – erst einmal schwer. Deswegen ist auch hier wieder wichtig, dass sich eine Führungskraft bewusst macht, was ihr eigentlicher Job ist.

Das „Loslassen" selbst ist nicht trivial. Die wirkliche Herausforderung beim „Loslassen" lautet nämlich: „Wie kann ich Leistung und Leistungserstellung in meinem Team verankern?" Damit meine ich, es geht darum, eine Art Vision zu schaffen, die Sinn vermittelt: Warum macht das Team das, was es tut? In welchem größeren Zusammenhang steht das? Was wollen wir in drei Jahren erreicht haben und wie sehen die Meilensteine hierfür aus? Für die neue Führungskraft geht die Beantwortung dieser Fragen natürlich nicht von heute auf morgen, aber sie muss bereits im ersten Jahr stichhaltige Antworten darauf finden. Das ist der erste Schritt. Der zweite wird sein, daraus Ziele abzuleiten. Gemeinschaftliche Ziele für das Team und individuelle Ziele für den Einzelnen, die die jeweils geforderten Leistungsbeiträge beschreiben. Über diese Mittel, über Vision, Sinnstiftung und über Ziele, schafft man Motivation zur Leistung. Den Mitarbeitern soll klar sein, wo sie konkret etwas beitragen. Sie sollen merken: „Mensch, das ist toll, mein Beitrag ist wichtig und wird gesehen. So macht mir die Arbeit Spaß."

Meiner Erfahrung nach können 90 % der Mitarbeiter über interessante Aufgaben motiviert werden. Aber dafür muss eine neue Führungskraft am Anfang Zeit investieren. Tut sie das, wird sie schneller lernen, sinnvoll zu delegieren, und kann daher auch früher ihre Fachaufgaben loslassen.

Wie erreichen neue Führungskräfte ein angemessenes Verhältnis von Distanz und Nähe?

Ich möchte hierzu ein Bild bemühen: Jede Führungskraft muss sich klarmachen, dass sie auf einer hell erleuchteten Bühne steht. Jede ihrer Taten, sowohl im positiven als auch im negativen Sinne, wird registriert und findet Nachahmer. Sie sendet immer Signale aus und hat immer Vorbildfunktion, ob sie will oder nicht. Führungskräfte, die sich das nicht klarmachen, tun sich sehr schwer. Auf dieser Bühne stellt sich auch allmählich ein Gefühl der Einsamkeit ein. Der neue Chef muss einsehen, dass er nicht mehr einer vom Team ist. Er hat jetzt eine andere Rolle, muss von den ehemaligen Kollegen Leistung fordern. Auf dieser Bühne steht er täglich und damit gleichzeitig auf dem Prüfstand der Glaubwürdigkeit.

> Jede Führungskraft muss sich klarmachen, dass sie auf einer hell erleuchteten Bühne steht.

Ich kann einer neuen Führungskraft nicht sagen, wie sie das schaffen kann. Ich weiß nur, dass sie es schaffen muss. Sie braucht dazu ein entsprechendes Rollenbewusstsein. Schließlich kann sie nicht mit ihren Problemen zu den Mitarbeitern gehen und ihnen davon vorjammern. Stattdessen sollte sich der neue Chef sagen: „Ich trage nun die volle Verantwortung, aber es gibt andere, die mich unterstützen können." Ich meine damit Führungskollegen, die man um Rat fragen kann, weil man ihnen Vertrauen entgegenbringt. Wenn es einem zusätzlich zügig gelingt, im Team ordentliche Dialogstrukturen und eine offene Gesprächskultur zu erzeugen, wird das helfen, die Rolle der neuen Führungskraft zu festigen.

Was empfehlen Sie neuen Führungskräften, die aus dem Team heraus kommen, für ihr Verhalten gegenüber den ehemaligen Kollegen?

Wer aus dem Team heraus aufsteigt, sollte möglichst authentisch bleiben. Wenn er also vorher mit den Leuten per „Du" war, dann sollte er das beibehalten. Gleichzeitig muss er aber klarstellen, dass er jetzt eine andere Rolle einnimmt und nicht mehr der Kumpel von früher ist. Er vertritt ab jetzt das Unternehmen und dessen Leistungsanspruch und hat deshalb die Aufgabe, die Anforderungen des Unternehmens an jeden einzelnen Mitarbeiter deutlich zu machen. Das sollte in einem möglichst authentischen und eindeutigen Dialog geschehen.

Was sollte eine neue Führungskraft tun, um die Ressource Personalabteilung sinnvoll zu nutzen?

Viele Informationen, die die Personalabteilung der neuen Führungskraft liefern kann, kommen bei uns bereits in den Einführungsgesprächen zur Sprache. Dort werden zahlreiche Fragen geklärt wie: Welche Vorgeschichte hat das Team? Wie hat es sich entwickelt? Welche Mitarbeiter sind hinzugekommen? Gab es Schwierigkeiten? Gab es schwierige Fälle? Gab es Abmahnungen? Was spielt sich hinter den Kulissen ab? Gab es heimliche Mitbewerber? Wer sind informelle Führungsfiguren? Über solche Themen kann bei uns ein erfahrener Personalreferent relativ gut Auskunft geben. Darüber hinaus kann eine neue Führungskraft zusammen mit dem Personalreferenten die Personalakten durchgehen oder aber in vielen konkreten Personalthemen um Rat fragen. Diese Möglichkeit nutzen viele.

Die Kollegen der Personalentwicklung können der neuen Führungskraft auch helfen, deren weitere Ausbildung zu strukturieren und zu planen. In den ersten Monaten bietet sich z. B. an, einen Entwicklungsplan zu erstellen und zu überlegen, was die neue Führungskraft tun kann, um sich umfassend für ihren Job fit zu machen. Dabei braucht es jedoch auch die Mitwirkung des Vorgesetzten der neuen Führungskraft. Diese Anfangsinvestition macht sich oft erst später bezahlt, aber sie macht sich bezahlt. Definitiv!

Interview 3: Personalentwicklerin in einem Dienstleistungsunternehmen

Maria Moroni (40, Name geändert) arbeitet seit 13 Jahren in der Personalentwicklung. Vor vier Jahren stieg sie in einem Dienstleistungsunternehmen zur Leiterin dieser Abteilung auf. Sie und ihr Team unterstützen jährlich rund fünf frisch beförderte Führungskräfte beim Einstieg in die neue Position.

Vorbereitung

Wie werden bei Ihnen angehende Führungskräfte auf die neue Führungsfunktion vorbereitet?

Wir rekrutieren unsere Teamleiter meistens aus den eigenen Reihen. Nur hin und wieder werden auch Mitarbeiter von außen eingestellt. In der Regel entwickeln wir Kolleginnen und Kollegen intern weiter. Diese haben sich in der Vergangenheit hervorgetan und Interesse an einer Führungsposition gezeigt.

Interne und externe Bewerber für eine Teamleiterposition durchlaufen ein sehr ausführliches Auswahlverfahren, ein Assessment-Center. Hierbei werden neben verschiedenen Einzel- und Gruppenaufgaben Interviews durch Führungskräfte und Mitarbeiter der Personalabteilung durchgeführt.

Auf Basis der dort gewonnenen Informationen stellen wir dann für jede angehende Führungskraft ein detailliertes Einarbeitungsprogramm zusammen. Es hat einen sehr individuellen Charakter und ist sowohl auf die konkrete Stelle, die der angehende Chef übernehmen soll, hin konzipiert als auch auf dessen Vorkenntnisse abgestimmt. Ein Beispiel: Bei uns arbeiten die meisten Teamleiter im operativen Bereich. Wenn eine neue Führungskraft aus diesem Bereich kommt, was häufig der Fall ist, dann kennt sie natürlich das fachliche Thema. Das heißt: In dem Fall muss man nicht mehr allzu viel Wert auf fachliche Themen legen. Im Einarbeitungsprogramm wird folglich die Steuerung des Tagesgeschäfts breiten Raum einnehmen. Ein weiterer Schwerpunkt ist die Vermittlung von sozialen und methodischen Führungskompetenzen.

Im Einarbeitungsprogramm wird folglich die Steuerung des Tagesgeschäfts breiten Raum einnehmen.

Neben dem individuellen Einarbeitungsprogramm, das jeder neue Teamleiter erhält, gibt es unternehmensweit das Teamleiter-Entwicklungsprogramm, das aus verschiedenen, aufeinander aufbauenden Seminarmodulen besteht. Dieses Programm starten wir, sobald genügend Teilnehmer, ca. sechs Personen, dafür zusammengekommen sind. Die neuen Führungskräfte haben dann häufig ihre neue Position bereits seit ein paar Wochen oder Monaten inne. Das hat den Vorteil, dass sie schon erste Führungserfahrungen gesammelt haben. So können sie ihre eigenen Themen in die Seminare einbringen und eigene Problemstellungen ansprechen.

Mir ist wichtig, dass das Seminarprogramm aufeinander aufbauend verschiedene Themenbereiche der Führung behandelt. Das bringt Kontinuität in die Fortbildung. Die Seminare werden von externen Trainern durchgeführt und bieten viel Gelegenheit zum gegenseitigen Austausch. Konzepte mit der Gießkanne, also mit einem Seminar, in dem es darum geht, wie das Unternehmen funktioniert und welche Eckdaten man wissen muss, und einer weiteren Zweitageveranstaltung zum Thema Führung halte ich für zu punktuell und ineffizient.

Neben den Seminarmodulen zu den Führungsthemen finden im Teamleiter-Entwicklungsprogramm mehrere Gesprächstermine und Praxis-Supervisionen statt. Oft leite ich diese Veranstaltungen; andere Male sind es die Vorgesetzten der neuen Chefs oder anderen Teamleiterkollegen. Da behandeln wir die Themen, mit denen eine neue Führungskraft am Anfang zu kämpfen hat und mit denen sie lernen muss, umzugehen: Wie gestaltet man sein erstes Teammeeting? Wie spricht man erstmalig mit allen Mitarbeitern? Was für eine Akzeptanz haben die Teilnehmer? Mit was müssen sie rechnen? Durch diesen Austausch mit erfahrenen Teamleitern bekommen die neuen einen ganz guten Einblick.

Außerdem stehe ich auch kurzfristig zur Verfügung, wenn jemand beispielsweise sagt: „Oh, jetzt habe ich da gerade eine schwierige Situation mit einem Mitarbeiter." Also, ich denke, das ist ein relativ komplexes Einarbeitungs- oder Begleitungsprogramm.

Was sind die wesentlichen Erfolgsfaktoren einer professionellen Vorbereitung auf eine neue Funktion, für Sie bzw. was empfehlen Sie?

Ein wichtiger Erfolgsfaktor ist auf jeden Fall die intensive Auseinandersetzung mit dem zukünftigen Vorgesetzten. Damit steht und fällt – zumindest bei uns im Haus – sehr viel. Das hat mit dem operativen Umfeld zu tun, in dem die Teamleiter tätig sind. Es ist wichtig, dass man sich bereits im Vorfeld über das Thema Führungsverständnis austauscht. Sicherlich hat eine junge oder ganz neue Führungskraft ihr Bild noch nicht komplett. Aber in der Regel haben sie bestimmte Vorstellungen, weil sie selber Führung erlebt haben, meist hier bei uns. Erfahrungsgemäß muss man sich gerade in diesem Punkt gut abstimmen, sonst gibt es Reibungsverluste.

> Ein wichtiger Erfolgsfaktor ist auf jeden Fall die intensive Auseinandersetzung mit dem zukünftigen Vorgesetzten.

Ebenso wichtig ist die Analyse der neuen Mitarbeiter, des Teams und der Arbeitssituation vor dem Antritt der Stelle. Also: Wie hat das Team gearbeitet? Wie lief die Kooperation mit dem vorherigen Teamleiter? In der Regel geht es um Neubesetzungen. Das bedeutet: Es wird keine neue Abteilung oder ein neues Team geschaffen, sondern jemand übernimmt die Führung einer Gruppe, die vorher ein anderer geleitet hat. Deshalb lohnt es sich, sich mit der Vorgeschichte dieser Gruppe auseinanderzusetzen. Dabei sollte man aber immer im Hinterkopf behalten, dass man sich zwar erkundigt, aber selbst neu anfängt. Es ist ein Fehler, Einschätzungen anderer zu übernehmen und Mitarbeiter von vornherein in eine Schublade zu stecken. Ein neuer Chef verteilt wieder neue Chancen und will natürlich auch selbst eine Chance bekommen.

Start

Welche Fehler sollten vermieden werden?

Eine der größten Unarten ist, nur selbst zu reden und nicht zuzuhören. Vor allem aber sollte man vermeiden, Dinge zu bewerten, ohne sich ein Bild von der Situation verschafft zu haben. Ich erlebe häufig, dass vorschnell Entscheidungen getroffen werden. Viele tun das aus dem Gefühl heraus: „Ich muss jetzt ganz schnell reagieren." Hinterher müssen sie dann zurückrudern und nachkarten.

> Wenn ein neuer Chef nicht klar zwischen sich und den Mitarbeitern unterscheidet, hat erfahrungsgemäß auch das Team Schwierigkeiten, die neue Rolle des ehemaligen Kollegen zu akzeptieren.

Ein anderer weitverbreiteter Fehler ist, einen zu kumpelhaften, jovialen Ton anzuschlagen. Sicher ist es sinnvoll, den Mitarbeitern freundlich zu begegnen. Aber dieses Verhalten zeigt, dass sich die neue Führungskraft noch nicht klar ist, dass sie jetzt Chef ist. Sie wird durch die neue Position zu jemand anderem und hat eine andere Rolle. Sobald ein Mitarbeiter aufgestiegen ist, gehört er nicht mehr dazu, ist nicht mehr einer der anderen, sondern derjenige, der die Richtung vorgibt. Das muss man aushalten können. Für die, die aus den eigenen Reihen kommen, ist das schwierig. Sie reagieren häufig zu „mitarbeiterfreundlich" und sagen zu allem „Ja und Amen". Wenn ein neuer Chef nicht klar zwischen sich und den Mitarbeitern unterscheidet, hat erfahrungsgemäß auch das Team Schwierigkeiten, die neue Rolle des ehemaligen Kollegen zu akzeptieren.

Was sind Ihre wesentlichen Empfehlungen für den ersten Tag bzw. die ersten Tage?

Ich halte viel vom „Management by Walking around". Wenn sich der neue Chef zeigt und ganz bewusst das Gespräch sucht, wird er für seine Mitarbeiter sichtbar. Ich empfehle immer, wirklich mit jedem einzeln zu sprechen, auch unter vier Augen. Man kann dazu einen Kaffee zusammen trinken oder zum Mittagessen gehen. Wenn man dies konsequent macht, merken alle, dass man sich für jeden einzelnen Menschen interessiert, nicht nur für das gesamte Team. Ich mache immer wieder die Erfahrung, dass dieses Herumgehen für die neuen Teamleiter – aber auch für die nächste Hierarchieebene – extrem wichtig ist. Sie merken schnell, dass sie so einiges hören, das sie sonst nicht erfahren hätten. Denn normalerweise erhalten sie ihre Informationen von anderen Führungskräften. So geraten schnell die Perspektive der Mitarbeiter und die Dinge, die diese beschäftigen, aus dem Blick. Auch schadet es nicht, wenn eine neue Führungskraft wahrnimmt, dass die Mitarbeiter am Anfang noch ein bisschen zurückhaltend sind. Sie erwarten, dass ihr neuer Chef den ersten Schritt tut.

Durch die neue Führung verändert sich das Team so sehr, dass ein erneuter Teambildungsprozess angestoßen werden muss – selbst wenn die Gruppe bisher sehr gut funktioniert hat. Den Mitarbeitern fehlt ihr bisheriger Bezugspunkt. Ich habe ein einziges Mal erlebt, dass ich das Gefühl hatte, das Team ist so stark, dass es ihm nichts ausmacht, dass der Teamleiter gewechselt hat. Der neue braucht nur mitzuziehen. Bei allen anderen Teams habe ich beobachtet, dass der Führungswechsel wie eine Zäsur wirkte. Es braucht dann einen Anstoß, jemanden, der dafür sorgt, dass wieder Bewegung in die Gruppe kommt. Erst danach versuchen die Mitarbeiter, sich neu zu positionieren und sich wieder aktiv einzubringen. Diese Teambildung kann nicht in den ersten Tagen passieren. Das ist klar. Hierzu braucht es etwas Zeit.

Haben Sie eine Führungskraft in Erinnerung, die den ersten Tag bzw. die erste Woche „vorbildhaft“ angegangen ist? Was genau hat Sie getan?

Vorbildlich finde ich vor allem, wenn ein neuer Chef seine Aufgabe, die Mitarbeiter zu führen, ernst nimmt. Er muss sich am Anfang in extrem viele Dinge hineinfinden. Da ist es nicht einfach, sich Zeit für die ersten Vieraugengespräche zu nehmen. Hinzu kommt: Bei manchen Mitarbeitern fällt es einem schwer, auf sie zuzugehen. Manchmal spürt man auch Ablehnung. Wenn eine neue Führungskraft trotzdem am Ball bleibt und die Gespräche zügig durchzieht, ist das eine reife Leistung.

Eine gute Idee ist auch, beim ersten Teammeeting den nächsthöheren Vorgesetzten einzuladen, damit er den neuen Chef bei den Mitarbeitern einführt. Bei uns geschieht das nicht automatisch. Wenn der neuen Führungskraft an so etwas liegt, muss sie sich selbst um diese Vorstellung kümmern und mit dem Vorgesetzten absprechen, was ihr dabei wichtig ist.

Außerdem erinnere ich mich an eine Führungskraft, die im vergangenen Jahr aufgestiegen ist. Sie hatte besondere Schwierigkeiten, weil einige der Mitarbeiter nicht einsehen wollten, dass sie selbst nicht zum Zuge gekommen waren. Nachdem er ein paar Monate seine Position bekleidet hatte, veranstaltete er einen ganztägigen Teamworkshop. Darin wurde Zwischenbilanz gezogen. Er hat sich so das Feedback der Gruppe geholt und geklärt, was gut lief, was Erfolg versprechend war und in welchen Punkten es noch etwas zu verbessern gab. Auch wenn man nicht vergleichbare Anlaufschwierigkeiten hat, empfehle ich eine solche Veranstaltung. Ein idealer Zeitpunkt ist, wenn sich nach der allgemeinen Umstellung alles eingependelt hat. Das sollte nach den ersten 100 Tagen oder rund drei Monaten der Fall sein.

Erste Monate

Wie sollte eine optimale Zusammenarbeit mit dem direkten Vorgesetzten stattfinden und was kann die neue Führungskraft dazu beitragen?

> Diese Gespräche über Führungsaufgaben in der Anfangszeit sind für mich eine Holschuld der neuen Führungskraft.

Die Zusammenarbeit zwischen Vorgesetztem und Teamleiter funktioniert, wenn sich der Vorgesetzte genügend Zeit nimmt, um sich mit dem neuen Teamleiter regelmäßig auszutauschen. Dann kann man Themen kontinuierlich besprechen. Ein neuer Teamleiter sollte immer wieder das eigene Führungsverständnis vermitteln und fachliche operative Themen klären. Es geht immer um beide Bereiche. Führung bedeutet viel, viel mehr als „nur“ die Richtung vorgeben.

Diese Gespräche über Führungsaufgaben in der Anfangszeit sind für mich eine Holschuld der neuen Führungskraft. Das bedeutet: Sie muss sich darum kümmern, dass sie auch wirklich stattfinden. Das sollte sie bereits im Vorfeld tun. Im Tagesgeschäft stürmt dann erst einmal so viel auf den neuen Chef ein, dass diese Themen schnell untergehen können. Da muss man also von vorneherein, für sich, klären, dass diese Termine eine hohe Priorität haben, und sich dann auch darauf vorbereiten. Oft braucht man auch einige Zeit, bis sich eingespielt hat, wie man diese Besprechungen nutzt. Die Erfahrung zeigt aber, wenn man die Termine wahrnimmt, gibt es genug zu besprechen.

Leider habe ich auch Fälle erlebt, in denen diese Zusammenarbeit nicht funktionierte und ich deshalb hinzugezogen wurde. Meist stellte ich dann fest, dass die Gespräche nur stattfanden, wenn ich dazu eingeladen habe, und dass man sich schon Monate nicht mehr zu Führungsthemen ausgetauscht hatte, sondern nur über Operatives geredet hat. Da merke ich dann, dass die Teamleiter wirklich schwimmen und das auch selbst so ausdrücken. Sie wissen dann nicht, an wem sie sich orientieren sollen. Ohne die Rückkopplung zum Vorgesetzten fehlt ihnen die klare Richtung.

Ohne die Rückkopplung zum Vorgesetzten fehlt ihnen die klare Richtung.

Ich lege auf diese Gespräche großen Wert, weil eine gewisse Sorgfalt und das genaue Hinsehen zu unseren Unternehmenswerten gehören. Wenn man diese Maxime ernst nimmt, kann man verhindern, dass neue Chefs nach außen hin souverän wirken und sich auch so darstellen, in Wirklichkeit aber sehr unsicher sind. In diesem Fall darf sich der Vorgesetzte nicht blenden lassen. Er muss von Anfang an detailliert nachfragen und dem Neuling zu verstehen geben, dass er nicht das Gesicht verliert, wenn er um Rat fragt oder sagt: „Ich habe da etwas gemacht, das geht in die falsche Richtung. Wie kann ich das jetzt wieder zurückholen?“

Was sind die größten Herausforderungen bzw. Schwierigkeiten in den ersten Monaten für neue Führungskräfte?

Aufgrund des operativen Geschäfts müssen wir Regelverstöße der Mitarbeiter streng ahnden und haben deshalb vergleichsweise viele disziplinarische Maßnahmen zu ergreifen. Dabei geht es meistens um die klassischen Themen, wie Zuspätkommen oder Sich-nicht-rechtzeitig-krank-Melden. Wir sind darauf angewiesen, dass die Mitarbeiter da sind, wenn die Schicht beginnt. Ein neuer Teamleiter muss sich sehr schnell mit dieser Thematik auseinandersetzen. Ich denke, das ist für den Anfang eine wirkliche Herausforderung.

Außerdem gibt es bei uns viele befristete Arbeitsverträge. Wenn einer ausläuft, muss der Teamleiter entscheiden, ob er den Mitarbeiter übernimmt. Jemand, der neu in dieser Position ist, kann so eine Situation nur schwerlich selbst einschätzen. Er muss sich also Rat holen. Wichtig ist, dass er sich dabei nichts einflüstern lässt, sondern selbst eine Entscheidung trifft.

Und dann gibt es auch immer wieder Fälle, in denen ein neuer Chef schon im ersten Monat Ermahnungen und Abmahnungen aussprechen muss. Das ist natürlich nicht populär. Hinzu kommt: Meist nimmt in diesen Gesprächen mit einem Mitarbeiter auch der Personalreferent und – wenn der Mitarbeiter das verlangt – auch noch ein Betriebsrat teil. In diesen haarigen Situationen höre ich dann oft: „Oh je, damit habe ich nicht gerechnet.“ Aber das hilft nichts. Die neue Führungskraft muss sich dann beweisen, konkret: sich gut vorbereiten und den Schulterschluss mit dem Personalbereich suchen. Dann kann man sich abstimmen, besprechen, wer in dem Gespräch welchen Part übernimmt, oder auch einmal durchspielen, was bei so einem Termin alles passieren kann.

Was sind Ihre wesentlichen Empfehlungen für die ersten 100 Tage?

Ich rate den Neulingen, sich auch mit den anderen neuen und natürlich erfahrenen Führungskräften auszutauschen. Dann können sie die eine oder andere Situation durchspielen. Es ist gerade am Anfang wichtig, sich gut vorzubereiten und immer wieder nachzufragen, egal ob sie sich jetzt bei mir, in der Personalabteilung, beim Vorgesetzten oder Teamleiterkollegen Rat und Information holen. Sie müssen reden, Schwierigkeiten definieren und anderen zuhören, damit sie ihren eigenen Weg finden.

> Ich rate den Neulingen, sich auch mit den anderen neuen und natürlich erfahrenen Führungskräften auszutauschen.

Interview 4: Vom Redakteur zum Produktionsleiter

Carsten Meyerhofer (35, Name geändert) leitet seit zweieinhalb Jahren den PR- und Medienproduktionsbereich einer Agentur. In dieser Funktion ist er Vorgesetzter von acht fest angestellten Mitarbeitern und trägt auch die fachliche Verantwortung für ein halbes Dutzend regelmäßig für die Agentur arbeitender freier Mitarbeiter. Zuvor produzierte er als Wirtschaftsredakteur Radiobeiträge und arbeitete für Fernsehsender.

Vorbereitung

Wie kamen Sie in die Führungsposition?

Der alte Geschäftsführer hat das Unternehmen verlassen und in kürzester Zeit musste ein Nachfolger gefunden werden. Eine externe Lösung kam wohl auch unter finanziellen Gesichtspunkten nicht in Betracht. Also ist eines Tages der damalige Chef des Geschäftsführers auf mich zugekommen und hat gefragt, ob ich bereit wäre, diese Aufgabe zu übernehmen. War ich. Und so hieß es sinngemäß: „Designen Sie Ihren zukünftigen Arbeitsplatz!", also: „Entwickeln Sie Ihr Jobprofil, geben Sie dem Kind einen Namen und richten Sie Ihr Arbeitsumfeld so ein, dass Sie arbeiten können."

Wurden Sie auf die Führungsfunktion vorbereitet?

Es gab nicht die geringste Vorbereitung auf diese Position. Selbst in den letzten Wochen der Amtszeit meines Vorgängers gab es keine Anzeichen, dass er uns verlässt. Dabei hat er mich sogar für die Position vorgeschlagen. Dass ich in meiner früheren beruflichen Laufbahn bereits eine Führungsaufgabe hatte, hat bei der Entscheidung wohl keine Rolle gespielt.

Wie fand die Übergabe statt?

Ich musste sie selbst aktiv einfordern. Denn eigentlich habe ich damit gerechnet, dass, nachdem mein ausscheidender Chef das angedeutet hatte, jemand aus dem Kreis des Managements auf mich zukommen würde und mich fragen würde, ob ich bereit wäre,

Verantwortung zu übernehmen. Aber das hat nicht stattgefunden. Bis ich dann am drittletzten Arbeitstag meines alten Chefs zu ihm ins Büro gegangen bin und gefragt habe, ob wir eine Übergabe machen sollen. Das haben wir dann gemacht – war ja auch sinnvoll, sonst wäre es nicht weitergegangen. Fast sämtliche Kundenkontakte liefen über ihn. Da hat er mich also auf die Schnelle in vier, fünf Stunden eingeweiht.

Wie haben Sie sich persönlich vorbereitet?

Ich habe mich in meinem Umfeld nach Gesprächspartnern umgeschaut, vor allem nach Freunden, die in betriebswirtschaftlichen Dingen versierter waren wie ich. Sehr wichtig erwies sich auch die Unterstützung durch meinen Vater. Er war früher Führungskraft. Das war zwar in einer anderen Sparte, aber er hat über Jahrzehnte Erfahrung in Menschenführung. So wurde er mein wichtigster Mentor.

Meine zentrale Frage dabei war: Bin ich der Sache gewachsen? Und: An welchen Punkten muss ich an mir arbeiten, um den Sprung zur Führungskraft zu schaffen?

Außerdem bin ich bewusst wandern gegangen, ganz alleine. Das habe ich gebraucht, um für mich Klarheit zu schaffen. Meine zentrale Frage dabei war: Bin ich der Sache gewachsen? Und: An welchen Punkten muss ich an mir arbeiten, um den Sprung zur Führungskraft zu schaffen?

Was haben Sie getan, um Ihr privates Umfeld vorzubereiten?

Ich habe meine Wohnung aufgeräumt, also: meinen gesamten Kleiderschrank entrümpelt, meine Wäsche gewaschen, Hausputz gemacht. Denn mir war klar, jetzt kommen zwei Monate Ausnahmezustand.

Wenn Sie ein Fazit der Vorbereitung ziehen: Was war sehr hilfreich?

Das Aufräumen hat sehr geholfen. Nicht nur in der Wohnung, sondern auch im übertragenen Sinne. Es ist wichtig, sich selbst in einen ausgewogenen Gemütszustand zu bringen, Schlüsselpersonen zu treffen und Offenheit und Klarheit über die Position herzustellen.

Was hätten Sie gerne anders gemacht?

Heute würde ich die Vorbereitung systematischer angehen. Und ich würde noch mehr Kontakt zu anderen Führungskräften suchen, nicht unbedingt im eigenen Unternehmen, sondern besser noch in vergleichbarem Umfeld.

Start

Wie ist Ihr erster Tag verlaufen und wie ging es Ihnen?

Es war ein fließender Wechsel. So etwas wie eine Vorstellungsrunde oder ein offizieller Einstand entfiel schon deshalb, weil zwischen dem Ausscheiden meines Chefs und dem Zeitpunkt, als ich meinen neuen Arbeitsvertrag bekam, einige Wochen vergingen. Immerhin habe ich in der zweiten Woche entschieden, in das Büro meines alten Chefs einzuziehen – aus praktischen Gründen, weil ich es meinem alten Bürokollegen nicht mehr zumuten konnte, dass der ganze Trubel bei uns auflief. Ich habe erst anschließend die verbleibenden Geschäftsführer informieren können – und sie signalisierten Wohlwollen. Das habe ich mir nicht so gewünscht, das widerspricht auch meiner Art, weil ich normalerweise nicht forsch etwas an mich reiße. Als ich am Schreibtisch meines alten Chefs Platz genommen hatte, dachte ich mir: Es ist ja auch ein Signal, dass langsam mal klare

Verhältnisse hermüssen – ein Diskussionsvorschlag, sozusagen. Das Formale kam später – samt offizieller Bekanntgabe vor versammelter Mannschaft – und das war dann wirklich keine Überraschung mehr, sondern Formsache. Alle waren im Bilde. Hat also gepasst. Und so etwas wie Nervosität konnte bei mir auch nicht aufkommen, denn Zeit zum Nachdenken war keine da, dafür aber Zeit, sich schon einmal an die neue Rolle zu gewöhnen.

Wie ist die erste Woche verlaufen und wie ging es Ihnen?

Wir hatten ein Entscheidungsvakuum. Man hatte jemanden gesucht, der Entscheidungen treffen musste, und so war ich immer dann gefragt, wenn etwas liegen zu bleiben drohte. Alles lief irgendwie weiter, frei nach der Devise „the show must go on". Jeder wurschtelte sich so gut durch, wie er konnte. Nachdem das offizielle „Go!" für mich da war, ging alles viel leichter. Damals war ich einfach nur froh, dass ich jetzt den offiziellen Segen hatte.

Was waren die größten Schwierigkeiten in der ersten Woche?

Besonders schwer fiel mir, mich an das neue Arbeitsumfeld zu gewöhnen. Ich hatte z. B. keine Erfahrung mit einem Sekretariat. Wie arbeitet man damit zusammen? Eine andere Schwierigkeit: das Delegieren. Ich bekam z. B. dann auch einen Tadel, weil ich meinem neuen Chef ein Papier persönlich vorbeibringen wollte, das er wohl nicht gerade für kriegsentscheidend hielt. Dafür hätte ich ein Sekretariat, meinte er vorwurfsvoll.

Was war hilfreich? Was hätten Sie gerne anders gemacht?

Heute würde ich gleich am Anfang eine Infrastruktur aufbauen, z. B. für eine vernünftige Computerausstattung sorgen. Danach würde ich mir genau die Unterlagen des Vorgängers ansehen, die Aktenvorgänge, das Berichtswesen und so weiter. Dann empfiehlt sich, alles erst einmal liegen zu lassen – und darüber eine Nacht zu schlafen. Wichtig ist auch, sich von den Mitarbeitern zeigen zu lassen, wie die Dinge in der Praxis laufen, die man bisher nur am Rande mitbekommen und nicht aktiv mitgestaltet hat. Oft handelte es sich dabei um scheinbare Routineaufgaben, die einen auf Kollegenebene nicht zu interessieren brauchten à la: „Das ist ja die Aufgabe vom Kollegen Mayer, sich um die Gäste zu kümmern."

Was sind Ihre wesentlichen Empfehlungen für die ersten Tage?

Ich kann nur raten, mit den Mitarbeitern zu sprechen: „Sagt mir offen, was eure Erwartungen sind, und artikuliert dezidiert, wo ihr Nachholbedarf seht."

Ich kann nur raten, mit den Mitarbeitern zu sprechen: „Sagt mir offen, was eure Erwartungen sind, und artikuliert dezidiert, wo ihr Nachholbedarf seht." Es ist klar, dass jeder seine Wünsche, auch die, die nicht erfüllbar sind, in den neuen Chef projiziert, gerade wenn der aus den eigenen Reihen kommt. In der Situation ist es nur ehrlich, sich gleich offen auszutauschen und Klartext zu reden. Das beschleunigt das Verfahren und schützt vor Enttäuschungen.

Erste Monate

Was glauben Sie, waren die Erwartungen Ihrer Mitarbeiter?

Sie dachten wohl: „Er ist einer von uns. Wir sind froh, dass er es weitermacht. Der macht das schon." Dahinter stand immer die Erwartung: Der neue Chef kennt den Betrieb von der Pike auf. Damit läuft alles noch reibungsloser als bisher.

Was glauben Sie, waren die Erwartungen Ihres Vorgesetzten?

Die Erwartung meines Vorgesetzten war: „Ich brauche einen Lückenbüßer. Jemand, der mir hilft, die Zeit bis zu einer endgültigen Entscheidung, wie es weitergeht, zu überbrücken."

Ich war für den Posten wohl zunächst nur als Interimslösung gedacht. Ich habe mich damals gefragt, ob es einen Masterplan gibt, also eine übergeordnete Strategie. Diese unklare Situation führte schließlich so weit, dass ich nicht wusste, ob es überhaupt noch weitergeht. Also: Über persönliche Perspektiven und Pläne wurde mit mir zunächst nicht gesprochen. Das Thema war prekär. Deshalb war es auch meinem Vorgesetzten kaum möglich, sofort konkrete Erwartungen zu äußern, zumal er sich ja auch mit der neuen Situation zurechtfinden musste.

> Ich habe mich damals gefragt, ob es einen Masterplan gibt, also eine übergeordnete Strategie.

Was glauben Sie, waren die Erwartungen des Umfelds?

Die Erwartungen waren sehr unterschiedlich. Die Gesellschafter z. B. haben gesagt: „Sie müssen weitermachen und Ihre Probleme selbst lösen." Die Kunden standen dagegen auf dem Standpunkt: „Business as usual, wir sehen keinen Grund, warum es jetzt anders sein soll wie früher."

Welche Erwartungen (von Kollegen, Mitarbeitern, Kunden, dem Vorgänger, der Familie, dem Vorgesetzten) haben Sie am meisten beeinflusst?

Im Vordergrund standen für mich die Erwartungen der Vorgesetzten, weil ich mich damals als Interimslösung – und damit auf dem Prüfstand sah. Es hätte also passieren können, dass übermorgen ein anderer die Aufgabe übernimmt. Deshalb konnte ich keine vollendeten Tatsachen schaffen. Die Arbeit sollte vernünftig laufen, aber auch so, dass ich mich auch wieder ins Team einfügen kann, falls das notwendig wird.

Welche Erfahrungen machten Sie mit den Führungskollegen auf gleicher Ebene?

Mit einem Kollegen – er ist Bereichsleiter bei uns – habe ich von Anfang an einen sehr engen Kontakt gehabt. Er war derjenige, der mir eröffnet hat, was meine zukünftige Aufgabe sein wird, bevor es irgendjemand anderes getan hat. Da hat die Kommunikation funktioniert, er hat quasi das Kennenlernen vorweggenommen, noch bevor mein Vorgesetzter dazu kam, mich offiziell zu befördern. Das hat von Anfang an ein sehr enges Vertrauensverhältnis geschaffen. Da hat sich etwas sehr Tolles entwickelt – für beide Seiten. Wir sind beide ins kalte Wasser geworfen worden. Bei ihm lag das damals zwei Jahre zurück und deshalb hatte er zwei Jahre mehr Erfahrung und so hat er mich gecoacht. Und ich konnte ihm strategisches Know-how zurückgeben. So ist eine gute Symbiose entstanden, bis zum heutigen Tag. Unsere Beziehung ist geradezu freundschaftlich, obwohl wir uns nur beruflich kennen.

Welche konkurrierenden bzw. sich widersprechenden Erwartungen haben Sie festgestellt?

Es gab inkompatible Erwartungen an allen Ecken und Enden. Viele der Kollegen haben in ihrer eigenen Welt gelebt. Und so denkt jeder erst einmal daran, für seinen Arbeitsbereich das Beste herauszuholen. Auf der Chefebene wurde an vielen großen Rädern gedreht. Auf operativer Ebene wurde zu wenig über das gemeinsame Ganze nachgedacht. Konkurrierende Erwartungen gab es also zuhauf. Der Vorgesetzte hat letztlich erwartet, dass jemand die Führungsposition übernimmt, der mehr Verständnis für die konkreten Belange und Forderungen des Unternehmens aufbringt.

Was waren die größten Herausforderungen/Schwierigkeiten in den ersten Monaten. Wie ging es Ihnen damit? Wie haben Sie reagiert?

Man muss akzeptieren, dass alle auf einen schauen, wenn man eine Entscheidung braucht. Das fiel mir am Anfang noch schwer, zumal ich auch ein bisschen Zeit brauchte, um auch einmal zu sagen, dass ich nicht alles gleich und sofort und mit gleicher Priorität entscheiden kann.

Fazit

Welches Verhalten und welche Unterstützung sind durch den Vorgesetzten hilfreich?

Rückendeckung im Allgemeinen ist sehr hilfreich. Ich hatte das Glück, einen Vorgesetzten zu haben, der deutlich kommuniziert hat: „Wir fangen mit einer unerfahrenen neuen Führungsmannschaft an, die sich erst einmal finden muss." Das hat mir geholfen. Alles andere wäre nicht reell gewesen und deshalb fand ich seine Einstellung sehr hilfreich.

> Grundsätzlich hilft Feedback, in erster Linie von Vorgesetzten und Kollegen.

Was hat Ihnen am meisten geholfen, um Sicherheit und Klarheit für die neue Aufgabe zu bekommen?

Grundsätzlich hilft Feedback, in erster Linie von Vorgesetzten und Kollegen. Viel wichtiger war am Anfang jedoch die Erfahrung: „Es funktioniert." Man muss sich das so vorstellen: „Was ich jetzt mache, das ist ein Aufbruch zu neuen Ufern. Ich mache eine Reise ins Ungewisse, eine Reise auf unbekannten Pfaden. Nicht mal der Wegweiser ist zu erkennen. Es ist eine Wanderung, auf der man ein Bergmassiv anvisiert, um die ungefähre Richtung zu finden. Nur eines ist klar: Es muss aufwärtsgehen. Relativ unbekannt ist aber, auf welchen Gipfel, auf welchem Pfad man dahin gelangt. Und dann ist jeder Höhenmeter, den man gewinnt, ein Gewinn an Sicherheit."

Wie lange hat es gedauert, bis Sie sich in der neuen Position sicher gefühlt haben?

Das kann man immer nur für einzelne Aufgaben und einzelne Felder beantworten. Ich habe erst einmal versucht, zu erkennen, mit was ich es gerade aktuell zu tun hatte. Als ich die Position antrat, habe ich zwar schon drei, vier Jahre in dem Unternehmen gearbeitet, aber trotzdem waren mir viele Dinge unbekannt.

> Erst als ich sagen konnte, jetzt weiß ich, was wir können und was nicht und wie wir alles handhaben, hatte ich die nötige Sicherheit.

Es war wie im Gemischtwarenladen. Und deshalb galt es zunächst, das Sortiment kennenzulernen. Nach zwei, drei Monaten kam dann der Tag, an dem ich endlich das Gefühl hatte, jetzt gibt es nichts Neues mehr. Erst als ich sagen konnte, jetzt weiß ich, was wir können und was nicht und wie wir alles handhaben, hatte ich die nötige Sicherheit. Das zeigte sich auch im Auftreten, z. B. gegenüber den Kunden, und bei Anfragen, selbst wenn sie vom Vorgesetzten kamen. Und wenn wir etwas nicht können, dann hatte ich nicht mehr das Gefühl, das liege an mir oder sei ein Manko. Wir können doch stattdessen so viel anderes. So habe ich das dann auch den Kunden oder dem Vorgesetzten gesagt: „Das können wir zwar nicht, aber wir können dafür das und das – und das brauchen Sie auch!" Ich kam also in die Situation, positiv formulieren zu können, ohne gleich dem Generalverdacht ausgesetzt zu sein, irgendetwas schönreden zu wollen, das nicht funktioniert. Und als ich dann gemerkt habe, dass die Reaktion auf meine Aussagen in Summe recht wohlwollend war, hatte ich plötzlich Sicherheit, dass ich in die Position passe. Kunden und Vorgesetzter schienen mir also etwas zuzutrauen. Ich hatte aber noch keine Sicherheit in den konkreten Aufgaben. Das lag daran, dass es leider keine umfassende Übergabe gegeben hat und es auch niemanden im ganzen Haus gab, der mir fachliche Ratschläge hätte geben können. Das war, im Nachhinein, ein ziemlicher Horror und eine Menge Verantwortung, die ich auf mich genommen habe. Im Nachhinein bin ich sehr froh, dass uns nicht ein einziger Kunde abgesprungen ist.

Wenn Sie jetzt zurückblicken, was würden Sie im Nachhinein anders machen?

Da gibt es vor allem einen Punkt: Ich würde heute von Anfang an eine Position einfordern, in der meine Stellung gegenüber den Kollegen eindeutig definiert ist. Es ist später schwer zu korrigieren, wenn man unter unklaren Umständen handelt und Entscheidungen trifft. Hinzu kam, dass ich gedanklich mit einbeziehen musste, dass meine Position nur für den Übergang gedacht war. So habe ich aufgrund einer noch offenen Situation einen extrem aufwendigen, sehr flexiblen und kollegialen Führungsstil einnehmen müssen. Ich musste damit rechnen, wieder als Mitarbeiter zurückzukommen, und wollte dann mit den Kollegen wieder wie früher zusammenarbeiten können. Dann kam aber doch der Tag, an dem es hieß, ich sei der Richtige.

Es wäre besser gewesen, diese Klarheit von vorneherein zu haben. Dann hätte ich mich in Ruhe vorbereiten können und hätte nicht so lavieren müssen. Jeder Mensch reagiert doch empfindlich, wenn sein Gegenüber keine klare Linie erkennen lässt. Dabei wollte ich im Umgang mit meinen Mitarbeitern berechenbar sein, in dem Sinne, dass ich Grundüberzeugungen habe und diese auch in der Aufgabe aktiv leben darf.

Auf welche Eigenschaften kommt es am Anfang besonders an?

Es klingt zwar abgedroschen: Aber man muss versuchen, Herausforderungen auf seiner Ebene anzunehmen und auch dann etwas zu bewegen, wenn man Gegenwind hat. Ich habe mir z. B. nicht vorstellen können, dass ich im Umgang mit Kritik noch so viel lernen kann, allein schon durch die Wahl der richtigen Worte.

> Lernbereitschaft und erhöhte Kritikfähigkeit sind Eigenschaften, die dazugehören, wenn man Verantwortung übernimmt.

In den ersten Monaten gab es einige Gespräche, an denen ich schwer zu tragen hatte. Sie waren geprägt von Polemik und Provokationen – eine Stilebene, an die mich gewöhnen musste. Ein paar Mal war der Abend dann auch verdorben und ich habe mich gefragt, ob ich mich mit dieser Stilebene überhaupt beschäftigen wollte. Nach längerem Grübeln und Gesprächen habe ich mich dann meistens selbst ermahnt, mir gesagt: „Ich akzeptiere das zunächst einmal und lasse die Kritik einige Zeit auf mich wirken." Lernbereitschaft und erhöhte Kritikfähigkeit sind Eigenschaften, die dazugehören, wenn man Verantwortung übernimmt. Ich habe versucht, herauszufiltern, was zu tun ist, und versucht, meinen Frust auszublenden. Manchmal habe ich mir auch gedacht: „Euch werde ich es zeigen!"

Immerhin hat eine Führungsaufgabe den Vorteil, dass man sich bewähren kann. Es ist in jedem Fall besser, seine Kritiker durch Taten zu überzeugen als ihnen bei jeder Gelegenheit Kontra zu geben. Man braucht ein dickes Fell, Taktik und Selbstbewusstsein, das man aber erst gewinnen muss. Das war kein einfacher Prozess und ich habe dafür die Hilfe und Unterstützung meines Vaters und meiner Kollegen gebraucht.

Interview 5: Vom Sachbearbeiter zum Leiter Privatkundenservice

Fritz Hochstetter (32, Name geändert) leitet seit einem Jahr den Privatkundenservice eines Produktionsunternehmens. Er ist dort verantwortlich für 16 Mitarbeiter. Zuvor war er als Sachbearbeiter beschäftigt.

Vorbereitung

Wie kamen Sie in die Führungsposition?

Ich kam aus der Projektarbeit und wurde nach dem Projekt zum Abteilungsleiter ernannt. Die Personalabteilung hat mir also offenbar die erste Führungserfahrung, die ich in dem Projekt sammeln konnte, zugutegehalten. Nach zwei Jahren im Unternehmen habe ich gewusst, dass ich weiter in diese Richtung gehen möchte, dass ich die Führungskompetenzen weiter ausbauen möchte. Daraufhin habe ich die erste Bewerbungsmöglichkeit genutzt. Beim zweiten Anlauf vor einem Jahr hatte ich dann Erfolg und bin zum Abteilungsleiter ernannt worden.

Was glauben Sie, waren die Gründe für die Entscheidung für Sie?

Was den Ausschlag für mich gab, hat mir nie jemand explizit gesagt. Aber ich nehme an, das waren Engagement, Loyalität und soziale Kompetenz.

Wurden Sie auf die Führungsfunktion vorbereitet?

Was die eigentlichen Führungsaufgaben anbelangte, war ich eigentlich gar nicht eingearbeitet. Vor meiner Beförderung war ich allerdings bereits Stellvertreter. Das bedeutet: Ich kannte mich im operativen Tagesgeschäft aus, weil ich für meine Vorgängerin die Urlaubsvertretung gemacht habe. Strategische Entscheidungen waren mir aber fremd. Ich wusste nicht, welche strategischen Ziele der Abteilung gesetzt waren, kannte die Kennzahlen nicht, hatte mich kaum mit Statistiken beschäftigt und war auch über Pilotprojekte im Unternehmen nicht auf dem Laufenden.

Wie fand die Übergabe statt?

Es kam leider kaum zur Übergabe. Die Vorgängerin war schwanger und in den letzten Monaten gab es bei ihr Komplikationen. Damit war sie kurzfristig weg. Die Mitarbeiter erfuhren von meiner Beförderung in einer Mail per Intranet.

Wie ging es Ihnen persönlich in der Vorbereitung?

> Erst im Laufe der nächsten Wochen und Monate machte sich dann bemerkbar, dass die neue Position mich viel mehr belastete wie die vorherige.

Nachdem die Beförderung so Hals über Kopf vor sich ging, hatte ich keine Chance, mir Gedanken zu machen. Und im ersten Moment schien mein Leben auch ganz normal weiterzulaufen. Erst im Laufe der nächsten Wochen und Monate machte sich dann bemerkbar, dass die neue Position mich viel mehr belastete wie die vorherige. Ich merkte, dass es mir zunehmend schwerfiel, meine Batterien wieder aufzuladen und von der Arbeit abzuschalten.

Was haben Sie getan, um sich und Ihr privates Umfeld vorzubereiten?

Da ich Single bin, war da nicht viel vorzubereiten. Das dachte ich jedenfalls. Dabei hatte ich mir aber nicht überlegt, dass ich meine Freizeit immer sehr aktiv gestaltet hatte: Ich ging oft wandern, traf mich viel mit Freunden, fuhr Motorrad und war im Sportverein und dort sogar in den Vorstand gewählt worden. Sehr bald nach dem Antritt meiner neuen Position musste ich feststellen, dass dafür die Zeit nicht mehr reichte und ich mir das alles nicht mehr leisten konnte. Am belastendsten wurde für mich mein Vorstandsposten. Ich konnte ihn nicht einfach niederlegen. Ich musste bis zu den Neuwahlen des Vorstands weiterhin rund 20 Stunden im Monat dafür opfern. Das war Zeit, die ich eigentlich gar nicht hatte.

Auf der anderen Seite erwies sich dieses Engagement aber auch als sehr hilfreich und nützlich. Ich lernte dort quasi nebenbei, wie man verhandelt, sich auf Verhandlungen vorbereitet, und Budgetieren. Hätte ich damit erstmals in der Arbeit zu tun gehabt, wäre ich ständig Gefahr gelaufen, mir bei einem Fehler die Karriere zu ruinieren. Im Sportverein stand aber nicht viel auf dem Spiel.

Wenn Sie ein Fazit der Vorbereitung ziehen: Was war sehr hilfreich? Was hätten Sie gerne anders gehabt bzw. gemacht?

Grundsätzlich würde ich heute nicht mehr sofort Ja sagen, wenn mir jemand eine Führungsposition anbietet, sondern mir Bedenkzeit erbitten. Danach empfiehlt es sich, seine Gedanken zu ordnen und jemanden zu fragen, der Erfahrung in einer leitenden Stellung gesammelt hat. Denn eines muss man sich von Anfang an klarmachen: So eine verantwortungsvolle Position frisst Zeit und zerrt manchmal an den Nerven. Dadurch verliert man auch Freundschaften. Diesen Preis muss man bereit sein zu zahlen. Das muss man sich von vorneherein mit allen Konsequenzen überlegen. Denn wenn man den Schritt in eine Führungsrolle einmal gemacht hat und dann feststellt, dass es das für einen nicht ist, gibt es kein Zurück mehr, jedenfalls nicht im gleichen Unternehmen. Darüber machen sich vor allem junge Menschen viel zu wenig Gedanken.

Aus diesem Grund würde ich heute eine Art Bilanz aufstellen, die mir vor allem folgende Fragen beantwortet: Wie viel Zeit wird nach dem Wechsel für Privates bleiben? Wie will ich sie nutzen? Wichtig dabei ist, Auszeiten und Freizeitaktivitäten mit einzuplanen. Ich habe erst nach zwei bis drei Monaten gemerkt, dass ich auch abschalten muss. Sonst finde ich keinen Ausgleich zum Beruf, habe keine Augen mehr für die Dinge, die ich schön finde, und kann meine Batterien nicht mehr aufladen.

Start

Wurden Sie am ersten Tag vorgestellt?

Nein. Eine Vorstellung gab es nicht. Zwei Tage, bevor ich kam, erfuhren meine Kollegen, dass ich befördert worden war. Ich habe dann gleich meine neue Tätigkeit mit der ersten Gruppenbesprechung begonnen. Weil mich alle kannten, war eine Vorstellung nicht notwendig. Ich habe aber eine kleine Einleitung vorgebracht und klargestellt, was ich zukünftig von jedem einzelnen Mitarbeiter erwarte und vom Team.

Wie ist die erste Woche verlaufen und wie ging es Ihnen?

Eigentlich haben wir uns alle gefreut. Das hing auch damit zusammen, dass ich drei Jahre vorher die Abteilung mit aufgebaut hatte und ich schon immer eng und gut mit den Mitarbeitern zusammengearbeitet habe. Und mit meiner Beförderung fanden wir uns in einer ähnlichen Situation wie damals wieder und konnten an früher anknüpfen. Wir sprachen anfangs scherzhaft sogar von einer „Familienzusammenführung“. Dann kam aber bald das Erwachen: Trotz aller Freundschaft hatte ich das Team zu führen. Ich war damit von heute auf morgen in einem völlig neuen Gefühl, hatte die gleiche Sache aus einem anderen Blickwinkel zu sehen und ich musste Entscheidungen treffen, die ich in der Vergangenheit so nicht mitgetragen hätte. Einige der Mitarbeiter gehörten auch schon länger zum Unternehmen wie ich und jetzt hatte ich sie in der Karriere überholt. Solange sie Kollegen waren, spielte das keine große Rolle. Aber jetzt, als ihr Chef, trieb mich die Frage um, ob ich es schaffen würde, dass mich alle als Vorgesetzten akzeptieren.

Dann kam aber bald das Erwachen: Trotz aller Freundschaft hatte ich das Team zu führen.

Was waren die größten Schwierigkeiten in der ersten Woche? Was geben Sie anderen Führungskräften für die erste Woche als Tipp mit?

Man sollte sich keine Illusionen machen, sondern sich selbst klarmachen, was man von jedem erwarten kann und was anders werden wird. Man sollte sich auch selbst treu bleiben. Es führt zu nichts, wenn man meint, irgendeine Rolle ausfüllen zu müssen. Man sollte sich besser so geben, wie man ist, und eindeutig Position beziehen: „Ich bin die neue Führungskraft und erwarte Zusammenhalt, Offenheit und, und, und ...“

Erste Monate

Was glauben Sie, waren die Erwartungen Ihrer Mitarbeiter?

Das war unterschiedlich. 80 % der Teammitglieder waren vorher schon im Team, 20 % kamen aus anderen Bereichen neu dazu. Diese 20 % haben ganz bestimmt von mir erwartet, dass ich sie gleich behandle und nicht die anderen bevorzuge. Die 80 % wollten von mir eindeutig, dass ich das Team zusammenhalte, weiter ausbaue und Innovationen vorantreibe.

Was glauben Sie, waren die Erwartungen Ihres Vorgesetzten?

Mein Vorgesetzter war gleichzeitig mit mir neu auf seinen Posten gekommen. Er erwartete die grundsätzlichen Dinge: Ich sollte die Unternehmensphilosophie mittragen und die Unternehmensziele einhalten. Das heißt: Ich hatte dafür zu sorgen, dass das Team hinter dem Unternehmen steht. Die Führungskräfte sollten in eine gemeinsame Richtung ziehen und nach den zahlreichen Veränderungen der letzten Wochen wieder Ruhe in die Belegschaft bringen, um sich auf die vor uns stehenden Herausforderungen zu konzentrieren. Außerdem erwartete er, dass ich den Mitarbeitern die Angst vor dem nehme, was noch kommt, und dass die Produktion trotz Umstrukturierung nicht ins Stocken kommt, sondern auf dem hohen Niveau

> Ich sollte das Unternehmen und seine Philosophie nach außen und innen vertreten.

weitergeht. Kurz: Ich sollte das Unternehmen und seine Philosophie nach außen und innen vertreten.

Welche Erwartungen (von Kollegen, Mitarbeitern, Kunden, dem Vorgänger, der Familie, dem Vorgesetzten) haben Sie am meisten beeinflusst?

Es gab damals keinen extremen Erwartungsdruck. Wir kannten uns alle, wir kannten unsere Aufgaben. Die Zusammenarbeit war nichts Neues. Wir konnten bereits auf drei Jahre erfolgreiche Kooperation zurückblicken ...

Welche Erfahrungen machten Sie mit den Führungskollegen auf gleicher Ebene?

Auf dieser Ebene ziehen wir alle an einem Strang. Der Grund dafür ist unser gemeinsames Ziel: Das Unternehmen und die Arbeitsplätze sollen erhalten werden. Das erfordert von uns Einsparungen und andere unpopuläre Maßnahmen. Diesen Kurs können wir nur halten und zu einem erfolgreichen Ende führen, wenn wir solidarisch handeln. Das bedeutet z. B.: Wenn Stellen gekürzt werden müssen, gilt das für alle Abteilungen. Da die Aufgaben deswegen aber nicht weniger werden, müssen die Mitarbeiter mehr arbeiten. Jeder Kollege aus der Führungsriege trägt diese unpopulären Maßnahmen mit und versucht nicht, für seine Abteilung Sonderregeln zu erreichen.

Was waren die größten Herausforderungen bzw. Schwierigkeiten in den ersten Monaten? Wie ging es Ihnen damit? Wie haben Sie reagiert?

Mir fielen grundsätzlich die Gespräche, die man mit Mitarbeitern führt, schwer, vor allem die Definition von neuen Zielen und die Definition von Kontrollsystemen. Ein weiteres Thema waren befristete Mitarbeiter und Zeitarbeitskräfte, die damals die Hoffnung hatten, übernommen zu werden.

Zwei Gespräche sind mir besonders in Erinnerung geblieben. Beim einen stand fest, dass jemand gehen muss. Handwerklich war das kein Problem. Der Betreffende war befristet beschäftigt. So musste ich ihn nicht kündigen, sondern ihm sozusagen nur mitteilen, dass der Vertrag nicht verlängert werden würde. Allerdings – durch die frühere Zusammenarbeit kannten wir uns gut und mochten uns. Ich habe mir damals lange überlegt, was ich von einem Vorgesetzten in dieser Situation erwarten würde. Ich konnte ihm nur so schnell wie möglich sagen, wie es stand. So hatte er wenigstens die Möglichkeit, sich in Ruhe nach einer anderen Stelle umzusehen. Schließlich habe ich mir viel Zeit für dieses Gespräch eingeplant und darauf geachtet, dass es zu einem Termin stattfindet, an dem ich noch fit war und mich gut auf mein Gegenüber konzentrieren konnte. Der nächste Punkt war: Ich habe offen geredet und keine schmutzige Wäsche gewaschen. Die Stelle musste eingespart werden. Das hatte strategische Gründe und nichts damit zu tun, ob der Mitarbeiter gut oder schlecht gearbeitet hatte. Für mich war dabei einfach wichtig, dass wir uns später noch in die Augen sehen und Hallo sagen können.

Für mich war dabei einfach wichtig, dass wir uns später noch in die Augen sehen und Hallo sagen können.

Eine andere Herausforderung war das erste Mitarbeitergespräch. Dabei ging es um eine ehemalige Vorgesetzte von mir, diejenige, die mich vor Jahren eingestellt hatte. Jetzt musste ich ihr die Vorgaben machen, sagen, was ich mir von ihr erwarte, fragen, was sie sich erwartet, und dann entscheiden, wohin es zukünftig geht. Ich wusste, dass es hart für sie war, dass ich sie mittlerweile überholt hatte. Außerdem kannte sie mich und meine Arbeitsweise sehr gut von früher. Das heißt: Ich musste nicht nur meine Scheu, dieser Frau die Richtung vorzugeben, überwinden. Ich wollte sie auch dazu bringen, sich mir gegenüber kooperativ zu verhalten. Schließlich kannte sie meine Schwächen gut genug, um mir, wenn sie es darauf angelegt hätte, das Leben schwer zu machen. Auch hier bestand die Lösung in einer guten Vorbereitung. Ich habe mit ihr offen geredet und konnte meine Argumente mit Beispielen untermauern. Nach dem Gespräch stand fest: Wir beide würden kooperieren und fair miteinander umgehen.

Fazit

Welches Verhalten und welche Unterstützung sind durch den Vorgesetzten hilfreich?

Mein Vorgesetzter geht strukturiert vor und kann klar formulieren. Das hat viel geholfen. So konnte er mir genau verständlich machen, was er von mir will und was auf mich zukommen wird. Außerdem ist er offen. Ich kann ihm auch meine Sicht der Dinge schildern und er bezieht dann Position, sagt, was geht und was nicht.

Und dann unterstützte mich auch mein ehemaliger Gruppenleiter. Er hat mich in einigen Punkten darauf vorbereitet, was auf mich das nächste halbe Jahr zukommen wird.

Wie lange hat es gedauert, bis Sie sich in der neuen Position sicher gefühlt haben?

Bis ich mich wirklich sicher gefühlt habe, dauerte es ungefähr drei Monate. Die Einarbeitung fiel mir eigentlich leicht. Ich kannte die operativen Aufgaben zumeist schon von früher und hatte außerdem einen Stellvertreter, auf den ich mich 100-prozentig verlassen konnte. Auch die Mitarbeiter waren mir vertraut. Das heißt: Ich wusste von Anfang an, wo deren Potenzial liegt und wie ich sie einsetzen kann.

Ich musste allerdings lernen, wie ich mich im Führungskreis verhalte. Dort war, als ich in der Position anfing, einiges in Bewegung: Viele Funktionen waren zu dem Zeitpunkt neu besetzt. In dieser Situation begann ich, Netzwerke aufzubauen, unternehmenspolitische Themen einzuschätzen und an strategischen Entscheidungen mitzuwirken. In der Rückschau würde ich heute viel früher beginnen, die Mittagspause dafür zu nutzen, mit anderen Kaffee zu trinken und so gezielt Kontakte aufzubauen.

> Ich musste allerdings lernen, wie ich mich im Führungskreis verhalte.

Was empfehlen Sie anderen neuen Führungskräften, damit sie den Start gut meistern?

Am wichtigsten ist es, seine Erwartungen an die Mitarbeiter klar und deutlich zu formulieren. Dazu muss man sich aber im Vorfeld Gedanken machen, wo man in einem Jahr mit der Gruppe stehen will, und sich überlegen, was das Unternehmen von einem selbst erwartet.

Auf welche Eigenschaften kommt es am Anfang besonders an?

Man muss ehrlich sein und das, was man erwartet, auch vorleben. Ebenso wichtig ist es aber, ein offenes Ohr für die Mitarbeiter zu haben, um damit in Sachfragen auf deren Erfahrungen und Fachkompetenz vertrauen zu können.

Interview 6: Vom Stellvertreter zum Leiter einer Bankfiliale

Nikolaus Neff (38, Name geändert) leitet seit zwei Jahren eine Bankfiliale. Dort ist er für zwölf Mitarbeiter verantwortlich. Zuvor war er ein Jahr lang Stellvertreter des Filialleiters.

Vorbereitung

Wie kamen Sie in die Führungsposition?

Ich komme aus dem Team und wurde recht kurzfristig befördert. Mein Vorgänger hatte unerwartet gekündigt. Dieser Karrieresprung war nicht geplant.

Was glauben Sie, waren die Gründe für die Entscheidung für Sie?

Ich war damals als Vertreter der Führungskraft eingesetzt. So gesehen lag es in der Situation nahe, mich zu fragen, ob ich die Position übernehme. Ich war bereit, mehr Verantwortung zu übernehmen. Die Geschäftsleitung hatte offenbar den Eindruck, ich habe die nötige Berufserfahrung. Außerdem hatte ich auch schon einmal in einem kleinen Team die Führungsverantwortung. Deswegen hat man mir wohl diesen Vertrauensvorschuss gewährt.

Wurden Sie auf die Führungsfunktion vorbereitet?

Mich hat niemand eingearbeitet. Das war zwar geplant, aber als mein Vorgänger Knall auf Fall gekündigt hat, war das nicht mehr machbar.

Wie fand die Vorbereitung auf die neue Position statt?

Der damalige Filialleiter war, als ich von meiner Beförderung erfahren habe, noch gut sechs Wochen da. Abzüglich der Urlaube etc. verblieben davon noch ca. drei Wochen. In der Zeit haben wir uns auf die fachlichen Themen konzentriert, vor allem auf die Kunden, die überzuleiten waren. Die Führungsseite, also die Mitarbeiter, kam nur zu einem geringen Maße zur Sprache. Aber damals war die Neuigkeit schon ins Team durchgesickert und in der Vertretung war ich ja schon. Deshalb gab es zu diesem Punkt auch nicht so viel zu klären. Eine Vorbereitung durch Fortbildungen oder ein Seminar gab es nicht.

Wenn Sie ein Fazit der Vorbereitung ziehen: Was war sehr hilfreich? Was hätten Sie gerne anders gehabt oder gemacht?

Ich hätte gerne gehabt, dass die „Inthronisation", also die Benennung einer Führungskraft, deutlich vonstatten gegangen wäre. Dann hätte die Neuigkeit meines „Amtsantritts" bei den Mitarbeitern besser platziert werden können. So wirkte mein Start wie eine kommissarische Lösung. Mit einem Einsetzungszeremoniell hätte man das vermeiden können – auch wenn es bloß zwei Minuten gedauert hätte. Darauf hätte ich dann mehr achten sollen. Außerdem hätte ich mir noch mehr Informationen gewünscht, besonders zu den einzelnen Mitarbeitern und ihren Besonderheiten. So braucht man drei oder vier Jahre, bis man die Eigenheiten der Organi-

> Ich hätte gerne gehabt, dass die Inthronisation, also die Benennung einer Führungskraft, deutlich vonstatten gegangen wäre.

sation richtig kennt und verhindern kann, dass man in ein offenes Messer läuft. Aber ansonsten bin ich relativ vernünftig losgeschwommen.

Start

Wie ist Ihr erster Tag verlaufen und wie ging es Ihnen?

Einen ersten Tag mit Vorstellung etc. gab es im eigentlichen Sinn des Wortes nicht. Die Stabübergabe verlief sehr unglücklich. Meine „Einführung" war, dass ein Kollege sagte, er kündige, und dann zum Vorstand gegangen ist. Dieser hat gleich reagiert und entschieden, wir brauchen einen Nachfolger. Damit erfuhr ich, dass ich die Position übernehmen sollte. Von da an war ich die Führungskraft. Zu diesem Zeitpunkt war der bisherige Chef noch am Platz. Das war natürlich der Akzeptanz nicht unbedingt dienlich. So war der Wechsel ein schleichender Prozess. Irgendwann ging der Vorgänger, ich hatte noch Urlaub und danach war er nicht mehr da und ich war schon eineinhalb Monate – abzüglich des Urlaubs – am Laufen. Das war ein Übergang aus dem Team heraus. So gesehen gab es nie einen richtigen „ersten" Tag. Für mich war mein erster Tag, als ich von meinem Zimmer ins „Leiterzimmer" wechselte. Damit setzte ich auch ein Zeichen nach außen.

Wie ist die erste Woche verlaufen und wie ging es Ihnen? Gab es für Sie trotz des schleichenden Übergangs auch einen Unterschied zu vorher?

Für mich machte es einen erheblichen Unterschied, dass ich nun Chef war. Ich dachte, jetzt muss sich etwas ändern. Aber es hat sich nichts geändert, weil die bisherige Führungskraft noch da war. Ein Großteil der täglichen Aufgaben lief, soweit sie nicht unbedingt entscheidungsrelevant waren, noch über meinen Vorgänger und nicht zu mir. Obwohl ich schon offiziell der Chef war, kamen die alltäglichen Dinge nur tröpfchenweise bis zu mir durch. Dabei gab es beim Weggehen meines Vorgängers kein böses Blut. Er hatte zwar überraschend, aber fristgerecht gekündigt. Der Vorstand hat ihn nicht gleich vom Arbeitsplatz entfernt, sondern nur seiner Führungsfunktion enthoben. Und so kam es zu diesem fließenden Übergang. Es wäre wahrscheinlich besser gewesen, einen harten Schnitt zu machen.

Was sind Ihre wesentlichen Empfehlungen für die ersten Tage?

Man sollte einen schleichenden Übergang möglichst verhindern. Ich kann nur empfehlen, relativ klar darzustellen, dass man jetzt die neue Führungskraft ist. Auch nach außen hin sollte man darauf bestehen, dass jegliche Tätigkeit, die bisher der Vorgänger gemacht hat, künftig über einen selbst zu gehen hat. Ebenso wichtig ist, dass man eine eindeutige Ernennung hat. Diese sollte möglichst persönlich z. B. durch den Vorstand erfolgen. Auf diese Art versteht jeder, ab heute ist Herr Sowieso zuständig und kein anderer. Damit ist man schon einen Schritt weiter, auch wenn dann viel Neues auf einen einstürmt. Aber so ist der Start einfacher.

> Man sollte einen schleichenden Übergang möglichst verhindern.

Wenn die Übergangsphase zu lange ist, meint der Vorgänger, er habe einem alles gezeigt. In Wirklichkeit aber hat er nur wenig Wissen weitergegeben und die Alltagsarbeit weitergemacht. Für ihn waren das vielleicht alles Routinetätigkeiten und keiner Erklärung wert. Aber als er dann weg war, konnte ich nicht mehr reagieren und Informationen nachfordern. Ich war auf mich selbst gestellt und musste mir das selbst erarbeiten. Unter den Bedingungen erweisen sich diese alltäglichen Vorgänge ziemlich arbeitsaufwendig. Deshalb empfehle ich jedem, der in eine solche Situation kommt, einen möglichst glatten Schnitt zu machen.

Erste Monate

Was glauben Sie, waren die Erwartungen Ihrer Mitarbeiter?

Viele aus dem Team kannten mich aus der Zeit, als ich noch ihr Kollege war. Ich glaube, sie haben gedacht, alles geht so weiter wie unter dem Vorgänger, wohl wissend, dass ich nicht die gleiche Person bin. Die Vorstellungen meines Vorgängers und von mir unterschieden sich nicht so wesentlich. Was Änderungen anbelangt, erwartete also keiner sehr viel von mir. Eher waren vonseiten der Mitarbeiter die Erwartungen hoch, dass sich wirklich nichts ändert. Diesen Wunsch konnte ich leider nicht ganz erfüllen, aber das lag nicht an mir.

Was glauben Sie, waren die Erwartungen Ihres Vorgesetzten?

Ausgesprochen hat mein Vorgesetzter die Erwartung, dass ich das Schiff in der Art weiterfahren soll, wie es vorher lief: möglichst stimmig, möglichst ruhig. Die unausgesprochene Erwartung war genau das Gegenteil. Ich habe aber erst später erkannt, dass die Geschäftsleitung trotzdem eine deutliche Veränderung erwartete. Aber das hat man mir nicht gesagt. Als ich dann angefangen habe, das ein oder andere neu zu justieren, kam die Rückmeldung: „Damit haben wir schon gerechnet." So kam heraus, dass man das eigentlich von mir erwartet hatte, vor allem aber, dass man das schneller hätte sehen wollen. Und ich habe mich nicht recht getraut, weil es hieß, ich solle erst einmal Ruhe im Team bewahren. Im Nachhinein war das ein Aha-Erlebnis.

Die Erwartungen des Vorgesetzten zu erkennen ist schwierig. Man sollte aber grundsätzlich versuchen, dessen Vorstellungen genau abzuklären. Ich habe damals zwar gefragt, was mein Vorstand von mir erwartet, bekam aber keine klare Antwort. Wahrscheinlich war auch der Vorstand vom plötzlichen überraschenden Weggang des Kollegen überrascht und hatte deshalb auch keine konkreten Vorstellungen. Ich hätte noch detaillierter nachhaken sollen. Aber im ersten Moment fühlte ich mich von der Beförderung geradezu erschlagen: Zum einen Teil war ich erfreut, zum anderen wusste ich noch nicht, was damit auf mich zukommt. Im Nachhinein kann ich nur raten, sich von der Beförderung nicht so aus der Ruhe bringen zu lassen und kühlen Kopf zu bewahren. Dann kann man auch die Erwartungen des Vorgesetzten detailliert klären und sich diese Anforderungen möglichst auch schriftlich fixieren lassen.

Im Nachhinein kann ich nur raten, sich von der Beförderung nicht so aus der Ruhe bringen zu lassen und kühlen Kopf zu bewahren.

Was glauben Sie, waren die Erwartungen des Umfelds?

Die Führungsebene und die anderen Abteilungen wollten, dass sich etwas verändert, dass die Führungsarbeit strenger gehandhabt wird. Manchen schien es offenbar, dass die Filiale, die ich übernahm, zu lasch geführt worden war. Die Zweigstelle lief vor sich hin, hatte eine recht gute Personalausstattung und dabei ein sehr gutes Arbeitsklima. Die Erwartung ging deshalb dahin, dass man stringenter vorgeht. Sie wollten z. B., dass ich den Mitarbeitern klarere Ziele setzte. Der Vorstand hatte zudem gefordert, die Mitarbeiter flexibler einzusetzen. Ich kann nicht zweifelsfrei sagen, ob diese Erwartung erfüllt worden ist oder nicht. Über die Personalveränderungen, sprich Reduzierungen, die dann kamen, hatte ich leider nicht zu bestimmen. Darüber hinaus gab es aber Veränderungen, z. B. bei den Einsatzbereichen einzelner Mitarbeiter, die ich angestoßen habe. So gesehen, denke ich, sind die Erwartungen erfüllt worden.

Welche Erwartungen (von Kollegen, Mitarbeitern, Kunden, dem Vorgänger, der Familie, dem Vorgesetzten) haben Sie am meisten beeinflusst?

Am einflussreichsten war die Erwartungshaltung, dass ich den Arbeitsablauf tougher durchziehen sollte. Das hat mich beeinflusst und ich habe die Zügel fester angezogen. Mir war schon im Vorfeld aufgefallen, dass man in manchen Bereichen etwas stringenter vorgehen muss. Ich glaube nicht, dass ich aufgrund der äußeren Einflüsse ein strengeres Regiment eingeführt habe, aber diese Erwartungen haben mich bestärkt.

Welche Erfahrungen machten Sie mit den Führungskollegen auf gleicher Ebene?

Von den Kollegen erfuhr ich überwiegend Unterstützung. Viele haben mir spontan zugerufen, wenn ich etwas brauchte, würden sie mir helfen. Teilweise erfuhr ich auch Interna, wo ich vorsichtig sein sollte beispielsweise und in welchem Kontext bestimmte Informationen zu verstehen seien. Überwiegend habe ich große Hilfsbereitschaft erlebt. Neid gab es zum Glück nicht, jedenfalls nicht so, dass ich etwas davon mitbekommen hätte.

Haben Sie einen Tipp, wie man mit Kollegen auf gleicher Ebene umgeht? Wie sollte man handeln, um sich einen kooperativen, unterstützenden Kreis aufzubauen?

Ich denke, dass jeder gerne einmal nach seiner Meinung gefragt wird. Das zeigt, dass ich den anderen wertschätze. Dabei ist darauf zu achten, dass man nicht hilflos wirkt. Aber wenn man einen Ratschlag einholt, dann fühlt sich der andere Kollege als Fachmann bzw. Fachfrau akzeptiert und respektiert. Wer mag schon den ständigen Besserwisser und Überflieger? Die Zusammenarbeit klappt dann durch den gemeinsamen Bezugspunkt besser. Wenn man signalisiert: „Ich respektiere dich", wird das zurückgespiegelt und bringt auch einem selbst viel Akzeptanz ein.

Was waren die größten Herausforderungen bzw. Schwierigkeiten in den ersten Monaten? Wie ging es Ihnen damit? Wie haben Sie reagiert?

Meine größte Herausforderung waren die deutlichen Personalreduzierungen, die zu bewältigen waren. Ich hatte das Team dahin gehend umzustrukturieren. Zuvor hatte es zudem Aussagen vom Vorstand gegeben, die Personaldecke solle erhöht werden – und das konnte ich nicht einhalten. Solche Situationen sind immer sehr problematisch. Ich musste ziemlich lavieren, um das Schiff am Laufen zu halten. Das war mit das Schwierigste. Hinzu kam: Das Team positionierte sich neu und war dabei, sich neu zu finden. Es bekam zur selben Zeit nicht nur mich als neuen Chef, sondern musste auch Veränderungen an drei oder vier weiteren Positionen hinnehmen. In dieser Lage regelnd einzugreifen ist schwierig.

> Meine größte Herausforderung waren die deutlichen Personalreduzierungen, die zu bewältigen waren.

Außerdem war da noch mein direkter Vorgesetzter, der im Büro neben mir arbeitete. Er war zwar nicht für das Team zuständig, fühlte sich aber mitunter zuständig. Er führte z. B. Mitarbeitergespräche und stieß, ohne mich zu fragen, Veränderungen in den Arbeitsabläufen an. Dadurch wurde es für mich ziemlich schwierig, die Grenzen der

Zuständigkeiten abzustecken. Erst nach einem deutlichen persönlichen Gespräch, in dem ich meinen Unmut darüber klarmachte, entspannte sich die Situation wieder.

Fazit

Was hat Ihnen am meisten geholfen, um Sicherheit und Klarheit für die neue Aufgabe zu bekommen?

Das klärende Gespräch mit meinem Vorgesetzten über unsere Zuständigkeiten hat mir sehr weitergeholfen. Die Grenzen sind dabei nochmals klar abgesteckt worden. Danach hat er sich aus der Führung der Zweigstelle herausgehalten und anstehende Maßnahmen mit mir besprochen und nicht direkt mit meinen Mitarbeitern. Damit waren die Positionen für alle sichtbar klargestellt. Mein Vorgänger wurde von da an langsam vergessen. Maßgeblich waren seither nur noch zwei Menschen, mein Vorgesetzter und ich. Damit war klargestellt, dass ich im Team der Chef bin. Dieses Gespräch war der Schritt, der mich auf den richtigen Weg gebracht hat. Zudem hat mich mein Vorgesetzter auch immer mehr unterstützt.

Wie lange hat es gedauert, bis Sie sich in der neuen Position sicher gefühlt haben?

Sicher fühlte ich mich ungefähr nach einem guten halben Jahr. Dann waren die Führungstätigkeiten zum Standard geworden und ich stolperte nicht mehr ständig von einer Unsicherheit in die nächste. Bis dahin war ich auch bei den Kollegen als neuer Chef akzeptiert.

Was würden Sie im Nachhinein anders machen?

Ich würde meine Position eindeutig abstecken und meine bisherige Tätigkeit klar von der neuen trennen. Dazu gehört auch eine entsprechende Einführung bei den Mitarbeitern. Das wäre das Wesentliche, das ich anders machen würde. Wenn ich gekonnt hätte, hätte ich auch früher ein Seminar oder eine Fortbildung besucht. Da lernt man einiges, das ich gebraucht hätte, z. B. das Grenzenziehen und wie wichtig es ist, sich mit dem Vorgesetzten über dessen Erwartungen abzusprechen und diese auch schriftlich zu fixieren. Das ist auch etwas, das ich gerne noch stärker getan hätte. Gut wäre auch gewesen, wenn ich mehr Mut zur Veränderung gehabt hätte und einfach gesagt hätte, ich mache das jetzt so, Punkt, aus, amen. Aber diese Einsichten fallen im Nachhinein immer leichter, als wenn man in der Situation ist, insbesondere wenn man aus dem Team heraus die Führungsaufgabe übernimmt.

Was empfehlen Sie anderen neuen Führungskräften, damit sie den Start gut meistern?

> Ganz wichtig ist auch, nicht zu schnell zu handeln, sondern mit Bedacht und sich bewusst sein, dass man nicht mehr Teammitglied ist.

Neue Führungskräfte sollten zunächst beobachten und sich ein eigenes Bild machen. Ganz wichtig ist auch, nicht zu schnell zu handeln, sondern mit Bedacht und sich bewusst sein, dass man nicht mehr Teammitglied ist. Von einem Tag auf den anderen ändert sich das Verhalten der Kollegen einem gegenüber und dessen muss man sich bewusst sein. Ein anderer wichtiger Punkt ist: Sie sollten auf eine klare Abgrenzung der bisherigen Tätigkeiten zur neuen achten und einen klaren Startpunkt setzen.

Ich glaube, dass man nicht versuchen sollte, jemand anderer zu werden. Man muss zwar führen, aber sich trotzdem treu bleiben. Das ist das Wichtigste. Wenn man nicht den Chef spielt, kommt man auch relativ gut an. Dazu muss man sich aber seiner Chefrolle bewusst werden und wie man sie ausfüllen will.

Diese sechs sowie vier weitere Interviews können Sie auf **www.hofbauerundpartner.de** unter **„Veröffentlichungen“** herunterladen.

Die zusätzlichen Gespräche stammen von drei Führungskräften und einem Personalentwickler.

Literatur

Ameln, F. v.; Kramer, J.: Organisationen in Bewegung bringen. Springer-Verlag 2007

Berndt, C.; Bingel, C.: Tools im Problemlösungsprozess. Leitfaden und Toolbox für Moderatoren. managerSeminare Verlag 2009

Blake, R.; Mouton, J.: Verhaltenspsychologie im Betrieb. Econ Verlag 1993

brand eins: Anständig Führen. Heft 02 (2006)

Bullinger, H.-J.; Warnecke, H. J.: Neue Organisationsformen im Unternehmen. Springer-Verlag 2003

Charta der Vielfalt e. V. (Hg.): Diversity Management. Mehrwert für den Mittelstand, 2013. Im Internet unter: http://www.charta-der-vielfalt.de/fileadmin/user_upload/beispieldateien/Downloads/Charta_der_Vielfalt-KMU-2013.pdf (zuletzt abgerufen am 24.01.2014)

Dehner, U.; Dehner, R.: Als Chef akzeptiert. Konfliktlösungen für neue Führungskräfte. 1. Auflage, Campus Verlag 2011

Dietz, I.; Dietz, T.: Selbst in Führung. Achtsam die Innenwelt meistern. 3. Auflage, Junfermann Verlag 2008

Doppler, K.; Lauterburg, C.: Change Management. Den Unternehmenswandel gestalten. 13. Auflage, Campus Verlag 2014

Drucker, P. F.: Was ist Management? Das Beste aus 50 Jahren. 4. Auflage, Econ Verlag 2005

Ehrmann, T.: Strategische Planung. 2. Auflage, Springer-Verlag 2007

Fischer, P.: Neu auf dem Chefsessel. Erfolgreich durch die ersten 100 Tage. 10. Auflage, Redline Wirtschaftsverlag 2007

Fleishman, E. A.: „Twenty years of consideration and structure“. In: Fleishman, E. A.; Hunt, J. G. (Eds): Current developments in the study of leadership. Southern Press Illinois 1973

Frantz, J.; Sievertsen, J. U.: Virtuos führen. Die Meisterklasse des Managements. Carl Hanser Verlag 2007

Goleman, D.: Emotionale Führung. Ullstein Verlag 2003

Goldfuss, J. W.: Endlich Chef – was nun? Was Sie in der neuen Position wissen müssen. 3. Auflage, Campus Verlag 2012

Haberleitner, E.; Deistler, E.; Ungvari, R.: Führen Fördern Coachen. So entwickeln Sie die Potentiale Ihrer Mitarbeiter. 4. Auflage, Piper Verlag 2009

Harvard Business Manager: Special Leadership. März 2007

Hays: Gen Y And The World Of Work. Leadership Point Of View Report, 2013. Im Internet unter: http://www.hays.co.uk/prd_consump/groups/hays_common/@uk/@content/documents/webassets/hays_794024.pdf (zuletzt abgerufen am 24.01.2014)

Hersey, P.; Blanchard, K. H.; Johnson, D. E.: Management of organizational behavior utilizing human resources. 8. edition, Prentice Hall 2005

Hinz, W.: Prozessorientiert führen. Carl Hanser Verlag 2007

Hofbauer, H.; Winkler, B.: Das Mitarbeitergespräch als Führungsinstrument: 4. Auflage, Carl Hanser Verlag 2010

Holst, U.: Ich bin neu hier. Tipps und Strategien für die erfolgreiche Probezeit. Lexika Verlag 2003

Kälin, K.; Müri, P.; Bernhard,H.: Sich und andere führen. Psychologie für Führungskräfte und Mitarbeiter. 15. Auflage, Ott Verlag 2005

Katz, D.; Kahn, R. L.: The social psychology of organizations. 2. edition, Wiley 1978

Kratz, H.-J.: Check up: erfolgreich als neuer Chef. So gelingt Ihr Start als neuer Vorgesetzter, so sichern Sie Ihre Position, so gewinnen Sie das Engagement Ihrer Mitarbeiter. Metropolitan Verlag 1999

Kring, T.: Generation Y – Anforderungen für Personal- Organisationsentwicklung (= ADG-Argumente 9). Hrsg. von der Akademie deutscher Genossenschaften 2013. Im Internet unter: http://www.adgonline.de/adg_online/Service/Bibliothek/ADG-Publikationen/ADG-Argumente/Argumente_GenerationY.pdf (zuletzt abgerufen am 24.01.2014).

Kunz, G. C.: Vom Mitarbeiter zur Führungskraft. Die erste Führungsaufgabe erfolgreich übernehmen. 8. Auflage, Deutscher Taschenbuch Verlag 2012

Laufer, H.: Grundlagen erfolgreicher Mitarbeiterführung. Führungspersönlichkeit – Führungsmethoden – Führungsinstrumente. 13. Auflage, Gabal Verlag 2012

Laufer, H.: 99 Tipps für den erfolgreichen Führungsalltag. Das professionelle 1x1. 3. Auflage, Bibliographisches Institut Mannheim 2009

Lewin, K. et al.: „Patterns of aggressive behavior in experimentally created social climates". In: JSocPsy 10 (1939), S. 271–299

Malik, F.: Führen Leisten Leben. Wirksames Management für eine neue Zeit. Campus Verlag 2013

Malik, F.: Management. Das A und O des Handwerks. 2. Auflage, Campus Verlag 2013

Net-Lexikon: lexikon-definition.de/Fuehrung.html (2005)

Neuberger, O.: Führen und geführt werden. 5. Auflage, Ferdinand Enke Verlag 1995

Neuberger, O.: „Führen als widersprüchliches Handeln". In: Psychologie und Praxis 27 (1983)

Neuberger, O.: „Führung <ist> symbolisiert. Plädoyer für eine sinnvolle Führungsforschung". In: Wiendieck, G.; Wiswede, G. (Hrsg.): Führung im Wandel. Enke Verlag 1990, S. 89–129

Pechtl, W.: Zwischen Organismus und Organisation. Wegweiser und Modelle für Berater und Führungskräfte. Np Buchverlag 2001

Peterson, N. G.; Bownas, D. A.: „Skill, Task Structure and Performance Acquisition". In: Dunnette, M. D.; Fleishman, E. A. (Hrsg.): Human Performance and Productivity. Human Capability Assessment. Erlbaum 1982, S. 49–105

Pinnow, D. F.: Führen. Worauf es wirklich ankommt. 6. Auflage, Springer Gabler Verlag 2012

Rosenstiel, L. v.; Regnet, E.; Domsch, M. E.: Führung von Mitarbeitern. Handbuch für erfolgreiches Personalmanagement. 6. Auflage, Schäffer-Poeschel Verlag 2009

Saul, S.: Führen durch Kommunikation. Gespräche mit Mitarbeiterinnen und Mitarbeitern. 2. Auflage, Beltz Verlag 1999

Schöll, R.: Emotionen managen. 2. Auflage, Carl Hanser Verlag 2007

Schlick, A.; Marinho, M. L.; Schlick, S.: Führen leicht gemacht. Was Sie als Chef wirklich wissen müssen ... 2. Auflage, Redline Wirtschaftsverlag 2008

Schwenker, B.; Bötzel, S.: Auf Wachstumskurs. Springer-Verlag 2006

Schwetje, G.; Vaseghi, S.: The Business Plan. How to Win Your Investor Confidence. Springer-Verlag 2007

Struß, N.: Führungswechsel im Management. Eine empirische Analyse innovativer Wachstumsunternehmen. Deutscher Universitäts-Verlag 2003

Tannenbaum, R.; Schmidt, W. H.: „How to chose a leadership pattern“. In: Harvard Business Review 51 (1973), S. 162–180

Voss, J.: Die Führungsstrategien des Alphawolfs. Ideenpool für Manager. Carl Hanser Verlag 2007

Wieselhuber, N.; Lohner, A. M.; Thum, F. F.: Gestaltung und Führung von Familienunternehmen. 2. Auflage, Unternehmer Medien Verlag 2006

Wildenmann, B.: Professionell Führen. Empowerment für Manager, die mit weniger Mitarbeitern mehr leisten. 7. Auflage, Luchterhand-Fachverlag 2009

Winkelhofer, G.: Kreativ managen. Ein Leitfaden für Unternehmer, Manager und Projektleiter. Springer-Verlag 2006

Wollsching-Strobel, P.: Managementnachwuchs erfolgreich machen. Personalentwicklung für High Potentials. Gabler Verlag 2012

Wüthrich, H. A.; Osmetz, D.; Kaduck, S.: Musterbrecher. Führung neu leben. 3. Auflage, Gabler Verlag 2009

Wunderer, R.: Führung und Zusammenarbeit. 9. Auflage, Luchterhand-Fachverlag 2011

Register

A

B

C

D

E

S

T

U

V

W

Z

Die Autoren

Helmut Hofbauer ist seit 1991 selbständiger Berater, Coach und Trainer in der Personal- und Organisationsentwicklung. Er arbeitet für große internationale Unternehmen und mittelständische Firmen aus unterschiedlichen Branchen (u. a. Automobilindustrie, Elektroindustrie, Banken, Dienstleistungsbereich), Akademien sowie Non-Profit-Organisationen. Er berät und entwickelt Führungskräfte und begleitet Veränderungsprozesse. Ein Schwerpunkt hierbei ist die Beratung und Qualifizierung im Führungswechsel, hier reichen die Zielgruppen von der Ebene der Teamleiter bis hin zu Vorständen. Seine Beratungsfirma wird unterstützt von einem Netzwerk von Kooperationspartnern.

Bevor er sich als Berater und Trainer selbständig machte, war er, nach seinem Studium, über 15 Jahre u. a. in Leitungsfunktionen bei verschiedenen Organisationen im Bereich der Qualifizierung und Organisationsberatung tätig.

Er publizierte zusammen mit Brigitte Winkler „Das Mitarbeitergespräch als Führungsinstrument" im Carl Hanser Verlag, 4. Auflage 2010.

Kontakt: Hofbauerbt@gmx.de, www.hofbauerundpartner.de

Alois Kauer ist Geschäftsführer der Audi Akademie Hungaria in Ungarn, einem Tochterunternehmen der Audi Akademie GmbH. Die Audi Akademie ist eines der führenden Weiterbildungsunternehmen Deutschlands.

Nach seinem Studium und seiner freiberuflichen Tätigkeit hat er 1998 als Trainer und Berater bei der Audi Akademie begonnen und ist seit 2003 dort auch in verschiedenen Führungsfunktionen tätig. Durch seine Ausbildungen als Personalmanager, als Projektmanagementfachmann und Organisationsentwickler sowie seine umfangreiche Praxiserfahrung verfügt er über eine breit gefächerte Beratungskompetenz. Er berät, coacht und trainiert seit vielen Jahren Entwicklungskandidaten, Nachwuchsführungskräfte und Führungskräfte verschiedenster Branchen und Länder. Kern seiner Tätigkeit ist die systematische und nachhaltige Kompetenzentwicklung von Personen und Organisationen.

Kontakt: akademie.kauer@audi.hu, www.audi-akademie.hu